煤炭开采粒级控制理论与应用

邓广哲　张少春　著

科　学　出　版　社

北　京

内 容 简 介

本书是有关大型现代化矿井块煤增产开采理论与技术方面的专著。以国家大型煤炭开发基地为例,采用煤炭产品供给侧结构分析和绿色开采与清洁利用思想,通过大型矿井块煤增产实践和理论成果的系统研究,提出了块煤增产和开采粒级控制新概念、新原理和新方法,建立了大型矿井块煤增产开采新方法与现代生产系统块煤的限下率控制新技术,构建了煤炭开采块煤增产理论与技术体系。通过在五个矿区大型矿井的开采工业试验,提高了块煤率,改善了煤产品质量,降低了生产成本,取得了显著的社会效益、生态环境效益与经济效益。

书中内容涉及岩石力学与采矿、煤炭利用与加工等交叉新技术和系统管理理念,可供从事煤炭开采、加工、利用等领域科研工作者、技术人员和管理者参考,也可作为研究生的参考用书。

审图号:GS(2018)4856 号

图书在版编目(CIP)数据

煤炭开采粒级控制理论与应用 / 邓广哲,张少春著. —北京:科学出版社,2021.1

ISBN 978-7-03-057092-5

Ⅰ. ①煤… Ⅱ. ①邓… ②张… Ⅲ. ①煤矿开采-研究 Ⅳ. ①TD82

中国版本图书馆 CIP 数据核字(2018)第 067915 号

责任编辑:冯 涛 李祥根 王杰琼 / 责任校对:王万红
责任印制:吕春珉 / 封面设计:耕者设计工作室

科 学 出 版 社 出版
北京东黄城根北街 16 号
邮政编码:100717
http://www.sciencep.com

北京中科印刷有限公司 印刷
科学出版社发行 各地新华书店经销
*

2021 年 1 月第 一 版 开本:B5(720×1000)
2021 年 1 月第一次印刷 印张:25 3/4
字数:519 000

定价:198.00 元

(如有印装质量问题,我社负责调换〈中科〉)
销售部电话 010-62136230 编辑部电话 010-62135120-8023

序　言

　　鄂尔多斯盆地是我国西部主要的煤炭资源富集区，历经30多年的开发建设，已经形成了以亿吨级矿区为标志，煤炭开发技术与装备居国际先进水平的能源供给中心。21世纪以来，随着陕北千万吨级矿井群的建成与投产，煤炭绿色开采和清洁高效转化对块煤产出率提出了更高要求。

　　随着国家能源结构的深入调整，陕北地区国家级大型煤炭生产基地通过淘汰中小煤矿落后产能，向集约化、规模化、高效能的现代开发模式发展。在机械化、智能化、规模化水平不断提高的同时，生产过程机械破碎作用增强，块煤产出率出现下降，诸多矿井面临煤炭产能大幅增加而块煤产出率却降低的难题。这主要表现在大功率高强度采装运设备工艺与块煤生产不协调。其本质在于提高综合机械化开采水平过程中对块煤开采方法研究不足，缺少综合提高块煤率的有效技术支撑。这不仅导致煤炭终端产品块煤-粉煤结构分布不合理，块煤的社会供需不平衡问题突出，而且使得陕北优质煤炭资源的利用价值降低，制约了国家大型煤炭生产基地煤炭开发的社会和经济效益。

　　目前块煤开采技术的系统研究尚处于起步阶段，尤其对于大型机械化矿井块煤产出率控制还处于探索阶段。针对陕北侏罗纪煤层开采提高块煤产出率问题，研究大型矿井块煤增产和粒级控制开采、节能降耗、提质增效的系统理论与创新应用技术，是陕北煤炭资源科学开发面临的重大任务。本书作者采用理论结合实践的研究方法，取得了煤炭开采粒级控制概念、理论架构、技术体系与系统应用的创新性成果，并以此为基础撰写成专著。本书的出版填补了国内外大型现代化矿井块煤产品控制开采专著空白。

　　作者源于实践与理论技术成果的系统总结，结合我国煤炭产品供给侧结构分析，提出了煤炭开采块煤粒级控制的新概念、新原理、新方法。本书创造性地建立了高强度开采中压裂煤层煤粒块度增产方法和限下率控制"双保障"的提高块煤产出率方法，构建了煤炭开采块煤增产技术新体系。实施千万吨级矿井块煤增产开采，增加了块煤率，提高了煤炭质量，实现了陕北侏罗纪优质煤炭资源开发经济效益最大化与区域环境良性发展。专著在继承与创新，理论与实践，解决主要问题与科学体系诸方面均取得了突出成果。我向各位同仁推荐本书，不仅在于它较强的可读性，而且可供未来西部煤炭科学开发工作借鉴。

中国工程院院士

王双明

前　言

　　煤炭是我国的主体能源和重要工业原料。国家统计局 2019 年统计显示[①]，全国煤炭产能 38.5 亿 t，同比增长 4%，占能源消耗总量 57.7%。2019 年中国进口煤峰会透露，目前我国大型矿井产能占比 80%以上，千万吨矿井完成产能 6.7 亿 t，占到全国产能的近五分之一。鄂尔多斯盆地煤炭资源丰富，已是我国建成的大型矿井和超大型矿井的集中区，亿吨级优质煤产能的国家煤炭供给中心。进入 21 世纪，随着煤炭供给侧结构改革和全球对资源绿色开采和清洁利用需求的增长，对矿井原煤产品质量提出了更高要求，科学进行块煤增产和开采粒级控制，调节国家煤炭基地终端产品结构，提质增效，成为增加晋、陕、内蒙古国家基地优质煤炭资源供给，提高社会环境和企业经济总效率的重要方法。

　　随着我国大型煤矿机械化、智能化水平的不断提高，矿井块煤产出率却并没有因产能增长而同步增加，却面临了块煤产出率同比降低的难题。根据陕北、内蒙古地区的国家级基地 56 对大型矿井的实际统计，现有矿井实现块煤销售率平均为 15%，最终产出粒径小于 6mm 的粉煤率超过 57%，导致块煤源头产能不足，市场供需的矛盾凸显。究其本质，在于对块煤增产和开采粒级控制方法的研究不足，缺少综合提高块煤产出率的有效技术支撑。随着我国能源消费结构的调整，寻求、探索一种高产、高效的块煤增产方法，已是我国煤炭绿色开采和清洁利用，提高供给侧产品质量，服务社会，增加环境和经济效益的当务之急。因此，块煤开采的意义是：一方面在从大型矿井生产源头实现清洁开采，提质增效，节能降耗的同时，提高块煤率，增加煤炭资源的开发价值；另一方面以市场需求和增加产品价值为导向，从供给侧改革开采方法，为工业应用及煤化工转换提供清洁原料，最终实现煤炭绿色开采和清洁利用。该技术为解决超大型矿井择优提高块煤率、提升设备工艺效益、降低块煤限下率，实施从煤炭开采的源头、储运与转化应用各环节的一整套绿色开采战略目标奠定了基础，为大型煤炭基地绿色开采提供了全新的技术方法，特别是对我国晋、陕、内蒙古侏罗纪煤田国家开发基地煤炭开采、转化、利用和可持续发展具有重要的支撑价值和现实意义。

　　因此，依托国家大型煤炭开发基地，研究提高块煤产出率问题，分析千万吨级矿井系统提高块煤供给的制约因素，建立大型矿井块煤增产和开采粒级控制的理论模型，研究大功率高强度开采中煤粒块度增产方法和限下率控制规律，建立

---

① 国家统计局. 中华人民共和国 2019 年国民经济和社会发展统计公报[EB/OL]. http://www.stats.gov.cn/tjsj/zxfb/202002/t20200228_1728913.html, 2020-02-28.

大型矿井系统的块煤增产理论与创新应用技术，是晋、陕、内蒙古侏罗纪煤炭开发基地实现绿色开采和煤产品结构改革、提质增效面临的重大需求和关键问题。

随着煤炭供给侧结构深化改革，绿色开采和清洁高效利用是煤炭能源经济发展的现实选择。20 世纪中期以后，煤粒块体作为洁净煤技术（clean coal technology，简称 CCT）的重要组成部分得到全世界的重视。美国首先提出的 CCT，就是指在煤炭的开发、加工和利用的全过程中旨在减少污染、提高能源利用效率的加工、燃烧、污染控制等技术的总称。1986 年美国率先实施了国家"洁净煤技术示范计划（clean coal technology demonstration program，简称 CCTDP）"。之后，欧洲共同体国家推出了煤炭《未来能源计划》。日本开发了提高煤炭利用效率与转化技术等洁净煤方法。1995 年，我国成立国家洁净煤技术领导协调小组，组织煤炭清洁生产和利用的技术攻关。之后明确提出了我国洁净煤技术发展的四大领域和 14 项关键技术，包括型煤技术在内的我国洁净煤技术得到了迅速的发展。2006 年我国通过《煤炭产品品种和等级划分》（GB/T 17608—2006）将煤炭块度粒级划分为 9 个不同等级标准，分别对应国民经济行业指导利用，如清洁燃烧、煤造气工业方面。同时，针对不同煤质的煤产品需求，如无烟煤，指导开发不同的煤粒产品。按照煤炭块度粒级需求，标准对不同煤炭终端产品粒度提出了建议。2015 年国家能源局在印发的《煤炭清洁高效利用行动计划（2015—2020 年）》中明确提出了煤炭清洁高效利用目标。北京市要求 2017 年底全市范围内实现无煤化；山东省淄博市人民政府下发的《2016 年全市推广使用洁净型煤和兰炭实施方案》更是细分到各个区县必须完成的具体指标。在煤炭消费总量控制、国家气候承诺、节能技术进步及再生能源利用率提升的背景下，"十三五"期间国内煤炭市场年需求量仍平均在 35 亿 t 左右，涉及国民经济七大基础行业的块煤消耗量为 3.5 亿 t 规模，相当于原煤总量的 10%；同时"十三五"末我国煤转化利用将新增原料块煤 2 亿 t。陕、内蒙古优质块煤资源是国内的主要供应来源，按照块煤产能 4 亿 t 计算，该区块煤产出率需接近原煤总产能的 50%，这是个难题。同时，有 1.5 亿 t 块煤产能需要非主力煤种配箱完成。显然，难以满足消费市场的需求。

21 世纪初，随着晋、陕、内蒙古地区的国家基地煤炭绿色开采和清洁高效利用需求的增长，以及国家大型矿井大功率高强度产能的提升，国家基地的大型矿井块煤产出率并没有如期获得显著的提高。近年来，我国晋、陕、内蒙古地区的国家级煤炭开发基地，块煤产能不同程度出现供需矛盾，难以满足社会需求，尤其优质块煤资源价格波动大，出现因产品粒级不同而同质不同价的现象。根据统计，大型矿井块煤产出率平均仅 15%，甚至综采面块煤率低于 30%，显然，与接近产能 50% 的需求目标之间的差距很大。块煤限下率高，加剧了块煤-粉煤产出结构的不平衡，导致粉煤产出率超过产能的 80%，不仅激化区域块煤产品供求不平衡矛盾，还引发了块煤市场价格的波动，增加了无效能耗，加剧了煤矿系统性煤尘污染的痼疾。块煤产能不足，甚至导致一些煤矿为追逐块煤产品利益而放弃综采，以换取煤炭开发利益最大化，退改炮采来人为提高块煤产出率。

同时，针对粉煤量产大、价格低廉，下游企业通过加工型煤（粒径为 20～30mm），消化了大量的库存，增加了煤产品的品种和效益。人工型煤与粉煤利用相比，具有热效率提高 5%～12%，节煤 25%，灰渣含碳量减少 5%～8%，煤炭反应活性提高 20%～24%等优势。此外，由于块煤供给不足，一些深加工产业不得不进行系统性的"炉灶"技术改造，也增加了成本。显然，通过这些方法，并没有从开采源头上增加块煤产出率，实现开采的节能降耗、提质增效，也满足不了煤炭清洁高效转化的现实需求；相反，需要增加投入，开发高耗能的制造装备，需要添加黏结料，引发二次污染，也不利于优质煤资源的社会、生态环境和企业经济效益的最大化。

根据中国科学院环境与生态研究所实测[①]比较——将常用煤的两种块煤形态（蜂窝煤和块煤）燃烧排放细颗粒物和污染物结果比较显示，蜂窝煤燃烧排放 PM$_{2.5}$ 中，Pb、Zn、As 和 Cu 的排放因子较高，分别是块煤的 56 倍、6 倍、10 倍和 2 倍。从粉煤到型煤，再到块煤利用形态不同，煤炭燃烧效率不同，成本不同。

为解决大型矿井煤产品结构问题，针对矿井块煤增产的迫切需求，国内外开展了大量的实践和研究。纵观 1980~2020 年 40 年间有关块煤产率的研究，主要从改造割煤工艺、采煤机滚筒、支护工艺与参数等方面展开，集中于采、洗、选装备技术优化改造方面，取得丰富经验和显著效果。例如，苏联思卡钦斯基提出，通过改变（调节）液压支架初撑力来提高工作面块煤产率，土耳其和英国采用爆破技术来提高块煤率，国内通过小台阶爆破方法来提高块煤产出率。但是对于增产机理和增产技术参数系统性研究十分缺乏，这一现象不利于块煤增产。

显然可见，研究块煤粒级控制的问题，就是研究适用高产高效矿井提高块煤率、控制块煤限下率，围绕煤矿供给侧结构改革需求，优化产品质量、分级分质精准开采与利用的创新开采方法。也就是本书提出的通过煤岩体裂化控制技术，扩展并增加原始裂隙网络化，实现采前煤层的预裂和可截割性的改造，进一步通过煤壁矿山压力与支护协调作用、采煤工艺优化、采煤设备设计等配套方法，实现提高块煤率的开采方法。在此研究基础上，本书进一步提出了块煤采煤机原理，与国内制造企业联合攻关，成功研发了我国首例块煤专用采煤机。通过长时间大量的实践，取得同比块煤率增加 20%的显著效果。

国内外，有关煤矿块煤限下率的研究，主要从优化原煤运输系统、设备选型、转载环节改造等方面展开，并以煤矿企业技术改造为主体，为提高块煤率奠定了大量的实践基础，但仍然缺乏对块煤限下率的系统理论与技术的研究，不利于对大型矿井限下率的控制。针对千万吨煤矿转载储集系统块煤损失问题，作者通过煤粒流仿真模拟手段，优化长距离、大流量煤炭转载储运系统限下率的控制方法，

---

① 中国科学院环境与生态研究所研究报告。

以及井下运输系统和地面运输仓储系统转载工艺和装备革新升级，全过程管理不同粒径块煤损失，实现矿井系统块煤撞击破碎止损与限下率的全程控制，实现主运系统块煤损失减少 15%。

我国是世界第一大产煤国，全面实现煤炭绿色开采和清洁高效利用任重道远。目前煤炭产能已跃居世界领先地位，但大型矿井块煤率低的现状依然严重，尤其块煤增产开采理论与技术落后于生产实践，至今尚未形成系统的块煤开采粒级控制的理论与技术，制约了我国煤炭绿色开采和高效清洁发展。这正是本研究试图探索的方向。

2004 年笔者出版了《煤体致裂软化理论与应用》，其中主要是对 1997 年至 2002 年期间焦坪矿区多个高瓦斯特厚煤层综放开采顶煤破碎性开展的水力压裂技术成果的总结。嗣后，水力压裂开采又在条带短壁综放工作面、急倾斜煤层大段高顶煤破碎和冒放性改造、高应力低渗煤层压裂卸压和巷道顶板分区控制等方面取得了持续性的研究成果。书中提出的块煤粒级控制就是在煤体致裂软化理论与技术不断探索和深入研究基础上，综合块煤增产技术发展成果、块煤利用社会经济和环境总效益最大化情况下，建立起来的洁净块煤开采理论与技术应用新体系。

煤炭开采块煤粒级控制是作者煤层致裂软化理论技术探索的又一新成果。许多成果已经形成研究报告，通过验收，但属于第一次发表。块煤增产是针对硬厚-特厚煤层大型综采高耗能和煤粒块度控制问题，在水压致裂软化原理基础上，通过水力压裂、气体压裂、脉冲压裂以及混合压裂等手段与方法，控制压裂煤层裂隙网络和破碎粒度，改造硬煤破碎性，降低截割比能耗，提高块煤采出率的综合方法。块煤开采粒级控制理论与技术，是为煤炭集约化开发过程中适用绿色开采和清洁高效转化需求，探索提出的洁净煤技术自开采源头实现块煤增产的又一实现方式。

书中系统地提出了块煤增产理论和块煤限下率控制两大理论体系。在块煤增产和限下率控制理论指导下，通过实施块煤工程，实现煤炭供给侧结构改革，全面提升煤炭生产价值。块煤工程包括块煤开采、块煤转运和储存等各阶段的综合协调和平衡的生产组织过程，是最终实现煤炭绿色开采和原煤生产增值保值的重要工程。以此形成了系统的煤层开采粒级控制理论新体系，给出了矿井提高块煤率的工程应用技术新方法。全书共分为理论与技术、工程与应用两篇。第 1 章详细介绍了块煤粒级控制理论的概念、内容、框架体系和产生的社会需求与应用背景。第 2 章～第 6 章介绍了侏罗纪硬煤物理力学性质及其煤层结构裂隙与分类，提出了压裂煤层块煤开采方法和调控技术，压裂煤层矿压显现规律，块煤采煤机原理与采煤工艺，千万吨级煤矿主运输系统及转载点块煤破坏与止损控制理论、工艺方法和装备等。第 7 章、第 8 章介绍了大型矿井长壁综采面煤层预裂块煤开采技术和地方煤矿机械化工作面煤层爆破块煤开采技术，提供了一套可供参考的实用方案。第 9 章～第 13 章分别介绍了陕、内蒙古地区五大矿区，即黄陇矿区、神东矿区、榆神矿区、新庙矿区、万利矿区，提高块煤产出率的技术研究成果。第 14 章系统分析了块煤粒级控制理论与技术的工程应用成本和经济效益。

书中成果主要源于笔者多年来开展的大量理论与实践研究。先后得到陕西省"13115"科技创新工程重大科技专项项目、科技援疆相关项目以及国家能源投资集团有限责任公司、兖矿集团有限公司、陕西煤业化工集团有限责任公司等十余家大型煤炭企业的资助和有关部门的鼓励与推动，使得本书得以顺利完成。

本书第 5 章 5.6.4 节、5.6.5 节，第 8 章 8.1.2 节，第 11 章 11.2.3 节、11.2.4 节、11.5 节，第 12 章 12.2 节、12.4 节为张少春撰写，其余各章内容由邓广哲撰写。本书出版过程中原陕西煤炭工业协会会长高新民先生进行了审阅，郑锐、周华龙参加了清样的校对工作。本书所反映的研究成果大部分是由作者所指导下的研究团队（包括许多博士和硕士研究生及课题组成员）多年来共同完成的。其中赵卫东、白文勇、王雷、徐东、齐晓华、王超、贾一涛等研究生和课题组刘建平、李鹏博、邵小平、史秀宝、王建虎等都做出了重要贡献，特在此对他们辛勤劳动表示衷心的感谢。同时，对科学出版社在本书写作过程中给予的关心和勉励，支持与信任表示衷心的感谢。对合作承担工业试验研究的相关单位和有关学者所给予的支持与合作、对本书研究的促进和帮助表示衷心的感谢。

由于煤炭开采粒级控制理论是一种新的理论尝试和探索，书中内容不足之处恐所难免，热切盼望各位读者予以指正。

邓广哲

目 录

第一篇 理论与技术

第二篇 工程与应用

第一篇

理论与技术

第1章 绪 论

本章对煤层开采块煤粒级控制的概念、原理、框架体系、发展与形成，及其应用进行系统分析与详细阐述，重点介绍煤层开采粒级控制理论的基本概念与范畴；系统地阐述提高块煤率的理论构架和技术体系，并分析相关的影响因素；介绍块煤粒级控制理论与技术系统的组成与特点；深入分析煤炭绿色开采的社会需求与煤产品供给结构改造的推动作用，结合国家煤炭资源开发需求，指出煤炭开采粒级控制和利用中存在的问题。

1.1 理论的产生、发展与形成

粒级控制理论是煤炭开采的一个新名词和新理论。但是，它的研究、发展和形成的过程，已经随着我国煤炭从粗放式发展转向创新驱动，精细开采和清洁高效利用发展的历程而不断深入与完善。

煤炭开采粒级控制理论是一个总称。它包含了一系列有关煤炭开采中的粒级控制概念、分类与形成机理。它主要包括压裂煤层开采方法、块煤采煤机原理、煤流块体再破碎控制新理论，并以粒级的概念相联系形成了煤层破碎的新概念、新模型，以及开采新工艺和块煤破碎控制新方法；与提高块煤率的概念相联系，形成从破碎分类、开采原理、技术与方法、装备与工艺等方面完整成套的粒级控制开采理论与应用体系。研究牵涉煤矿开采学、岩石力学、细观力学、断裂力学、损伤力学和分形原理、煤化工原理、机械设计与智能控制、数字编程、软件工程等很多学科，以及煤炭开采、煤炭清洁利用与转化、矿物加工、煤炭技术经济等工程与管理领域。

在煤炭开采粒级控制中，最早提出来的是煤体致裂与破碎理论。它包括本书作者于 1997 年提出的一套系统完整的坚硬煤层综采放顶煤煤体致裂软化理论体系，并提出通过压裂方法改造煤层，增加煤层中裂隙数目和分布密度，控制其致裂裂缝发展形态，通过煤体物理化学作用达到以软化目标为特征的顶煤破碎理论；实现煤层在自重应力、矿山压力及采煤机截割扰动共同作用下及时破碎和冒落，提高顶煤采收率，缓和顶（煤）板断裂的冲击压力，消除瓦斯聚集空间和采空区浮煤危害而开展的研究；致裂软化理论与技术，在高瓦斯煤层综采放顶煤、条带综放开采、急倾斜煤层综放、冲击煤层压裂和预防煤尘、瓦斯等方面进行了大量的应用。这些研究成果主要发表于《煤炭学报》《岩石力学与工程学报》《岩土力学》《实验力学》以及全国性学术会议论文集等刊物和文献中，并部分汇集成《煤岩致裂软化理论与应用》一书（陕西科学技术出版社，2004）。

在煤体致裂破碎与软化理论发展的同时，煤层开采粒级控制理论又在各个不同领域得到进一步的促进与发展。

首先，近年来，随着全球能源格局的深度调整，新能源和可再生能源的不断发展，传统煤炭资源实施绿色开采和高效利用与转化的发展模式已成为广泛共识。在中国，煤炭能源结构是由我国资源禀赋条件所决定的，因此如何提升煤炭资源利用效率，实现煤的绿色开采与利用，以二次能源服务社会，控制引起社会关注的环境污染和生态环境问题，是非常迫切的能源和社会难题[1]。

2006年初，我国就提出了"节能减排"的概念，于次年明确指出节能减排包括节约能源及减少污染物排放两个方面。具体是指加强用能管理，采取技术上可行、经济上合理以及环境和社会可以承受的措施，从能源生产到消费的各个环节，降低消耗、减少损失和污染物排放、制止浪费，有效、合理地利用能源。通过几年的实践，成效显著。但是总体而言对煤炭粒级控制开采、节能减排的研究还不够系统[2]，国内的研究还没有形成针对煤炭资源开采内在状况的、行之有效的系统性节能减排和提质增效发展的对策。

随着煤化工和煤清洁利用[3,4]产业链的迅速延伸，对煤产品分级利用与转化需求的增长迅猛。然而，目前我国煤炭生产矿井的煤产品结构不适应市场需求的变化，导致同品质煤的不同粒级块度的价格差异化发展，出现了块煤供不应求，市场价格波动上涨的行情，而粉煤及煤泥却又大量积压滞销。在市场推动下，廉价的粉煤再造球团型煤产业一度也快速发展，替代块煤产品用于简单的焦化造气以及铸造工业[5]。面对煤炭全产品的清洁利用与转化，甚至对于粉煤化工技术也提出了新挑战和促进。

其次，21世纪煤炭绿色开采、产品分类高效利用日趋精细化。随着国际能源结构的调整，煤炭清洁高效利用的市场需求发生了深刻变化，不同块度粒级煤炭产品分类分质利用的趋势不断地强化。在我国的用煤传统领域和新兴产业领域，对煤炭产品的块度粒级相应呈现出不同的要求，统计结果见表1-1。煤产品分级利用市场化，但原煤生产块度比例不平衡问题在实践中仍十分突出。提高原煤块煤率，增加对块度粒级的控制水平，丰富煤产品品种，减少生产中过量的粉煤比重，既提质增效，也节能降耗，甚至替代人工型煤，已成为我国煤炭清洁开发利用中亟待解决的现实问题。

表 1-1　工业利用对块煤粒度要求

应用领域	块煤产品或工艺流程		煤种类别	块度粒径/mm
煤炭清洁利用	兰炭[6]	大块	长焰煤、气煤、肥煤、焦煤、贫煤、瘦煤、烟煤和高挥发分的不黏煤等	>13～80（其中<13的不大于18%）
		中、小块		>13～50（其中<13的不大于20%）

续表

应用领域	块煤产品或工艺流程	煤种类别	块度粒径/mm
冶金	铁合金还原剂	长焰煤、不黏煤、弱黏煤等低变质煤	6~25
	高炉喷吹用料		0~25
	铁矿烧结燃料		0~6
	含碳球团还原剂		6~50
	冶金焦	1/2 中黏煤、气煤、气肥煤、1/3 焦煤、肥煤、焦煤、瘦煤、贫瘦煤	6~50
化工[7]	氮肥	烟煤和无烟煤	25~50
	合成氨	无烟煤	13~100
	电石还原剂	长焰煤、不黏煤、弱黏煤等低变质煤	6~25
	压缩或液化天然气[5]	长焰煤、弱黏煤、气煤、1/3 焦煤、肥煤	6~50
	甲醇、碳-化工产品	褐煤、长焰煤、气煤、不黏煤	25~50
清洁燃料[8]	民用清洁燃料	长焰煤、不黏煤、弱黏煤	6~80
	工业固定锅炉	烟煤、无烟煤、褐煤	6~100
	发电煤粉锅炉	无烟煤、烟煤、褐煤	13~50
	水泥回转窑	焦煤、肥煤、1/3 焦煤、气肥煤、气煤、1/2 中黏煤、弱黏煤、不黏煤	0~50
	机车、船舶	长焰煤、弱黏煤、气煤、1/3 焦煤、肥煤	6~50
	玻璃、陶瓷	长焰煤、气煤	13~100

再次，针对近年来国家级煤炭基地硬煤产品结构不合理、不平衡，以及清洁高效利用与安全等方面的问题需求而提出。如鄂尔多斯盆地的侏罗纪煤田，不仅在中国煤产量屈指可数，而且在世界上也是罕见的特大型煤田。探明煤炭储量占全国的 25%，开采条件优越，是国家级能源开发的集中连片区，也是我国西部煤炭清洁高效利用与转化的重要基地。该基地内煤炭开采全面实现了综合机械化，装备先进，位居世界一流水平。但是实践中不可回避地遇到开采比能耗高，截煤速度慢，尤其是煤机大功率低速粉碎作用，导致粉煤生产率高，煤炭成块率低，造成煤产品品种比例不合理，又增加了设备无效功耗和制造成本。

统计显示，在煤炭赋存客观条件下，我国煤产品中块煤率平均仅为 25%，甚至一些矿井块煤销售率低于 15%。显然，煤炭产品品种结构问题，加剧了区域煤炭清洁利用的市场供需不平衡，造成块煤相对粉煤价格的增值区间出现较大的波动，甚至超过了 1~2 倍粉煤单价价格，严重阻碍了煤炭清洁高效开发与利用的持续发展。从西部能源化工基地的煤炭利用和供需转化视角可以预见，增加块煤率，优化煤产品品种结构，实施煤炭开采粒级控制，已成为我国煤炭绿色开采、分类清洁利用与转化的关键。

在世界能源资源开发与利用的客观条件推动下，我国能源利用的不同领域对煤产品品种呈现多样化的需求。对国家级煤炭基地的内在需求和煤产品供给改革问题，作者在 *Materials Science and Engineering* 等发表了 *Reconstruction of 3D micro pore structure of coal and simulation of its mechanical properties*、《清洁块煤的压裂开采技术及进展》《清洁块煤开采和应用技术》《水压致裂提高块煤率的机理及应用》、*Study on coupling evolution law of hydraulic cracks and stress field in hard roof*、《大采高硬煤压裂节能及块煤分级控制机理》《压裂煤岩分区破坏能量耗散机理研究》《压裂煤层综采截割能耗的影响因素研究》《运动煤粒块体与钢板撞击破碎的微机理》等新成果。块煤粒级控制理论是在深入研究煤岩致裂软化理论的基础上，以满足煤炭产品和市场总需求为目标，不断提高煤炭绿色开采水平，增加产品品种，降低比能耗，提质增效等研究过程中形成的新成果。块煤粒级控制理论以控制煤层压裂裂隙网络和破碎粒度为显著特征的绿色采矿方法在大量应用实践中发展与形成。其目的是通过煤炭开采粒级控制，平衡块煤产品结构，提供煤炭清洁利用与二次转化的合格产品。可见，该研究不仅能够直接提升煤炭的清洁利用潜力和经济效益，也间接地提升了煤炭利用的社会效益与环境效益，如能源结构平衡的优化、煤炭利用热力效能的改善、环境污染的控制、人民生活水平的提高等。因此，煤炭开采粒级控制研究具有重要理论与现实意义。

1.2　块煤粒级控制的内容

本书提出的煤炭开采粒度控制理论，主要包含煤炭开采粒级控制理论体系和技术体系两个方面的内容，如图 1-1 和图 1-2 所示。

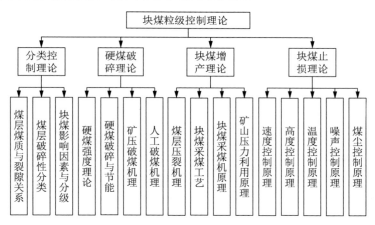

图 1-1　煤炭开采粒级控制理论体系

本书提出块煤粒级控制理论的目的，就是为解决煤炭开采中产品品种结构性问题。通过分类控制，改善不同煤体的块度粒级分布比例，减少块煤限下率，全面提高块煤率，以实现提质增效、节能减排，满足社会与环境的实际需求。在采矿学中块煤是煤炭经过地下开采而分拣出来的块状形体。《煤炭产品品种和等级划分》（GB 17608—2006）标准，将无烟煤和烟煤块煤产品按粒度划分为：特大块（>100mm）、大块（50～100mm）、混大块（>50mm）、中块（>25～50mm或>25～80mm）、小块煤（>13～25mm）、混中块（13～50mm 或 13～80mm）、混块（>13mm 或>25mm）、混粒煤（>6～25mm）、粒煤（>6～13mm）、混煤（<50mm）、末煤（<13mm 或<25mm）、粉煤（<6mm）等不同的 12 种粒度尺寸等级。

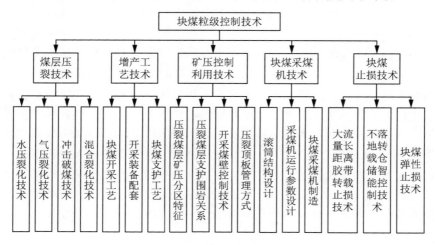

图 1-2 煤炭开采粒级控制技术体系

由图 1-1 可见，在粒级控制理论中主要是以硬厚煤层为对象解决绿色开采的问题。常用对煤体进行破碎结构改造的方法，形成所谓的压裂煤层来实现。其中，压裂煤层的特征在于根据原始煤层的基本赋存条件，通过人工干预增加了煤层破坏裂隙，改变了硬煤结构裂隙网络，降低了整体强度，提升了煤层截割性能，有利于降低制造成本和控制环境污染。因此，本书提出的压裂煤层的概念，就是经过外部干预对煤层物理力学性质和结构进行改造，出现了初始破碎和开采截割性、冒放性、渗透性改良的一类煤层。压裂煤层开采块度影响因素及分级分类控制是块煤粒级控制的基础。

在粒级控制理论中，块煤增产理论是重要的组成部分。它是指在现有的开采系统和开采工艺条件下，通过煤层超前预裂增加和控制煤岩裂隙网络，实现采前煤层的破碎和可截割性的改造，即形成压裂煤层；进一步通过综采块煤开采工艺、块煤采煤机、压裂煤层矿山压力与支护利用等综合方法，实现提高块煤生产比重目的的采煤方法。

与增产理论对应，同样重要的块煤止损理论，是指通过煤炭转载储运系统控制限下率，提高块煤率的采煤方法，即针对矿井主运输系统煤炭转载点、选煤、仓储装载等环节中的块煤率变化，以及考虑温度、摩擦、噪声等客观条件实施的块煤限下率控制的系统理论与技术方法。

可见，块煤粒级控制理论，继承了现代系统和工艺优势特色，它是通过采用煤层压裂、块煤工艺与装备优化，以及煤流破坏止损等方法，从采矿全过程中采出并完整保留不同粒径块度分布比例的绿色开采方法。其中，块煤开采粒级控制理论体系包括工作面块煤增产和主运系统中块煤限下率控制两部分。因此，提高块煤率的方法包括块煤增产开采技术和块煤止损限下率控制技术两部分。

研究表明，块煤增产的关键之一就是硬煤煤层的预裂裂隙网络的改造和控制。煤层压裂开采块煤是基于作者先前提出的煤体致裂软化理论与技术研究基础上的深入探索与发展的结果。煤层压裂裂隙网络控制，就是针对硬厚煤层大型综采高耗能和块煤粒级分布结构问题，通过水力压裂、气体压裂、脉冲压裂以及混合压裂等改进手段与方法，控制煤层压裂裂隙网络和破碎粒度，改造硬煤破碎性，降低截割比能耗，增加块煤粒级比重的集群压裂方法。

煤层开采过程中块煤粒级控制技术（图 1-2）就是在粒级控制理论指导下，采用煤层压裂技术、块煤增产工艺、矿山压力控制、块煤采煤机和块煤破碎止损等技术的系统综合形成的技术体系。其中块煤止损技术，包括煤流块度破碎止损与粒度控制理论技术体系，包括现代矿井大流量长距离胶带转载系统的块煤止损原理与技术方法，不落地转载柔性仓储智能化块煤控制方法，以及块煤止损弹性机构成套技术方法及装备环境改造等。

硬煤层是压裂节能和块煤粒度分级控制开采的主要对象，因此对硬煤层的概念需要加以确定。本研究中所谓硬煤，就是煤体硬度大，或强度高，或内生裂隙不发育的煤层，在依靠矿山压力和自重应力作用下得不到充分破碎，在采动过程中不易自然垮落破碎的煤层；或者开采能耗高的一类煤层。硬煤层块煤开采的关键基础之一就是能够对煤体在采前进行预先破碎与弱化处理，形成压裂煤层。

另外，需要明确以下两个概念。

块煤率是在煤炭开采过程中，煤炭产品中粒度不小于 6mm 的块煤所占总产品或者粒级区间总产品的比值。块煤粒径控制技术的评价标准，可以分为井下块煤率和地面块煤率两种。井下块煤率包括工作面块煤率、工作面至主井口的井下运输系统块煤率；地面块煤率包括自井口转载系统块煤率、仓储块煤率以及选煤系统块煤率。

块煤工程指的是在块煤粒径控制方法指导下通过提高块煤率，控制矿井块煤产品结构，实现块煤品种生产价值的全过程。包括块煤开采、块煤转运和储存等三个阶段的综合协调和平衡的生产组织过程，是煤矿最终实现原煤生产增值和清洁高效利用与转化的综合保障工程。

综上所述，煤层开采粒级控制理论体系，就是在包含块煤开采方法、煤炭清洁高效利用与转化和社会环境需求背景下，形成的绿色采矿理论和成套技术。煤炭粒级控制理论是在煤层破碎分类控制、硬煤破碎理论、块煤增产理论、块煤限下率控制理论基础上，形成的以煤层压裂节能和清洁高效开采为特征的理论与方法。

煤炭开采粒级控制技术体系，就是基于煤层压裂技术、矿压破煤技术、块煤增产工艺技术、块煤采煤机技术及块煤限下率控制技术工艺综合构成的块煤粒级控制理论的成套技术方法与工艺集成。块煤粒级控制方法是在煤炭工业发展过程中为适用煤炭绿色开采，清洁高效利用和转化需求，探索并提出的煤炭产品结构优化、丰富品种块煤粒级控制和提质增效的采矿方法。

1.3 块煤粒级控制的系统

近年来的实践表明，深入地研究块煤粒级控制技术是适用现代煤矿绿色开采节能降耗和煤炭产品分级分质利用的关键，是提升综采装备利用效率以及满足社会与环境总需求的关键举措之一。为此，在相关研究课题的资助下，从理论到实践对煤层致裂软化理论与技术的不断探索和开发研究，提出并建立了煤层开采粒级控制系统，如图 1-3 所示。块煤粒级控制系统，包括了三个阶段。第一阶段，块煤粒级控制的客观条件与需求；第二阶段，块煤粒级控制理论与技术的建立；第三阶段，块煤工程与应用的验证。在块煤粒级控制过程中实现提高块煤率、丰富煤炭产品品种，节能降耗，满足社会与环境需求的总目标。

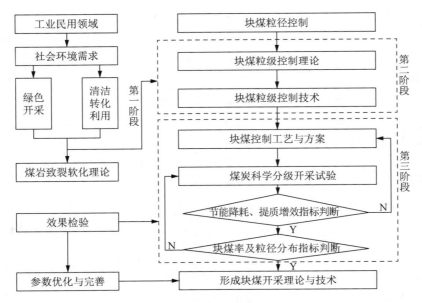

图 1-3 煤炭开采粒级控制技术流程

　　块煤粒级控制的体系是在分析与研究绿色开采、煤炭清洁利用与转化等社会环境需求的大背景下形成、发展和完善的。首次系统地针对国家级煤炭开发基地硬煤开采块煤粒级控制的相关概念和理论问题进行了详细阐述和系统解释,建立了煤炭开采块煤粒级控制的理论和技术体系。在煤体致裂理论研究成果基础上,发展水力压裂、气体压裂、爆破破碎技术,改进脉冲压裂和混合压裂等综合性手段与方法。在结合典型条件的试验研究中,采用矿山压力原理,将变频脉冲静动压致裂煤岩的方法不断实践与发展,开发了煤层定向集群压裂方法。为实现煤层压裂节能和块煤粒级控制开采开辟了清洁、高效的新方法,建立了压裂煤层块煤增产开采新方法、新工艺以及矿井全系统块煤破碎止损限下率控制新技术,开发了配套新装备。

1.4　需求推动与工程应用

　　21 世纪,我国煤炭开发向大型煤炭基地集中趋势增强,产业的集中度进一步提高。

　　鄂尔多斯盆地是我国西部主要的能源资源富集区,面积 40 万 km²。其中的埋深 2000m 以内的煤炭资源中,侏罗纪煤炭资源占总资源的 75%。其中,东胜煤田探明储量 2236 亿 t,包括神东、万利等国家规划矿区及预测区。陕北侏罗纪煤田探明储量 1400 亿 t,包括神北新民、榆神、榆横三个国家规划矿区及定靖预测区。黄陇侏罗纪煤田探明储量 169 亿 t,包括黄陵、焦坪、旬耀、彬长和永陇等五个国家规划矿区。

　　中国是一个能源生产和消费大国,节能空间巨大。国家提出的煤炭实现清洁开采与利用转化的战略方针,为煤炭工业的发展规划了方向。调查发现,在我国西部能源基地的煤种分布和煤质特征中,长焰煤、不黏结煤、弱黏结煤的储量最多,瘦煤、贫煤、气煤、焦煤较少,其他煤种如肥煤、无烟煤等储量甚少,而且分布零散。因此,结合煤炭开采粒级控制的需求,通过对国家煤炭资源开发内在因素的分析,可以给出低阶煤的利用与转化途径如图 1-4 所示。

　　按照国家级煤炭化工基地的布局,本书选择黄陵矿区、榆神矿区、神东矿区、万利矿区、新庙矿区等五大矿区典型煤层条件作为试验区。各试验区概况、地质条件、开采条件如表 1-2~表 1-4 所示,研究试验含煤面积超过 7000km²,可采储量 804 亿 t,试验矿区分布示意图如图 1-5 所示。

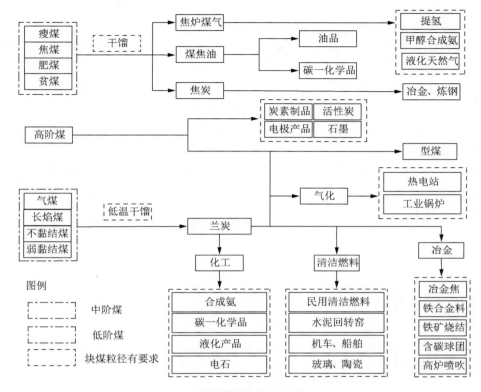

图 1-4　低阶煤的利用与转化途径

表 1-2　试验区概况一览表

矿区	煤田名称	地理位置	分布范围	可采储量/万 t	主采煤层	煤质特征	煤层结构特征
黄陵矿区	黄陇侏罗纪煤田	鄂尔多斯盆地的东南缘	北起葫芦河，南止建庄闪身庙梁，东起张村驿、腰坪、新村一带，西止省界，面积 2 800km²	1 854.21	2	低中灰、特低硫高发热量烟煤	煤层分布广、厚度稳定
神东矿区	神府东胜煤田	地跨晋、陕、内蒙古三省	东西宽 35～55km，南北长 38～90km，面积约 481km²	3 540	$1^{-2上}$、1^{-2}、$2^{-2上}$、2^{-2}、3^{-1}、4^{-2}、4^{-3}、5^{-1}、5^{-2}	低硫、低灰、低磷、中高发热量的不黏煤或长焰煤，优质动力、化工和民用煤	煤层稳定，构造简单
榆神矿区	陕北侏罗纪煤田中部	跨陕西省榆林市榆阳区和神木市	南北宽 23～42km，东西长 43～68km，面积为 2 625km²	3 017	5^{-3}、5^{-2}、2^{-2}	特低灰、特低硫、特低磷、富油、中高发热量烟煤	煤层结构简单，埋藏浅

矿区	煤田名称	地理位置	分布范围	可采储量/万 t	主采煤层	煤质特征	煤层结构特征
新庙矿区	陕北侏罗纪煤田	伊金霍洛旗新庙镇区北部	面积约 543km^2	4 257.17	3^{-2}、4^{-2}、5^{-1}、5^{-2}	低硫、低灰、低磷、中高发热量的不黏煤或长焰煤	煤层稳定，结构简单，不含夹矸
万利矿区	陕北侏罗纪煤田	内蒙古鄂尔多斯市境内	面积约 1 084km^2	13 065.74	2^{-2}、2^{-3}、3^{-1}、4^{-2}、4^{-3}、5^{-1}、6^{-2}	低硫、低灰、低磷、中高发热量的不黏煤或长焰煤	煤层单斜构造

表 1-3　试验区地质条件一览表

矿区	区域地质条件		煤层地质条件					水文情况
	地层	地质构造	含煤地质	顶底板	瓦斯	煤尘	煤的自燃	
黄陵矿区	由老至新为：三叠系、侏罗系、白垩系、第四系	平缓起伏的大单斜构造，次级构造以短轴背向斜为主，主要构造：南峪口背斜、芋园—秋林子沟向斜、南峪口叉状背斜、罗家峁向斜、A6 背斜、秋林脑向斜、南吴庄背斜	地质构造为：南峪口叉状背斜、罗家峁向斜和南吴庄背斜。受上述构造的影响，背斜轴附近煤层变薄，向斜区域煤层增厚	伪顶：无伪顶；直接顶：泥岩厚3.5m±；老顶：粉砂岩，厚40m±；伪底：炭质泥岩，平均厚0.35m±；直接底：泥岩，平均厚5.0m±；老底：砂岩，厚14m±	低瓦斯矿井，瓦斯相对（绝对）涌出量5.54(8.64) m^3/t，CO_2 相对涌出量为 6.19(9.65) m^3/t	2 号煤煤尘具有强爆炸性	2 号煤层属Ⅳ类不易自燃煤层	水文地质条件简单。正常涌水量为 600～800 m^3/d（25～33 m^3/h）；最大涌水量为 2341 m^3/d（97.54 m^3/h）
神东矿区	由老至新为：三叠系上统永坪组、侏罗系中统延安组、第四系中更新统离石组、全新统风积沙及冲积层	鄂尔多斯台向斜、蛮兔塔正断层（F1）、三不拉沟北侧正断层（F2）	井田煤层范围内无岩浆岩体、冲刷带、陷落柱等地质构造	伪顶：无伪顶；直接顶：煤层直接顶以泥岩、粉砂岩为主，厚度0～2.18m；老顶：中-细粒砂岩为主；伪底：泥岩、炭质泥岩，厚度不足0.50m；直接底：泥岩、炭质泥岩和粉砂岩为主；老底：砂岩以细粒砂岩、中粒砂岩为主	瓦斯含量极低，成分为 CH_4、N_2 和 CO_2。相对涌出量为 0.9(9) m^3/t，CO_2 相对涌出量为 1.74 m^3/t	煤尘具有爆炸危险性	煤层具有自然发火倾向，属于Ⅰ类容易自燃煤层	煤冒裂带最大高度未超过其上覆基岩厚度，因而不考虑可造成的突水

续表

矿区	区域地质条件		煤层地质条件					
	地层	地质构造	含煤地质	顶底板	瓦斯	煤尘	煤的自燃	水文情况
榆神矿区	由老至新为:三叠系上统永坪组、三叠系中上统延长组、侏罗系中统延安组和直罗组、新近系上新统、第四系中更新统离石组、上更新统萨拉乌苏组、全新统风积层	鄂尔多斯台向斜东翼陕北斜坡的构造单元。地层总体为单斜构造,走向为NNE向,倾向NWW,倾角1°左右,无岩浆活动,未发现较大断裂和褶曲,构造属简单型	煤层地质构造简单,煤层赋存稳良,区内煤层为NWW向微斜的单斜构造,地层倾角小于1°。断层不发育,区内无岩浆活动及断层、褶皱等构造的存在	直接顶:粉砂岩、细砂岩,老顶为细粒砂岩、粉砂岩,直接底为粉砂岩、细砂岩;4-2煤层顶板为粉砂岩、泥岩,底板为泥岩;3号煤层老顶为粗砂岩,直接顶为砂质泥岩,直接底为砂质泥岩	煤层瓦斯含量低	3号煤煤尘属强爆炸性煤尘	3号煤属易自燃煤层	本井田基本处于风沙区,总体趋势是东高西低,水文地质条件简单
新庙矿区	由老至新为:三叠系上统永坪组、侏罗系中统延安组、新近系上新统静乐组、第四系中更新统离石组、第四系全新统风积砂、冲积层	井田地质构造简单,总体为一走向NE,倾向NW,平均倾角1°～3°的单斜构造,无大的断裂及褶皱发育,无岩浆活动痕迹	煤层地质构造简单,煤层赋存稳定,煤质优良	老顶为粉砂岩、粗、中粒砂岩,直接顶为细粒砂岩,底板为粉砂岩、细粒砂岩				
万利矿区	由老至新为:三叠系上统延安组、侏罗系中下统延安组和直罗组与安定组、白垩系下统伊金霍洛组、第四系全新统风积砂	井田地质总体为一SW向的单斜结构,构造简单,仅有一些宽缓和断层距离小于20m的断层	地质构造简单,煤岩层产状平缓,煤层总体趋势北高南低、东高西低	老顶为砂岩,直接顶为中砂岩,直接底为砂岩,老底为泥岩	瓦斯矿井	有爆炸危险	II-3煤层易自燃发火	地表水下部有泥岩隔水层,由于河道狭窄,坡降大,地表水不容易向矿井充水

表 1-4　试验区开采条件一览表

矿区	开采煤层	煤厚/m	硬度系数 f	煤层倾角/(°)	埋深/m	采煤方法	支护方式	三机配套	
黄陵矿区	2号煤层	0.02～4.35	2～3	3～5	235～247.5	倾斜长壁后退式	液压支架	采煤机	MG300/700-WD
								刮板输送机	SGZ-764/400
								液压支架	ZZ6000-18/38

续表

矿区	开采煤层	煤厚/m	硬度系数 f	煤层倾角/(°)	埋深/m	采煤方法	支护方式	三机配套	
神东矿区	5^{-2}煤层	6.39~9.18	2.50	0~1	43.72~185.23	长壁分层后退式	支撑掩护式液压支架	采煤机	MG650/1630-WD
								刮板输送机	SGZ1000/1400
								液压支架	ZPY11000/24/45
榆神矿区	$2^{-2\pm}$煤层 4^{-2}煤层 $3^{\#}$煤层	1.52~5.47	3~3.5	1~3	0~205	长壁综采后退式一次采全高；长壁分层后退式	液压支架	采煤机	MG300/730-QW；MG500/1140-W；MG750/1915-GWD
								刮板输送机	SGZ-764/630；SGZ900/1050；SGZ1000/1400V
								液压支架	ZZ7600-17.5/35；ZY9000/20/40D；ZY12000/27/58A
新庙矿区	5^{-1}煤层 5^{-2}煤层	1.92~3.24	3	1~3	173.2~200.1	长壁后退式一次采全高	液压支架	采煤机	MG300/730-WD；MG650/1510-WD
								刮板输送机	SGZ764/400；SGZ1000/1400
								液压支架	ZY9000/16/30；ZY8800/17/36
万利矿区	2^{-3}煤层 4^{-2}煤层	1.0~6.01	2~3	1~3	148~150	长壁综采后退式一次采全高	液压支架	采煤机	MG900/2245-GWD
								刮板输送机	SGZ1250/3×855
								液压支架	ZYG11000/26/55D

纵观鄂尔多斯盆地侏罗纪煤炭开发的三十年历程，煤炭开采粒级控制理论和技术的研究还处于起步阶段，受到以下问题的困扰与影响。

（1）煤层硬厚，裂隙不发育，采煤机割煤比能耗大、出块率低，截割阻力高，煤尘大，甚至有些出现截煤火花和工作面支架冲击灾害。在充分利用工作面矿压与支架作用的情况下，国内外开展了大量研究，包括煤层破碎方式如爆破[9]、气体压裂[10]、水压致裂[11]、脉冲破岩[12]、大直径钻孔卸压等方面。由于缺乏对硬厚煤层有效的破碎干预机理的认识，实践中硬煤的综采水平健康发展受到制约，亟待研究与掌握科学的硬煤节能降耗和块度粒级控制的开采新方法。

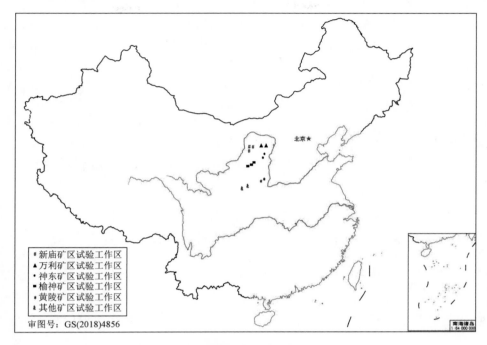

图 1-5　试验矿区分布示意图

（2）块煤开采设备不匹配。陕北侏罗纪煤层开采综合机械化率达到 100%，但常规的设备选型，很少考虑和研究块煤粒级控制和分类分质高效利用问题，造成综采设备与块煤开采需求的不配套。在滚筒采煤机割煤改造方面，亟待研发适合块煤开采的专用设备[13]，尤其需要进行现有装备的优化和配套升级。

（3）块煤开采工艺与参数研究不足。继续沿袭开采工艺方式的经验总结和发展，并不适应块煤开采粒级控制的需要。块煤开采工艺与参数的深入研究和探索，涉及的采、落、装、运、支等工艺方式与块煤开采的关系问题，还需要科学地分析优化与研究。

（4）转载系统块煤破碎止损机理不清，控制方法单一，缺少科学的设计。实践中亟待系统地研究大流量长距离胶带仓储系统块煤破碎问题，开发相应的转载止损方法与装备。

简言之，为实现煤炭清洁高效利用，煤炭开采粒径控制需要解决以下问题。

① 如何对综采厚硬煤层进行预裂，改善截割性，降低能耗，提高块煤率。

② 如何优化综采工作面"采、落、装、运、支"工艺系统，挖掘清洁块煤制造潜力。

③ 如何开发块煤专用设备，提高截割效率和效益。

④ 如何控制转运系统块煤损失，设计块煤转载止损的控制方法与装备。

⑤ 如何实现安全、高效、经济、环保的社会与环境要求。

　　针对煤炭开采块煤粒级控制过程中存在的问题，在充分利用矿山压力破煤作用情况下，采用煤层超前预裂方法[14-19]，优化压裂煤层开采工艺，开发块煤采煤机和转载仓储系统止损控制技术，系统地改善块煤粒级比例，提高块煤率的成套开采方法，并针对不同试验煤层开发出煤层压裂与综采工艺协调的块煤粒级控制工艺，结合黄陵矿区、神东矿区、榆神矿区、万利矿区、新庙矿区等 5 个矿区，12 套综采工作面进行了工业试验和效果检验，提出了典型煤层开采块煤粒级控制的科学方法，工程应用见参考文献[20～25]及其他有关文献。

　　实践证明，煤炭开采粒级控制方法，具有简单高效，清洁低耗，安全可控，块煤率高，系统成本低，提质增效等优点。

参 考 文 献

[1]　中华人民共和国国家统计局. 2017 中国统计年鉴[J]. 北京：中国统计出版社, 2017.

[2]　中华人民共和国生态环境部. 2017 中国生态环境状况公报[R]. 北京：中华人民共和国生态环境部, 2018

[3]　谢克昌. 中国煤炭清洁高效可持续开发利用战略研究[M]. 北京：科学出版社, 2014.

[4]　范维唐. 跨世界煤炭科技发展趋势[J]. 世界科技研究与发展, 1998(5): 15-20.

[5]　许霞. 利用混煤(块煤与型煤) 制取煤气的关键技术[J]. 煤气与热力, 2014, 34(3): 6-9.

[6]　中华人民共和国国家质量监督检验检疫总局, 中国国家标准化管理委员会. 兰炭产品技术条件: GB/T 25211—2010[S]. 北京：中国标准出版社, 2010.

[7]　尚建选, 王立杰, 甘建平, 等. 煤炭资源逐级分质综合利用的转化路线思考[J]. 中国煤炭, 2010, 36（9）：98-101.

[8]　刘利民. 煤炭洗选加工过程中有关粒度控制问题的探讨[J]. 山东煤炭科技, 2016（1）：195-197.

[9]　蔡永乐, 付宏伟. 水压爆破应力波传播及破煤岩机理实验研究[J]. 煤炭学报, 2017, 42(4): 902-907.

[10]　张震东. 液态 CO_2 深孔预裂对坚硬煤层回采块煤率的影响[J]. 煤炭与化工, 2016, 39(7): 7-9.

[11]　WANG T, HU W R, ELSWORTH D, et al. The effect of natural fractures on hydraulic fracturing propagation in coal seams[J]. Journal of Petroleum Science and Engineering, 2017, 150: 180-190.

[12]　秦勇, 邱爱慈, 张永民. 高聚能重复强脉冲波煤储层增渗新技术试验与探索[J]. 煤炭科学技术, 2014, 42(6): 1-7.

[13]　刘送永, 杜长龙. 煤截割粒度分布规律的分形特征[J]. 煤炭学报. 2009, 34(7): 977-982.

[14]　邓广哲. 煤体致裂软化理论与应用[M]. 西安：陕西科学技术出版社, 2004.

[15]　邓广哲. 清洁块煤开采和应用技术进展[C]. 西安：第十八届中国科协煤炭清洁高效利用论坛, 2016.

[16]　邓广哲. 大采高硬煤压裂节能及块煤分级控制机理与应用[C]//袁亮, 彭赐灯. 第 36 届国际采矿岩层控制会议论文集——煤矿岩层控制理论与技术进展. 徐州：中国矿业大学出版社, 2017.

[17]　邓广哲. 清洁块煤的压裂开采技术及进展[C]. 西安：第十八届中国科协年会, 2016.

[18]　王超. 大型现代化煤矿块煤转载防破碎仿真研究[D]. 西安：西安科技大学, 2017.

[19]　邓广哲, 齐晓华. 水压致裂提高块煤率的机理及应用[J]. 西安科技大学学报, 2017, 37(2): 187-193.

[20]　邓广哲. 黄陇侏罗纪煤田 2 号煤层提高块煤率技术开发研究[R]. 西安：西安科技大学, 2014.

[21]　邓广哲. 浅埋煤层开采提高块煤率技术开发研究[R]. 西安：西安科技大学, 兖矿集团, 2016.

[22]　邓广哲. 陕北侏罗纪煤田 5 号煤层提高块煤率技术开发研究[R]. 西安：西安科技大学, 2015.

[23]　邓广哲. 陕北侏罗纪 3 号煤层 6m 大采高综采提高块煤率技术开发研究[R]. 西安：西安科技大学, 2016.

[24]　张少春. 提高榆林市地方煤矿综采工作面块煤率研究[R]. 西安：陕西省煤炭科学研究所, 2015.

[25]　邓广哲. 神南矿区侏罗纪厚煤田提高块煤率技术开发研究[R]. 西安：西安科技大学, 陕煤集团, 2017.

第 2 章　硬煤的物理力学性质

本章针对陕北侏罗纪典型硬煤层基本物性特征开展了比较研究与分类分析，重点介绍了硬煤宏、细观裂隙演化过程对煤层基本物理力学性质的影响关系及控制因素；建立了不同硬煤破坏裂隙发育程度与分形维数的定量表达式，进行了硬煤裂隙分类。

2.1　硬煤的物理性质

按照岩石力学试验规范要求，对陕北侏罗纪煤田典型实验区的煤样品进行采集、加工与测试化验。结合前期相关煤层试验研究成果的综合评价，查明了试验煤层的宏、细观物性特征和力学化学性能参数，进行了煤层结构分类研究。

2.1.1　宏观物性特征

陕北侏罗纪煤为高等植物形成的低阶腐植煤，颜色为黑色，条痕为深棕色，呈玻璃或油脂光泽，条带或线理状结构，棱角或不平整状断口，层状构造，质硬而脆，垂直节理较发育，石膏或方解石沿节理或裂隙面充填，黄铁矿呈薄膜状或结核状分布。

各试验区主采煤层的宏观煤岩成分以亮煤、暗煤为主，夹镜煤条带或透镜体，煤岩类型以半亮型为主，其次为半暗型，少量属于暗淡型和光亮型煤，该试验区典型煤层物理性质如表 2-1 所示。

表 2-1　典型煤层物理性质

矿区名称	煤层名称	硬度系数 f	密度/（g/cm³）	孔隙率/%	含水率/%	吸水率/%	软化系数 y_c	渗透率/（$10^{-3}\mu m^2$）
神东矿区	5^{-2}	3.1	1.23	8.8			0.68	0.040
黄陵矿区	2	2.7	1.53	5.8	3.16	4.0	0.74	0.018
	3	3.5	1.31	3.25	4.15	0.8	0.56	0.036
榆神矿区	$2^{-2上}$	3.0	1.52	5.2			0.87	1.120
	4^{-2}	3.3	1.27	7.9			0.69	1.110
新庙矿区	5^{-1}	3.0	1.30	6.5			0.82	0.059
	5^{-2}	3.0	1.26	6.2			0.72	0.058
万利矿区	4^{-2}	4.0	1.28	2.9	3.2	4.4	0.68	0.122
	2^{-3}	2.5	1.43	3.7			0.54	0.048

2.1.2 微观物性特征

由于成煤原因、过程及成煤环境不同，从而造成了不同煤种的煤内含有形态各异、成色不同的微孔隙结构类型。煤的各类微孔隙结构在微区发育或者微区连通，借助于裂隙而参与煤层中的气、液渗流与运移。煤微孔隙的成因、类型及发育程度等特征直接反映煤的宏观物理力学性质及化学性态。针对陕北侏罗纪煤层采用了压汞实验、电镜扫描等实验方法对煤的孔隙特征进行了总结和分类。

1. 煤的微孔结构特征

煤层孔隙结构是指煤具有的孔隙和喉道的几何形状、大小、分布及其连通关系。将煤层的孔隙空间划分为孔隙和喉道是研究煤层孔隙结构的基本前提。一般将煤岩颗粒包围着的较大空间称为孔隙，而仅仅在两个颗粒间连通的狭窄部分称为喉道，或者说，两个较大孔隙空间之间的连通部分称为喉道。每一个喉道可以连通两个孔隙，而每一个孔隙则可和三个以上的喉道相连，有的甚至和六个至八个喉道相连。影响煤层渗流能力的因素主要是喉道，而喉道的大小和形态则受控于煤岩的颗粒接触关系、胶结类型以及颗粒本身的形状和大小。煤体孔隙结构的扫描电镜实验，主要采用 JSM-6460LV 高分辨率扫描电子显微镜（图 2-1），其高真空分辨率为 3.0nm，低真空分辨率为 4.0nm，放大倍数为 5 万～30 万倍。煤样 SEM 图如图 2-2～图 2-5 所示。

图 2-1　JSM-6460LV 高分辨率扫描电子显微镜

图 2-2　2#煤样 SEM 图

图 2-3　3#煤样 SEM 图

图 2-4　4#煤样 SEM 图

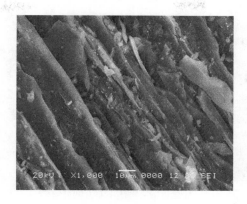

图 2-5　5#煤样 SEM 图

试验 2#煤样孔隙分布较为杂乱，孔隙类型主要为晶间孔；矿物结晶呈颗粒分布，微裂纹及裂纹发育。3#煤样较为致密均一，煤体颗粒间夹杂有少量矿物质；有较大裂纹切割面，裂纹较为规则平整，呈现层叠状裂隙，表明煤体有较强韧性，该裂隙主要为煤层形成后受到构造应力破坏而产生。4#煤样孔隙类型为植物残余组织孔，其在煤体中以少量分布，有矿物颗粒析出，孔隙有一定的层次性，在较大倍率下可观察到比较多的微孔隙，孔隙整体较为发育。5#煤样放大一定倍率可见煤样结构的层状分布，孔隙类型均为植物残余组织孔，孔隙较为发育，分布较广泛，有矿物颗粒析出。

从电镜扫描实验可知，煤的孔隙结构类型较为复杂。不同煤体中不仅发育有微孔隙，而且还广泛发育有足以使煤层中气液流动的大孔隙和微裂隙。根据孔隙成因，可将煤体孔隙分成原生孔、后生孔、外生孔和矿物质孔四大类。其中：原生孔主要包括胞腔孔、屑间孔；后生孔主要指气孔；外生孔主要分为角砾孔、碎粒孔和摩擦孔；矿物质孔则主要可分为铸模孔、溶蚀孔和晶间孔。

试验煤的显微煤岩组分主要由有机质和无机质构成。有机组成主要由镜质组分、半镜质组分、惰质组分和壳质组分组成。有机显微煤岩组分以镜质组分为主，占煤总成分的 57.3%。镜质组主要以无结构镜质体中的基质镜质体和碎屑镜质体为主，基质镜质体油浸反射色为深灰色，不显示细胞结构，表面不纯净，且不平整，略显凸起。碎屑镜质体，粒径较小，呈不规则状分布。半镜质组占煤总成分的 0.43%～3.6%，半镜质组主要为基质半镜质体，油浸反射色呈浅灰色，略显凸起，大多不显示细胞结构。惰质组占煤总成分的 10.0%～26.5%，惰质组分以丝质体和半丝质体为主，碎屑惰质体油浸反射色为白色，凸起较高。壳质组占煤总成分的 0.70%～1.4%，壳质组为小孢子体，呈蠕虫状分布。

无机质各类中以黏土矿物为主，呈侵染状或薄层状分布，占煤总成分的 13.2%～16.4%，镜煤最大反射率为 0.51%～0.54%，变化阶段为 0～Ⅰ阶段。显微煤岩分类为微镜惰煤。

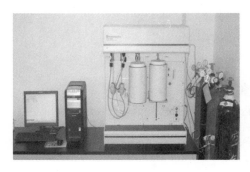

图 2-6　全自动比表面积及微孔孔隙分析仪

2. 孔径、孔容、孔比表面积

煤体孔隙结构的氮吸附实验，采用设备为全自动比表面积及微孔孔隙分析仪 ASAP2020M，如图 2-6 所示。仪器的工作原理为等温物理吸附的静态容量法，可以进行 BET 比表面积、Langmuir 比表面积、BJH 孔隙参数等多种数据分析工作，该仪器比表面积的分析范围为 0.001m²/g 至上限，孔径的分析范围为 0.35～500nm。

由表 2-2 可以看出，2#～5#煤样平均孔径为 10.33～31.71nm，中孔体积占总孔体积的比重均在 50%以上，大孔体积占 17%～40%。中孔表面积占总孔表面积的 49%以上，大孔表面积占 5%～51%。4# 总孔体积及总孔表面积远大于其他煤样，同时其平均孔径为 10.33nm，表明其孔隙数量多，孔隙较为发育，中孔表面积比高达 94.08%，因此中孔的孔隙结构是决定该煤样孔隙性质的主要因素。

表 2-2　典型煤样低温氮吸附实验孔隙参数

煤层	平均孔径/nm	总孔体积/(10⁻⁴cm³/g)	总孔表面积/(m²/g)	大孔（孔径>50nm）		中孔（孔径为2～50nm）	
				孔体积比/%	孔表面积比/%	孔体积比/%	孔表面积比/%
2#	29.20	5.89	0.08	38.71	38.22	61.29	61.78
3#	31.71	9.38	0.12	34.12	50.14	65.88	49.86
4#	10.33	86.05	3.33	24.22	5.92	75.78	94.08
5#	21.64	37.18	0.69	17.59	20.12	82.41	79.88

3. 煤样低温氮吸附、解吸曲线

根据吸附和凝聚理论，具有毛细孔固体的吸附解吸实验表明：吸附分支和解吸分支可能出现重叠和分离两种现象；吸附、解吸分支的分开会形成吸附回线，吸附回线的形式反映了一定孔隙结构的情况。煤作为多孔介质，可以根据低温氮吸附-解吸曲线分析煤的孔隙形态类型，以及对吸附起主要作用的孔径分布。3# 煤样吸附等温线 [图2-7（b）] 属于Ⅲ型，为多分子层吸附，无单层吸附。在整个相对压力段，吸附、解吸分支基本保持平行而不存在明显的滞后环，其孔隙主要为两端开口的圆筒形孔 [图2-8（a）]。2#和4#煤样吸附等温线 [图2-7（a）、（c）] 属于Ⅳ型，在高相对压力下（$P/P_0 > 0.5$），吸附、解吸分支存在较明显的滞后环，其孔隙主要为墨水瓶形孔 [图2-8（c）] 和狭缝平板形孔 [图2-8（a）]，孔隙连通性较差。低温氮吸附回线中"滞后环"现象的出现表明煤在相对压力大于 0.5 时，煤的吸附行为发生了较为明显的变化，根据开尔文公式计算，滞后环闭合点处相应的孔径范围为 3.0～4.0nm。

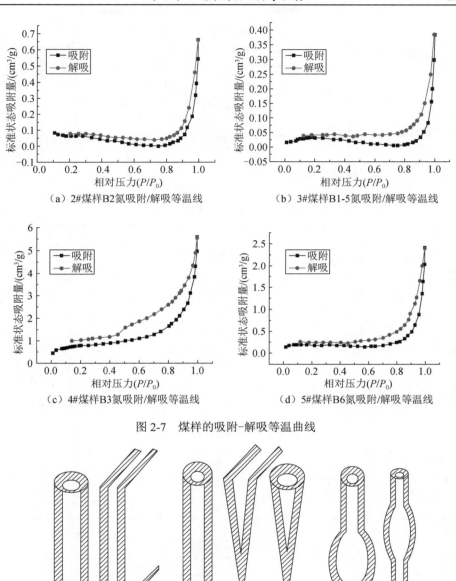

（a）2#煤样B2氮吸附/解吸等温线　　　　　（b）3#煤样B1-5氮吸附/解吸等温线

（c）4#煤样B3氮吸附/解吸等温线　　　　　（d）5#煤样B6氮吸附/解吸等温线

图 2-7　煤样的吸附-解吸等温曲线

（a）两端开口的　　　　　（b）一端开口的　　　　　（c）一端开口和
圆筒形孔和狭缝平板形孔　　　圆筒形孔和圆锥形孔　　　两端开口的墨水瓶孔

图 2-8　煤的孔隙形态类型

2.1.3　煤体理化特征

试验区典型煤层煤样理化参数见表 2-3～表 2-7。

表2-3 煤层工业分析表

基本指标	2#	3#	4#	5#
水分/%	1.53～11.3 2.54	1.94～3.05 2.49	1.77～3.18 2.44	1.52～2.89 2.35
灰分/%	6.46～30.05 14.01	3.45～28.29 16.13	3.05～29.93 11.04	5.16～36.91 18.78
挥发分/%	31.00～42.13 33.87	43.27～48.88 45.69	32.7～50.12 45.47	41.02～48.80 45.40

注：表中的数值分子为最小值～最大值；分母为平均值。

表2-4 试验区煤层硫分布表

矿区	煤层	全硫（St,d）/%	硫酸盐硫（Ss,d）/%	硫铁矿硫（Sp,d）/%	有机硫（So,d）/%
黄陵矿区	2	0.55	0.04	0.36	0.15
神东矿区	5^{-2}	0.44	0.02	0.09	0.33
榆神矿区	3^{-1}	0.51	0.01	0.23	0.27
	2^{-2}	0.49	0.01	0.19	0.29
	4^{-2}	0.41	0.01	0.17	0.23
新庙矿区	5^{-1}	0.25	0.01	0.05	0.19
	5^{-2}	0.26	0.02	0.08	0.16
万利矿区	4^{-2}	0.36	0.02	0.08	0.26
	2^{-3}	0.38	0.01	0.15	0.22

表2-5 试验区原煤发热量表

煤层发热量	2#	3#	4#	5#
$Q_{h,ad}$/（MJ/kg）	28.69	26.96	28.95	26.34
$Q_{h,daf}$/（MJ/kg）	33.41	32.77	32.89	32.67
$Q_{gr,d}$/（MJ/kg）	25.81	26.88	28.86	26.25

表2-6 试验区煤灰成分表（平均值）

矿区	煤层	煤灰成分/%				
		SiO_2	Al_2O_3	Fe_2O_3	CaO	MgO
黄陵矿区	2	42.68	22.80	3.50	13.95	1.13
神东矿区	5^{-2}	53.18	14.95	16.64	13.82	1.41
榆神矿区	3^{-1}	52.33	11.83	19.74	14.43	1.67
	2^{-2}	30.91	12.7	17.26	34.73	4.4
新庙矿区	5^{-1}	44.19	18.19	10.63	25.36	1.62
	5^{-2}	48.87	17.18	15.03	16.94	1.98
万利矿区	4^{-2}	56.58	10.42	16.8	14.21	1.99
	2^{-3}	29.4	13.14	14.39	41.26	1.81

表 2-7　典型煤转化反应式及产品

类型	化学反应	产品
煤炭直接液化	$ACH_2CH_2R \Longrightarrow ACH_2 \cdot + RCH_2 \cdot$ $ACH_2 \cdot + RCH_2 \cdot + 2H_2 \Longrightarrow ACH_3 + RCH_3 + 2H \cdot$ $ACH_2CH_2R + 2H \cdot \Longrightarrow ACH_3 + RCH_3$	液化油、沥青烯、 预沥青烯、焦炭
煤炭气化	$C + H_2O \Longrightarrow CO + H_2$ $CO_2 + 2H_2 \Longrightarrow CH_4 + O_2$	含有 CO、H_2、CH_4 等 可燃气体
煤炭液化	$2CO + H_2 \Longrightarrow (-CH_2-) + CO_2$ $nCO + (2n+1)H_2 \Longrightarrow C_nH_{2n+2} + nH_2O$	烷烃、烯烃等

2.2　硬煤的力学性质

2.2.1　硬煤变形性质

　　硬煤开采时，由于煤体强度较大，要获得较多的不同粒级的块煤，在依靠矿山压力作用使煤体有效破碎的同时，还必须配合人工干预等手段对煤体实施超前预裂破碎，从而改变煤体的破碎结构性质。因此，对煤体力学性质的研究可为硬煤预裂破碎技术的选择提供科学的依据。

　　煤体的基本力学性质采用 MTS815 电液伺服岩石力学试验系统和单轴岩石力学试验系统共同测定，如图 2-9 所示。试验采用位移控制方式，加载速率为 0.1mm/min。

（a）MTS815 电液伺服试验系统

（b）原煤试样

（c）煤样取芯

（d）标准煤样

图 2-9　试验装置取样过程及硬煤单轴压缩破坏过程

（e）硬煤单轴压缩破坏过程

图 2-9（续）

试验得到典型煤样及其顶、底板岩石的力学性质测定结果，如表 2-8 和表 2-9 所示。

表 2-8　煤样力学性质测定结果一览表

煤样（含水率/%）	抗压强度/MPa	抗拉强度/MPa	弹性模量/GPa	泊松比	内聚力/MPa	内摩擦角/（°）
2#（0）	17.94～19.39	4.97～5.43	3.88～4.13	0.11～0.23	5.3	30.5
2#（3.3）	15.85～17.07	0.77～0.85	3.23～3.61	0.23～0.38	4.6	24.1
2#（5.2）	10.56～12.98	0.09～0.2	2.69～2.94	0.36～0.51	3.1	19.7
3#（0）	19.89～21.45	1.03～1.78	1.32～1.51	0.2～0.3	2.5	41
3#（4.1）	9.76～11.32	0.45～0.63	1.01～1.31	0.32～0.43	1.8	32
4#（0）	16.21～17.36	1.93～2.11	2.56～3.01	0.10～0.13	2.5	33.2
4#（3.2）	10.21～12.22	1.30～1.41	2.20～2.40	0.26～0.41	1.0	30
4#（4.7）	6.25～9.32	0.71～0.92	1.47～1.80	0.37～0.53	1.2	25.0
5^{-2}#（0）	8.7～25.8	1.95～3.65	1.21～2.95	0.1～0.5	5.7	32
5^{-2}#（3.2）	6.16～20.34	0.32～0.96	1.12～1.36	0.4～0.65	3.4	26

表 2-9　煤层顶、底板岩石的力学性质测定结果一览表

煤层	岩石种类	抗压强度/MPa	抗拉强度/MPa	弹性模量/GPa	泊松比	内聚力/MPa	内摩擦角/（°）
2#顶板	泥岩（厚 4.0m）	32.0	1.6	1.4	0.25	2.5	30.0
2#底板	炭质泥岩（厚 0.3m）	35.0	1.4	1.22	0.26	3.18	33.4
3#顶板	粉砂岩（厚 3.5m）	49.67	3.9	1.41	0.18	5.06	23.0
3#底板	粒砂岩（厚 8.5m）	67.0	6.1	5.02	0.14	8.52	30.9
4#顶板	粗粉砂岩（厚 4.0m）	40.7	3.6	14.4	0.23	4.87	29.8
4#底板	含砾粗砂岩（厚 7.8m）	79.6	7.8	12.17	0.12	8.63	34.9
5#顶板	粉砂岩（厚 2.5m）	36.3～54.9	1.3～2.4	1.41	0.14～0.2	8.1	38
5#底板	细粒砂岩（厚 6.5m）	103.9～143	5.5～17.6	5.02	0.11～0.14	28.5	46

试验所给出的典型硬煤全程应力-应变曲线的变化情况如图 2-10 所示。

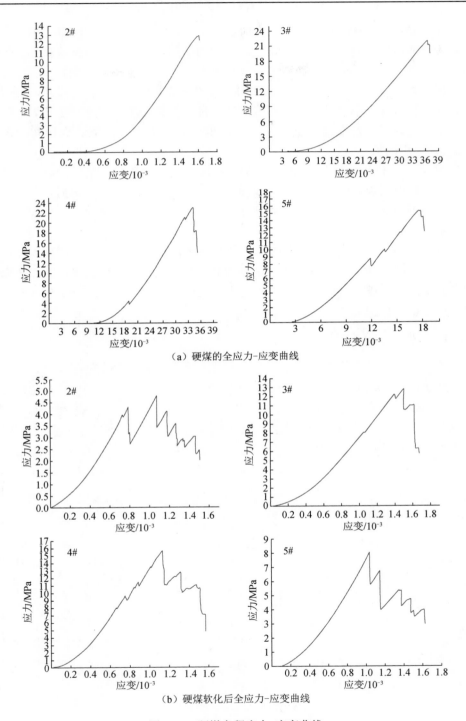

（a）硬煤的全应力-应变曲线

（b）硬煤软化后全应力-应变曲线

图 2-10　硬煤全程应力-应变曲线

图 2-10（a）硬煤的全应力-应变曲线表明：煤样加载变形破坏过程中，在煤样破坏峰值前试件内能量不断积累，加载应力达到峰值强度时，试件煤样发生瞬间破坏，释放能量，破坏变形较小，峰后试件失去承载能力。原煤属于脆性破坏的硬煤，强度较大。全应力-应变曲线结果与 2.1 节典型煤的物性特征相一致。由于硬煤破坏时变形小且具有一定程度的突变性，不易监测，因此，在开采过程中采取手段对煤层进行超前改造，提前释放煤体的形变内能，能够为预防硬煤事故创造有利条件。

图 2-10（b）硬煤软化后全应力-应变曲线表明：水压裂煤层后的硬煤强度显著降低，峰值后煤层变形增加，出现峰后承载曲线。煤体塑性的增强，突发性破裂现象得到控制；压裂改变煤体的物理力学性质，可以在一定程度减少或消除硬煤冲击等灾害。

研究表明：硬煤的变形过程及与其相伴随的渗透率变化性质，受到煤体中原生孔隙、裂隙及其扩展或再破坏演化规律的控制。这些变化引起煤体的渗透率在硬煤的不同变形破坏阶段，对应地呈现不同的应力渗流特征。综合试验区典型硬煤变形特征，可归纳为以下几个阶段。

1. 原生微孔隙压密阶段

原生微孔隙压密阶段如图 2-11 中 I 段曲线所示，煤样中微裂隙在压力作用下逐渐被压密，因而煤的轴向应力-应变曲线略呈上凹形，其斜率随应力 σ 增加而增大。煤的侧向应力-应变曲线较陡。岩石体积 V 随应力增加而压缩，所以 $\varepsilon_v > 0$。曲线上 A 点所对应的应力为压密极限强度，这时试样煤的渗透性因孔隙压密而不断减小。这是试验煤变形的典型特征之一。

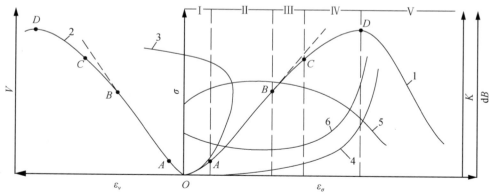

1—轴向应力-应变曲线；2—侧向应力-应变曲线；3—应力-体积应变曲线；
4—声发射-应变曲线；5—波速-应变曲线；6—渗透性-应变曲线。

图 2-11　硬煤的全应力-应变曲线和渗透率的演化

2. 弹性变形阶段

弹性变形阶段如图 2-11 中 II 段曲线所示，这个阶段是由于煤样中微裂隙骨架的压缩引起孔隙进一步压密及闭合，硬煤的轴向应力-应变曲线为直线形式。煤的侧向应力-应变曲线也为直线。煤样体积应变压缩率逐渐降低，即 $\varepsilon_v > 0$。曲线上 B 点所对应的应力为弹性极限强度或比例极限。这时，试样的渗透性仍然不断减小，但减小的程度有所降低。由于煤原始孔隙率较低，渗透率 K 减小变化对整体煤样渗透率降低的影响不大。

3. 初期膨胀阶段

初期膨胀阶段如图 2-11 中 III 段曲线所示，岩石的轴向应力-应变曲线及侧向应力-应变曲线均从 B 点开始偏移直线而略凹向下，说明岩石的体积由压缩转为膨胀。该变形阶段也可以看作是弹性变形阶段到破坏阶段的过渡，曲线上 C 点所对应的应力为屈服极限。这个阶段一部分岩石原生裂隙开始局部扩展并形成新的裂隙，而其他位置的原生裂隙继续压缩，此消彼长，所以整体岩石体积压缩最大，渗透率不再减小，趋于稳定。

4. 裂隙破坏阶段

裂隙破坏阶段如图 2-11 中 IV 段曲线所示，岩石的轴向应力-应变曲线及侧向应力-应变曲线均从 C 点开始进一步变缓，并且凹向下，反映煤体内部较多裂隙持续定向扩展，岩石体积膨胀加速，变形随应力迅速增长，应力至 D 点达到最大值，曲线上 D 点所对应的应力为峰值强度。这个阶段岩石内部大量裂隙扩展形成了新的局部化裂隙，煤体出现结构性破坏。整体煤的渗透率显著增大，远大于弹性阶段的渗透率。

5. 峰值后变形阶段

峰值后变形阶段如图 2-11 中 V 段曲线所示，D 点之后的应力-应变曲线，表明了硬煤破坏后体积膨胀，保持了较小的应变值。也就是说，经过 D 点后试件煤彻底破坏，经过较小变形，承载下降，到达稳定所对应的应力为残余强度。这一阶段煤体中裂隙增多，裂隙密度增大，连通性增强，煤体的渗透率也显著增大。

水力压裂煤体在复合应力的作用下，出现复杂的渗透性变化规律。在地应力场控制下水力压裂煤体的结构改造试验，垂直应力为最大主应力情况下，压裂过程煤试件应变与注液压力的关系曲线如图 2-12 所示。煤炭的压裂压力引起的破坏与钻孔轴向方位比较，表现出 3 种情形，第 1 种情况是与最大主应力方向平行的两组侧面变形规律相似，发生破坏程度和新产生的压裂裂隙数量相当，其对应压裂试件变形压力关系如图 2-12（a）、（b）所示；与第 1 种情形类似，第 2 种情形就是侧面变形规律相似，不同之处在于 2 组侧面上形成破坏裂隙数量与延伸程度不同，如图 2-12（c）～（e）所示；第 3 种情形不同于前 2 种，即试件两侧面变形规律、破坏裂隙数量与程度均有显著差别，如图 2-12（f）所示，表现出 1 组侧面发生变形破坏裂隙，而在另 1 组侧面上不发生的情况。

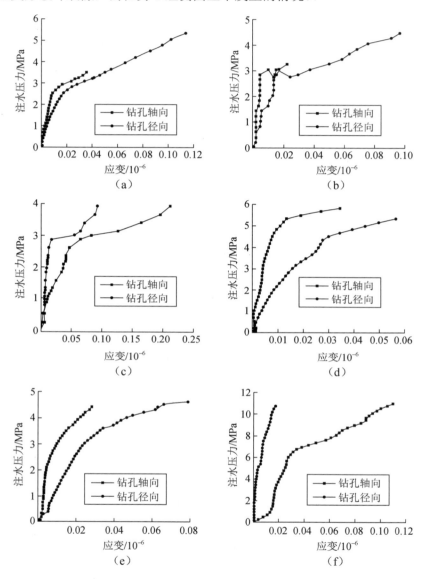

图 2-12　压裂过程煤试件应变与注液压力的关系曲线

大量试验研究表明，煤的渗透性与注水压力具有非线性相关性。水压致裂对煤体的结构改造，存在 2 个临界压力值，即初始压力和最大破坏压力。其中，初始压力实质是克服初始注水时因煤体对水的阻抗作用而形成微流量渗透对应的压力；而最大破坏压力是注水压力击溃煤体裂隙结构系统的极限压力值。当注水压力达到最大破坏压力时,煤体中水压裂隙扩展贯通煤体,水在煤体中运动将不再是渗流的形式,而是沿煤体的压裂裂隙通道作近似层流运动,出现压裂压力"短暂卸载"现象,直到裂隙的再次扩展破坏,以此循环。

2.2.2 硬煤破碎强度

煤体作为一种多孔裂隙介质,当受到外力等荷载的扰动作用时,煤体将会出现原生裂隙的起裂扩展和新生裂隙的萌生,从而引起煤体积聚能量以裂隙扩展表面能和塑性变形能进行耗散。当煤体所受外力荷载超过其极限承载能力时,煤体节理裂隙相互连通,从而造成煤体的崩解、破碎,甚至丧失其承载能力。

1. 裂隙煤弹性性质

在全应力应变过程中,因为包含裂隙的应变能 W 与相同应力作用下的不包含裂隙的应变能 W_a 之间的差值,等于裂隙所引起的应变能 W_c,所以,定义裂隙所引起的硬煤应变能为

$$W_c = W - W_a \tag{2-1}$$

任意长度为 $2c$ 的裂隙在法向应力 σ_n 和切向应力 τ 作用下的应变能可以表达为

平面应力状态:

$$W_c = \pi c^2 t (\sigma_n^2 + \tau^2) / E = \pi c^2 t (\sigma_1^2 \cos^2 \beta + \sigma_2^2 \sin^2 \beta) / E \tag{2-2}$$

平面应变状态:

$$W_c = \pi c^2 t (1 - v^2)(\sigma_n^2 + \tau^2) / E \tag{2-3}$$

上述式中:σ_1、σ_2——无穷远处的主应力;

β——裂隙的长轴与最小主应力方向的夹角;

t——时间;

v——泊松比;

E——弹性模量。

对于长径为 $2c$ 的扁球状裂隙,应力 σ 垂直于直径平面时,裂隙产生的应变能为

$$W_c = 8(1 - v^2)c^3 \sigma^2 / (\pi E) \tag{2-4}$$

在硬煤全应力-应变曲线中,初始段曲线的压缩凹曲,静力和动力弹性模量之间的不互等现象都归因于裂隙或孔隙的存在。如果定义含有孔隙裂隙的岩石弹性常数为有效弹性常数,而把不含孔隙裂隙的岩石弹性常数称为长期弹性常数。那么,空穴形式的孔隙、极扁的张开裂隙和闭合裂隙对物体弹性性质的影响是不同的。对于极扁的张开裂隙而言,在静水压力 P 作用下,极扁的张开裂隙在所有方向的压缩量相同。在单轴压缩应力的作用下,极扁的张开裂隙的压缩具有选择性,与受力方向垂直的张开裂隙压缩量相同。但是对于包含大量随机方向的极扁的张

开裂隙的有效弹性常数、体积模量、泊松比而言都小于硬煤材料的固有值，表现出裂隙对弹性材料的弱化作用。垂直受压的极扁裂隙与随机方向的裂隙对于煤体有效弹性常数的影响作用前者大于后者；随着从短裂隙到长裂隙的变化，两者差值在 1/3～1 区间变化，而相对应两者因裂隙损伤引起的软化系数则从 0 达到 2/3。

对于含有闭合裂隙的有效杨氏模量与包含随机方向裂隙的硬煤有效弹性常数比较，两者相差值大小受到侧压系数变化的影响。当裂隙单位体积的长度相同，取 $\nu = 0.25$ 时，前者与后者差值在 0.57～0.7 区间变化。对于含有大量随机方向平均长度为 L 的闭合裂隙，仅当 $|\tau| \geqslant \nu\sigma_n$ 时，闭合裂隙之间的相对运动才有可能。对于 $|\tau| \geqslant \nu\sigma_n$ 的全部裂隙有效弹性常数，与包含随机方向裂隙的硬煤有效弹性常数比较，两者相差值受到侧压系数变化的影响。当裂隙单位体积的长度相同并取 $\nu = 0.25$，这时前者与后者差值大约为 0.4～0.47。说明含有大量随机方向闭合裂隙体比含单一闭合裂隙体损伤软化程度更大，破碎更容易。当裂隙单位体积的长度相同并取 $\nu = 0.25$ 时，这时前者与后者差值为 0.57～0.7。

含有闭合型裂隙的硬煤体，单轴压应力不倾斜裂隙应力-应变图如图 2-13 所示，加、卸载岩石完整应力-应变曲线图 2-14 所示，图中加载过程有效杨氏模量（E_{eff}）是线性的。在卸载开始时，卸载曲线是线性的，其斜率等于固有杨氏模量 E，该线延长线下面积等于无裂隙物体中的应变能 W_0。而加、卸载曲线之间的面积就等于裂隙产生的应变能和加卸载过程中抵抗裂隙面之间的摩擦所做的功 w_f。当荷载减少到裂隙面之间开始反向滑动时，卸载模量（E_1）就逐渐减小甚至低于有效模量之值。加载和卸载线之间的面积代表在全部循环期间抵抗裂隙面之间的摩擦所做的功。而对裂隙面存在复杂应力引起的正应力，由于复杂应力产生的摩擦阻力，阻止裂隙面在卸载过程中反向滑动而回到原点位置，而且在一次全循环之后完全卸载情况下内部仍存在残余应变。

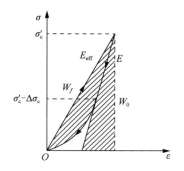
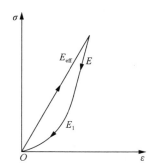

图 2-13　单轴压应力下倾斜裂隙应力-应变图　　图 2-14　加、卸载岩石完整应力-应变曲线

综上可见，单轴加载过程中，滑动连续至 σ_c'；卸载过程中，仅当应力达到 $\sigma_c' - \Delta\sigma_c$ 时滑动才开始。裂隙面间的相对位移相同，决定循环期间抵抗摩擦所做的功在加载和卸载部分之间分别按比值 $\sigma_c' / (\sigma_c' - \Delta\sigma_c)$ 分配。经过滑动的闭合裂

隙，当荷载反向时并不立即在相反的方向滑动。裂隙对硬煤弹性性质软化的影响归纳为

① $E_{eff} < E$，$\nu_{eff} < \nu$，适用于张开裂隙和空穴。

② $E_{eff} > E$，$\nu_{eff} > \nu$，适合闭合裂隙裂面互相滑动。

2. 裂隙煤破坏理论

假设以裂隙单位面积表面能 α（与裂隙形成时原子束的破坏相联系）、裂隙的表面能与裂隙相联系的应变能 W_c、储存在裂纹周围的弹性应变能 W_E 以及由外力所做功之间的能量平衡为确定裂隙破坏的准则，即

$$\alpha + W_c + W_E = 0 \qquad (2\text{-}5)$$

由于塑性变形能存在，α 可视为"破裂的视表面能"，对于厚度为 t、长度为 $2c$ 的裂隙不稳定平衡条件可以写成为

$$\frac{\partial}{\partial c}(W - 4\alpha ct) = 0 \qquad (2\text{-}6)$$

当满足式（2-6）时，就会产生新生裂隙。

假设长 L、宽 b 和单位厚度煤体中，在平面应力状态下含长度 $2c_i$ 裂隙。在垂直于裂隙受拉应力 σ_t 的情况下，σ_t 所做的功 W_i 为

$$W_i = \frac{bL\sigma_t^2\left(1 + \dfrac{2\pi c_i^2}{bL}\right)}{2E} \qquad (2\text{-}7)$$

包含裂隙的表面能 $4\alpha c_i$ 的系统的总表面能 V_i 为

$$V_i = \frac{bL\sigma_t^2\left(1 + \dfrac{2\pi c_i^2}{bL}\right)}{2E} + 4\alpha c_i \qquad (2\text{-}8)$$

假设裂隙扩展时拉应力 σ_t 保持常数，则

$$V_i = \frac{bL\sigma_t^2\left(1 + \dfrac{2\pi c_i^2}{bL}\right)}{2E} + 4\alpha c + K_E \qquad (2\text{-}9)$$

式中：K_E ——存储在含裂隙煤体中的动能。

考虑 σ_t 做功 $W - W_i = bL\sigma_t(\varepsilon - \varepsilon_i)$，为单位体积 V 中动能。令 $n = 4\alpha E / (\pi c_i \sigma_t^2)$，得

$$K_E = \pi c^2 \sigma_t \left(1 - \frac{c_i}{c}\right)\left[1 - (n-1)\frac{c_i}{c}\right]\Big/ E \qquad (2\text{-}10)$$

取

$$K = \frac{k_c \rho \sigma_t^2 c^2 v_c^2}{2E^2} \qquad (2\text{-}11)$$

式中：v_c ——裂隙扩展的速度，$v_c = \mathrm{d}c/\mathrm{d}t$；

$\quad\quad\rho$ ——固体密度；

$\quad\quad k_c$ ——常数。

综合得

$$v_c^2 = \frac{2\pi E}{k_c \rho}\left(1 - \frac{c_i}{c}\right)\left[1 - (n-1)\frac{c_i}{c}\right] = v_m^2\left(1 - \frac{c_i}{c}\right)\left[1 - (n-1)\frac{c_i}{c}\right] \quad （2-12）$$

令裂隙扩展的最大速度为

$$v_m = \left(\frac{2\pi E}{k_c e}\right)^{1/2} \quad （2-13）$$

按照岩石力学估计得

$$v_m = 0.38\left(\frac{E}{e}\right)^{1/2}$$

裂隙扩展加速度为

$$\frac{\mathrm{d}v_c}{\mathrm{d}t} = \frac{\pi E c_i}{k_c \rho c^2}\left[n - \frac{2(n-1)c_i}{c}\right] \quad （2-14）$$

　　裂隙研究表明，初始破坏后的最初过程是稳定的。煤体受力破坏首先是从具有危险方向的裂隙开始，要进一步扩展这一裂隙，就要求增加作用力。而增加应力，将会引起其他具有较小危险方向的裂隙开始破坏。对随机方向和均匀分布闭合裂隙的煤体，假设在最初的稳态破坏过程中，每一条能够滑动的裂隙都对煤的崩解有贡献，而且贡献与沿裂隙的应变能成正比，即 $2\beta_1 \sim 2\beta_2$ 的所有裂隙都影响煤的破坏。

3. 裂隙硬煤强度

（1）由上节的能量平衡条件：可得不同裂隙失稳的临界拉应力条件，即

平面应力：

$$\sigma_{tg} = \left(\frac{2\alpha E}{\pi c}\right)^{1/2} \quad （2-15）$$

平面应变：

$$\varepsilon_{tg} = \left[\frac{2\alpha E}{\pi(1-\nu^2)c}\right]^{1/2} \quad （2-16）$$

（2）拉应力 σ_t 达到临界拉应力 σ_{tg}，长度为 c 的裂隙才能开始扩展。根据格里菲斯强度理论，可得裂隙不稳定增长的临界拉应力 σ_{tg} 与临界应变 ε_g 之间的关系，即

$$\varepsilon_g = \left(\frac{\sigma_{tg}}{E}\right) + \left(\frac{8L\alpha^2 E}{\pi \sigma_{tg}^3}\right) \quad （2-17）$$

此时，式（2-10）中，$c = c_i$，且 $v_c = 0$，$n = 2$，$\dfrac{dv_c}{dt} = 0$，得到裂隙单位面积表面能的表达式为

$$\pi c_i \sigma_t^2 = 2\alpha E \qquad (2\text{-}18)$$

式（2-18）即为格里菲斯裂隙表面能表达的强度关系。

① 当 $n < 2$ 或 $\sigma_{ti} > \sigma_{tg}$，由裂隙传播及运动方程可以给出任意时刻裂隙长度。

② 当裂隙较短时或长度 $c_i < (\sigma L)^{-1/2}$，相当于图 2-15 中 OP，位于应力-应变曲线上裂隙最小应变点 V 之上。在常应变情况下裂隙 c_i 增长到相当于 F_1 点的长度时平衡，这时满足 $S_{PVQ} = S_{QFF_i}$。

③ 当裂隙长度 $c_i > (\sigma \pi L)^{1/2}$ 情况下，当 $\sigma_{ti} > \sigma_{tg}$ 时裂隙才开始扩展。

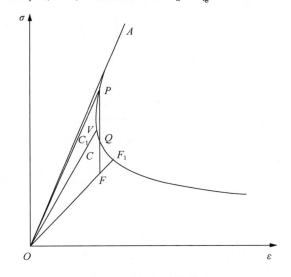

图 2-15　应力-应变曲线

（3）受剪应力裂隙的断裂准则为

$$|\tau| - v\sigma_n = \delta_{tg} \qquad (2\text{-}19)$$

$$\sigma_1\left[\left(v^2 + 1\right)^{1/2} - v\right] - \sigma_3\left[\left(v^2 + 1\right)^{1/2} + v\right] = 2\sigma_{tg} \qquad (2\text{-}20)$$

2.3　煤层结构裂隙分类

试验区煤是典型的孔隙、裂隙双重多孔介质。微观孔隙是瓦斯、水、气等聚集场所，煤层裂隙则是气、水运移通道。煤体裂隙是指煤受各种应力作用产生的破裂形迹。裂隙的性质、规模、连通性、发育程度等直接控制着煤层破坏强度和渗透性。

2.3.1　煤层裂隙分类

试验煤层内裂隙主要分为张开裂隙和闭合裂隙两大类型。根据裂隙成因、尺寸、力学特征、几何形态以及主次关系等，煤体裂隙有以下几种分类方案。

1. 原生裂隙成因

煤体原生裂隙从成因上可以分为内生裂隙和外生裂隙（表 2-10）。内生裂隙是在煤化作用过程中，由于煤脱水、脱挥发分、煤体积收缩等作用产生的裂隙；或者煤化作用生成的水、气体及温度升高，孔隙产生膨胀，形成异常高压产生的裂隙。外生裂隙是煤在构造变形时期，在较高的温度压力和强烈的构造应力作用下产生的裂隙。

表 2-10　煤体原生裂隙分类

类	组	形
内生裂隙	面割理、端割理	网状、孤立状、叠加状
外生裂隙	张性外生裂隙	羽状、网状、树枝状、锯齿状、纵开张裂隙
	剪性外生裂隙	叠瓦状、阶梯状、X形、桥构造
	张剪性外生裂隙	
	压剪性外生裂隙	辫状裂隙
	劈理	褶劈理、流劈理

2. 裂隙尺寸

根据裂隙尺寸对裂隙分类，可以分为巨型、大型、中型、小型、微型等 5 种，如表 2-11 所示。但对陕北侏罗纪煤层裂隙研究表明：煤层原生裂隙 90%属于小型和微型裂隙，含有 5%~8%的中型裂隙，较大裂隙约占到 3%。

表 2-11　煤体裂隙尺寸类型及其特征

裂隙尺寸类型	特征
巨型	裂隙切穿若干个宏观煤岩类型分层或切穿整个煤层，一般长度为数米，高度大于 1m，裂口宽度为数毫米
大型	裂隙切穿一个以上煤岩类型分层。一般长度为数十厘米至 1m，高度为数厘米至 1m，裂口宽度数微米至毫米级
中型	裂隙限于一个煤岩分层内，长度一般为数厘米至大于 1m，高度为数厘米，裂口宽度为数微米级
小型	裂隙仅发育在单一煤岩分条带内，长度一般为数毫米至 1m，高度为毫米级，裂口宽度为数微米级
微型	一般为纳米级至数十纳米级，借助显微镜可见。分成原生孔、后生孔、外生孔和矿物质孔。原生孔主要包括胞腔孔、屑间孔，后生孔主要指气孔，外生孔主要分为角砾孔、碎粒孔和摩擦孔，矿物质孔则主要可分为铸模孔、溶蚀孔和晶间孔

3. 裂隙特征

煤体裂隙中除微型孔隙外，还有宏观裂隙，其裂隙面是不具有或具有极低抗拉强度的力学不连续面。依据裂隙面的特征分类主要有：力学特征、裂隙开度、贯通情况、渗透性、平整度、充填性等，如表 2-12 所示。

表 2-12　煤体裂隙特征分类

裂隙特征	类别		特点
力学特征	张拉裂隙	张拉型（Ⅰ型）	在与裂隙面正交的拉应力作用下，裂纹面产生张开位移而形成的一种裂隙
	剪裂隙	滑开型（Ⅱ型）	在平行于裂纹面而与裂纹尖端线垂直方向的剪应力作用下，使裂纹面产生沿裂纹面的相对滑动而形成的一种裂纹
		撕开型（Ⅲ型）	在平行于裂纹面而与裂纹尖端线平行方向的切应力作用下，使裂纹面产生沿裂纹面外的相对滑动而形成的一种裂纹
裂隙开度	闭合型		裂隙面间距小于 0.5mm 的裂隙
	张开型		裂隙面间距大于 10mm 的裂隙
贯通情况	非贯通裂隙		裂隙面较短，不能贯通煤层，但它的存在使煤体的强度降低，变形增大
	半贯通裂隙		裂隙面有一定长度，但尚不能贯通整个煤层或块煤
	贯通裂隙		裂隙面连续长度贯通整个煤体，对煤体强度有较大影响，破坏常受这种裂隙面控制
渗透性	渗透性裂隙		在一定水压力作用下，具有渗透性特征的裂隙
	非渗透性裂隙		在一定渗透压力作用下，透水性极弱或不透水的裂隙
平整度	粗糙度		粗糙度对裂隙面强度影响较大，裂隙面越粗糙其抗剪强度越高，裂隙面的粗糙性分为 10 级，在 0~20 级间变化
	起伏度		起伏度是相对较大一级的表面不平整状态，起伏度较大，可能影响裂隙面局部产状
充填性	充填裂隙		开度较大的张性裂隙面，一般具有较厚的充填物，其对裂隙面的强度具有较大影响
	非充填裂隙		由于外力作用形成的新生裂隙面，开度较小，裂隙面充填厚度小或几乎无充填物

依据裂隙特征分类原则，现场实测五大矿区煤层裂隙分布情况，对五大矿区典型煤层裂隙特征总结如表 2-13 所示。

表 2-13　五大矿区典型煤层裂隙特征

矿区	力学特征	裂隙开度	切割度 Xe	贯通类型	粗糙系数（JRC 值）	充填性
黄陇矿区	Ⅰ、Ⅱ型	张开型	弱-中节理化	非、半贯通型	平坦起伏 6 级（12）	钙质充填
神东矿区	Ⅰ型	张开型	弱节理化	非贯通型	平坦平滑 4 级（7）	钙质充填
榆神矿区	Ⅱ型	闭合型	弱节理化	非贯通型	平坦平滑 4 级（6）	钙质充填
新庙矿区	Ⅰ型	张开型	弱-中节理化	非、半贯通型	平坦起伏 5 级（10）	钙质充填
万利矿区	Ⅰ型	张开型	弱节理化	非、半贯通型	平坦起伏 6 级（12）	泥质充填

4. 裂隙形态

试验煤体裂隙按照几何形态可以分为层状羽形裂隙、层状台阶裂隙、层状齿形裂隙、网状裂隙等，如图 2-16 所示。现场实测五大矿区典型煤体裂隙综合分类如表 2-14 所示。

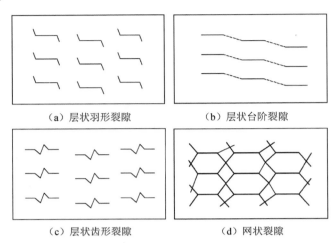

（a）层状羽形裂隙　　　　　　　　（b）层状台阶裂隙

（c）层状齿形裂隙　　　　　　　　（d）网状裂隙

图 2-16　煤体裂隙几何形态

表 2-14　五大矿区典型煤体裂隙综合分类

矿区	成因	尺寸	渗透特征	几何形态	综合分类
黄陇矿区	外生张性	中-小型	充填低渗透	网状	中-小型充填、半充填非贯通 I 型裂隙
神东矿区	外生张性	小型	充填低渗透	羽形/斜交	小型充填非贯通 I 型低渗透裂隙
榆神矿区	外生张性	小型	充填低渗透	斜交/台阶	小型充填非贯通 II 型低渗透裂隙
新庙矿区	张性外生	中-小型	充填低渗透	齿形	中-小型充填非贯通 I 型低渗透裂隙
万利矿区	张性外生	中-小型	充填低渗透	网状	中-小型非贯通 I 型渗透裂隙

2.3.2　煤层裂隙分形

1. 裂隙度与裂隙间距的测量

裂隙度指沿取样方向单位长度的节理数量，用 D 来表示

$$\begin{cases} D = \dfrac{n}{l} \\ d = \dfrac{1}{D} = \dfrac{l}{n} \end{cases} \tag{2-21}$$

式中：n——长度 l 内的裂隙数量；

　　　l——测线的长度；

　　　d——裂隙间距。

2. 裂隙分形维数

在分形几何中，度量两个分形集合的"不规则"程度和"复杂"程度的客观工具是分形维数。

1）相似维数

将长为一个单位的线段或者将边长为一个单位的正方形或边长为一个单位的立方体的边分别缩小为 1/3，则线段将变为 $3^1=3$ 个 1/3 单位的小线段，正方形将变为 $3^2=9$ 个边长为 1/3 单位的小正方形，而立方体则变为 $3^3=27$ 个边长为 1/3 单位的小立方体。对于线段、正方形和立方体，图形所分成的小部分的个数 N 和整个图形的放缩因子 r 之间存在如下的幂律关系

$$N = (1/r)^d \tag{2-22}$$

式中：d——它们的拓扑维数。对于线、面和体，d 分别取值 1、2 和 3。

一般地，如果一分形 S（它可以看作一些点的集合）可以划分为 N 个同等大小的（在欧式几何意义上）子集，每一子集为原集合放大 r 倍，则 S 的相似维数定义为

$$D_S = \ln N / \ln(1/r) \tag{2-23}$$

2）Hausdorff（豪斯道夫）维数

Hausdorff 维数严格定义是由较深的数学理论给出的，对于任何一个有确定维数的几何体，若用于它相同维数的"尺"去度量，则可得到一确定的数值 n_H；若用低于它的"尺"去度量，则结果为无限大；若用高于它的"尺"去度量，则结果为零。其数学表达式为

$$n_H = l^{-D_H} \tag{2-24}$$

对式（2-24）两边取双对数，再经过变换得

$$D_H = \ln n_H / \ln(1/l) \tag{2-25}$$

式中：D_H——Hausdorff 维数。Hausdorff 维数可以是整数，也可以是分数。

3）裂隙分形维数

裂隙分形维数（以下简称"裂隙分维数"）是指：在裂隙测定的正方形区域内，以尺度 i 去等分裂隙测定的区域，再统计测量区域内裂隙长度大于 i 的裂隙个数为 j，则根据式（2-25）得到

$$D_L = \ln j / \ln(1/i) \tag{2-26}$$

式中：D_L——裂隙条数的分形维数；

　　　i——分形尺度；

　　　j——区域内裂隙长度大于 i 的裂隙个数。

由五大矿区煤体实测分析，其煤体裂隙与分形维数统计如表 2-15 所示。

表 2-15　五大矿区煤体裂隙与分形维数统计表

矿区	平均裂隙度/m^{-1}	平均裂隙间距/m	平均分形维数
黄陇矿区	1.13	0.88	1.27
神东矿区	1.21	0.83	1.35
榆神矿区	1.05	0.95	1.28
新庙矿区	1.02	0.98	1.36
万利矿区	1.09	0.93	1.28

第3章 压裂块煤开采方法

本章详细介绍了煤层超前破碎的主要技术、原理及压裂煤层的破碎规律，包括矿压对煤层的破碎作用、水压致裂破碎原理、气压裂化原理、冲击破煤原理以及混合裂化破碎等硬煤改造理论，并进一步介绍了煤层压裂破碎的评价方法，给出了硬煤破碎影响因子的表达式。

3.1 矿压对煤层的破碎作用

3.1.1 综采工作面煤体裂隙演化机理

由于采动引起工作面周围煤岩体中的应力重新分布，在工作面前方煤体中形成支承压力。支承压力是煤体破坏的主要动力，在支承压力作用下煤体的变形破坏过程就是煤体中裂隙的生成、演化扩展和贯通的过程，也就是煤体宏观力学性态逐渐劣化的过程。在支承压力作用下煤壁前方煤层依次形成裂隙松动区 B_3、裂隙扩展区 B_2、微裂隙发育区 B_1、原始区 A，如图 3-1 所示。

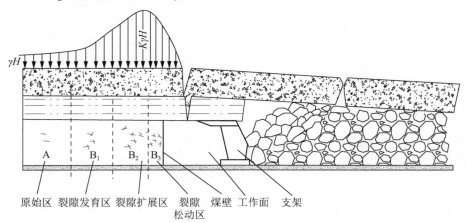

图 3-1　综采工作面煤壁前方破坏分区示意图

原始区（A）裂隙是在上覆顶板压力作用下，出现的多为微观的弹性裂隙。随着应力的不断增强，在裂隙发育区（B_1），受超前支承压力与上覆顶板压力的影响，煤体裂隙为弹性和塑性裂隙，以初始裂隙面为界，裂隙在水平与垂直应力作用下扩展，出现宏观和微观的裂隙；该区域长度一般为 20～25m；在裂隙扩展区

（B_2），由于受超前峰值压力的影响，煤体在三向应力作用下，裂隙多为塑性变形，煤体沿推进方向在一定范围内出现次生裂隙并扩张，原来处于压密、闭合状态各种细宏观层理裂隙面扩张，该区域长度一般为 10～15m；紧挨煤壁前方的为裂隙松动区（B_3），该区域一般为 3～5m，煤体采出后，工作面煤体的受力状态发生了根本性改变，由原来的三向应力状态转化为两向应力状态，在采空区产生明显的卸压位移，使支架增阻量降低，但支架承受的载荷有所增加，这说明支架载荷主要受其上部一定厚度覆岩的作用，更高层位岩层由于与下部岩层离层，其载荷将转移到采空区后方矸石压缩和矸石压实区。

从表 3-1 中来压前后工作面煤壁前方分区裂隙一览表的分析发现，工作面来压后，煤壁前方裂隙度和分形维数增大，说明来压对煤层的破碎性增强，但是增幅较小，其根源是因为来压步距较大，原始硬煤在非来压期间得不到连续有效的矿压破碎作用。工作面来压增强了煤层破碎性，但有效推进距离仅相当于周期来压步距的 1/10 左右，这就造成硬煤层 90%的推进过程得不到有效破坏，均处于较为难截割的状态。

表 3-1　来压前后工作面煤壁前方分区裂隙一览表

分区	未来压		来压	
	平均裂隙度/m^{-1}	分形维数	平均裂隙度/m^{-1}	分形维数
原始区 A	1.1～1.15	1.1～1.2	1.2～1.3	1.2～1.22
裂隙发育区 B_1	1.3～1.4	1.25～1.3	1.6～1.8	1.3～1.35
裂隙扩展区 B_2	1.8～2.1	1.3～1.35	2.2～2.4	1.35～1.4
松动区 B_3	2.1～2.5	1.4～1.5	2.8～3.0	1.5～1.6

3.1.2　综放工作面煤体裂隙演化机理

如图 3-2 所示，随着工作面推进，在超前支承压力作用下综放工作面顶煤形成原始区（A）、裂隙发育区（B_1）、裂隙扩展区（B_2）、裂隙松动区（B_3）。根据煤体硬度不同，当煤体为硬煤时，顶煤破断线位于工作面后方，破断角为 α_1；当煤体为中硬煤时，顶煤破断线位于工作面正上方，破断角为 α_2；当煤体为软煤时，顶煤破断线位于工作面前方，破断角为 α_3。在顶煤放出区，顶煤滑移线与煤矸分界线之间的为不可放出煤体，造成该部分煤体损失。a 为防止支架架前冒顶，预留保护煤层厚度，$K\gamma H$ 为超前峰值压力。

1）原始区

当煤体硬度较大，仅利用上覆顶板压力不足以使煤体充分破碎，需采用人工措施破煤，利用水力压裂的方法在原始区打钻对煤体进行预裂割缝，裂化煤体，在上覆顶板压力共同作用下使煤体能够充分破碎。

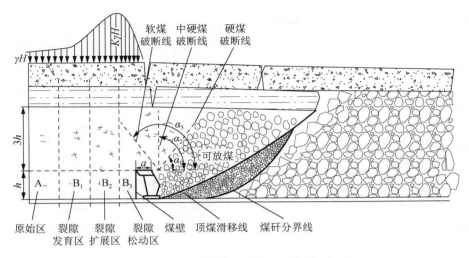

图 3-2　综放工作面煤壁前方顶煤破坏分区

2）裂隙发育区

随着支承压力的不断增大，煤体损伤不断演化，损伤的集中化发展引起裂隙扩展，扩展裂隙并不是在原生裂隙两端同时产生，并且扩展裂隙增长到一定长度后会改变方向，裂隙沿初始裂隙面向上和向下扩展，最终形成劈裂裂隙，以初始裂隙面为界，再生裂隙向两端扩展。

3）裂隙扩展区

采动引起的工作面前方的应力集中愈来愈大，因而工作面前方煤体要承担的支承压力也越来越大。当超前工作面支承压力超过煤体的强度时，即引发煤体产生破坏，同时，支承压力峰值前移到煤体深部。由于靠近煤壁的煤体需要承受较大的垂直应力，又由于水平方向上自由面的形成，使水平应力较小（甚至有时受拉），低围岩状态造成了煤体易于发生剪切破坏。在支承压力作用下，超前工作面煤体中出现了拉应力区和剪切滑移区。随着三向应力状态的不均匀性增加，顶煤发生损伤破坏。部分原有的缺陷发展为新的细微裂隙。支承压力集中到一定程度，煤体中细观内生裂隙、外生裂隙扩展，形成新的次生裂隙，导致煤体结构损伤的累积，煤体破碎。

4）裂隙松动区

工作面前方顶煤承担的超前支承压力逐渐降低，失去后部煤体的支撑，围岩应力状态发生了相应变化。研究表明，煤体的变形是弹性变形和塑性变形的总和。工作面前方煤体中的形变能可以被塑性变形吸收，这时顶煤的体积变形能 u_v 除需破坏顶煤消耗能 u_p 外，储存弹性能 ΔU 将得到释放。应力状态的改变使煤层抗压强度随之急剧降低，ΔU 释放过程使顶煤再次破坏。煤体进入塑性变化时，微小的塑性变形是其内部微小破裂的宏观表现。水平应力下降，顶煤卸载变形快速增长。

煤体沿推进方向在一定范围内出现次生裂隙再扩张。应力释放还导致原来处于压密、闭合状态各种细宏观层理裂隙面弹性扩张，从而在工作面前方形成煤体的裂隙松动区。

裂隙松动区、裂隙扩展区、裂隙发育区和原始区随着工作面继续推进表现为周期性的、连续的动态变化过程。

如图 3-3 所示，工作面进入正常回采阶段，顶煤的水平位移和垂直位移都逐渐增大。工作面后方顶煤由三向受力状态进入两向受力状态，应力状态的改变为顶煤的破坏和跨落提供了有利条件。上覆岩层跨落步距的增大，对顶煤的预破碎效果增强。一般开采过程中，随顶板岩层结构跨距增大，顶煤放出煤量成正比例增长。当上覆岩层结构取得暂时稳定，顶煤破断线与岩层破坏迹线沟通时，顶煤中混矸率将增加。这时随着顶煤放出，破碎的矸石沿滑落线上窜。顶煤从支架尾梁上方偏采空区以 65°～70° 跨落，跨落破碎的顶煤堆积在采空区前一步沿滑落线下窜的矸石上方。由图可知，顶煤的滑移线呈"倒楔"形，顶煤放出时前部边界为顶煤在架后的破断线。沿纵向顶煤的放出边界受到破断线和采空区破碎顶煤堆积体滑移线的控制。坚硬顶煤破碎后堆积体放出过程的滑移线分析表明，顶煤跨落后残余摩擦角 φ 和顶煤破断角 α 是放煤过程的基本控制变量。φ、α 的变化仅反映了顶煤强度、硬度、破碎程度等指标对放出的影响特征。若 α 一定，则 φ 是决定顶煤采出率、混矸和放煤步距的重要因素之一；若 φ 一定，则 α 变化决定了一次放出煤量的多少和含矸程度的高低。

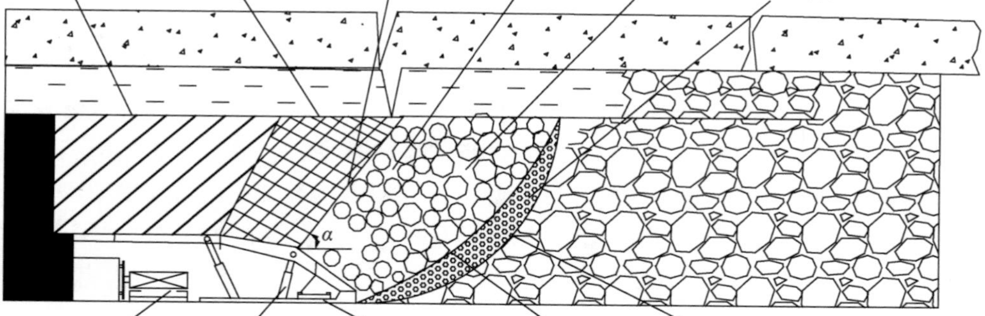

图 3-3　综放工作面煤壁后方顶煤放出图

3.2　水压裂技术

煤层水压裂的主要目的是改善煤体结构，增加煤体裂隙发育程度，促使煤体形成复杂裂隙网络。煤体压裂过程中主要形成主动裂隙和被动裂隙，主动裂隙为煤层在高压水作用下自身失稳而产生的裂隙,被动裂隙为钻孔内水压力降低之后,煤体在地应力作用下进一步发展形成的裂隙。实际上,煤层裂隙的产生是一个消耗能量的过程,水压致裂过程中高压水传递的能量大部分被消耗在这一部分,由于水的不可压缩性,处于高压水环绕的未被压裂的完整煤体能在一定程度上吸收小部分能量。煤层主动裂隙开始产生以后,由于裂隙体积增加,需要更多的高压水才能维持现有的压力,在一段时间内煤体所处的应力环境有一个相对降低的过程。处于高压水"包围"的煤体在压力减小以后,相当于失去外在束缚,煤体有向外释放能量的倾向。因此,当高压水的压力降低以后,煤层的破裂区域能够进一步发展,从而产生被动裂隙,扩大煤体压裂范围,如图 3-4 所示。

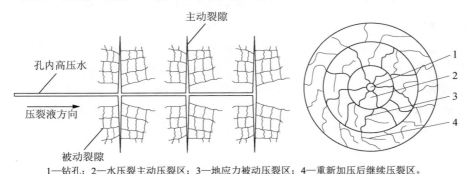

1—钻孔;2—水压裂主动压裂区;3—地应力被动压裂区;4—重新加压后继续压裂区。

图 3-4　压裂过程裂隙发展示意图

3.2.1　煤岩水压裂机理

水压裂化煤岩体受力阶段分为微观和宏观受力阶段,微观受力阶段存在五个典型变形阶段,即原生微孔隙损伤变形阶段、弹性变形阶段、体积膨胀阶段、失稳扩展阶段、裂隙闭合阶段。宏观受力阶段存在五个受力阶段,即裂隙压紧阶段、线弹性阶段、非线弹性阶段、应力下降阶段和应变软化阶段。

1. 微观裂化机理

煤岩层在水力压裂作用过程中,预裂孔隙内的气体、孔壁煤岩体及注入液之间会相互产生影响与作用,孔壁煤岩体的应力-应变及水压之间随之发生变化。

1) 原生微孔隙损伤变形阶段

在注水的初始阶段,由于压裂管内存在一些空气,而整个试样为一个小的封闭空间,随着水流的注入,预裂裂隙内的气体会被注入的压裂液压缩,空隙内压力增大,预裂裂隙受压力增大的影响,孔壁会产生应变。由于试样内有气孔,当孔隙内的气压大于试样原生气孔内的气压时,孔隙内的气体会穿过试样的原生孔隙向外界排出,气压会在一定范围内稳定,变化微小,同时由于气体、液体的进入对预裂裂隙的钻孔附近产生一定的微损伤。

2）弹性变形阶段

该阶段内，当气体基本排尽且与注入的液体基本混合后，混合气液充满整个封孔钻孔和预裂裂隙，开始对预裂裂隙产生均匀压力，此时预裂裂隙的孔壁应变为典型的线弹性应力-应变曲线，即应力随着应变的增加线性增加，二者呈正比关系。同时由于试样存在原生孔隙，当预裂裂隙内压力增大，初始气体从试样孔隙被排除后，混合气液压力增大，也有部分从原生孔隙内渗出，当然速率是缓慢的，对弹性变形阶段影响不大。因此，该阶段的孔壁应变为弹性应变。

3）体积膨胀阶段

该阶段为孔壁弹性阶段与孔壁起裂的过渡阶段，体积膨胀阶段内的气固、气液耦合现象十分复杂，但应力-应变总体表现为随着应变的增加，应力不再是线性增大，而是增大速率减缓。由于气液混合通过原生裂隙的排出，原生裂隙内不断被混合气液、压裂液充满，直到原生裂隙内的压力增大速率低于预裂裂隙的压力增大速率。同时混合气液、压裂液的渗透速率低于注水速率。试样由于吸水作用和预裂裂隙压力增大导致新的诱导裂隙的产生，整体体积开始有微小膨胀，预裂裂隙孔壁应变速率相对减缓，从而出现体积膨胀阶段。

4）失稳扩展阶段

该阶段为水力压裂裂纹起裂扩展阶段，随着预裂裂隙内的水压增加，试样吸水，预裂裂隙内气液被排尽，预裂裂隙孔壁附近的某些指标达到阈值，钻孔孔壁以预裂裂隙的尖端为裂纹尖端按某一方向起裂扩展，此裂纹为主裂纹，同时由于体积膨胀阶段出现的新的诱导裂隙，孔壁会向四周其他方向扩展，扩展出的裂纹称为次生裂纹。由于大量裂隙的迅速产生，试样的体积膨胀速率迅速增大，同时渗透率也增大。此阶段应力-应变曲线表现为随应变的增加，预裂裂隙内应力逐渐减小，同时减小速率逐渐减缓，直到裂隙发育至压裂区边界。

5）裂隙闭合阶段

该阶段为煤岩层破裂，压裂孔与外界贯通，内外压力差为零的阶段。预裂裂隙内的水压为零，煤岩层不再受注水压力的影响，煤岩层不再产生裂隙，原生裂隙不再扩展，应变变化基本停止，应变达到稳定值，煤岩层不再向外透气渗水，裂隙闭合阶段的应力-应变曲线表现为随着应变增加，应力缓慢下降至某一值后突然下降，基本形成一条较稳定的直线。

2. 宏观裂化机理

坚硬煤体具有强度高、结构致密、性脆，裂隙、孔隙及层理（以后统称裂隙）不发育且贯通性较差等特点。研究表明，煤体压裂过程破碎裂隙增长具有典型阶段性，图3-5给出水压致裂坚硬煤体的应力-应变曲线。显然，此过程经历了较完

整的五个变形阶段：裂隙压紧阶段、线
弹性阶段、非线弹性阶段、应力下降阶
段和应变软化阶段，具体分述如下。

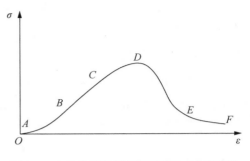

图 3-5　水压致裂坚硬煤体的应力-应变曲线

1）裂隙压紧阶段（AB）

煤体的原有裂隙由于承受压力作用
而逐渐闭合，该阶段煤体处于裂隙压密
闭合阶段，裂隙内由于水的渗透作用，
裂隙内存在渗透水压，曲线下凹现象不
明显。

2）线弹性阶段（BC）

当拉伸应力小于裂隙煤体临界拉伸应力时，材料内部裂隙没有损伤演化，所
有微裂隙都只发生弹性变形，不发生扩展，该阶段煤体处于线弹性变形阶段。

3）非线弹性阶段（CD）

当拉伸应力超过临界应力但低于煤体的最大承载应力时，煤体内越来越多的
微裂隙发生扩展。拉伸应力和内压共同作用使裂隙半径增加到一定程度，因为断
裂界面能量的平衡而止裂，这时若增加注水压力，裂隙表面能量平衡被打破，微
裂隙扩展区不断累积，对材料有效柔度张量的贡献也随之增大，于是应力-应变关
系表现出非线性行为特征。

4）应力下降阶段（DE）

当试验应力和水平应力共同形成的复合应力达到试样承载应力后，某些方向
上的微裂隙将优先穿越晶界的束缚发生二次扩展，而大多数的微裂隙只经历着弹
性卸载变形。煤体裂隙弹性能释放，原来由所有微裂隙共同承担的非弹性应变，
逐渐集中到由发生二次扩展的裂隙来承担。因此，应力下降过程是由连续损伤和
均匀应变向损伤局部发展的宏观表现，其本质原因是微裂隙的二次失稳扩展。在
有限变形情况下，随着应力水平的下降，当微裂隙体达到某一能量最低状态时，
微裂隙停止扩展，细观结构达到暂时的稳定状态。

5）应变软化阶段（EF）

由于煤体蓄积的弹性能的释放，宏观应变继续增大，已发生二次扩展的部分
微裂隙将继续发生扩展，而其他的微裂隙也发生弹性卸载，即损伤和应变局部化
进一步加剧，随之应力水平下降。应变软化阶段是微裂隙损伤局部化的继续。

3.2.2　水压预裂弱化原理

水压预裂是利用煤体的力学特性和渗流特性，通过在煤体中钻孔自激振荡脉
冲定向槽控制裂隙的扩展方向，再将水充分浸入煤体的裂隙、孔隙之中，使水的
渗透深度增大；进而利用裂隙水压力扩张煤体内原生和次生裂隙，使煤体节理、

裂隙更加发育，改善坚硬煤体强度、增加煤体渗透性能和透气性，达到定向弱化煤体整体力学性能的目的。

1. 单裂隙弱化作用原理

工作面煤体预裂后，在钻孔两侧形成定向水力压裂切割裂隙，根据断裂力学理论将钻孔简化为平面问题，由于平面问题不涉及Ⅲ型裂纹的扩展问题，取Ⅲ型应力强度因子 $K_{\text{Ⅲ}}=0$。煤体因切割裂隙的存在而引起的附加应变能增加量 U_1 为

$$U_1 = \int_0^A G\mathrm{d}A = \frac{1}{E'}\int_0^A \left(K_{\text{Ⅰ}}^2 + K_{\text{Ⅱ}}^2\right)\mathrm{d}A \tag{3-1}$$

式中：G——能量释放率；

$K_{\text{Ⅰ}}$、$K_{\text{Ⅱ}}$——节理尖端的Ⅰ、Ⅱ型应力强度因子；

A——水裂压裂切割裂隙表面积 $A = Ba$，其中，B 为割缝厚度，a 为割缝长度；

E'——在平面应力状态下 $E' = E$，在平面应变状态下 $E' = E/(1-\nu^2)$，其中，E、ν 分别为弹性模量及泊松比。

定向水力压裂割缝在如图 3-6 所示的双轴应力 σ_1、σ_3 下，损伤应变能释放率 Y 为

$$Y = -\frac{\sigma_{\text{eq}}^2}{2E(1-D)^2}\left[\frac{2}{3}(1+\nu) + 3(1-2\nu)\left(\frac{\sigma_{\text{m}}}{\sigma_{\text{eq}}}\right)^2\right] \tag{3-2}$$

式中：σ_{m}——平均应力，$\sigma_{\text{m}} = (\sigma_1 + \sigma_3)/2$；

σ_{eq}——Mises 有效应力，$\sigma_{\text{eq}} = \frac{1}{\sqrt{2}}\sqrt{\sigma_1^2 + (\sigma_1 - \sigma_3)^2 + \sigma_3^2}$，其中 σ_1、$(\sigma_1 - \sigma_3)$、σ_3 分别为第 1、2、3 主应力；

D——损伤变量。

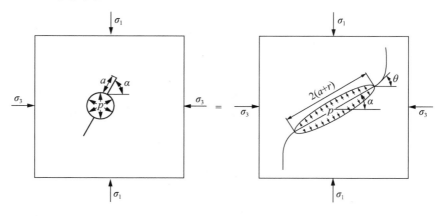

图 3-6　高压预裂脉冲割缝图

U^E 表示某一应力状态相对应的单位体积弹性应变能，在双轴应力状态下的弹性应变能为

$$U^E = -(1-D)Y \tag{3-3}$$

把式（3-2）代入式（3-3），可得

$$U^E = \frac{\sigma_{eq}^2}{2E(1-D)}\left[\frac{2}{3}(1+\nu) + 3(1-2\nu)\left(\frac{\sigma_m}{\sigma_{eq}}\right)^2\right] \tag{3-4}$$

钻孔压裂前，忽略煤体的损伤，则 $D=0$，此时式（3-4）为

$$U_0^E = \frac{\sigma_{eq}^2}{2E}\left[\frac{2}{3}(1+\nu) + 3(1-2\nu)\left(\frac{\sigma_m}{\sigma_{eq}}\right)^2\right] \tag{3-5}$$

因割缝的存在而引起的单位体积弹性应变能改变量为

$$\Delta U^E = U^E - U_0^E = \left[\frac{\sigma_{eq}^2}{2E(1-D)} - \frac{\sigma_{eq}^2}{2E}\right]\left[\frac{2}{3}(1+\nu) + 3(1-2\nu)\left(\frac{\sigma_m}{\sigma_{eq}}\right)^2\right] \tag{3-6}$$

假设研究对象的体积为 V，弹性体因割缝存在而引起的弹性应变能改变量为

$$\Delta U = V\left[\frac{\sigma_{eq}^2}{2E(1-D)} - \frac{\sigma_{eq}^2}{2E}\right]\left[\frac{2}{3}(1+\nu) + 3(1-2\nu)\left(\frac{\sigma_m}{\sigma_{eq}}\right)^2\right] \tag{3-7}$$

令式（3-7）中的 ΔU 和式（3-1）中的 U_1 二者相等，即

$$\Delta U = U_1 \tag{3-8}$$

或有

$$\frac{1}{E}\int_0^A (K_I^2 + K_{II}^2)\,\mathrm{d}A = V\left[\frac{\sigma_{eq}^2}{2E(1-D)} - \frac{\sigma_{eq}^2}{2E}\right]\left[\frac{2}{3}(1+\nu) + 3(1-2\nu)\left(\frac{\sigma_m}{\sigma_{eq}}\right)^2\right] \tag{3-9}$$

由式（3-9）可得

$$D = 1 - \frac{1}{1 + \dfrac{2\int_0^A (K_I^2 + K_{II}^2)\,\mathrm{d}A}{V\left[\dfrac{2}{3}(1+\nu) + 3(1-2\nu)\left(\dfrac{\sigma_m}{\sigma_{eq}}\right)^2\right]\cdot\sigma_{eq}^2}} \tag{3-10}$$

下面对割缝煤体进行受力分析，求出 K_I 和 K_{II} 的表达式。

在如图 3-6 所示的双轴压缩压裂裂隙面上的正应力和切应力分别为

$$\begin{cases} \sigma_\alpha(\sigma,\alpha) = \sigma_1\cos^2\alpha + \sigma_3\sin^2\alpha - p \\ \tau_\alpha(\sigma,\alpha) = \dfrac{\sigma_1 - \sigma_3}{2}\sin 2\alpha \end{cases} \tag{3-11}$$

式中：α——割缝倾角；

σ_α、τ_α——裂隙面上的法向和切向应力；

p——裂隙面上水压力。

若设裂隙面的摩擦角为 φ，则其摩擦系数 $k_1 = \tan\varphi$。在压缩荷载下，作用在割缝面上的切应力将使煤体产生剪切滑移，而作用在割缝面上的正应力将相应地产生摩擦力阻止煤体沿割缝滑移。由此可知，割缝面上的滑移驱动力 τ_{eff} 一定是大于或等于 0 的，而不可能小于 0。由于裂隙面上的内聚力相对于摩擦力要小得多，忽略不计，因此，由式（3-11）可得压裂裂隙面上的滑移力为

$$\tau_{\text{eff}} = \begin{cases} 0 & \tau_\alpha < k_1\sigma_\alpha \\ \tau_\alpha - k_1\sigma_\alpha & \tau_\alpha \geqslant k_1\sigma_\alpha \end{cases} \tag{3-12}$$

割缝尖端翼裂纹 I 型和 II 型应力强度因子 K_{I} 和 K_{II} 为

$$\left.\begin{aligned} K_{\text{I}} &= -\frac{2a\tau_{\text{eff}}\sin\theta}{\sqrt{\pi\left(l+l^*\right)}} + \sigma_{\alpha+\theta}\left(\sigma, \alpha+\theta\right)\sqrt{\pi l} \\ K_{\text{II}} &= -\frac{2a\tau_{\text{eff}}\cos\theta}{\sqrt{\pi\left(l+l^*\right)}} + \tau_{\alpha+\theta}\left(\sigma, \alpha+\theta\right)\sqrt{\pi l} \end{aligned}\right\} \tag{3-13}$$

式中：$\sigma_{\alpha+\theta}$ 和 $\tau_{\alpha+\theta}$——由式（3-11）求得；

θ——割缝尖端翼裂纹扩展角，本书取为 70.5°；

l——翼裂纹扩展长度。

引入 $l^*=0.27a$，当 $l=0$ 时，K_{I}、K_{II} 非奇异。引入该假设的目的可由式（3-13）看出，当裂纹扩展时，即 l 增加，裂纹扩展驱动力 K_{I}、K_{II} 将明显减小，表明裂纹将逐渐停止扩展。然而实际上，裂纹仍会继续扩展，并伴随有与相邻裂纹的相互作用与贯通。这种细观力学过程将最终导致煤体沿轴向劈裂破坏，这也是脆性材料在单轴压缩下的典型破坏模式。

考虑翼裂纹即将扩展的临界状态，即当翼裂纹扩展长度 $l=0$ 时的翼裂纹应力强度因子 K_{I}、K_{II} 可修正为

$$\left.\begin{aligned} K_{\text{I}} &= -\frac{2a\tau_{\text{eff}}\sin\theta}{\sqrt{\pi l^*}} \\ K_{\text{II}} &= -\frac{2a\tau_{\text{eff}}\cos\theta}{\sqrt{\pi l^*}} \end{aligned}\right\} \tag{3-14}$$

由上可知，翼裂纹长度 $l=0$ 所对应的状态即为水压割缝煤体的起裂强度，若求出此时的节理尖端应力强度因子，代入式（3-10），即可得到煤体由于定向割缝而导致的初始损伤变量，进而通过张量化可得到相应的初始损伤张量。可以看出，由该方法求出的损伤张量，不但很好地考虑了割缝长度、倾角等几何特性，而且还同时考虑了割缝的摩擦角等力学特性。由此求出的岩体损伤模型将更符合实际情况。

把式（3-11）、式（3-12）及式（3-14）代入式（3-10）可得，高压脉冲预裂割缝煤体损伤变量为

$$D = \begin{cases} 0, & \tau_\alpha < k_1\sigma_\alpha \\ 1 - \dfrac{1}{1 + \dfrac{7.56BNa^2 \cdot \tau_{\text{eff}}^2 \ln\left(\cos\dfrac{\pi\varphi}{2}\right)}{\left(V\varphi^2\right) \cdot \sigma_{\text{eq}}^2\left[\dfrac{2}{3}(1+v) + 3(1-2v)\left(\dfrac{\sigma_{\text{m}}}{\sigma_{\text{eq}}}\right)^2\right]}}, & \tau_\alpha \geqslant k_1\sigma_\alpha \end{cases} \quad (3\text{-}15)$$

2. 多裂隙弱化作用原理

煤体高压脉冲预裂之后对煤体进行水力压裂，在高压水作用下煤体结构裂隙化，煤体形成裂隙网络，考虑裂隙间的相互作用力，有效应力强度因子为

$$\begin{cases} K_{\text{I}}^{\text{m}} = f(a,b,d)K_{\text{I0}} \\ K_{\text{II}}^{\text{m}} = f(a,b,d)K_{\text{II0}} \end{cases} \quad (3\text{-}16)$$

式中：K_{I0}、K_{II0}——单个 I、II 节理裂隙的应力强度因子；

　　　K_{I}^{m}、K_{II}^{m}——多个 I、II 节理裂隙的应力强度因子；

　　　$f(a,b,d)$——反映裂隙间相互影响的系数。

把式（3-11）、式（3-12）及式（3-14）、式（3-16）代入式（3-10）可得，水力压裂煤体裂隙网络化后煤体损伤变量为

$$D = \begin{cases} 0, & \tau_\alpha < k_1\sigma_\alpha \\ 1 - \dfrac{1}{1 + \dfrac{\left(18.86BNa^2\right) \cdot f^2(a,b,d) \cdot \tau_{\text{eff}}^2}{V \cdot \sigma_{\text{eq}}^2\left[\dfrac{2}{3}(1+v) + 3(1-2v)\left(\dfrac{\sigma_{\text{m}}}{\sigma_{\text{eq}}}\right)^2\right]}}, & \tau_\alpha \geqslant k_1\sigma_\alpha \end{cases} \quad (3\text{-}17)$$

3. 水压裂对 Mohr 强度的影响

煤层压裂时，当压力水进入煤体孔隙，其内聚力 c、内摩擦角 φ 都会发生改变，煤层破坏引起有效应力改变。水压裂对 Mohr 强度的影响关系如图 3-7 所示。根据有效应力原理，水压裂煤层的抗剪强度变化可以表达为

$$\tau_{\text{w}} = c_{\text{w}} + (\sigma_n - \sigma_{\text{w}})\tan\varphi_{\text{w}} \quad (3\text{-}18)$$

式中：c_{w}——水压裂煤体的内聚力；

　　　φ_{w}——水压裂煤体内摩擦角；

　　　σ_n——裂隙面的正压力；

　　　σ_{w}——煤体孔隙水压力。

由此得到，水压裂煤体与原始煤体的抗剪强度之间的差值关系式为

$$\begin{aligned} \Delta\tau = \tau - \tau_{\text{w}} &= c + \sigma_n\tan\varphi - \left[c_{\text{w}} + (\sigma_n - \sigma_{\text{w}})\tan\varphi_{\text{w}}\right] \\ &= c - c_{\text{w}} + \sigma_n(\tan\varphi - \tan\varphi_{\text{w}}) + \sigma_{\text{w}}\tan\varphi_{\text{w}} \end{aligned} \quad (3\text{-}19)$$

式中：$c - c_w$——压裂煤体内聚力的降低值；

  $\tan\varphi - \tan\varphi_w$——压裂煤体摩擦系数的降低值；

  $\sigma_w \tan\varphi_w$——块煤抗剪强度的降低值。

根据典型煤样室内试验，压裂压力 P 与试验煤弹性模量 E 具有线性关系为

$$E = E_0 - bP \tag{3-20}$$

式中：E_0——初始弹性模量；

  b——弹性模量随压力 P 的变化率。

实验室煤样的浸水软化试验中，不同浸水时间 t 的煤样含水率 η 与其单轴抗压强度 σ_c 的关系写成通式为

$$\sigma_c = \sigma_{c0} - \alpha\eta \tag{3-21}$$

式中：σ_{c0}——煤样自然含水率时的单轴抗压强度；

  α——煤样单轴抗压强度随含水率的变化率。

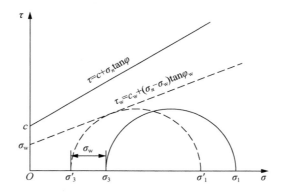

图 3-7　水压裂对 Mohr 强度的影响关系

3.2.3　裂化煤层渗透性

1. 孔隙微渗规律

煤体中分布着许多大大小小的节理、裂隙，裂隙系统对水起着一种通道的作用。但孔隙系统不易导水，在注水压力和毛细管力的共同作用下吸附水分。研究结果表明：煤体的渗透性，煤层注水时间、注水压力大小都将影响水体在煤体裂隙中的联通。根据圆管层流计算公式可得到孔隙毛细管半径大小和其中水的毛细上升时间、水平渗透时间、向下渗透时间的函数关系为

水平渗透时间为

$$t_1 = \frac{2cL^2}{a\psi\cos\theta} \tag{3-22}$$

毛细上升时间为

$$t_2 = \frac{8c}{\left(a^2 \rho g\right)^2}\left(-a^2 \rho g L + 2a\psi \cos\theta \ln \frac{2a\psi \cos\theta}{2a\psi \cos\theta - a^2 \rho g L}\right) \quad （3\text{-}23）$$

向下渗透时间为

$$t_3 = \frac{8c}{\left(a^2 \rho g\right)^2}\left(a^2 \rho g L + 2a\psi \cos\theta \ln \frac{2a\psi \cos\theta}{2a\psi \cos\theta + a^2 \rho g L}\right) \quad （3\text{-}24）$$

式中：L ——被润湿的毛细管长度；

$\quad\quad a$ ——毛细管的半径；

$\quad\quad \psi$ ——水表面张力；

$\quad\quad c$ ——水的黏性系数；

$\quad\quad \theta$ ——煤的润湿角；

$\quad\quad \rho$ ——水密度；

$\quad\quad g$ ——重力加速度。

令毛细上升时的速度 $v = 0$，得到水在毛细管中上升的最大高度为

$$L_{\max} = \frac{2\psi \cos\theta}{a\rho g} \quad （3\text{-}25）$$

煤层注水时，ψ、$\cos\theta$ 都是固定且可知的，所以根据式（3-25）可计算任何时候不同孔径中水的上升的最大距离。

2. 裂隙渗透规律

渗透率是描述孔隙导通能力的一个重要参数，取决于孔隙介质的孔隙结构。研究表明：孔隙介质渗透率与孔隙度和颗粒排列方式有关，但它们之间并不存在一种简单的对应关系。渗透率的一般表达式，即

$$K = \frac{\phi d^2}{c} \quad \text{或} \quad K = \frac{\phi r^2}{C} \quad （3\text{-}26）$$

式中：K ——渗透率；

$\quad\quad \phi$ ——渗透系数；

$\quad\quad c$、C ——常数；

$\quad\quad d$ ——孔隙直径；

$\quad\quad r$ ——孔隙半径。

由于孔隙介质中有大小不同的堆积颗粒，这类似于分形的构造过程，孔隙介质的孔隙和粒子可利用分形模型来定量描述。利用分形的构造过程来模拟孔隙介质中孔隙和粒子的空间形态。

根据孔隙分布分形维数的定义

$$N(\geqslant r) = \int_r^{r_{\max}} f(r)\,\mathrm{d}r = cr^{-D} \quad （3\text{-}27）$$

式中：$N(\geqslant r)$ ——孔隙半径大于等于 r 的孔隙数目；

r ——孔隙的半径；

$f(r)$ ——孔隙分布密度函数 $f(r) = \mathrm{d}N / (N_t \mathrm{d}r)$，其中，$N_t$ 为单位介质内的
孔隙数目；

c ——常数；

D ——孔隙分布分形维数。

由式（3-27）两边求导可得

$$\frac{\mathrm{d}N}{N_t \mathrm{d}r} = -cDr^{-1-D} \tag{3-28}$$

孔隙介质的平均体积为

$$\overline{V} = \int_{r_{\min}}^{r_{\max}} f(r) r^3 \mathrm{d}r \tag{3-29}$$

将孔隙分布密度函数 $f(r)$ 代入式（3-29）中有

$$\overline{V} = \frac{1}{N_t} \int_{r_{\min}}^{r_{\max}} \frac{\mathrm{d}N}{\mathrm{d}r} r^3 \mathrm{d}r \tag{3-30}$$

孔隙介质的孔隙度为

$$\Phi = V = N_t \overline{V} = \int_{r_{\min}}^{r_{\max}} \frac{\mathrm{d}N}{\mathrm{d}r} r^3 \mathrm{d}r \tag{3-31}$$

此时孔隙的平均半径为

$$\overline{r} = \frac{1}{N_t} \int_{r_{\min}}^{r_{\max}} \frac{\mathrm{d}N(\geqslant r)}{\mathrm{d}r} r \mathrm{d}r \tag{3-32}$$

将式（3-27）分别代入式（3-31）、式（3-32）中有

$$\Phi = \frac{cDr_{\max}^{3-D}}{D-3} \left[1 - \left(\frac{r_{\min}}{r_{\max}} \right)^{3-D} \right] \tag{3-33}$$

$$\overline{r} = \frac{Dr_{\max}^{1-D}}{(D-1)r_{\min}^{-D}} \left[1 - \left(\frac{r_{\min}}{r_{\max}} \right)^{1-D} \right] \tag{3-34}$$

设 $\lambda = r_{\min} / r_{\max}$，则有

$$\Phi = \frac{cDr_{\max}^{3-D}}{D-3} (1 - \lambda^{3-D}) \tag{3-35}$$

$$\overline{r} = \frac{Dr_{\max}}{(D-1)} \lambda^D (1 - \lambda^{1-D}) \tag{3-36}$$

将式（3-35）、式（3-36）代入式（3-26）整理后，可得孔隙介质渗透率与孔隙分维数之间的函数关系式为

$$K = \frac{C_0 D^3 r_{\max}^{5-D}}{(D-3)(D-1)^2} \lambda^{2D} \left(1 - 2\lambda^{1-D} - \lambda^{3-D} + \lambda^{2-2D} + 2\lambda^{4-2D} - \lambda^{5-3D} \right) \tag{3-37}$$

式中：C_0 ——常数，由曲线拟合可得。

3.2.4　煤层压裂能量转化与释放

水力压裂过程中水煤之间存在着能量的转化关系，能量转化是物质物理变化过程的本质特征，物质破坏是能量驱动下的一种状态失稳现象。煤体破裂过程能量耗散主要用于其内部微缺陷闭合摩擦、微裂纹扩展和破裂面相对错动等，并最终导致煤体的内聚力丧失。其中裂纹扩展的表面能释放，煤体破坏、形态最终改变的变形塑性功以及最终存储的弹性应变能，结合热力学第一定律，能量的转换可表示为

$$U = U_p + U_a + U_e \qquad\qquad (3\text{-}38)$$

式中：U_p——塑性损伤变形的塑性功；

$\quad\quad\ \ U_a$——裂纹扩展破裂的表面能；

$\quad\quad\ \ U_e$——可释放的储存弹性能；

$\quad\quad\ \ U$——试样总应变能。

设想一个贯穿裂纹的薄平板相对于初始状态（无裂纹薄平板）的总势能为

$$\Pi = T - U \qquad\qquad (3\text{-}39)$$

由势能极值原理，总势能极大值条件为

$$\frac{\partial \Pi}{\partial A} = 0 \quad 或 \quad \frac{\partial^2 \Pi}{\partial A^2} < 0 \qquad\qquad (3\text{-}40)$$

应变能 $U = \Pi_1 A^2$，两个自由面总表面能 $T = 2\Pi_2 A$，由式（3-40）知 $\dfrac{\partial \Pi}{\partial A^2} = -2\Pi_1 < 0$，同时 $\dfrac{\partial \Pi}{\partial A} = -2\Pi_1 A + 2\Pi_2 = 0$ 可得

$$\Pi_1 A = \Pi_2 \qquad\qquad (3\text{-}41)$$

式中：U——应变能的改变；

$\quad\quad\ \ T$——裂纹两个自由面的表面能；

$\quad\quad\ \ \Pi_1$——椭圆孔短轴尺寸趋于零（理想尖端裂纹）时应变能函数；

$\quad\quad\ \ \Pi_2$——表面能密度；

$\quad\quad\ \ A$——裂纹自由表面的表面积。

式（3-41）表明：当裂纹扩展单位面积释放的应变能恰好等于其形成自由表面能之时，裂纹就处于不稳定平衡状态；若裂纹扩展单位面积释放的应变能大于其形成自由表面所需能量，裂纹就会失稳扩展；若此应变能小于形成其自由表面所需之能量，裂纹就不会扩展（处于静止状态）。

裂纹扩展前在其尖端附近会产生一塑性区。因此提供裂纹扩展的能量不仅用于形成新表面所需的表面能，还用于引起塑性变形所需的能量即"塑性功"，裂纹扩展单位面积内力对塑性变形的"塑性功"称为塑性功率，用 Γ 表示。则总的塑性功为

$$\Lambda = 2A\Gamma \qquad\qquad (3\text{-}42)$$

因此式（3-41）为

$$\Pi_1 A = \Pi_2 + \Gamma \qquad (3-43)$$

定义裂纹扩展单位面积时弹性系统释放的能量为裂纹扩展能量释放率，用 G 表示则有

$$G = -\frac{\partial \Pi}{\partial A} \qquad (3-44)$$

定义裂纹扩展单位面积时所需要消耗的能量为裂纹扩展阻力率，用 R 表示，则

$$R = \frac{\partial \Lambda}{\partial A} + \frac{\partial T}{\partial A} \qquad (3-45)$$

因此塑性损伤变形的塑性功和裂纹扩展破裂的表面能则可直接由裂纹扩展阻力率表示。

3.2.5 水压裂化工艺

坚硬煤层节理裂隙不发育、硬度大、截割性差。单纯依靠矿山压力的破煤作用，对改善硬煤截割性的效果不显著，常常需要采取水压裂化人工措施辅助破煤，通过硬煤干扰裂隙，增加煤体破碎性，提高截割效率，实现节能降耗，增加块煤率。

1. 水压裂化方式

水力压裂作为一种改善煤体结构，增加煤体节理裂隙发育程度的技术，按照压裂工艺的不同形式分为：点式压裂、柱式压裂以及带式压裂。

1）点式压裂

点式压裂，又叫超高压点式压裂，煤层超高压点式压裂是通过控制起裂点位置和相邻起裂点的间距，让裂隙按预期效果发生。煤层超高压点式压裂隙扩展示意图如图 3-8 所示，将起裂点位置前后用两个封孔器密封形成一个狭小密闭点式空间，中间用无缝钢管连接，该密封方式不仅成功解决了密封高压水的难题，还可以用较小流量的高压水射流切割并压开煤层，使煤层顶底板贯通。当该起裂点达到预期压裂效果后，将封孔器推置下一个起裂点进行注水压裂，人工控制相邻起裂点间距 L 使煤层被均匀压裂。该压裂方式主要适用于坚硬顶板定向切割破断压裂。

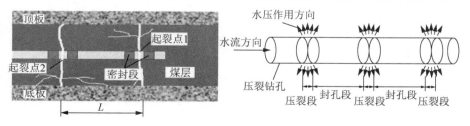

图 3-8　煤层超高压点式压裂隙扩展示意图

2）柱式压裂

煤层钻孔柱式压裂是在点式压裂基础上，控制两封孔器间距为 L，进行高压脉冲压裂，或是利用单一封孔器在孔口进行封孔，而后注入高压水进行整个钻孔压裂，从而在煤体中形成复杂裂隙网络，达到改善煤层结构目的，该压裂方式主要适用于一般综采工作面煤层压裂，煤层柱式压裂示意图如图 3-9 所示。

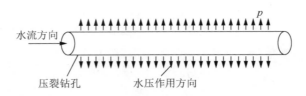

图 3-9　煤层柱式压裂示意图

3）带式压裂

带式压裂是在柱式压裂的基础上，通过布置多钻孔，进行孔群压裂。压裂钻孔的布置方式有双孔、三孔及多孔，钻孔布置形式呈水平式、垂直式、三角形、矩形、菱形形式。通过带式压裂，使压裂钻孔之间相互影响，降低钻孔起裂压力，控制压裂裂隙扩展方向，使裂隙网络相互连通，达到改善煤层结构的目的，该压裂方式主要用于大采高煤层压裂。

2. 水压裂隙及控制

水力压裂破煤作用从力学机制可以分成动压作用和静压作用两种；从压裂方式上可以分为变频脉冲预裂裂隙破煤和恒压水力压裂裂隙扩展破煤。经典压裂裂隙的扩展遵从于最大主应力原则。煤层形成机制、赋存特点以及原始地应力场分布，以及受到采动影响形成二次应力场分布规律，决定了煤层压裂的方式和压裂裂隙的扩展基本方向。通常情况下压裂裂隙不一定与预计的干预裂隙一致，从而影响煤层压裂的目标实现。因此，有必要对于压裂干预裂隙扩展机理和演化控制进行深入研究，开发硬煤干预裂隙控制技术，以保障压裂目标。本书主要讲述定向切割预裂原理和群孔定向压裂原理。

1）定向切割预裂原理

由于钻孔壁附近大量的裂隙存在，钻孔壁表面的某一闭合裂隙在水压作用下首先起裂，这种裂隙使岩体理想的起裂位置发生偏移，尤其是相对于钻孔来讲，这种裂隙将会引导水压致裂进一步的破坏方向，如果通过水压致裂工艺对这种裂隙的导向性加以利用，形成的裂隙即为定向裂隙，则这种水压致裂即为定向水压致裂。

定向预裂原理就是基于变频脉冲动压压裂和静压压裂相结合，调整水射流的水流参数及预裂器的结构参数，根据不同煤岩体特征采用不同预裂器对煤孔进行定向切槽预裂，形成煤孔预设裂隙；压裂过程在定向裂隙的引导下形成煤层复杂裂隙网络，改变煤岩体结构和物理力学性质，实现硬煤破碎的目的。其中定向裂隙的长度、宽度、方向对水压裂隙扩展具有显著的影响，裂隙的长度适当、宽度较大有利于裂隙群的形成。水压致裂的起裂位置主要发生在垂直和水平两个方向，并且裂隙在此基础上不断向前发展，主要表现为三种裂隙形态，定向裂隙扩展形态如图 3-10 所示。

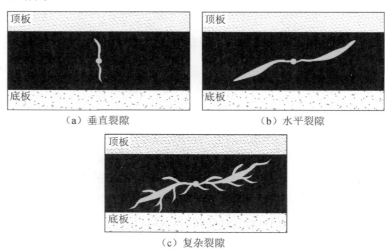

（a）垂直裂隙　　　　　　　（b）水平裂隙

（c）复杂裂隙

图 3-10　定向裂隙扩展形态

2）群孔定向压裂原理

群孔定向压裂原理是根据矿压变化规律和煤体地应力与节理分布特征，以压力水源为诱导，充分利用煤层钻孔应力分布及孔壁裂隙扩展条件，通过动、静压水力致裂形成裂隙扩展和渗流传压作用，如图 3-11 所示。其作用特点就是依靠煤层中的孔群应力干扰水压裂隙起裂方向，达到对煤层形成定向破断切割，继而改造煤层的物理力学作用降低煤体的整体结构，形成裂隙网络，为综采工作面割裂块煤提供条件。

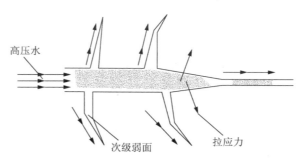

图 3-11　水压裂隙扩展原理

　　群孔定向压裂是根据孔隙压力梯度场的方向来控制裂隙扩展方向。群孔布置（图 3-12）分为线形群孔布置、三角形群孔布置、菱形群孔布置、矩形群孔布置等。孔隙压力越大，水压裂隙扩展所需的能量越小。由于裂纹扩展的自组织行为，为了减小扩展所需要的能量，孔隙压力梯度场会诱导水压裂隙沿高孔隙压力方向扩展。在煤矿井下水力压裂实施前可以通过合理布置多个保压注水钻孔，在压裂煤体区域形成孔隙压力梯度，降低水压裂隙扩展压力。

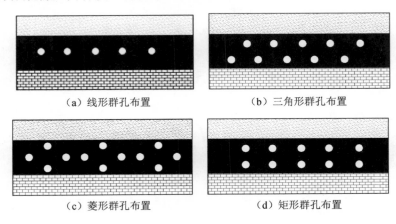

（a）线形群孔布置　　　　　　　　（b）三角形群孔布置

（c）菱形群孔布置　　　　　　　　（d）矩形群孔布置

图 3-12　群孔布置图

3.2.6　压裂液清洁材料

　　1. CFS 型压裂材料简介

　　针对压裂改善煤层疏水性、湿润性和软化性的要求，开发了 CFS 型煤层压裂活性水清洁压裂剂。

　　CFS 型压裂材料结构表达式为新型表面活性剂+CO_2+硫酸钠+氯化钾+防尘水。

　　针对不同矿区的典型煤层结构开发了 7 种 CFS 型煤层压裂材料分别为 CFS-AS、CFS-AA、CFS-AO、CFS-CS1AN、CFS-CS2AN、CFS-BSN、CFS-BON，如图 3-13 所示。

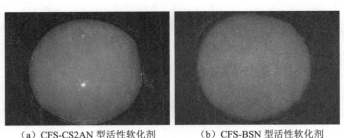

（a）CFS-CS2AN 型活性软化剂　　　　　（b）CFS-BSN 型活性软化剂

图 3-13　CFS 型活性软化剂材料样品

名称代表的含义为

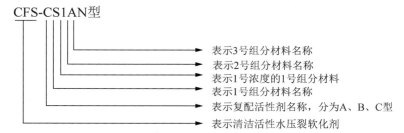

CFS-CS1AN型

表示3号组分材料名称
表示2号组分材料名称
表示1号浓度的1号组分材料
表示1号组分材料名称
表示复配活性剂名称，分为A、B、C型
表示清洁活性水压裂软化剂

2. CFS 型压裂材料性能

CFS 型压裂材料性能如图 3-14～图 3-16 所示。

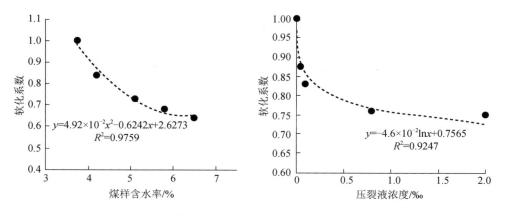

图 3-14　煤样含水率、压裂液浓度与软化系数的关系

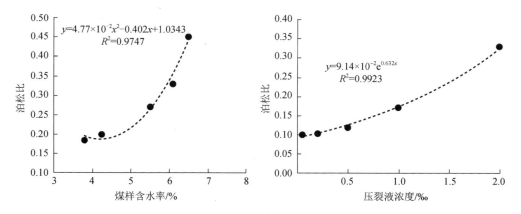

图 3-15　煤样含水率、压裂液浓度与泊松比的关系

研究表明：煤层软化系数降低 41%，弹性能量指数降低 65%，CFS 型压裂材料对煤层软化和防治冲击灾害具有显著效果。

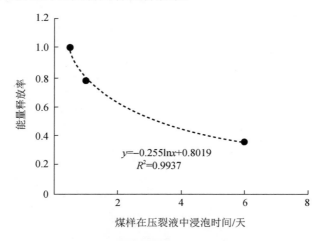

$$y=-0.255\ln x+0.8019$$
$$R^2=0.9937$$

图 3-16　压裂液浸泡时间与能量释放率的关系

3.2.7　煤层压裂装备

为了适应煤岩层水力压裂的需要，研制了水力预裂专用设备，目前已开发到第二代，XKRFS-Ⅱ-1 型煤岩层多功能水力预裂设备是在煤层水力致裂软化综合技术基础上开发的第二代装备，该设备是煤岩层的内部、外部水力预裂和煤岩层的定向切割裂化的专用设备，是西安科技大学拥有自主知识产权的专利技术产品，智能化全自动预裂系统原理图如图 3-17 所示。该装备具有结构紧凑、多用途等特点。装备由水力动力系统、控制器、数据监测部以及多功能预裂系统等组成。在压力排出端装有手动调压阀、单向溢流控制阀，实现多功能预裂压力预定，控制器可根据预裂要求进行无级调速、调压以及流量控制。数据监测系统运行稳定、安全性及疲劳性可靠，数据使用环境友好，可实现大流量、高压力情况下煤岩层的内、外部超前水力预裂和煤岩层的定向切割实时跟踪监控。装备适用于厚煤层预裂、煤层系数为 0.8～4.0 的硬煤层预裂开采、顶板预裂、冲击灾害顶板卸压、冲击煤层卸压防冲突出煤层自钻预裂、煤层瓦斯预裂抽采等领域，也适用于综采块煤开采的定向预裂，以及灾害预防。该装备有利于目前煤矿实现煤岩层预裂的规范化、标准化、一体化。

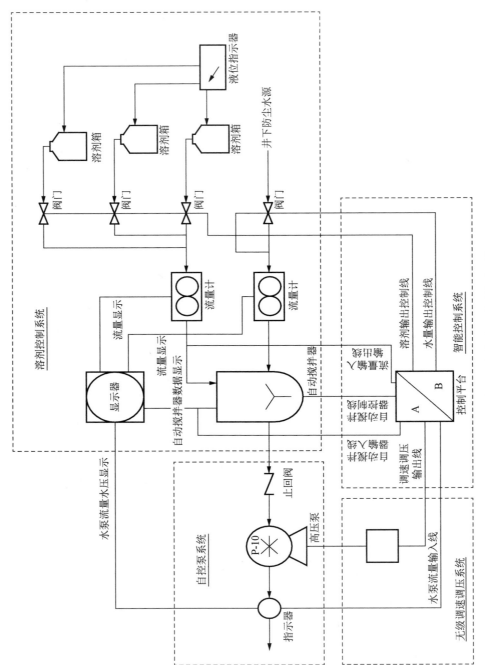

图 3-17　智能化全自动预裂系统原理图

3.3　气压裂化技术

3.3.1　气压裂化类型

由于气压预裂方法具有清洁高效、低耗安全、系统简单、成本低、效益好等优点，是实现矿井清洁安全高效破岩的重要途径之一。按照气压预裂煤层的原理和用途，本节将气体压裂按裂化温度相对高低分成冷气体裂化和爆生气体裂化两种类型。

1. 冷气体裂化

按照压裂气体类型可以分为：二氧化碳（CO_2）压裂和氮气（N_2）压裂方法。由于该方法相变温度接近室温，与爆生气体高温比较，属于低温高压气体做功破岩，为此称之为冷气体裂化。

1）超临界 CO_2 的物理特性

CO_2 是空气中常见的化合物，在常温常压下密度比空气大，略溶于水。当温度和压力超过 CO_2 的临界温度 31.04℃和临界压力 7.38MPa 时，它将处于超临界状态。超临界流体是不同于气体和液体的流体，基本性质也不同，其物理性能如表 3-2 所示。

表 3-2　气体、超临界流体和液体的物理性能

物理性能	气体 （常温、常压）	超临界流体		液体 （常温、常压）
		临界温度、临界压力	临界温度、4 倍临界压力	
密度/（kg/m^3）	0.6～2	200～500	400～900	600～1600
黏度/（$10^{-5}Pa \cdot s$）	1～3	1～3	3～9	20～300
扩散系数/（$10^{-7}m^2 \cdot s^{-1}$）	100～400	0.7	0.2	0.002～0.030

超临界 CO_2 是介于气体和液体之间的一种流体，颜色为绿色，它的密度接近于液体，而黏度约为水黏度的 5%，接近于气体；它的表面张力很低，扩散系数较液体高，具有很强的渗透能力。

CO_2 的临界压力和临界温度较低，所以在井内压裂改造的条件下很容易达到临界状态，图 3-18 为 CO_2 的相态变化。在低于临界温度时，压缩 CO_2 气体出现液相；但超过临界温度时，压缩 CO_2 不会出现液相。在临界点附近，CO_2 流体的性质随压力和温度的微小变化有显著的变化，如密度、黏度、扩散系数等。

2）液氮物理特性

在常压下，液氮温度为-196℃；$1m^3$ 的液氮可以膨胀至 696m^3（21℃）的纯气态氮。液氮是无色、无味、无腐蚀性、不可燃的，在高压下为低温的液体和气体。

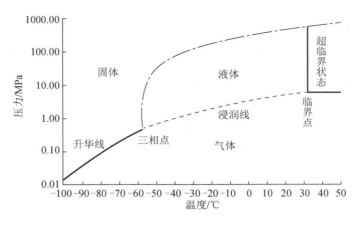

图 3-18　CO_2 的相态变化

液氮（常写为 LN_2），是氮气在低温下形成的液体形态。氮的沸点为-196℃，在正常大气压下温度如果在这以下就会形成液氮；如果加压，可以在更高的温度下得到液氮。

液氮冷却作用下煤样微结构将发生变化，主要是由于：①液氮冷却使得固体颗粒收缩，煤样孔隙或微裂隙的空间扩大；②液氮冷却引起的拉应力，使得原生微裂隙扩展，甚至扩展失稳，形成更大的裂隙；③温度拉应力使得微裂隙局部强度不大的颗粒团拉破坏、脱落，这进一步破坏了煤样的结构，使得新的微裂隙萌生。

2. 爆生气体裂化

炸药爆炸破岩时，爆炸的瞬间产生数十万个大气压的高压，同时反应放热，形成高温高压气体做功破岩。因此，相对 CO_2 等相变破岩气体，爆生气体裂化属于超高温高压气体做功机制。

3.3.2　气压裂化原理

1. 低温高压气体裂化原理

气体压裂技术是利用特殊气体液态超临界温度和气化特性而设计出来的煤岩破碎技术。该技术利用特定器具将液态气体固定密封后"起爆"，液态 CO_2 或 N_2 在瞬间膨胀产生高压气体作用在预裂钻孔壁煤岩体上，煤岩体突然受力破碎、孔壁裂隙得到扩展，从而起到增加煤体透气性和破碎性的作用，实现爆破效果。

采用高压管预先注入液态 CO_2，持续加压至 40MPa 以上，在低于 31℃时，高压 CO_2 以液态存在。在井下通过钻孔将爆破器具推送至目的地钻孔内，逐一安装在工作面钻取的预裂孔中。采用引爆器或加热方式，引发管内的 CO_2 迅速从液态转化为气态，在 40ms 内，体积膨胀达 600 多倍，管内压力增至 270MPa。CO_2

气体透过径向孔，迅速向外爆发，利用瞬间产生的强大推力，沿预裂钻孔壁自然裂隙引发煤体破碎，从而达到预裂效果，全过程在 1s 内完成。

液态 CO_2 致裂器爆破释放能量破坏煤体，致裂器破坏范围示意图如图 3-19 所示。将煤体破坏的区域近似看作球形体的一部分，根据岩体动力破坏的最小能量原理，破碎区和裂隙区煤体产生动力破坏煤体体积 V_s 和所需能量 U_s 为

$$V_s = \frac{4}{3}\pi R^3 \times \frac{\theta}{2\pi} = \frac{2}{3}R^3\theta \qquad (3-46)$$

$$U_s = \frac{\sigma_c^2}{2E}V_s = \frac{\sigma_c^2\theta R^3}{3E} \qquad (3-47)$$

式中：V_s——致裂破坏煤体体积；

R——致裂影响半径；

θ——致裂影响范围夹角；

U_s——煤岩破坏所需能量；

σ_c——单轴抗压强度；

E——弹性模量。

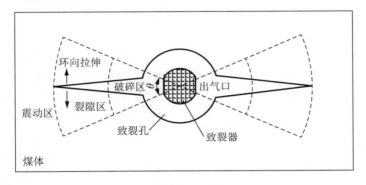

图 3-19　致裂器破坏范围示意图

考虑到液态 CO_2 致裂器和钻孔的不耦合效应，以及 CO_2 爆破对剪切片破坏所做的功，因此，将液态 CO_2 气化所释放能量的 80%近似看作全部用来破坏煤体，则

$$0.8E_g = 2U_s \qquad (3-48)$$

将公式整理可得致裂煤体影响半径 R 为

$$R = \sqrt[3]{\frac{6E}{5\sigma_c^2\theta} \cdot \frac{P_1}{K-1}V\left[1-\left(\frac{P_1}{P_2}\right)^{\frac{K-1}{K}}\right]} \qquad (3-49)$$

式中：θ——致裂影响范围夹角，为 $\frac{\pi}{4} \sim \frac{\pi}{2}$；

P_1——标准大气压力，取 0.101MPa；

V ——主管体积；

K ——CO_2 预热系数，取 1.304。

2. 爆生气体裂化原理

由钻孔爆破学可知，钻孔中的药卷（包）起爆后，爆轰波就以一定的速度向各个方向传播，爆轰后的瞬间，爆炸气体就已充满整个钻孔，爆炸气体的超压同时作用在孔壁上，压力将达几千到几万兆帕，爆源附近的煤岩体将受高温高压的作用，强大的压力作用结果，使爆破孔周围形成压应力场，压应力的作用使周围煤岩体产生压缩变形，使压应力场内的煤岩体产生径向位移，在切向方向上将受到拉应力作用，产生拉伸变形。由于煤岩的抗拉伸能力远远低于抗压能力，故当拉应变超过破坏应变值时，就会首先在径向方向上产生裂隙。在径向方向上，由于质点位移不同，其阻力也不同，产生剪应力，如果剪应力超过煤岩的抗剪强度，则产生剪切破坏，径向发生剪切裂隙。此外，爆炸是一个高温高压的过程，随着温度的降低，原来由压缩作用而引起的单元径向位移，必然在冷却作用下使该单元产生向心运动，于是使单元径向呈拉伸状态，产生拉应力，当拉应力大于煤岩体的抗拉强度时，煤岩体将呈现拉伸破坏，从而在切向方向上形成拉伸裂隙。这样，钻孔附近便形成了粉碎区和裂隙区，爆破孔周围分区示意图如图 3-20 所示。

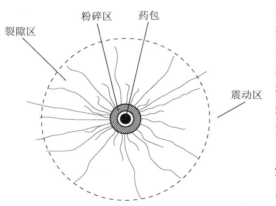

图 3-20　爆破孔周围分区示意图

粉碎区和裂隙区的影响，破坏了煤岩体的整体性，使周围的煤岩体由原来的三向受力状态变为双向受力状态，靠近工作面时又变为单向受力状态，从而使煤岩体的抗压强度大为降低，在顶板超前支承压力作用下，增大了煤岩体的破碎程度，从而起到了松动煤体的作用，采煤机的切割阻力变小，加快了割煤速度，并可提高工作面块煤率。

煤岩体的爆破破碎是应力波和准静态气体联合作用的结果，首先在应力波作用下，预裂孔周围煤岩体中形成初始裂纹网格（图 3-21）；随后在爆生气体的准静态作用下，初始裂纹（L_0）得到贯通并进一步延伸，并最终完成煤岩体的宏观破碎。在爆生气体作用过程中，煤岩体中的宏观裂纹受爆生气体的内压作用，在爆生气体作用下裂纹的应力强度因子为

$$K_{\mathrm{I}} = 2\sqrt{\frac{a+r_{\mathrm{b}}}{\pi}} \int_{0}^{L_{(t)}+r_{\mathrm{b}}} \frac{P(x,t)}{\sqrt{(a+r_{\mathrm{b}})^2 - x^2}} \mathrm{d}x \qquad (3\text{-}50)$$

式中：$P(x,t)$——爆生气体对裂纹壁的压力；

　　　r_b——爆破孔半径；

　　　$L_{(t)}$——爆生气体在裂纹中的贯入长度；

　　　a——爆生气体作用下复合型裂纹扩展的最长长度。

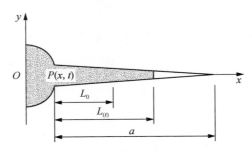

图 3-21　爆生气体作用下裂纹扩展模型

爆生气体作用下复合型裂纹扩展的最大长度为

$$a = \frac{K_{IC}}{-\sqrt{\pi}\sigma_1 + 2P_m\left(\frac{\pi}{2}-1\right)\sqrt{\frac{1}{\pi}} + P_g\sqrt{\pi}} \tag{3-51}$$

式中：σ_1——最大主应力；

　　　P_m——爆破后爆生气体产物作用于预裂孔壁的初始压力；

　　　K_{IC}——裂纹断裂韧性；

　　　P_g——裂纹中的瓦斯压力。

3.3.3　气压裂化对煤岩体作用特征

气压裂化煤岩体只发生在岩体的内部，未能达到自由面，气体作用后自由面不会出现明显破坏，煤岩的破坏特征随距压裂孔中心的距离变化而明显不同，气压作用条件下煤岩体可分为如下三个不同特征区域。

1. 粉碎区（压缩区）

气压裂化煤岩体将会产生强冲击波和高压气体对钻孔周围的煤体产生着强烈的作用，一般可以产生很强的超高压，可达 5000～10 000MPa，其强度远远超过了煤体的动态抗压强度，使钻孔周围煤体产生压缩破坏，并将煤体压得粉碎，直至作用强度小于煤体的动抗压强度为止，故此区域称为粉碎区。煤体的可压缩性很差，所以粉碎区范围并不大，其半径为钻孔半径的 2 倍左右。此区以抗压强度为界，粉碎区半径可用下式计算

$$R_c = \left(0.2\rho_{煤}\frac{V_p^2}{\sigma_c}\right)^{\frac{1}{2}} R_b \tag{3-52}$$

式中：R_c——粉碎区半径；

　　　　R_b——爆破压裂后形成的空腔半径；

　　　　σ_c——煤体的单轴抗压强度；

　　　　$\rho_煤$——煤体密度；

　　　　V_p——煤体纵波速度。

爆破压裂后形成的空腔半径 R_b 由下式得出

$$R_b = \sqrt[4]{\frac{P_m}{\sigma_0 r_b}} \tag{3-53}$$

式中：r_b——预裂孔半径；

　　　　P_m——炸药或冷气体的平均爆压；

　　　　σ_0——多向应力条件下的岩石强度。

虽然粉碎区的范围不大，但由于煤体遭到强烈粉碎，能量消耗却很大，又使煤体过度粉碎，块煤产出率损失，爆破煤体时应尽量避免形成粉碎区。

2. 裂隙区（破裂区）

煤岩体在受冲击波压缩作用后，压力迅速衰减，冲击波衰减为压缩应力波，虽然不足再将煤岩体压碎，却可使粉碎区外层煤岩体受到强烈径向压缩而产生径向位移。由此而衍生的切向拉伸应力，使煤岩体产生径向破坏，而形成径向裂隙。

随着压缩应力波进一步扩展和径向裂隙的产生，动压力急剧下降。这样，压缩应力波所到之处煤岩体先受到径向压缩作用，虽然没将煤岩体压碎，却在煤岩体中储有了相当的压缩变形能或称弹性变形能；而冲击波通过，应力解除后，煤岩体能量快速释放，煤岩体变形回弹，形成卸载波，即产生径向卸载拉伸应力，使煤岩体形成环状裂隙。

爆生气体对煤岩体也有同样的破坏作用，其气楔作用更能使爆生气体像尖劈一样渗入裂隙，将压缩应力波形成的初始裂隙进一步扩大、延伸。因此，在压缩应力波和爆炸气体的共同作用下，压缩区外围煤岩体径向裂隙和环状裂隙的交错生成、割裂成块，故亦称裂隙区（破裂区）。

按应力波作用计算，裂隙区半径 R_P 可用下式计算

$$R_P = \left(b \frac{P}{\sigma_t} \right)^{\frac{1}{\alpha}} r_b \tag{3-54}$$

式中：b——侧应力系数，$b = \mu(1-\mu)$；

　　　　P——钻孔壁初始压力峰值；

　　　　σ_t——煤岩体的抗拉强度；

　　　　α——应力波衰减系数；

　　　　r_b——预裂孔半径。

3. 震动区

在裂隙区之外的区域，冲击应力波经衰减变到很小，煤体基本上不产生破坏，在继续传播中只引起煤体的弹性震动，称为弹性震动区。

3.3.4　气压裂化工艺

1. 低温高压气体裂化工艺与装备

1）低温高压气体裂化工艺

高能 CO_2 裂化煤层，根据裂化煤层工艺不同，分为点式压裂和带式压裂。

点式压裂：爆破前将充满液态 CO_2 的预裂器置入压裂孔，将引炮线连接到放炮装置上，启动爆破，使用发爆器激发加热装置，预裂器主管内液态 CO_2 迅速汽化，体积膨胀 600 余倍，主管内气体压力迅速升高，达到泄能片极限压力后，泄能片在 $0.1\sim0.5s$ 内破断，高压气体由泄能头一侧的出气孔急速冲出，形成冲击波冲击煤体，达到爆破增透的目的。而后将预裂器取出，继续充装液态 CO_2，放入钻孔下一位置进行定点爆破压裂。

带式压裂：带式压裂是在点式压裂的基础上，通过布置多钻孔，进行孔群压裂，压裂方式布置和水压带式压裂相同。

2）低温高压气体裂化装备及工艺流程

CO_2 致裂器是一种用于煤炭开采的新型致裂设备，其装置组成及结构图如图 3-22 所示。具体实施工艺如下所述。

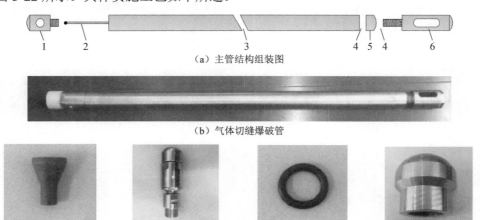

（a）主管结构组装图

（b）气体切缝爆破管

（c）径向切割器　　　（d）环向切割器　　　（e）密封垫　　　（f）三相致裂器

1—注气口；2—加热管；3—主管；4—密封件；5—爆破片；6—致裂器。

图 3-22　CO_2 致裂器装置组成及结构图

（1）准备致裂器主管、充装阀、发热管、密封垫、剪切片、泄能头，并摆放整齐。

（2）取出发热管，用万用表（200Ω）测量两个电极，测量值约为 1.6Ω 即可正常使用，否则检修或更换发热管。

（3）单管连接时，将发热管装入致裂器主管内（不分方向），在发热管电极处放入密封垫，并尽量放平，手动拧紧充装阀。

（4）致裂器主管另一端，依次装入密封垫、剪切片，尽量使剪切片中心与致裂器主管中心对齐，手动拧紧泄能头。

（5）用万用表测量电阻，单管连接时测量充装阀接线与主管壁间的电阻为 2.0Ω。多管串联时测量充装阀接线与泄能头接线的电阻为 2.0Ω，测量充装阀接线与主管管壁电阻为无限大（短路状态）。

（6）把上述结构装卡在龙门钳上，用专用工具拧紧泄能头端和充装阀端，重复第 5 步的测量过程，检验连线是否正确。

（7）用阀芯扳手拧开充气阀阀芯，把装配好的致裂器充气口放入四氟垫，用充气夹子夹紧充气口和另一端。

（8）打开 CO_2 钢瓶阀，打开空气压缩机，空压机压力需达到 0.4～0.5MPa。

（9）充气时，先打开充气球阀，然后拉起加压开关（红色球状），加到 16MPa。

（10）充气完毕后，先关闭阀芯，再关闭充气球阀开关，再压下加压开关（红色球状），最后将致裂器从充气夹子中拧下，致裂器组装并充气完成。

（11）将充气完成的致裂器放入水中检验是否漏气，若无气泡则可正常使用；若有气泡，必须释放气体并拆卸零件，检查问题所在，重新组装并充气，直至放入水中无气泡为止。

2. 爆生气体裂化工艺

爆生气体压裂是根据炸药爆破产生的高能气体压裂破碎煤层，其压裂工艺与水压裂化工艺类似，分为点式压裂、柱式压裂和带式压裂，但不同之处在于封孔材料为水炮泥和炮泥。

3.4　冲击破煤技术

3.4.1　脉冲水破煤原理

脉冲水压裂是水力压裂的全新改进技术方法。该方法原理主要利用了高压水经过特殊空腔体的涡量增压原理，自激激发出的高压水流经过射孔形成的脉动压力，作为预裂煤岩初始动力的一种简单煤层压裂方法。经 2005 年以来的现场试验，效果良好。由于煤体是多孔裂隙介质，在受到脉冲水压载荷交替作用过程中，煤层孔隙结构局部出现疲劳应力集中，发生裂隙屈服扩展，造成定向裂隙的扩展累积，宏观上产生了具备方向性的煤层局部破坏。

根据连续损伤力学理论，自激脉冲水压问题的应变等效本构方程为

$$\sigma = E(1-D)\xi\varepsilon \tag{3-55}$$

式中：σ、ε、E——分别为初始煤层的应力、应变和弹性模量；

　　　　ξ——损伤因子；

　　　　D——疲劳损伤变量，其值大小反映了材料内部的损伤程度。

上式中，损伤变量可以表示为

$$D = 1 - \frac{E'}{E} \tag{3-56}$$

式中：E'——自激脉冲压力预裂损伤后煤的弹性模量。

考虑到脉冲压力作用孔隙煤层的损伤特性，式（3-56）改进为不可逆变形的弹塑性材料损伤表达式

$$D = 1 - \frac{\varepsilon - \varepsilon'}{\varepsilon} \cdot \frac{E'}{E} \tag{3-57}$$

式中：E'——弹塑性损伤的卸载弹性模量；

　　　　ε'——卸载后的残余塑性应变。

疲劳损伤是指在循环加载下，发生在某点处局部的、永久性的损伤递增过程。经足够的应力或应变循环后，损伤累积可使局部产生裂隙扩展至完全断裂。疲劳损伤应力-应变曲线如图 3-23 所示，图中 $\sigma_{i加}$ 为加载应力-应变曲线，$\sigma_{i卸}$ 为卸载应力-应变曲线，u_i^e 为可释放弹性能，u_i^d 为损伤耗散能。因此煤体发生疲劳损伤必须满足以下条件。

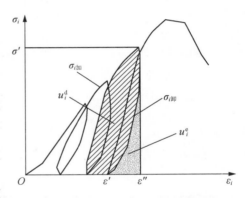

图 3-23　疲劳损伤应力-应变曲线图

① 承受交变的循环（扰动）应力或应变作用；

② 疲劳破坏起源于高应力或高应变的局部；

③ 疲劳损伤是一个损伤积累的发展过程；

④ 疲劳损伤是在足够多次的扰动荷载作用之后，形成裂隙或破坏。

在煤层自激脉动水压裂过程中，作用在煤体上的是波形符合正弦规律的循环载荷 σ_1，其表达式是随时间变化的周期函数，即

$$\sigma_1 = A\sin(2\pi ft) + B = \sigma_0(t) \tag{3-58}$$

式中：f——循环载荷频率；

　　　　t——时间；

　　　　A、B——常数。

当载荷作用在煤体上时，内部裂纹尖端出现高应力集中，发生位移变形，裂

纹扩展延伸，产生一定的能量消耗，导致不可逆变形量增加，此时煤体弹性模量降低，产生一定量的损伤。经过一定的循环次数，损伤累积达到一定程度，煤体内部裂隙逐渐沟通贯穿，损伤量迅速增加，最终发生断裂，形成宏观裂隙。在该过程中 E' 是随时间递减的函数，残余塑性应变 ε' 也是随时间递增的函数。因此，循环载荷从 t_0 时刻作用 n 个周期 T 后存在如下关系式

$$\begin{cases} \sigma_0\left(t_0+nT\right)=\sigma_0\left(t_0\right) \\ E'\left(t_0+nT\right)<E'\left(t_0\right) \\ \varepsilon'\left(t_0+nT\right)>\varepsilon'\left(t_0\right) \end{cases} \tag{3-59}$$

综上可知，在自激脉动水压载荷的反复作用下，煤体局部位置发生损伤变形，导致煤体强度降低，损伤逐渐累积到一定程度时，煤体最终发生局部化断裂破坏。

3.4.2　高压电脉冲破煤原理

1. 高压电脉冲对煤体作用效应

高压电脉冲对煤体作用主要依靠液电效应。目前，液电效应是将电能转换为机械能最为重要的方式，同时产生空化效应、热效应等实现对煤体的增透作用。

1）液电效应

液电效应是指置于液体中的电极在施加高电压时，电极间隙被击穿形成强烈的电弧放电，并伴随物理、化学等效应。该效应是电极作用的最为关键的效应。

在液电效应中，提高冲击波压力的方法主要有减小气体和蒸汽层、提高脉冲功率和缩短放电延续时间等，对冲击波作用起关键作用的是脉冲的波前陡度。在液电效应作用过程中，放电通道周围区域可以划分为以下几个区域，液电效应作用区域分布图如图 3-24 所示。在图 3-24 中，A 区域为火花的放电区，B 区域为破坏区，C 区域为硬化区，D 区域为弹性作用区，E 区域为压缩区。在液电效应区域中，距电极越远，冲击波的强度越小。B 区域是主要的破坏区，能够将材料破坏；在 C 区域，强度有所减弱。

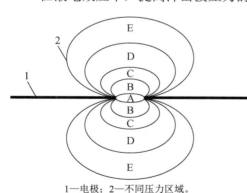

1—电极；2—不同压力区域。

图 3-24　液电效应作用区域分布图

因此，只有煤体处于 A、B 两个区域才会造成煤体裂隙变化。

通过液电效应由放电通道转换成的机械能为

$$W_0 = \eta_1 \int_0^t R i^2 \mathrm{d}t \tag{3-60}$$

式中：η_1——效率系数；

t——电弧放电持续时间；

R——电弧电阻；

i——电弧电流。

从以上分析可以看出，在液电效应中，对负载起着关键作用的是冲击波引发的力学效应。

2）空化效应

空化是在液体中受外加场强影响的一种普遍存在的效应，在液电效应作用初始阶段，放电通道的截面较小，其能量密度增加较为迅速，会产生爆炸效应。在其作用的过程中随着液体的扩散会形成一定的空腔，当空腔扩展到极限时会形成气泡，气泡的扩展、冷却会形成穴蚀作用，同时会引发一系列的次级效应。在水中，由于高压电脉冲产生的冲击波会发生反射、折射等，入射波和反射波会形成负压区，当达到水的空化压力时，会发生空化效应。同时煤体中存在大量的裂隙、孔隙等，水分的存在使得煤体中存在大量的空化核，使得空化的存在可能。而在高压电脉冲作用区域，由于电极的作用，使得液体中存在外加场强，能够使液体中的空化核发生空化效应。

瞬态空化是对外做功的最为关键的因素，是指气泡在短时间内迅速膨胀后突然破裂。当激发压力比较小时（一般小于 0.1MPa），会发生稳定空化效应，在此情况下，煤体气泡的闭合速度如式（3-61）所示，气泡闭合时的压力如式（3-62）所示。

$$U = \left\{ \frac{2P}{3\rho_w} \left[\left(\frac{R_m}{R} \right)^3 - 1 \right] - \frac{2Q}{3\rho_w(\gamma-1)} \left(\frac{R_m^{3\gamma}}{R^{3\gamma}} - \frac{R_m^3}{R^3} \right) \right\}^{0.5} \tag{3-61}$$

$$P(r) = P + \frac{R_m}{3Z\gamma} \left[\frac{Z^\gamma Q}{\gamma-1}(3\gamma-4) + \frac{ZQ}{\gamma-1} + (Z-4)P \right] \tag{3-62}$$

式中：P——气泡外部的压力；

Q——气体内部压力；

R_m——气泡最大半径；

ρ_w——液体密度；

R——气泡半径；

γ——气体热容比，$\gamma = c_P / c_V$，其中 c_P、c_V 为恒压、恒容条件下的热容；

Z——气泡最大半径与气泡半径比值的三次方，$Z = \left(\frac{R_m}{R} \right)^3$。

从式（3-61）、式（3-62）中可以看出，气泡闭合速度、气泡闭合时的压力与气泡外的压力、气泡半径、液体密度、气体热容比及气泡半径有直接关系。同时，在液体中，单个球形空化泡在破裂过程中与其尺寸、速度、持续时间及气体内、外压强有巨大关系，参数之间的关系如式（3-63）所示。

$$R\frac{\mathrm{d}^2R}{\mathrm{d}t^2}+\frac{3}{2}\left(\frac{\mathrm{d}R}{\mathrm{d}t}\right)^2=\frac{1}{\rho_\mathrm{w}}\left[Q-P_\infty-\frac{2\sigma}{R}-\frac{4\mu}{R}\left(\frac{\mathrm{d}R}{\mathrm{d}t}\right)\right] \tag{3-63}$$

式中：P_∞——液体在无限远处的压力；

　　　σ——气体内部压强；

　　　μ——液体的黏性系数。

在空化的过程中，部分空化能转化为热能释放出来，引起了温度的变化。假设气泡破裂在绝热环境中，那么环境中最高温度为

$$T_\mathrm{max}=T_0\left[\frac{(\gamma-1)p_0}{Q}\right]^{3(\gamma-1)} \tag{3-64}$$

式中：T_0——环境初始温度；

　　　p_0——初始压力。

同时，冲击波离开放电中心区，也会在放电通道处形成空化腔，当平衡后，空化腔闭合至最小尺寸，然后重新扩张做阻尼振荡。在极短时间内，空化腔闭合也会形成空化效应，形成压缩波。

3）热效应

在液电效应及空化效应中，虽然大部分能量转化为机械能，但在此过程中仍有部分能量转化为热量，使环境温度上升，尤其是温度的上升对气体的吸附解吸产生较大的影响。同时温度的变化能够改变煤岩的性质，而且使煤岩产生裂纹，甚至改变了煤岩的矿物结构和成分。从其他行业来看，电极放电总会有部分能量转换为热能，从而对含瓦斯煤岩进行作用。

4）其他

在高压电脉冲放电作用过程中，除了液电效应、空化效应和热效应等主要作用外，还有声学效应、电磁效应等极大地影响着煤体和液体相互作用，从前述前人研究结果可以看出，声场、电磁场均可降低煤体的吸附性，从而减少煤体对瓦斯的吸附量。

2. 高压电脉冲对煤岩体作用原理

高压电脉冲对煤岩体致裂作用主要表现在剪切造缝、机械振动、空化作用、热作用四个方面。

1）剪切造缝

经过高压电脉冲作用后，煤体表面产生明显裂隙，说明高压电脉冲对煤体具有明显的造缝作用，这是由于当电压、电容较高时，其产生的冲击波压力大于煤体强度，从而产生裂隙。而且经过高压电脉冲多次作用后，煤岩在重复、交变载荷作用下会出现疲劳损伤，煤岩强度得到降低，使得煤体更容易产生裂隙。同时，冲击波的剪切作用能够扩大孔隙半径，改变煤层中气、液界面之间的状态，降低气体与液体、固体之间的吸附亲和力，改善煤岩体瓦斯渗流状态。

由于高压电脉冲是通过水介质对外传播能量的，在高压电脉冲作用下，水分向煤体内部裂隙流动，从而使得能量得到充分利用，而且水分的存在能够产生水楔效应，使煤体裂隙强度因子得到降低，使得煤体内部裂隙增大。冲击波在穿过煤基质后，物质界面的变化会引起冲击波速度的变化，从而在煤体表面和内部产生应力集中导致煤体破裂，造成更多的裂隙。

2）机械振动

高压电脉冲产生的冲击波能够明显使其影响区域内的介质产生振动作用。而在实际煤层赋存中，煤体裂隙中存在着矿物颗粒等其他杂质，机械振动作用能够破坏堵塞煤体裂隙的有机质等，降低其与煤体之间的凝聚力，起到解堵的作用。同时机械振动作用能够使介质内部不同物质接触面发生错动，在煤体内部形成小裂隙。

3）空化作用

在电脉冲冲击波传播过程中，在空化崩溃的瞬时及其局部空间中，可以产生高温、高压。同时在煤层中存在着大量的空化核，阻碍煤层瓦斯运移，而空化作用能够将大量气核汇集形成大气泡，从而减少气核对煤层裂隙尤其是微裂隙的封堵，减小煤层瓦斯运移的阻力，而且空化作用形成的高温高压能够产生周期振动，可以形成周期性波动，降低煤体强度。

4）热作用

热是电能转换为机械能过程中存在的次生能量，同时气泡产生空化效应时也会产生热量，温度增加能够减小煤体瓦斯吸附量，而且温度的增加能够使瓦斯解吸速率增加，从而减小煤层瓦斯含量，对加强煤层瓦斯抽放具有明显的促进作用。温度的增加同时能够溶解煤层中存在的部分有机杂物，从而使得煤体裂隙贯通。

从以上分析来看，高压电脉冲对煤体作用是一个复杂的过程，是一个各种效应综合作用的过程，其中液电效应是最为关键的因素，剪切造缝、机械振动是最为重要的作用，而由液电效应引发的空化效应等均起着辅助作用。

3.4.3 机械冲击破煤原理

机械冲击破岩是指瞬间以很大的能量对岩石实施破碎的一种手段。冲击破岩和静力破岩的不同之处在于，其在很短的时间内作用力发生了极大的变化，其中冲击式凿岩机和破碎器工作原理示意图如图 3-25 所示，截齿破岩过程如图 3-26 所示。

根据破碎的实质，大致分为四种类型：①砸碎，以二次破碎为主；②劈裂，以两个自由面为基体，如采用风镐等器具从大块岩石体上将岩石分离出来；③凿碎，在只有一个自由面的大块岩体的局部破碎；④射击，用弹丸等已有高速运动的物体对煤岩产生撞击，将弹丸的动能转化为煤岩破碎的破碎能。

冲击破碎主要适用于脆性岩石和弹脆性岩石，岩石的脆性愈明显、愈坚硬，岩石破碎时的载荷极大值就愈大。脆性岩石在外载达到极大值后产生破裂或大体积破碎，而弹塑性岩石在破坏后仍有部分强度，在一定的外部作用下方可产生体积破碎。

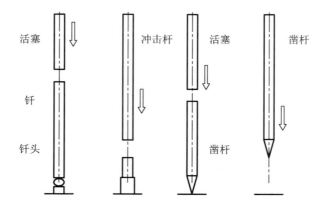

图 3-25　冲击式凿岩机和破碎器工作原理示意图

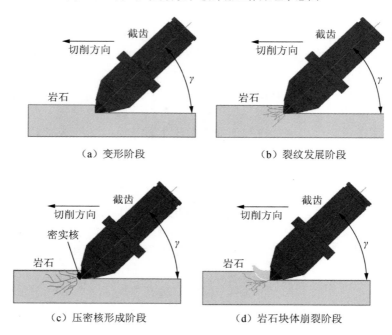

（a）变形阶段　　　　　　　　　　　（b）裂纹发展阶段

（c）压密核形成阶段　　　　　　　　（d）岩石块体崩裂阶段

图 3-26　截齿破岩过程

　　岩体经受冲击荷载，当冲击能不大时，在岩石表面只能见到压头冲击的痕迹，表现为围绕压头边缘的裂纹带，继续增加冲击能时，在压头边缘之外就出现环形崩离体，这种形式的破碎称之为脆性破碎的第一形态；而后，随着冲击能的增加，崩离体的体积稍有增加，破碎体积的增加是由于压头渐渐侵入深部的结果。当冲击能达到一定的值时，压头底下的岩石发生与静压入相似的脆性破碎，即为岩石破碎的第二形态。产生第二破碎形态时得到的岩石碎块具有第一破碎形态的痕迹；再继续增加冲击能量，不会引起破碎形态明显的质的变化，只有当冲击能量高达相当大的数值时，则出现新的、稳定的第三破碎形态。

3.4.4　爆破冲击破煤原理

炸药爆轰后，预裂孔周围岩石中激起的爆炸冲击波径向剧烈冲击压缩岩石而形成粉碎区，同时造成岩石质点位移。冲击波对岩石做功，能量迅速衰减，至粉碎区边缘冲击波依次衰减为塑性及弹性应力波，应力波的传播使岩石切向拉伸产生径向裂隙，其扩展过程中继续消耗冲击波能量，应力波作用强度降低，以致在裂隙区之外只能引起岩石的弹性变形及质点震动。

爆炸应力波粉碎区和裂隙区的计算如下所述。

粉碎区是由塑性变形或剪切破坏形成的，按声学近似公式计算应力波初始径向峰值应力，即

$$P_\mathrm{d} = \frac{\rho_0 D^2}{1+\gamma} \cdot \frac{2\rho_\mathrm{m} C_\mathrm{p}}{\rho_\mathrm{m} C_\mathrm{p} + \rho_0 D} \tag{3-65}$$

式中：P_d——透射入岩石的冲击波初始压力；

　　　ρ_0、ρ_m——炸药的装药密度和岩石的密度；

　　　C_p、D——岩石中的声速和炸药的爆速；

　　　γ——爆轰产物的膨胀绝热指数，一般 $\gamma = 3$。

冲击波能量的大量消耗使其迅速衰减，在粉碎区外变成应力波。设为平面应变时，应力波在岩石中任一点所引起的应力状态有

$$\sigma_r = P_\mathrm{d} \bar{r}^{-\alpha} \tag{3-66}$$

$$\sigma_\theta = -\lambda \sigma_r \tag{3-67}$$

式中：σ_r、σ_θ——径向、切向应力；

　　　$\bar{r}$——对比距离，$\bar{r} = r_i / r_\mathrm{b}$，$r_i$ 计算点到装药中心的距离，r_b 为预裂孔半径；

　　　λ——侧向压力系数，$\lambda = \nu / (1-\nu)$，ν 为泊松比；

　　　α——压力衰减系数，对于冲击波区 $\alpha \approx 3$ 或 $\alpha = 2 + \nu / (1-\nu)$，应力波区 $\alpha = 2 - \nu / (1-\nu)$，根据有关研究，在工程爆破的加载率范围内，$\nu = 0.8\nu_0$，$\nu_0$ 为静态泊松比。

又因为岩石属于脆性材料，抗拉强度明显高于抗压强度。根据文献可得到岩石的有效应力 σ_i 的表达式为

$$\sigma_i = \frac{1}{\sqrt{2}} \sigma_r \left[(1+\lambda)^2 - 2\nu(1-\lambda)^2(1-\nu) + (1+\lambda^2) \right]^{\frac{1}{2}} \tag{3-68}$$

根据 Mises 强度准则，如果 σ_i 满足 $\sigma_i \geqslant \sigma_\mathrm{cd}$（压碎区）、$\sigma_i \geqslant \sigma_\mathrm{td}$（裂隙区），则岩石破坏。其中 σ_cd、σ_td 分别为岩石的单轴动态抗压强度和单轴动态抗拉强度。由于岩石的 σ_i 随加载应变率的变化而变化，可由下式得出

$$\sigma_\mathrm{cd} = \sigma_\mathrm{c} \varepsilon^{\frac{1}{3}} \tag{3-69}$$

式中：σ_c——岩石的静态抗压强度；

　　　　ε——加载应变率，一般在粉碎区内为 $\varepsilon = 10^2 \sim 10^4\,\mathrm{s}^{-1}$，在粉碎区外为 $\varepsilon = 10 \sim 10^3\,\mathrm{s}^{-1}$。

当 $\sigma_i \geqslant \sigma_{cd}$ 可得粉碎区半径为

$$R_c = r_b \left(\frac{P_d A}{\sqrt{2}\sigma_{cd}} \right)^{\frac{1}{\alpha}} \tag{3-70}$$

式中：A——变量，$A = \left[(1+\lambda)^2 - 2\nu(1-\lambda)^2(1-\nu) + (1-\lambda^2) \right]^{\frac{1}{2}}$。

当 $\sigma_i \geqslant \sigma_{td}$ 可得裂隙区半径为

$$R_T = R_c \left(\frac{\sigma_{cd}}{\sigma_{td}} \right)^{\frac{1}{\beta}} = r_b \left(\frac{P_d A}{\sqrt{2}\sigma_{cd}} \right)^{\frac{1}{\alpha}} \left(\frac{\sigma_{cd}}{\sigma_{td}} \right)^{\frac{1}{\beta}} \tag{3-71}$$

式中：β——衰减指数，$\beta = 2 - \nu/(1-\nu)$。

3.4.5　冲击破煤裂化工艺

1. 脉冲水压破煤裂化工艺

脉冲水压裂化煤体是利用高压脉动泵将脉动水注入钻孔内，在脉动压力波的作用下，贯通钻孔周围原有裂隙，并促使裂隙持续发育扩展，最终在钻孔周围形成贯通的裂隙网，根据脉冲裂化工艺不同，煤层压裂分为点式压裂、柱式压裂与带式压裂，其压裂方式与水压裂化破煤相同，不同之处为压裂介质为脉动水荷载。

2. 高压电脉冲破煤裂化工艺

高压电脉冲破煤技术是把较小功率的能量以较长时间输入到储能装置中储存起来，然后将能量进行压缩、转换，通过系统在极短时间以极高的功率密度向煤体释放能量，达到破坏煤体结构的目的。高压电脉冲裂化工艺分为点式压裂和带式压裂。

点式压裂：设计合理的钻孔直径及长度，向钻孔中缓慢注水，注水长度为距孔口 2m 左右；将高压电脉冲设备放置到指定位置，对钻孔进行封孔，多次放电后，将设备向外移动 25cm，开始下一个循环直至孔口，作业完成，打开封孔装置将设备从钻孔中取出，利用高压电脉冲积聚能量破碎煤体，改善煤体结构。

带式压裂：带式压裂是在点式压裂的基础上，通过布置多钻孔，进行孔群压裂，压裂方式布置和水压带式压裂相同。

3. 机械冲击破煤裂化工艺

机械冲击破煤由于其工具及施工方式限制，其施工工艺主要为点式冲击破煤。

点式冲击：对采煤机截齿或凿岩机钎杆施加一定频率的机械冲击力，使其周期性的作用于煤岩体某一点之上，煤岩体在周期性荷载下产生疲劳损伤，节理裂隙发育，形成裂隙网络，达到破碎煤岩体作用。

4. 爆破冲击破煤裂化工艺

爆破冲击破煤是利用炸药爆破产生冲击波破煤，其破煤工艺同爆生气体破煤相同，分为点式压裂、柱式压裂和带式压裂。

3.5　混合裂化技术

3.5.1　混合裂化原理

1. 耦合原理

利用不同预裂方法进行"扬长补短"式混合裂化，能充分发挥两种预裂手段的共同优势，极大增强预裂方法破岩的效果。诸如水与爆破耦合预裂方法，通过割缝空气不耦合装药爆破，在装药与预裂孔壁之间充满水或者空气，能够适当消耗爆炸能量，降低了冲击波峰值压力，能够达到减少或控制预裂孔煤壁粉碎圈。同时缝槽迅速失稳扩展，空间增大，准静态压力作用时间短，裂隙扩展范围小。

对预裂孔中存在不同耦合介质（如空气、泥土、水），在相同装药量情况下，孔壁爆炸载荷及比能时间函数均发生了规律性改变。研究表明：耦合装药爆破产生的孔壁冲击压力值较高，压力主要用于岩石破碎，衰减较快；水不耦合装药衰减最慢，压力作用时间最长，预裂孔透射比能量最大，能够降低孔壁岩面上的初始冲击压力，提高爆炸的能量利用率。在冲击形成初始裂隙后，由于水的不可压缩性，且密度、流动黏度较大，爆炸能量耗散较空气中爆破少，形成的水准静态压力与空气准静态压力相比，具有压力大、持续时间长的特点，形成的高压力长时间持续产生"水楔"效应，继续使裂隙持续扩展。还有与空气中爆破不同的是，水中爆破在冲击波离开爆心之后，水中爆炸产物将产生气泡脉动，形成压缩波跟随冲击波向前传播。连续多个的应力波作用于缝槽尖端，更进一步地强化了导向裂隙的起裂扩展。

2. 互补原理

1）水压爆破互补原理

水压爆破是在不耦合装药条件下，用水作为药卷与装药孔间的耦合介质，并在爆炸瞬间传递爆炸压力和能量，使岩石破碎的一种预裂孔法爆破技术，其主要利用的是水难以压缩、变形能损失较少、传递能量效率高的特性；水具有缓冲作用和均匀传递压力的作用，能使压力较平缓而均匀地作用在周围介质上，使介质均匀地破碎，并大大降低了爆破的有害作用；另外，高压下水介质的压缩性比岩石大，水介质又是炸药爆炸产物与岩体间的缓冲层。缓冲层的存在，不但可以延长爆炸冲击波对岩体的作用时间，而且可以减少或消除在矿岩中产生塑性变形带来的能量损失。

对较小直径预裂孔来说，以水作为介质的爆破与普通爆破的压力波阵面不同，预裂孔内各点的应力是瞬间同时到达的，只是不同点上应力大小不同而已，即水中冲击波阵面为圆柱形，压力波入射与预裂孔壁成直角，在孔深不太大时可近似认为孔内应力均匀，在孔壁上基本是均匀作用，其效果和使用弱性炸药一样，柱状装药时更是如此。

水压爆破，增加煤岩体破坏面，扩大破碎范围，控制破碎块度。同时克服炸药能量利用均匀分配问题，减少粉碎作用。

2）水气爆破互补原理

水气爆破，是将高压气体药包置于注满水的预裂钻孔中的设计位置上，以水作为传爆介质传播爆轰压力使煤层破碎预裂，且爆炸冲击波及噪声等均可有效控制的煤层预裂方法。它是利用水的不可压缩性质，能量传播损失小。爆炸瞬间水传播冲击波到钻孔壁使其裂隙扩展，并产生反射作用形成二次加载，加剧孔壁的破坏，遂使煤层均匀解体破碎。此法简便易行，效果良好。

以"CO_2水压爆破"技术为例进行说明：采用在炮眼中先"注水"，后用"CO_2预裂器"回填堵塞的新技术，来变革煤层预裂技术的。它利用在水中传播的自激应力波对水的不可压缩性，使爆炸能量经过水传递到钻孔围岩中，能量几乎无损失，十分有利于煤层破碎。同时，水在爆炸气体膨胀作用下产生的"水楔"效应有利于孔壁裂隙进一步扩展，孔中有水可以起到湿润煤层、雾化降尘的作用，大大降低粉尘对生产环境的污染。

水气爆破，既增加预裂对象裂隙，扩大破碎范围，控制破碎块度，又利用了水力压裂起裂和破碎裂隙网络密度。

3.5.2　混合裂化工艺

混合裂化是利用固体、液体、气体不同介质的耦合优势，增加煤岩体的裂化效果，混合裂化分类如表 3-3 所示。下面对几种常见的混合裂化方式进行阐述。

表 3-3　混合裂化分类

方法	分类	具体成分
水压裂化	固体+液体	炸药+水
	固体+气体	炸药+二氧化碳（空气）
	液体+气体	水+二氧化碳
	固体+液体+气体	炸药+水+二氧化碳（空气）

1. 固体+液体+气体混合裂化

固体+液体+气体混合裂化煤岩体是首先利用水压爆破互补作用原理,增加煤岩体破坏面,扩大破碎范围,控制破碎块度,克服炸药能量利用均匀分配问题,减少粉碎作用。而后利用气体爆破膨胀压力大,闭合裂隙二次起裂扩展好等优点,达到煤层结构的改善。因此固体+液体+气体混合裂化煤岩体裂化工艺主要为柱式压裂和带式压裂。

柱式压裂:在设计钻孔按照设计的装药结构分次序装入水袋、炸药、水袋,连接炸药引爆线路,而后在孔口位置装入 CO_2 预裂器进行封孔,待炸药引爆作用一定时间后,起爆 CO_2 预裂器,CO_2 气化膨胀,促使煤体裂隙二次起裂扩展,增加煤体裂隙发育程度。

带式压裂:带式压裂是在柱式压裂的基础上,通过布置多钻孔,进行孔群压裂,压裂钻孔的布置方式有双孔、三孔及多孔,钻孔布置形式呈水平式、垂直式、三角形、矩形、菱形形式。

2. 固体+液体混合裂化

固体+液体混合裂化煤体工艺同固体+液体+气体混合裂化煤岩体裂化工艺基本相同,同样分为柱式压裂和带式压裂,不同之处在于封孔材料为炮泥封堵,其工艺流程如图 3-27 所示。

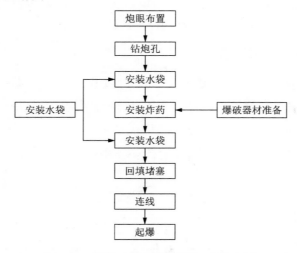

图 3-27　固体+液体混合裂化工艺流程图

3. 液体+气体混合裂化

液体+气体爆破工艺分为柱式压裂和带式压裂。

柱式压裂：在设计钻孔中先"注水"后用"CO_2预裂器"回填堵塞的新技术，来变革煤层预裂技术的，其工艺流程如图 3-28 所示。

带式压裂：带式压裂是在柱式压裂的基础上，通过布置多钻孔，进行孔群压裂。

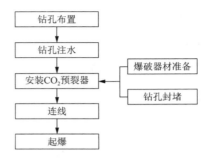

图 3-28　液体+气体混合裂化工艺流程图

3.6　煤层破碎性评价及分类

3.6.1　煤层破碎性分类

一般情况下，不同的煤层节理裂隙分布密度与分布数量，以及扩展发育规律，直接影响着煤体的物理力学性质及其破碎强度。煤层结构的完整性发生变化，会引起煤层变形和强度发生相应的改变，导致煤层破碎。岩石力学中，采用不同指标衡量岩体的破碎性质，诸如采用普氏硬度系数、岩石破碎系数以及岩石质量指标 RQD、地质强度指标 GSI 等。结合鄂尔多斯盆地侏罗纪煤层工程特点，参考岩石破碎分级指标，并提出了常规岩石破碎分级体系，可以定性化和定量化进行不同煤层破碎性分级，分成未破碎、轻微破碎、较强破碎和破碎四级，岩石破碎性分级基础指标如表 3-4 所示。

表 3-4　岩石破碎性分级基础指标

指标类型	破碎分级			
	未破碎（A）	轻微破碎（B）	较强破碎（C）	破碎（D）
地质强度指标 GSI	70～<100	50～<70	30～<50	0～<30
煤体普氏系数 f	2.5～≤4.0	1.5～<2.5	1.0～<1.5	0～<1.0
煤体质量指标 RQD/%	90～≤100	50～<90	25～<50	0～<25
煤体完整性系数 K_V	0.75～<1	0.35～<0.75	0.15～<0.35	0～<0.15
煤体破碎系数 ξ	0～<0.8	0.8～<1.0	1.0～<1.2	≥1.2

基于 Hoek-Brown 准则，求其破坏时的最大主应力 $[\sigma_1]$ 并与 σ_1 进行比较，引入煤层破碎系数 ξ，即有

$$\xi = \frac{\sigma_1}{[\sigma_1]} = \frac{\sigma_1}{\sigma_3 + \sigma_{ci}\left(\dfrac{m_b\sigma_3}{\sigma_{ci}} + s\right)^\alpha} \tag{3-72}$$

式中：σ_1、σ_3——破坏时的最大和最小主应力；

　　　σ_{ci}——完整块煤试件的单轴抗压强度；

　　　m_b——煤体常数，与完整煤体的 m_i 有关；

　　　s、α——取决于煤体特性的系数。

当破碎系数 $\xi > 1$ 时，即发生煤层的破碎。理论上认为 ξ 值愈大，煤层破碎程度越高。

3.6.2　煤层破碎分级影响因子

从煤层破碎性分级图（图 3-29）分析表明：工作面矿压作用之后，煤层破碎范围增大，A 往 B 转移，B 往 C 转移，C 往 D 转移，工作面煤体破碎范围增大；采取人工措施干预后工作面煤体破碎分级转移范围更大，说明人工措施和矿压作用相结合破煤效果更好。

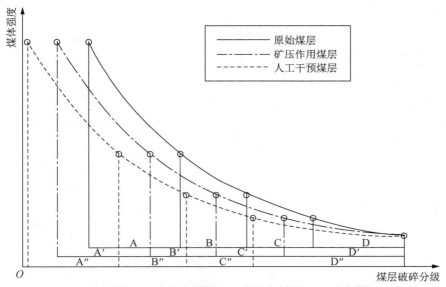

A—未破碎煤体；B—轻微破碎煤体；C—较强破碎煤体；D—破碎煤体。

图 3-29　煤层破碎性分级图

根据多年来对煤层预裂破碎的研究发现：由于矿山压力和采取人工干预等措施，工作面不同种类煤层破碎性的转变存在如图 3-29、表 3-5～表 3-9 所示的半定量转化关系，以及不同指标之间转化影响因子的定量关系。为了便于掌握和利用各种致裂因素对原始状态煤层的破碎性转化关系，经多年研究、实践，对煤层按破碎方法对应的破碎性分级进行编码，以表 3-5 为例进行说明。表中 A01、A02、A03 分别对应原始状态破碎性分级为未破碎 A 中 1 级、2 级、3 级，其分别对应的地质强度指标 GSI 值为 90～≤100、80～<90、70～<80。A11、A21、A31、A41 等分别对应原始分级为 A01 的煤层在采取矿压作用、冲击作用、气压作用、水压作用等致裂方法对应的破碎性分级编码。如 A41 在地质强度指标 GSI 影响因子变化表中表示原始分级为未破碎 A01 级的煤层在采取水压作用后对应的破碎分级为原始状态的 C01 级，也可以从表中查出对应的地质强度指标 GSI 值为 40～<50。

表 3-5　地质强度指标 GSI 影响因子变化表

项目	煤层破碎分级									
	未破碎（A）			轻微破碎（B）		较强破碎（C）		破碎（D）		
	GSI 值									
	90～≤100	80～<90	70～<80	60～<70	50～<60	40～<50	30～<40	20～<30	10～<20	0～<10
原始	A01	A02	A03	B01	B02	C01	C02	D01	D02	D03
矿压作用		A11			B11		C11		D11	
冲击作用			A21			B21		C21		D21
气压作用				A31			B31		C31	
水压作用						A41			B41	C41
水压+冲击作用								A51		B51
水压+气压作用									A61	B61

注：煤层破碎影响因素分级编码 Amn、Bmn、Cmn、Dmn 中 A、B、C、D 代表煤层破碎分级；m 代表影响因素，取 0、1、2、3、4、5、6 分别代表原始（未受采动和外界因素干扰）煤层、矿压作用煤层、冲击作用煤层、气压作用煤层、水压作用煤层、水压+冲击作用煤层、水压+气压作用煤层；n 代表破碎性分级。

表 3-6　煤体质量指标 RQD 影响因子变化表

项目	煤层破碎分级								
	未破碎（A）	轻微破碎（B）				较强破碎（C）		破碎（D）	
	RQD 值								
	90～≤100	80～<90	70～<80	60～<70	50～<60	35～<50	25～<35	10～<25	0～<10
原始	A01	B01	B02	B03	B04	C01	C02	D01	D02
矿压作用		A11	B11			C11			D11
冲击作用			A21	B21			C21		
气压作用				A31	B31				C31
水压作用						A41	B41		
水压+冲击作用							A51	B51	
水压+气压作用								A61	B61

表 3-7　煤体完整性系数 K_V 影响因子变化表

项目	煤层破碎分级							
	未破碎（A）		轻微破碎（B）			较强破碎（C）		破碎（D）
	K_V 值							
	0.85~≤1	0.75~<0.85	0.6~<0.75	0.45~<0.6	0.35~<0.45	0.25~<0.35	0.15~<0.25	0~<0.15
原始	A01	A02	B01	B02	B03	C01	C02	D01
矿压作用		A11		B11			C11	
冲击作用			A21		B21			C21
气压作用				A31		B31		
水压作用						A41		B41
水压+冲击作用							A51	
水压+气压作用								A61

表 3-8　煤体破碎系数 ξ 影响因子变化表

项目	煤层破碎分级						
	未破碎（A）				轻微破碎（B）	较强破碎（C）	破碎（D）
	ξ 值						
	0~<0.2	0.2~<0.4	0.4~<0.6	0.6~<0.8	0.8~<1.0	1.0~<1.2	≥1.2
原始	A01	A02	A03	A04	B01	C01	D01
矿压作用		A11				B11	C11
冲击作用			A21				B21
气压作用				A31			
水压作用					A41		
水压+冲击作用						A51	
水压+气压作用							A61

表 3-9　煤体普氏系数 f 影响因子变化表

项目	煤层破碎分级							
	未破碎（A）			轻微破碎（B）		较强破碎（C）	破碎（D）	
	f 值							
	3.5~≤4.0	3.0~<3.5	2.5~<3.0	2.0~<2.5	1.5~<2.0	1.0~<1.5	0.5~<1.0	0~<0.5
原始	A01	A02	A03	B01	B02	C01	D01	D02
矿压作用		A11			B11		C11	D11
冲击作用			A21			B21		C21
气压作用				A31			B31	
水压作用						A41		B41
水压+冲击作用							A51	
水压+气压作用								A61

根据地质强度指标 GSI 影响因子变化表 3-5 和图 3-30 发现：当工作面煤体为原始未破碎煤体（A01）时，单纯依靠工作面矿压破煤效果不显著，工作面煤体硬度大，采煤机截割能耗大，块煤产出率低。采取冲击（A21）、气压（A31）和水压（A41）单一因素破煤时，未破碎煤体（A01）存在往轻微破碎煤体（B）和较强破碎煤体（C）转移现象，即对应原始 A01 在气压致裂时破碎分级编码 A31 对应的原始破碎分级为 B01，即由 A 转向 B，但破碎煤体块度大，当采取水压+冲击或水压+气压耦合破煤时，煤体均转移为较强破碎煤体（C）和破碎煤体（D），破碎煤体块度小，块煤产出率高。当工作面煤体为轻微破碎煤体（B）时，采取气压和水压作用时，即可取得较好破煤效果。当煤体为破碎煤体（D）时，无需采取外界措施，仅依靠矿压即可。

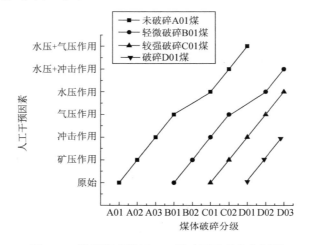

图 3-30　地质强度指标 GSI 影响因子变化分级图

根据煤层质量指标 RQD 影响因子变化表 3-6 和图 3-31 发现：当工作面煤体为未破碎煤体（A）、轻微破碎煤体（B）时，采用单一因素破煤效果不显著，而采取水压+气压、水压+冲击耦合人工干预措施破煤效果显著，破煤效果好。当工作面煤体为较强破碎煤体（C）时，采取单一人工干预因素即可取得较好破煤效果，而当工作面煤体为破碎煤体（D）时，无需人工干预，仅依靠矿压即可较好破煤。

根据煤体完整性系数 K_V 影响因子变化表 3-7 和图 3-32 发现：未破碎煤体（A）采取水压+气压、水压+冲击耦合人工干预措施破煤效果显著，轻微破碎煤体（B）采取水压作用可获得较高块煤产出率，较强破碎煤体（C）依靠矿压就可获得较好破煤效果。

根据煤体破碎系数 ξ 影响因子变化表 3-8 和图 3-33 发现：未破碎煤体（A）需采取水压+气压或水压+冲击人工耦合干预措施才能取得较好破煤效果，轻微破碎煤体（B）采取人工单一干预措施即可获得较好破煤效果，而较强破碎煤体（C）仅依靠矿压破煤效果就可达最佳。

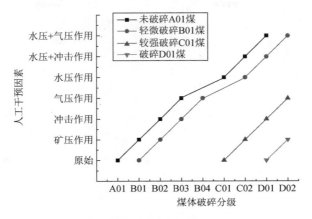

图 3-31 煤岩质量指标 RQD 影响因子变化分级图

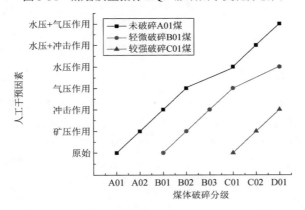

图 3-32 煤体完整性系数 K_V 影响因子变化分级图

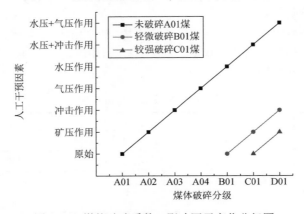

图 3-33 煤体破碎系数 ξ 影响因子变化分级图

根据煤体普氏系数 f 影响因子变化表 3-9 和图 3-34 发现：未破碎煤体（A）采用水压+冲击人工耦合干预措施才可获得较好破煤效果，轻微破碎煤体（B）仅采取气压作用就可获得较好破煤效果，较强破碎煤体（C）和破碎煤体（D）无需人工干扰，紧靠矿压作用即可取得较好破煤效果。

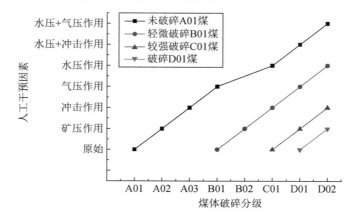

图 3-34　煤体普氏系数 f 影响因子变化分级图

3.6.3　煤层破碎影响因子与分形维数的关系

煤体由于受外界因素干扰，煤体破碎，裂隙发育，煤体分形维数发生变化，研究发现：未破碎（A）分形维数 D 为 1.1～1.4；轻微破碎（B）分形维数 D 为 1.4～1.6；较强破碎（C）分形维数 D 为 1.6～1.95；破碎（D）分形维数 D 为 1.95～2.65，对煤体进行分形维数与分级指标破碎性分级关系拟合可得图 3-35。

从分形维数与煤体破碎分级指标关系图 3-35 发现：地质强度指标（GSI）、煤体质量指标（RQD）与分形维数（D）的关系为二次函数关系，即 $y = ax^2 + bx + c$；煤体完整性系数（K_V）、煤体破碎系数（ξ）、煤体普氏系数（f）与分形维数（D）的关系为幂指数函数关系，即 $y = a + b \times c^x$。分别以 0、1、2、3、4、5、6 表示原始未受采动和外界因素干扰煤层、矿压作用煤层、冲击作用煤层、气压作用煤层、水压作用煤层、水压+冲击作用煤层、水压+气压作用煤层，则拟合关系式如下所述。

（1）地质强度指标 GSI 拟合公式如表 3-10 所示。

表 3-10　地质强度指标 GSI 拟合公式

作用方式	拟合公式	拟合度 R^2
原始煤层	$y_0 = 1.03 \times 10^{-4} x^2 - 0.03x + 2.62$	$R_0^2 = 0.997$
矿压作用	$y_1 = 1.15 \times 10^{-4} x^2 - 0.03x + 2.90$	$R_1^2 = 0.997$
冲击作用	$y_2 = 1.35 \times 10^{-4} x^2 - 0.03x + 3.24$	$R_2^2 = 0.999$
气压作用	$y_3 = 1.45 \times 10^{-4} x^2 - 0.04x + 3.61$	$R_3^2 = 0.999$
水压作用	$y_4 = 2.68 \times 10^{-5} x^2 - 0.04x + 3.88$	$R_4^2 = 0.992$
水压+冲击作用	$y_5 = 1.43 \times 10^{-4} x^2 - 0.04x + 4.82$	$R_5^2 = 0.996$
水压+气压作用	$y_6 = 2.5 \times 10^{-4} x^2 - 0.07x + 6.01$	$R_6^2 = 0.994$

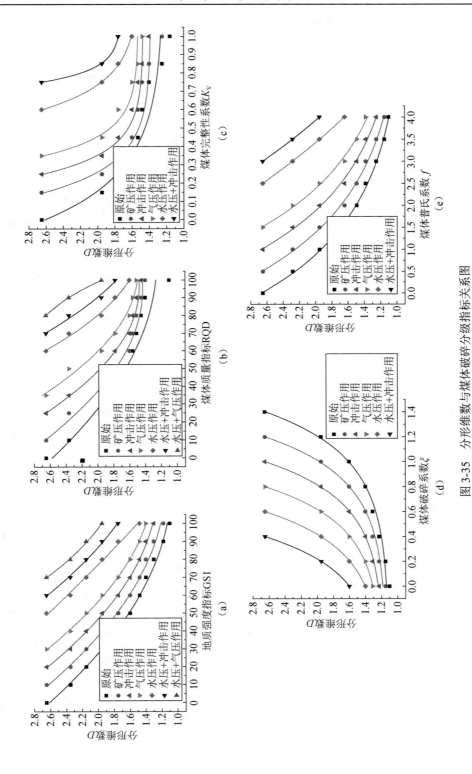

图 3-35　分形维数与煤体破碎分级指标关系图

（2）煤体质量指标 RQD 拟合公式如表 3-11 所示。

表 3-11　煤体质量指标 RQD 拟合公式

作用方式	拟合公式	拟合度 R^2
原始煤层	$y_0 = 1.08 \times 10^{-4} x^2 - 0.02x + 2.58$	$R_0^2 = 0.948$
矿压作用	$y_1 = 1.71 \times 10^{-4} x^2 - 0.03x + 2.97$	$R_1^2 = 0.980$
冲击作用	$y_2 = 2.33 \times 10^{-4} x^2 - 0.04x + 3.63$	$R_2^2 = 0.996$
气压作用	$y_3 = 2.43 \times 10^{-4} x^2 - 0.05x + 4.2$	$R_3^2 = 0.972$
水压作用	$y_4 = 3.29 \times 10^{-5} x^2 - 0.08x + 6.25$	$R_4^2 = 0.982$
水压+冲击作用	$y_5 = 3.0 \times 10^{-4} x^2 - 0.08x + 6.88$	$R_5^2 = 0.958$
水压+气压作用	$y_6 = -6.0 \times 10^{-4} x^2 + 0.07x + 0.65$	$R_6^2 = 0.978$

（3）煤体完整性系数 K_V 拟合公式如表 3-12 所示。

表 3-12　煤体完整性系数 K_V 拟合公式

作用方式	拟合公式	拟合度 R^2
原始煤层	$y_0 = 1.23 + 1.38 \times 0.02^x$	$R_0^2 = 0.968$
矿压作用	$y_1 = 1.38 + 3.14 \times 0.002^x$	$R_1^2 = 0.958$
冲击作用	$y_2 = 1.469 + 7.75 \times 0.000\,508^x$	$R_2^2 = 0.980$
气压作用	$y_3 = 1.526 + 18.72 \times 0.000\,308^x$	$R_3^2 = 0.971$
水压作用	$y_4 = 1.51 + 48.36 \times 0.001\,9^x$	$R_4^2 = 0.999$
水压+冲击作用	$y_5 = 1.72 + 26209.73 \times 0.000\,001\,15^x$	$R_5^2 = 0.999$

（4）煤体破碎系数 ξ 拟合公式如表 3-13 所示。

表 3-13　煤体破碎系数 ξ 拟合公式

作用方式	拟合公式	拟合度 R^2
原始煤层	$y_0 = 1.11 + 0.03e^{2.81x}$	$R_0^2 = 0.996$
矿压作用	$y_1 = 1.14 + 0.04e^{2.97x}$	$R_1^2 = 0.998$
冲击作用	$y_2 = 1.18 + 0.06e^{3.17x}$	$R_2^2 = 0.999$
气压作用	$y_3 = 1.20 + 0.1e^{3.28x}$	$R_3^2 = 0.999$
水压作用	$y_4 = 1.20 + 0.21e^{3.25x}$	$R_4^2 = 0.999$
水压+冲击作用	$y_5 = 1.25 + 0.35e^{3.47x}$	$R_5^2 = 0.999$

（5）煤体普氏系数 f 拟合公式如表 3-14 所示。

表 3-14 煤体普氏系数 f 拟合公式

作用方式	拟合公式	拟合度 R^2
原始煤层	$y_0 = 0.88 + 1.78 \times 0.59^x$	$R_0^2 = 0.997$
矿压作用	$y_1 = 0.87 + 2.33 \times 0.59^x$	$R_1^2 = 0.997$
冲击作用	$y_2 = 0.90 + 3.03 \times 0.58^x$	$R_2^2 = 0.996$
气压作用	$y_3 = 0.89 + 3.96 \times 0.59^x$	$R_3^2 = 0.994$
水压作用	$y_4 = -1.62 + 6.69 \times 0.84^x$	$R_4^2 = 0.999$
水压+冲击作用	$y_5 = -0.77 + 6.80 \times 0.80^x$	$R_5^2 = 0.999$

由拟合关系曲线可得，只要测出原煤的破碎性分类范围，即可根据拟合公式求得采取相应措施后各指标对应的分形维数，从而有效指导块煤率的提高。

第4章 压裂煤层矿压显现规律

本章主要介绍在提高块煤率所进行的煤层压裂过程中，工作面矿山压力显现规律和采动上覆岩层结构运动特征。结合对神东、黄陇、榆神、万利、新庙等矿区工作面矿压观测，总结了压裂煤层采场矿山压力显现规律，分析了试验工作面关键层结构和特征，阐述了压裂煤层工作面支架与围岩的相互作用关系，及其煤壁稳定性的影响因素。

4.1 压裂煤层矿压观测

试验区典型工作面矿山压力显现规律，以实测支架的时间加权阻力与其均方差之和为判断顶板来压的主要指标，并参考支架每循环末阻力，具体计算公式为

$$P_t = \frac{\sum_{i=0}^{n} \frac{P_i + P_{i+1}}{2} t_i}{\sum_{i=0}^{n} t_i} \tag{4-1}$$

式中：P_t ——时间加权阻力；

P_i ——数据转折点的实测阻力值；

t_i ——支架阻力转折点 P_i 至 P_{i+1} 对应的时间。

$$\sigma_{P_t} = \sqrt{\frac{1}{n} \sum_{i=1}^{n} \left(P_{ti} - \overline{P}_t\right)^2} \tag{4-2}$$

式中：σ_{P_t} ——时间加权阻力平均值的均方差；

n ——实测天数；

P_{ti} ——所求各天的实测第 i 架时间加权平均阻力；

$\overline{P}_t$ ——时间加权平均阻力的平均值，$\overline{P}_t = \frac{1}{n} \sum_{i=1}^{n} P_{ti}$。

工作面来压依据为

$$P_L = \overline{P}_t + \sigma_{P_t} \tag{4-3}$$

动载系数可表示为

$$K = P_z / P_f \tag{4-4}$$

式中：P_z ——周期来压期间支架平均工作阻力；

P_f ——非周期来压期间支架平均工作阻力。

1. 神东矿区试验工作面矿压显现规律

1）初次来压

当工作面推进 55m 左右时初次来压，工作面中部的支架工作阻力明显增大，一般是 42.5MPa，最大是 47MPa，安全阀就开启。初次来压之前，工作面支架的工作阻力不大，大多在 20.0～30.0MPa，来压时支架的工作阻力急剧上升。

2）周期来压

从工作面距开切眼 230m 推进至距开切眼 305m。期间共有 4～5 次的周期来压，来压期间支架的工作阻力普遍升高。为了便于数据分析，分别对每个测区的支架平均工作阻力进行研究。

对工作面 5 个测区的周期来压时矿压数据进行了分析，周期来压的曲线图以第 1、第 2 和第 3 测区为代表，周期来压期间支架的工作阻力曲线如图 4-1～图 4-3 所示。

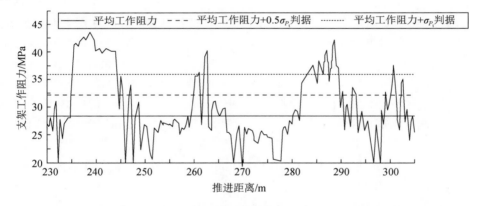

图 4-1　工作面第 1 测区周期来压期间支架的工作阻力曲线

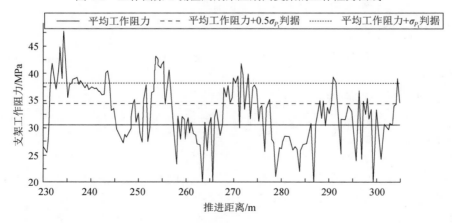

图 4-2　工作面第 2 测区周期来压期间支架的工作阻力曲线

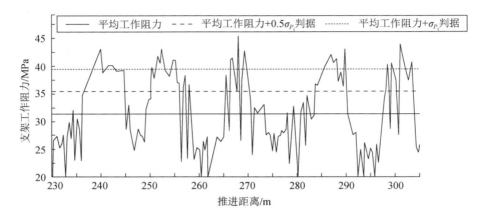

图 4-3　工作面第 3 测区周期来压期间支架的工作阻力曲线

　　第 1 测区的周期来压步距的最大值为 30m，最小值为 15m，平均为 20.3m，来压时支架的平均工作阻力为 42MPa，为支架额定的工作阻力的 87.8%，动载系数为 1.38，平常时支架的平均工作阻力为 28MPa，为支架额定的工作阻力的 63.7%。

　　第 2 测区的周期来压步距的最大值为 23.5m，最小值为 4.5m，平均为 14.5m，周期来压时支架的平均工作阻力为 41.6MPa，为支架额定的工作阻力的 87%，动载系数为 1.37，平常时支架的平均工作阻力为 30.3MPa，为支架额定的工作阻力的 63.4%。

　　第 3 测区的周期来压步距的最大值为 20m，最小值为 6m，平均值为 14.8m，来压时支架的平均工作阻力为 43.5MPa，为支架额定的工作阻力的 91%，动载系数为 1.33，平常时支架的平均工作阻力为 31.8MPa，为支架额定的工作阻力的 68.6%。

　　结论：神东矿区工作面支架平均工作阻力平常时为 30.8MPa，来压时为 42.7MPa；初次来压步距为 55m，周期来压步距为 13.5～20.3m；动载系数为 1.37。

　　2. 黄陇矿区试验工作面矿压显现规律

　　1）走向矿压显现规律

　　黄陇煤田根据实测工作面推进过程的支架平均载荷，绘制出工作面支架平均工作阻力与推进距离关系如图 4-4 所示。

　　2）倾斜矿压显现规律

　　在初次来压前，支架平均工作阻力（载荷）一般为 31.7～35.3MPa。当工作面推进到 39.5m 时，12～80 号支架压力显著提高，部分支架达到 47MPa 以上，全工作面支架平均载荷达到 39.5MPa，工作面首次出现架间明显的淋水，表明工作面初次来压，初次来压步距 39.5m。初次来压期间，顶板压力主要分布在 12～80 号支架，81～146 号支架仅为初撑力状态，如图 4-5 所示。工作面最大值达到 49.7MPa，部分支架卸压阀开启，煤壁以及两端部煤帮片帮严重，伴随着有架间淋水。随着工作面的推进，顶板垮落逐步向中部扩展。

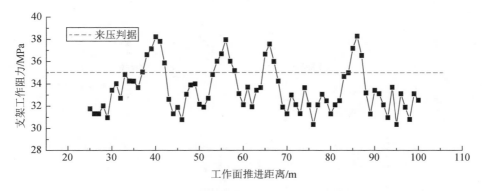

图 4-4　工作面支架平均工作阻力与推进距离关系

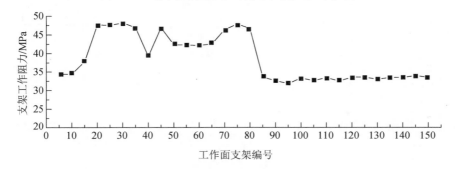

图 4-5　工作面初次来压时沿工作面倾斜方向支架工作阻力曲线

当工作面推进到 56m，即距离初次来压 16m 时，工作面支架压力显著提高，全工作面平均载荷达到 37.8MPa，工作面出现第一次周期来压，来压步距 16m。工作面推进到 66m 时，工作面第二次周期来压，来压步距仅 10m，来压持续时间比较长，工作面有淋水。工作面推进到 86m 时，支架压力显著提高，架间淋水严重，煤壁片帮严重，深度可达 20cm，表明工作面第三次来压，来压步距 20m。此后，工作面每推进 10～20m，出现一次周期来压，平均周期来压步距 15m 左右，动载系数平均为 1.24。来压步距和动载系数存在大小周期现象。

随着工作面的继续推进，周期来压期间沿工作面倾斜方向支架工作阻力曲线如图 4-6 所示，工作面中部 30～100 号支架来压明显，表明老顶呈现比较充分的板状破断特征。

结论：工作面支架平均工作阻力平常时为 34.1MPa，来压时为 37.5MPa；初次来压步距为 39.5m，周期来压步距为 10～20m；动载系数为 1.10。

3. 榆神矿区试验工作面矿压显现规律

按工作面长度，将工作面分为 3 个测区，从工作面距开切眼 50m 推进至距开切眼 130m。为了便于数据分析，分别对每个测区的支架平均工作阻力进行研究，如图 4-7～图 4-9 所示。

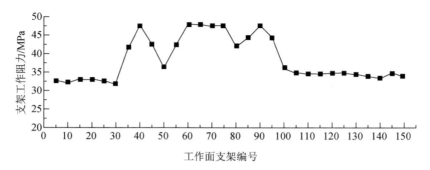

图 4-6　周期来压期间沿工作面倾斜方向支架工作阻力曲线

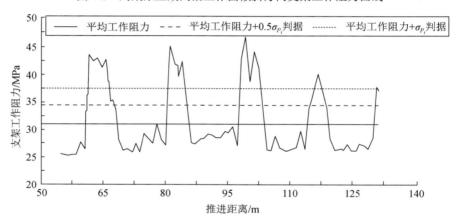

图 4-7　工作面第 1 测区周期来压期间支架工作阻力曲线

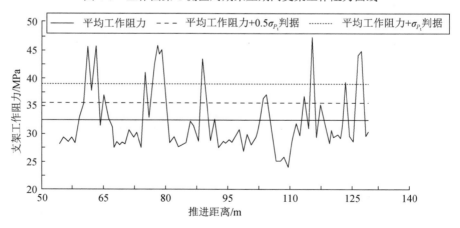

图 4-8　工作面第 2 测区周期来压期间支架的工作阻力曲线

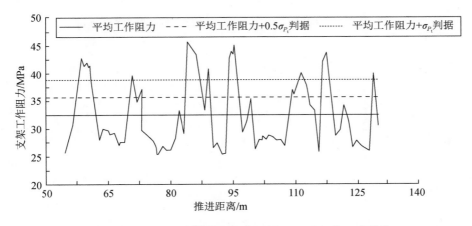

图 4-9　工作面第 3 测区周期来压期间支架的工作阻力曲线

1）走向矿压显现规律

第 1 测区的周期来压步距的最大值为 20m，最小值为 15m，平均为 19m，来压时支架的平均工作阻力为 43MPa，为支架额定的工作阻力的 89.9%，动载系数为 1.39，平常时支架的平均工作阻力为 31MPa，为支架额定的工作阻力的 64.8%。

第 2 测区的周期来压步距的最大值为 19.5m，最小值为 8m，平均为 14.5m，周期来压时支架的平均工作阻力为 43.8MPa，为支架额定的工作阻力的 91.6%，动载系数为 1.39，平常时支架的平均工作阻力为 32.5MPa，为支架额定的工作阻力的 65.8%。

第 3 测区的周期来压步距的最大值为 16m，最小值为 7m，平均值为 13m，来压时支架的平均工作阻力为 42.8MPa，为支架额定的工作阻力的 89.5%，动载系数为 1.4，平常时支架的平均工作阻力为 32.5MPa，为支架额定的工作阻力的 63.8%。

2）工作面沿倾斜方向矿压显现规律

通过对周期来压期间和非周期来压期间沿工作面倾斜方向支架工作阻力曲线如图 4-10 所示，可以看出工作面支架工作阻力-位置的分布变化规律：工作面上部、中上部、中部的压力要大于工作面下部压力。按照一般规律，煤柱下的支架载荷都应该比采空区小，煤柱下的支架载荷平均值要小于机头位置支架载荷平均值，主要是由工作面浅埋深、薄基岩的开采特点决定的。

结论：榆神矿区大采高工作面支架平均工作阻力平常时为 30.99MPa，来压时为 43.2MPa；初次来压步距为 55m，周期来压步距为 13～19m；动载系数为 1.39。

4. 万利矿区试验工作面矿压显现规律

工作面共布置五个测区：即 I 测区（5#～8#架），II 测区（40#～43#架），III 测区（70#～73#架），IV 测区（100#～103#架），V 测区（135#～138#架）。

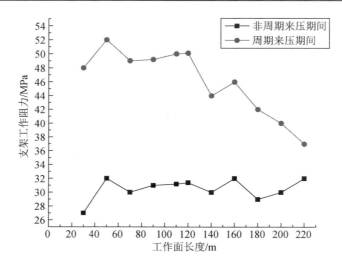

图 4-10　沿工作面倾斜方向支架工作阻力曲线

1）初次来压

工作面初次来压步距约 66m，来压期间工作面中部压力较大，一般达到 41.2MPa，最大达到 47.5MPa，超过额定工作阻力 47MPa，来压期间，工作面 61#～88#支架范围内出现漏矸，煤壁片帮比较严重，最大深度达 820mm。

2）周期来压

从工作面距切眼 150m 推进到距切眼 260m，期间有 4～5 次周期来压，来压期间支架工作阻力普遍增高。工作面各测区的周期来压情况如表 4-1 所示。

表 4-1　工作面各测区的周期来压情况表

测区	来压步距/m	支架工作阻力/MPa		动载 K
		最大工作阻力	平均工作阻力	
I	16.2	29.7	26.2	1.14
II	13.5	46.0	30.8	1.49
III	13.6	46.1	30.0	1.53
IV	11	44.5	26.5	1.68
VI	7.5	29.7	24.4	1.22
平均	12.8	39.2	27.6	1.42

对工作面 5 个测区的周期来压时矿压数据进行了统计，周期来压期间支架的工作阻力曲线以 40#、72#和 103#支架为代表，如图 4-11～图 4-13 所示。

结论：万利矿区大采高工作面支架平均工作阻力平常时为 27.6MPa，来压时支架平均工作阻力为 39.2MPa；初次来压步距为 66m，周期来压步距为 7.5～16.2m；动载系数为 1.42。

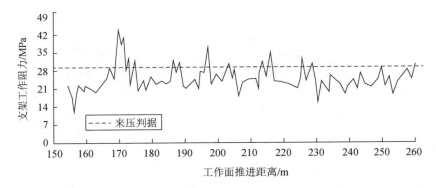

图 4-11　周期来压期间 40#支架工作阻力曲线

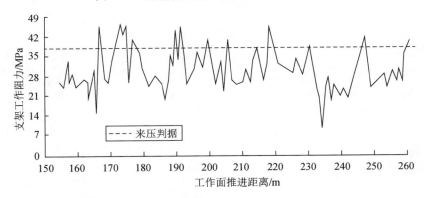

图 4-12　周期来压期间 72#支架工作阻力曲线

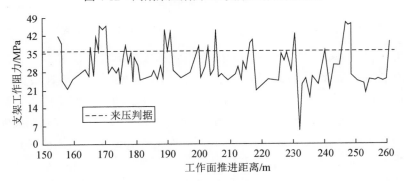

图 4-13　周期来压期间 103#支架工作阻力曲线

5. 新庙矿区试验工作面矿压显现规律

如图 4-14 所示，根据工作面支架平均工作阻力曲线可知，老顶初次来压步距为 50m，初次来压后出现 5 次周期来压，其周期来压步距最大 14.6m，最小 9.5m，平均 10m。

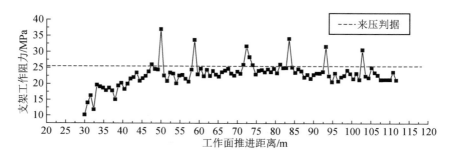

图 4-14　工作面支架平均工作阻力曲线

工作面支架平均活柱下缩量与推进距离的关系如图 4-15 所示，当工作面推进 50m 时，老顶初次来压，活柱下缩量达最大为 21mm，是平时的 2.8 倍。当工作面向前又推进 10.4m，即工作面推进到距开切眼 60.4m 时，活柱下缩量出现峰值，为 13.8mm，为平时的 1.7 倍，这是工作面第一次周期来压。工作面第二、第三、第四及第五次周期来压时活柱下缩量与支架平均工作阻力变化规律基本对应（图 4-15），支架阻力观测结果与支架活柱下缩量观测结果相互得到了印证。

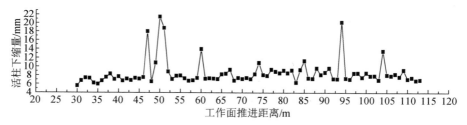

图 4-15　工作面支架平均活柱下缩量与推进距离关系

支架工作阻力、活柱下缩量、顶底板移近量在 18#、73#和 133#支架三个测点处随工作面推进距离关系如图 4-16 所示。18#支架处来压时活柱最大下缩量为 24.5mm，为平均活柱下缩量 14.3mm 的 1.71 倍；顶底板最大移近量为 31.88mm，为平均顶底板移近量 18.5mm 的 1.72 倍，如图 4-16（a）所示。73#支架处来压时活柱的最大下缩量为 36mm，为平均活柱下缩量 9.7mm 的 3.7 倍；顶底板的最大移近量为 64.2mm，为平均顶底板移近量 23.7mm 的 2.7 倍，如图 4-16（b）所示。133#支架处来压时活柱的最大下缩量为 28.5mm，为平均活柱下缩量 13.5mm 的 2.1 倍；顶底板的最大移近量为 57mm，为平均顶底板移近量 25mm 的 2.3 倍，如图 4-16（c）所示。

综合活柱下缩量和顶底板移近量分析表明，工作面靠端部位置活柱下缩量和顶底板移近量的值相对最小，并且在周期来压时增加值也小，18#支架端均为平均值的 1.7 倍左右，133#支架端活柱下缩为平均值的 2.1 倍，顶底板移近量为平均值的 2.3 倍；工作面靠中部位置活柱下缩量和顶底板移近量的值最大，周期来压时的增加值也大，活柱下缩为平均值的 3.7 倍，顶底板移近量为平均值的 2.7 倍。显然，活柱下缩量、顶底板移近量与支架工作阻力的变化相对应，工作面中部矿压大于两端。

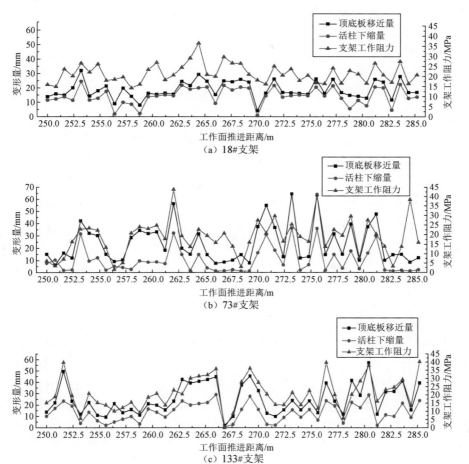

图 4-16　支架工作阻力、活柱下缩量、顶底板移近量与工作面推进距离关系

结论：（1）新庙矿区综采工作面煤层开采的初次来压步距为 50m，初次来压后出现的 5 次周期来压中，最大来压步距为 14.6m，最小为 9.5m，平均为 10m。老顶初次来压时支架工作阻力为 36.4MPa，周期来压时支架工作阻力为 32MPa，支架平均工作阻力为 23.7MPa，动载系数为 1.34。

（2）综合活柱下缩量和顶底板移近量分析表明，工作面中部来压大于工作面两端。

6. 总结

（1）神东矿区试验工作面初次来压步距为 55m，周期来压步距为 13.5～20.3m，来压时支架工作阻力为 42.7MPa，动载系数为 1.37。

（2）黄陇矿区试验工作面初次来压步距为 40m，工作面存在大小周期来压，小周期来压步距为 10m，大周期来压步距为 20m 左右，来压时支架工作阻力为 37.5MPa，动载系数为 1.1。

（3）榆神矿区试验工作面初次来压步距为 55m，周期来压步距为 13～19m，来压时支架工作阻力为 43.2MPa，动载系数为 1.39。

（4）万利矿区试验工作面初次来压步距为 66m，周期来压步距为 7.5～16.2m，来压时支架工作阻力为 39.2MPa，动载系数为 1.42。

（5）新庙矿区试验工作面初次来压步距为 50m，周期来压步距为 9.5～14.6m，来压时支架工作阻力为 32MPa，动载系数为 1.34。

4.2　压裂煤层矿压显现

4.2.1　上覆岩层结构与分类

1. 关键层判定

根据矿山压力原理，关键层是指对采场上覆岩层局部或直至地表的全部岩层活动起控制作用的岩层。前者称为亚关键层，后者称为主关键层。关键层判断的主要依据是岩层的变形和破断特征，直接顶初次垮落后，随着回采工作面继续推进，将引起覆岩关键层的破断与运动。受采动影响任意岩层所承受载荷除了自重外，一般还承受邻近岩层的相互作用产生的载荷。

如图 4-17 所示，设直接顶上方共有 m 层岩层，各岩层的厚度为 $h_i(i=1,2,\cdots,m)$，体积力为 $\gamma_i(i=1,2,\cdots,m)$，弹性模量为 $E_i(i=1,2,\cdots,m)$，其中第 1 层（编号为 1）所控制的岩层达第 i 层。第 1 层与第 i 层同步变形，则第 1 层为这 i 层岩层的关键层，第 i+1 层成为第 2 层关键层必然满足 $q_{i+1} < q_i$。

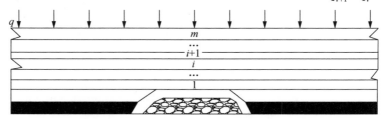

图 4-17　判断关键层载荷计算模型

根据组合岩梁原理与每个岩层梁在自重作用下形成曲率关系，考虑第 n 层对第 1 层影响时形成的载荷，即 $(q_i)_1$，由此可得

$$(q_i)_1 = \frac{E_1 h_1^3 (\gamma_1 h_1 + \gamma_2 h_2 + \cdots + \gamma_i h_i)}{E_1 h_1^3 + E_2 h_2^3 + \cdots + E_i h_i^3} \tag{4-5}$$

直接顶初次垮落后，随着工作面继续推进，将引起关键层的破断运动。为了研究关键层的破断规律，按照判别流程图（图 4-18）及计算程序确定关键层位置。

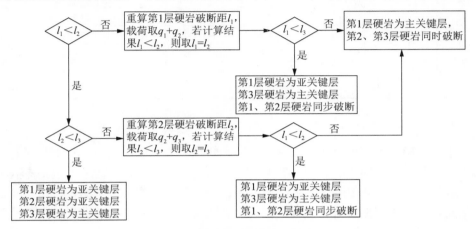

图 4-18 关键层位置判别流程图

计算程序：

根据关键层理论，利用 MATLAB 分析软件，编程关键层计算程序，然后进行计算，试验典型煤层关键层一览表如表 4-2 所示。

表 4-2 试验典型煤层关键层一览表

所属矿区	试验工作面	主采煤层	关键层数目	关键层	关键层岩性	关键层厚度/m	垮落步距/m	关键层间距/m
黄陇矿区	12406/12407	2#	3	主关键层	粗砂岩	50.0	68.92	
				亚关键层	粉砂岩	40.0	68.13	31.5
				次关键层	泥岩	3.5	23.0	4
神东矿区	5102/5103	5#	2	主关键层	细粒砂岩	18.5	36.3	
				亚关键层	粉砂岩	15.5	33.51	0
				次关键层	细粒砂岩	16	28.38	55
榆神矿区	$2^{-2\pm}06$	$2^{-2\pm}$	3	主关键层	砂砾岩层	32.8	64.56	
				亚关键层	中粒砂岩	28.2	37.79	57.95
				次关键层	砂质泥岩	5.8	20.85	0
	40105	4^{-2}	1	主关键层	中粒砂岩	41.5	15.56	
	30103	3#	3	主关键层	中粒砂岩	34.5	46.01	
				亚关键层	中粒砂岩	21.9	34.3	54.66
				次关键层	粉砂岩	8.2	22.83	2.9

续表

所属矿区	试验工作面	主采煤层	关键层数目	关键层	关键层岩性	关键层厚度/m	垮落步距/m	关键层间距/m
新庙矿区	52301/52303	5⁻²	2	主关键层	细粒砂岩	28.5	38.76	
				亚关键层	细粒砂岩	10.5	14.52	52
				次关键层	粉砂岩	9.5	14.03	6
	5101	5⁻¹	2	主关键层	粗粒砂岩	9.5	37.85	8.3
				亚关键层	粉砂质泥岩	1.2	13.78	0
万利矿区	4211	4⁻²	2	主关键层	粗砂岩	60.14	58.58	
				亚关键层	细粒砂岩	17.55	18.62	29.42
	23102	II-3	2	主关键层	中粒砂岩	16.45	36.7	2.3
				亚关键层	细粒砂岩	4	11.4	16.85

2. 试验采场关键层分类

根据试验区不同典型煤层赋存覆岩结构特征的分析和归纳，可将试验区不同典型关键层结构分为 2 类 6 种（图 4-19）。第 1 类为单一关键层结构，包括厚硬单一关键层结构、复合单一关键层结构 2 种；第 2 类为多层关键层结构，包括复合下部同步破断关键层结构、复合上部同步破断关键层结构、双关键层分步破断结构和三关键层分步破断结构 4 种。

1）厚硬单一关键层结构

厚硬单一关键层结构［图 4-19（a）］指浅埋煤层基岩仅有一层硬岩层，其厚度和强度很大，距离煤层较近。该层硬岩层为覆岩中唯一关键层，即为主关键层。该主关键层的破断失稳对工作面矿压显现与地表沉陷都有直接的显著影响，尤其是对工作面矿压显现会造成严重的影响。

2）复合单一关键层结构

复合单一关键层结构［图 4-19（b）］是指浅埋煤层基岩中存在 2 层或 2 层以上的硬岩层，但硬岩层间产生复合效应并同步破断，使得靠近煤层的第 1 层硬岩层成为基岩中的唯一关键层，即主关键层。此类关键层结构中的硬岩层厚度与强度都不大，然而由于主关键层与其上方多层硬岩层处于整体复合破断关系，导致其破断失稳对工作面矿压显现与地表沉陷同样有显著影响。

3）复合下部同步破断关键层结构

复合下部同步破断关键层结构［图 4-19（c）］是指浅埋煤层基岩中存在 3 层或 3 层以上的硬岩层，靠近煤层的 2 层或 2 层以上的硬岩为复合单一关键层结构，其出现同步破断，为亚关键层；亚关键层之上的 1 层硬岩破断步距较大，为主关键层。

4）复合上部同步破断关键层结构

复合上部同步破断关键层结构［图 4-19（d）］是指浅埋煤层基岩中存在 3 层

或 3 层以上的硬岩层，靠近煤层的关键层破断步距小，为亚关键层；亚关键层之上的硬岩属于复合单一关键层，其出现同步破断，破断步距较大，为主关键层。

5）双关键层分步破断结构

双关键层分步破断结构 [图 4-19（e）] 是指浅埋煤层基岩中存在 2 层硬岩层，自下而上破断步距依次增大，分别为亚关键层和主关键层。

6）三关键层分步破断结构

三关键层分步破断结构 [图 4-19（f）] 是指浅埋煤层基岩中存在 3 层或 3 层以上的硬岩层自煤层之上，依次出现破断，破断步距逐渐增大，分别为次关键层、亚关键层、主关键层。

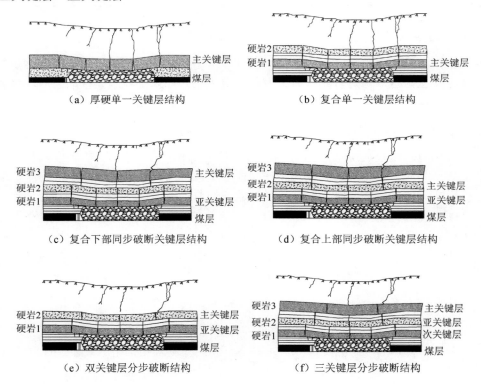

图 4-19　关键层结构分类

根据表 4-2 的计算结果及图 4-19 关键层结构分类，可得不同矿区典型关键层结构类型，见表 4-3。

表 4-3　不同矿区典型关键层结构类型一览表

所属矿区	试验工作面	关键层类型
黄陇矿区	12406/12407	三关键层分步破断结构
神东矿区	5102/5103	复合上部同步破断关键层结构

续表

所属矿区	试验工作面	关键层类型
榆神矿区	2⁻²ᐟ06	三关键层分步破断结构
	40105	厚硬单一关键层结构
	30103	三关键层分步破断结构
新庙矿区	52301/52303	复合下部同步破断关键层结构
	5101	双关键层分步破断结构
万利矿区	4211	双关键层分步破断结构
	23102	双关键层分步破断结构

4.2.2　压裂煤层矿压分区

采用矿山压力现场观测、数值模拟计算分析，对五大矿区水压预裂典型综采工作面矿压显现规律进行实测研究发现，综采工作面煤层经预裂扰动之后，煤体结构变化，裂隙网络发育，强度弱化，工作面矿压显现规律发生改变。

1. 走向方向矿压分区特征

现场对水压致裂综采工作面煤体应力进行实测，结合数值计算方法模拟压裂前后煤体的应力分布，研究发现工作面前后支承压力仍然会出现四个应力区，即工作面前方的原岩应力区（A）、应力增高区（B）、应力降低区（C）和应力稳定区（D），如图 4-20 所示，曲线 1 代表未压裂工作面超前支承压力曲线，曲线 2 代表压裂工作面超前支承压力曲线。工作面推进到压裂区域时，煤体由于受水压致裂的作用，改变了煤体的固体骨架，增加了煤体的裂隙数目，形成裂隙网络，降低了煤体的强度，致使煤体出现局部卸压，故超前支承压力产生变化的主要为

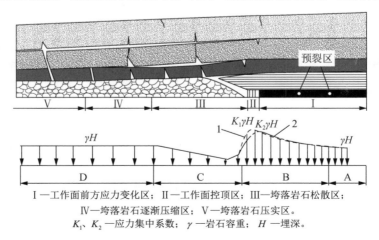

Ⅰ—工作面前方应力变化区；Ⅱ—工作面控顶区；Ⅲ—垮落岩石松散区；
Ⅳ—垮落岩石逐渐压缩区；Ⅴ—垮落岩石压实区。
K_1、K_2—应力集中系数；γ—岩石容重；H—埋深。

图 4-20　工作面走向矿压分布规律

应力增高区（B）。在该区域煤体超前支承压力影响范围（即 B 区）扩大 5～15m，峰值位置存在往煤体深部转移现象，转移范围 3～5m，峰值压力应力集中系数出现降低，降低范围 15%～25%，压裂煤层走向矿压变化参数表如表 4-4 所示。

表 4-4　压裂煤层走向矿压变化参数表

类别	未压裂煤层	压裂煤层	变化幅度
应力增高区范围/m	30～40	35～55	5～15
应力峰值位置/m	4～8	7～13	3～5
应力集中系数/%	1.6～2.1	1.36～1.58	15～25

由于预裂区支承压力的改变，其裂隙发育演化也将随之而变。采动过程煤壁前方裂隙可分为松动区、裂隙扩展区、裂隙衍生区、原生裂隙区，如图 4-21 所示。图 4-22 为 5m 采高煤层压裂前后的超前支承压力曲线变化图，图中 $oabc$ 代表未压裂煤体超前支承压力曲线，$oa_1b_1c_1$ 代表压裂煤体超前支承压力曲线。压裂煤层矿压特征对比表如表 4-5 所示。

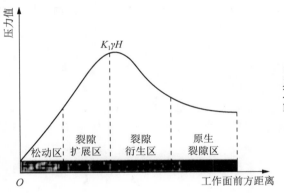

图 4-21　回采工作面前方裂隙演化示意图

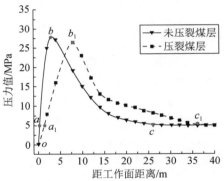

图 4-22　压裂前后超前支承压力曲线图

表 4-5　压裂煤层矿压特征对比表

分类分区	未压裂煤层						压裂煤层					
	未来压			来压			未来压			来压		
	平均裂隙度/m^{-1}	裂隙分维数	区间长度/m	平均裂隙度/m^{-1}	裂隙分维数	区间长度/m	平均裂隙度/m^{-1}	裂隙分维数	区间长度/m	平均裂隙度/m^{-1}	裂隙分维数	区间长度/m
原生裂隙区	1.1～1.15	1.1～1.2		1.2～1.3	1.2～1.22		1.33～1.41	1.25～1.32		1.5～2.1	1.3～1.4	
裂隙衍生区	1.3～1.4	1.25～1.3	25～34	1.6～1.8	1.3～1.35	29～37	2.12～2.51	1.4～1.5	32～39	2.8～2.9	1.5～1.65	35～44
裂隙扩展区	1.8～2.1	1.3～1.35	3～4	2.2～2.4	1.35～1.4	4～5	2.9～3.5	1.6～1.7	5～6	3.1～3.8	1.8～1.9	6～7
松动区	2.1～2.5	1.4～1.5	1～2	2.8～3.0	1.5～1.6	2～3	4.0～4.8	1.98～2.2	3～4	4.2～4.9	2.3～2.5	4～5

（1）松动区：该区为最靠近采掘空间边缘，由于预裂时煤体预先破碎，再加上支承压力使煤壁边缘煤体出现"挤胀"效应，导致煤体破碎成块，最终失去三向受力的煤体屈服并形成贯通裂隙，该裂隙松动区（oa_1）较未预裂煤体的松动区（oa）扩大 1～2m。

（2）裂隙扩展区：由于超前支承压力的作用，该区域的煤体应力水平明显高于原岩应力，属于受到采动应力煤体。预裂钻孔在采动应力作用下进一步破坏，塑性影响范围不断扩大，且预裂钻孔之间煤体在采动应力作用下也逐步发生屈服破坏，但仍具有一定的承载能力。由于整个裂隙周边煤体已经遭到塑性破坏，应力大幅降低，使煤体内部的次生裂隙迅速扩展并贯通，该裂隙扩展区（a_1b_1）较未预裂煤体裂隙扩展区（ab）扩大 2～3m。

（3）裂隙衍生区：该区域的煤体大多处于弹性压缩阶段，由于裂隙周围的煤体频繁经历采动的波动影响，靠近采动应力峰值微裂隙开始衍生并逐渐扩大，到达应力峰值衍生的裂隙密度达到最大，压裂煤层裂隙衍生区（b_1c_1）较未压裂煤层裂隙发育区（bc）扩大 5～10m。

（4）原生裂隙区：该区域煤体受采动影响比较小，即预裂区对其影响也较小，故内部的裂隙为原生裂隙，煤体孔隙裂隙中的流体介质处于相对平衡状态。

煤体在采动应力和水压作用下，由原生裂隙区至裂隙松动区的时空演化过程中，煤体依次经历宏观裂化受力的五个阶段，即裂隙压紧阶段、线弹性阶段、非线弹性阶段、应力下降阶段、应变软化阶段。以压裂煤层矿压特征对比表 4-5 可以看出：在原生裂隙区该区域受采动影响较小，煤体内部裂隙没有损伤演化，只是出现裂隙的密实闭合和煤体的线弹性变形；在裂隙发育区，煤体受采动应力影响较大，由于水压作用裂隙表面能量平衡被打破，出现微裂隙的起裂与扩展，煤体产生非弹性变形；在裂隙扩展区，当采动应力和水压共同形成的复合应力达到煤体承载应力后，煤体出现裂隙的二次起裂与扩展，裂隙弹性能释放，对应煤体应力应变曲线应力下降阶段；在松动区，已发生二次扩展的部分微裂隙将继续发生扩展，而其他的微裂隙也发生弹性卸载，即损伤和应变局部化进一步加剧，随之应力水平下降，对应煤体的应变软化阶段。

2. 倾斜方向矿压分区特征

采用现场观测与数值模拟对工作面倾斜方向矿压进行了观测，沿工作面倾斜方向将工作面分为上、中、下三个测区，上部测区靠近运输顺槽，下部测区靠近回风顺槽。工作面未压裂时由于顶板的采动"O-X"型破坏，煤层应力呈现中间高、两端低的驼峰现象。当进行全工作面煤体预裂之后预裂区煤体节理裂隙出现起裂与扩展，节理裂隙发育，煤体形成复杂裂隙网络结构，使煤体产生卸压，应力集中程度降低，降低范围为 15%～20%，如图 4-23 所示。采用数值模拟全工作面煤体预裂，预裂之后从图 4-24 发现：预裂区煤体应力降低，从理论上揭示了预裂区工作面煤壁片帮减少的原因。

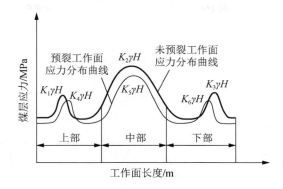

图 4-23　预裂前后工作面应力曲线图

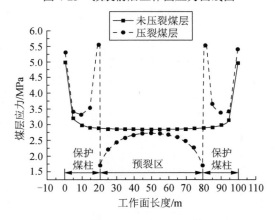

图 4-24　模拟工作面煤体应力图

4.2.3　煤层顶底板分类

回采工作面是地下移动着的工作空间,为保证生产工作的正常进行与矿工的安全,必须对它进行维护。然而回采工作面的矿山压力显现又决定于回采工作面周围所处的围岩和开采条件。回采工作面的围岩,一般是指直接顶、老顶以及直接底的岩层,这三者对回采工作面的安全生产有着直接影响。

1. 煤层顶板分类

根据围岩力学性质及开采条件,在围岩稳定时可能成为支撑体——结构。而在有些情况下则形成载荷,其中直接顶与老顶的稳定性对回采工作面矿山压力显现及支护方式的选择有着显著影响。

1)直接顶分类

根据原煤炭工业部《缓倾斜煤层采煤工作面顶板分类》方案及实验区工作面的矿山压力观测,典型矿区试验工作面顶板稳定性分类如表 4-6 所示。

表 4-6　典型矿区试验工作面顶板稳定性分类表

矿区	试验工作面	直接顶岩性	初次垮落步距 L/m	稳定性类别
黄陇矿区	12406/12407	泥岩	23.0	3 类稳定顶板
神东矿区	5102/5103	细粒砂岩	28.38	3 类稳定顶板
榆神矿区	$2^{-2\,上}06$	砂质泥岩	64.56	4 类坚硬顶板
	40105	粉砂岩	22.83	3 类稳定顶板
	30103	泥岩	21.91	3 类稳定顶板
新庙矿区	52301/52303	细粒砂岩	14.03	2 类中等稳定顶板
	5101	粉砂质泥岩	13.78	2 类中等稳定顶板
万利矿区	4211	中砂岩	86.19	4 类坚硬顶板
	23102	中砂岩	36.12	3 类稳定顶板

2）老顶分级

老顶分级是根据老顶初次来压当量 P_e 确定的，如下式：

$$P_e = 241.3\ln(L_f) - 15.5N + 52.6h_m$$

式中：P_e ——老顶初次来压当量；

$\quad\quad L_f$ ——老顶初次来压步距；

$\quad\quad N$ ——直接顶充填系数，$N = h_i / h_m$；

$\quad\quad h_i$ ——直接顶厚度；

$\quad\quad h_m$ ——煤层采高。

试验工作面老顶分级如表 4-7 所示。

表 4-7　试验工作面老顶分级表

矿区名称	试验工作面	分级指标 P_e/（kN/m²）	分级	来压显现
黄陇矿区	12406/12407	1195.03	IVb	非常强烈
神东矿区	5102/5103	1028.18	III	强烈
榆神矿区	$2^{-2\,上}06$	1247.51	IVb	非常强烈
	40105	1413.48	IVb	非常强烈
	30103	1184.72	IVb	非常强烈
新庙矿区	52301/52303	1083.98	IVa	非常强烈
	5101	1047.09	III	强烈
万利矿区	4211	1137.60	IVa	非常强烈
	23102	1485.82	IVb	非常强烈

2. 煤层底板分类

在煤矿生产中，采场支护系统是由"底板—支架—顶板"所组成。因此通过回采工作面底板分类对支架的选型和支架底座压力的合理分配提供科学依据。根据回采工作面底板对支柱性能影响及参数测定，将试验工作面底板分类如表 4-8 所示。

表 4-8　试验工作面底板分类表

矿区	试验工作面	底板岩性	容许比压 q_c/MPa	容许刚度 K_c/（MPa/mm）	单轴抗压强 R_c/MPa	底板类别
黄陇矿区	12406/12407	泥岩	8.29	0.59	57.76	IIIa 较软
神东矿区	5102/5103	粉砂岩	5.78	0.25	10.0	II 松软
榆神矿区	$2^{-2上}06$	粉砂岩	34.6	3.45	40.6	V 坚硬
	40105	泥岩	12.1	0.89	20.7	IIIb 较软
	30103	泥岩	17.4	1.46	29.2	IV 中硬
新庙矿区	52301/52303	粉砂岩	36.8	3.14	51.12	V 坚硬
	5101	粉砂质泥岩	19.8	1.45	19.0	IV 中硬
万利矿区	4211	砂质泥岩	17.8	1.67	10.5	IV 中硬
	23102	细砂岩	37.3	3.68	40.1	V 坚硬

4.3　压裂煤层顶板控制

4.3.1　压裂煤层支护围岩关系

1. 支护围岩力学模型

采场支架受力主要来自直接顶重量与老顶回转产生的给定变形压力。综采液压支架与顶板的相互作用关系，将直接影响和控制综采工作面的煤壁稳定性。根据采空区垮落矸石对老顶是否存在支承作用，支架围岩受力关系存在以下两种模式。

1）采空区垮落矸石对老顶存在支承

支架上方老顶破断线被工作面后方采空区矸石所支撑，老顶下沉量较小，且其破断后所形成的连续岩梁结构较稳定，其对应的支架围岩关系如图 4-25（a）所示。根据平衡条件，取岩块 B 为研究对象，并对铰接点 O 取矩，则煤壁与支架受力关系为

$$P_{煤} = \frac{(q_u + h\gamma_{岩})L_u^2 - q_d L_d^2 + 2(Th - L_u F_S - QL_Q)}{2L_P} \tag{4-6}$$

式中：$P_{煤}$——煤壁所受压力；

　　　Q——支架工作阻力；

　　　T——老顶岩块破断后的水平推力；

　　　F_S——老顶破断岩块摩擦力，取 $F_S = T \cdot \tan\varphi$，其中 φ 为岩石内摩擦角；

q_u——老顶上覆岩层荷载；

q_d——冒落矸石支承反力；

L_u——老顶破断岩块长度；

L_d——岩块 B 的长度；

L_Q——支架与铰接点 O 的距离；

L_p——煤壁支承压力到铰接点的距离；

$\gamma_{岩}$——老顶岩石的容重；

h——老顶厚度。

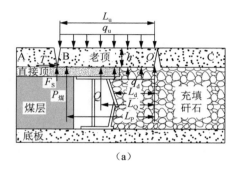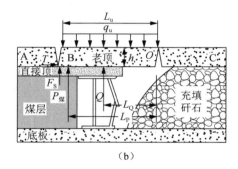

图 4-25　支护围岩关系

2）采空区垮落矸石对老顶不存在支承

当老顶 B 没有被采空区矸石所支撑，此时无矸石支撑反力 q_d，且破断岩块的铰接程度较弱，对应的老顶岩块水平推力 T 和老顶破断岩块摩擦力 F_S 都比下部区域小，对比上式可以看出，该区域的煤壁支撑压力 $P_{煤}$ 较大。其对应的支护围岩关系如图 4-25（b）所示，根据平衡受力条件煤壁与支架受力关系为

$$P_{煤} = \frac{(q_u + h\gamma_{岩})L_u^2 + 2(Th - TL_u \tan\varphi - QL_Q)}{2L_p} \tag{4-7}$$

由上式可知，支架支撑力越大，顶板围岩越稳定，煤壁所受压力 $P_{煤}$ 越小，则煤壁片帮可得到有效改善。同时水压致裂后，钻孔附近的煤层会发生膨胀，相对未压裂前的煤体出现松软状态，其特点是煤层具有膨胀性、崩解性、可塑性和流变性，煤体剩余强度进一步降低，综采工作面超前支承压力峰值前移，即 L_p 增大，则煤壁所受压力 $P_{煤}$ 也将降低，因此预裂工作面煤壁更具稳定性。

2. 支护围岩关系

根据支架与围岩作用关系，将顶板受力简化为简支梁，顶板在上覆岩层重力作用下，回转变形，下沉量为 Δs。顶板回转变形使支架和煤壁的受力状态均发生改变，其中煤壁的受力模型如图 4-26 所示。

$$P_{煤} = \frac{q_u L_u^2 + 2T\Delta s - 2QL_Q - 2T\tan\varphi L_u}{2L_P} \tag{4-8}$$

由上式可知，煤壁受力与顶板的下沉量呈正相关关系，即顶板下沉量越大，煤壁受力也越大，煤壁片帮将会越严重。因此，通常情况下通过改善顶板与煤壁受力作用关系，增大支架的支撑力 Q，获得煤壁压力 $P_{煤}$ 的减小，达到促进煤壁稳定性的有效改善。但上述顶板和煤壁的支护方式，对于坚硬煤层提高预裂效果，增加煤壁裂隙，改善硬煤截割性是不适合的，因为没有充分发挥和利用顶板压力和支护的支撑力作用。因此，需要深入研究压裂煤层的支护围岩关系变化规律和煤壁稳定性特征。

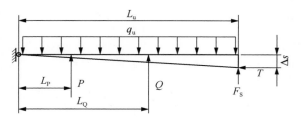

图 4-26 煤壁受力模型

根据采空区矸石对顶板是否存在支撑，煤壁受力比上支撑面积可得煤壁承受应力强度，根据式（4-6）和式（4-7）判断五大矿区煤壁受力特征对比如表 4-9 所示。

表 4-9 煤壁受力特征对比表

矿区	矸石不存在支撑煤壁应力/MPa	矸石存在支撑煤壁应力/MPa
神东矿区	4.20	4.10
黄陵矿区	8.18	8.10
榆神矿区	5.31	5.19
万利矿区	5.10	4.97
新庙矿区	4.94	4.87

理论与实践研究表明，顶板下沉量是反映支护围岩关系的重要标志。支护强度与顶板下沉量之间的关系在很大程度上反映了支架围岩的相互作用。根据现场观测和 FLAC3D 数值模拟分析，支护强度 P 和顶板下沉量 L 的变化关系，称为 $P\text{-}L$ 曲线。

从图 4-27 和图 4-28 中可知，支架支护强度达到 1MPa 时，控顶区顶板的下沉量增加值将趋于较小，即不小于 1MPa 的支护强度可以保证顶板下沉量趋于稳定。为了能够达到支护让压的目的，即选择能控制煤壁稳定的最小支护强度有利于硬煤煤壁的再破碎。

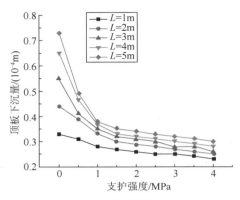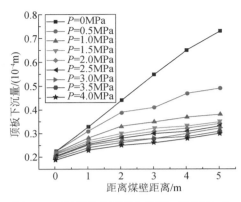

图 4-27　支护强度与顶板下沉量的关系　　　图 4-28　距离煤壁距离与顶板下沉量关系

3. 预裂煤壁稳定性

采动影响下煤层应力发生重分布，工作面前方煤壁出现超前应力支承区。当应力峰值超过煤体强度时会发生破坏失稳，产生节理裂隙，或裂隙再扩展现象。支架围岩相互作用关系受到煤层预裂的影响，其主要影响因素包括预裂煤层力学性质的变化和开采条件因素方面。

1) 弹性性质对煤壁稳定性的影响

硬煤预裂的结果最直接的反映就是煤层弱化所导致的硬度降低和弹性力学性质的变化。为研究预裂煤层不同硬度对煤壁稳定性的影响，假定在采高、采深不变的情况下，通过研究不同煤层弹性模量变化时煤壁的稳定性动态变化来实现。

研究发现，煤壁塑性区的范围随着煤体弹性模量的增大而增大，且呈显著的阶梯状递增关系。当弹性模量从 $4×10^8$ Pa 增大到 $6×10^8$ Pa，煤壁塑性区范围从 3.5m 增大到 4m。当弹性模量从 $1.2×10^9$ Pa 增大到 $1.4×10^9$ Pa，煤壁塑性区范围从 4m 增大到 4.5m，如图 4-29 所示。由于开挖影响，在煤壁前方形成了超前支承压力集中区。煤壁前方的超前支承压力峰值大小随煤体硬度的增大而增大，这种增大关系近似为二项式关系，如图 4-30 所示。

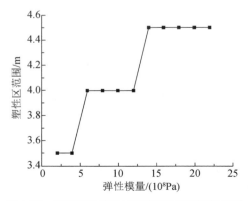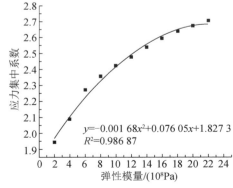

图 4-29　煤体弹性模量与煤壁塑性区范围的关系　　　图 4-30　煤体弹性模量与应力集中系数的关系

如图 4-31 所示，煤壁片帮深度随煤体弹性模量的增加而减小，片帮形式为鼓出片帮，煤壁最先发生片帮的地点为采高的 0.35～0.4 倍处。煤壁水平位移研究发现，在采高 3～4m，靠近顶板处煤体产生正向位移，而下部煤体则产生负向位移，因此在此处必然产生拉伸破坏，最先发生片帮。

2）剪切性质对煤壁稳定性的影响

（1）内聚力对煤壁稳定性影响。

通过研究压裂煤层在不同的内聚力变化情况下，工作面煤体的塑性区、应力及片帮等变化规律，如图 4-32 所示。分析可知，煤壁塑性区范围随着内聚力的增大而减小，内聚力从 1×10^6Pa 增大到 1.5×10^6Pa 期间，煤壁塑性区减小速率最快。

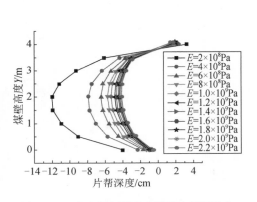

图 4-31　不同弹性模量时煤壁片帮深度与　　　图 4-32　内聚力与煤壁塑性区范围的关系
　　　　　煤壁高度的关系

如图 4-33 所示，煤壁前方的超前支承压力峰值，随煤体内聚力增大影响范围逐渐减小，峰值位置距工作面的距离也逐渐减小，但是超前支撑压力峰值却随内聚力的变化呈现二项式关系，在内聚低于 4×10^6Pa 时，超前支撑压力峰值随内聚力的增大而增大，在内聚高于 4×10^6Pa 时，超前支撑压力峰值随内聚力的增大而减小。

由煤壁片帮深度与内聚力的关系图 4-34 可知，煤壁片帮深度随煤体内聚力的增加而减小，当内聚力大于 4×10^6Pa 时，煤壁几乎不再片帮。片帮形式为鼓出片帮，煤壁最先发生片帮的地点为采高的 0.35～0.4 倍处。

（2）内摩擦角对煤壁稳定性影响。

由图 4-35 可知，煤壁塑性区范围随着煤体内摩擦角的增大而减小。由图 4-36 可知，煤壁前方的超前支承压力峰值，随煤体内摩擦角增大影响范围逐渐减小，峰值位置距工作面的距离也逐渐减小，但是超前支撑压力峰值却随内摩擦角的变化呈现线性关系，随着内摩擦角的增大，超前支承压力峰值逐渐增大。

由图 4-37 不同内摩擦角时煤壁片帮深度与煤壁高度的关系可知，煤壁片帮深度随煤体内摩擦角的增加而减小，片帮形式为鼓出片帮，煤壁最先发生片帮的地点为采高的 0.35～0.4 倍处。

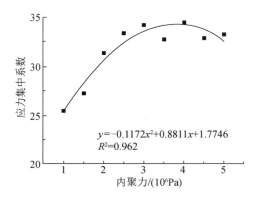

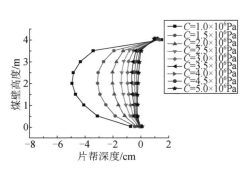

图 4-33　内聚力与煤壁应力集中系数的关系　　　　图 4-34　不同内聚力时煤壁片帮深度与
　　　　　　　　　　　　　　　　　　　　　　　　　　　　　　煤壁高度的关系

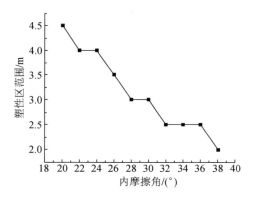

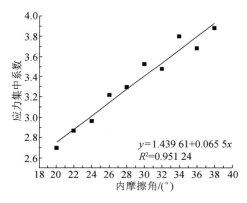

图 4-35　内摩擦角与塑性区范围的关系　　　　　　图 4-36　内摩擦角与应力集中数的关系

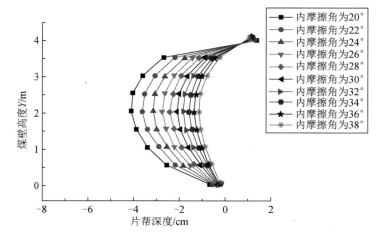

图 4-37　不同内摩擦角时煤壁片帮深度与煤壁高度的关系

综上可知：煤体的物理力学特性将对煤体片帮产生重要影响，随着煤体硬度的增大煤体前方的塑性区将呈阶梯状增大，煤体的超前支承压力峰值应力集中系数随煤体硬度的增大呈多项式增大关系，煤壁的片帮随煤体硬度的增大而减小。随煤体的内聚力和内摩擦角的增大，煤壁塑性区逐渐减小，但煤体的超前支承压力峰值应力集中系数随煤体内聚力的增大呈多项式增大关系，而随煤体内摩擦角的增大呈线性增大关系。在三种情况下的煤壁片帮形式均为鼓出片帮形式，煤壁最先发生片帮的地点为采高的 0.35～0.4 倍处。

3）采高对煤壁稳定性的影响

综采工作面在推进过程中，煤壁前方会出现一定范围的超前支承压力增高区，在超前支承压力的影响下，煤层会产生一定的塑性破坏区。当工作面采高增加时，顶板垮落的高度增大，工作面下位关键层可能进入垮落带充填采空区，此时老顶关键层上移，工作面煤壁前方超前支承压力呈现新特点，在不同采高下的煤壁出现不同程度的裂隙发育，从而破坏工作面前方煤体的完整性。

工作面采高与超前支承压力对照关系，如表 4-10 所示。

表 4-10　工作面采高与超前支承压力对照关系

参数	数值						
采高 h/m	2	3	4	5	6	7	8
峰值/MPa	7.96	7.22	6.78	6.48	6.27	6.11	5.99
峰值位置/m	1.5	2.0	2.5	3	3.5	4.0	4.5
应力集中系数	1.77	1.60	1.51	1.44	1.39	1.36	1.33

从图 4-38 和图 4-39 中发现：工作面超前支承压力应力集中系数与采高呈负指数函数关系，随着采高的增加，工作面超前支承压力降低。工作面超前支承压力峰值位置与采高呈线性关系，随着采高的增加，工作面超前支承压力峰值位置前移。这是因为采高增大，工作面老顶关键层位置上移，直接顶厚度增大，老顶对煤层的应力影响减小，超前支承压力前移。但是直接顶厚度的增加，将使支架的给定荷载增大，煤壁裂隙增多，煤壁片帮随采高将出现不同规律。

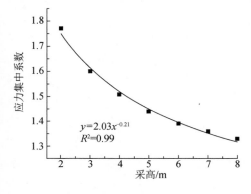

图 4-38　采高与应力集中系数关系

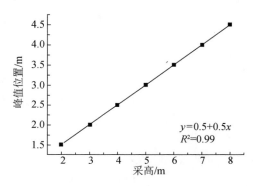

图 4-39　采高与峰值位置关系

研究表明：工作面采高 h 与煤壁片帮深度 L 的关系，如表 4-11 所示。

表 4-11　工作面采高与煤壁片帮深度的关系

采高 h/m	1	2	3	4	5	6
片帮深度 L/mm	64.5	146.8	253	432	670	1135

从图 4-40 可知：工作面煤壁片帮深度随采高的增高而非线性增加。当采高达到一定值后，煤壁片帮深度急剧增大。

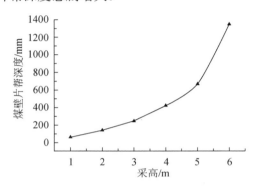

图 4-40　采高与煤壁片帮深度的关系

分别对采高为 4m、5m 和 6m 的煤层进行水压致裂，对压裂前后综采工作面煤壁及煤壁前方受力特征进行数值模拟，不同采高工作面压裂前后煤壁片帮特征如图 4-41 所示。

从图 4-41 可见：①当采高为 4m 时，综采工作面压裂前煤壁附近有水平移动且煤壁塑性区较大，未出现片帮现象；综采工作面压裂后煤壁处并没有出现水平移动现象且煤壁塑性区相比压裂前明显减小，同样没有片帮发生。②当采高为 5m 时，综采工作面压裂前煤壁附近出现较大的水平移动，煤壁出现片帮现象；综采工作面压裂后煤壁处只有很小的水平移动且出现裂隙，但未发生煤壁片帮现象。③当采高为 6m 时，综采工作面压裂前支架前方煤壁出现大面积片帮，主要集中在煤壁的中上部；综采工作面压裂后煤壁附近出现片帮现象，主要集中在煤壁的中上部，煤壁附近存在大量裂隙。

由此可知，随着工作面采高的增加，在一般情况下由于顶板压力及煤壁空间增大，煤壁会出现较多片帮现象。在煤层压裂情况下模拟表明，超前支承压力的前移，裂隙煤壁的水平位移均不同程度的减小，综采工作面煤壁的片帮问题有了改善，但裂隙在压裂后有显著的增加，护帮作用随采高增加是必要的。

4）埋深对煤壁稳定性的影响

在煤层采高等开采条件不变的情况下，通过模拟不同埋藏深度条件下顶板覆岩载荷作用对煤壁的破坏规律，得到不同埋深对应顶板压力情况下煤壁的塑性区分布。

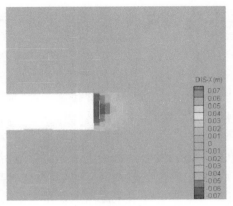

压裂前　　　　　　　　　　　　　压裂后

（a）采高4m

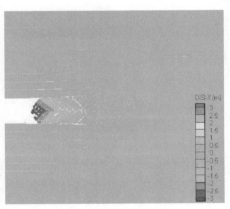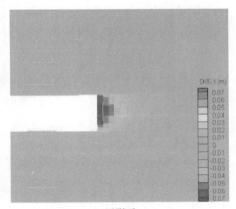

压裂前　　　　　　　　　　　　　压裂后

（b）采高5m

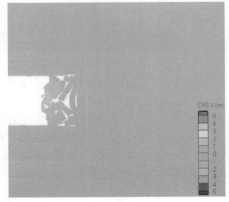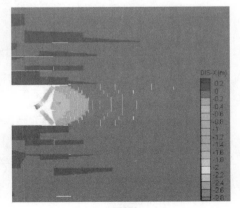

压裂前　　　　　　　　　　　　　压裂后

（c）采高6m

图 4-41　不同采高工作面压裂前后煤壁片帮特征

从图 4-42 中可以看出：随着埋藏深度的增大，顶板作用荷载增大，煤壁前方塑性区逐渐扩大。当采深为 200m 时，煤壁塑性区最小，最大破坏深度为 2m；采深为 400m 时，煤壁最大破坏深度为 2.5m；采深为 800m 时，煤壁最大破坏深度为 4m；当采深为 1000m 时，塑性区最大发育深度为 7m。同时从模拟可得，煤壁均发生剪切破坏，工作面煤壁处于二向围岩应力状态，在顶板荷载作用下，靠近工作面煤壁产生裂隙，煤体出现卸压，煤体应力往深部转移，深部煤体处于三向围岩应力状态，在顶板集中应力作用下煤体破坏产生位移，推动工作面裂隙化煤体往外移动，因此煤壁的破坏从煤体内部向煤壁方向发展，靠近工作面位置最后破坏。从煤壁片帮的机理可以看出，煤壁片帮后沿裂断线继续发生剪切破坏，煤壁片帮是一动态过程。因此，从前述分析还可以解释，随着采深增加片帮发生的概率和片帮范围均逐渐增加。

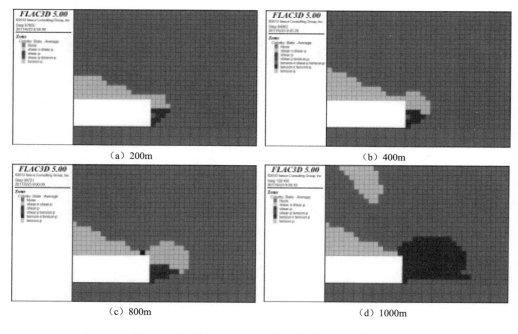

（a）200m　　　　　　　　　　　　　　（b）400m

（c）800m　　　　　　　　　　　　　　（d）1000m

图 4-42　不同采深荷载作用煤壁塑性区发展情况

当然，埋深对于煤壁稳定性的影响还需要煤层顶板条件的传递作用。在采动过程中，由于采空区后方的矸石不断压密，工作面老顶关键层回转角度增大。当增加至一定范围时，会发生顶板关键层的破断失稳，此时工作面顶板及其上覆岩层会发生大面积的垮落下沉，实质性体现了覆岩的全部荷载的作用。

5）倾角对煤壁稳定性的影响

研究区域内煤层倾角总体上很小，属于近水平煤层，但开采范围煤层仍常见有一定的起伏变化。为了考虑煤层赋存变化对大采高煤壁稳定性的影响，将工作面分为采用仰斜开采和俯斜开采两类情况。

当工作面采用仰斜开采：煤壁前方支承压力峰值会发生向煤壁侧转移，煤体中塑性区宽度减小；仰斜开采倾角越大，峰值应力点外移的距离越大，煤壁的重心越偏向采场支护空间；在采动影响作用下煤壁更易发生片帮。

当该工作面采用俯斜开采：工作面煤体中支承压力峰值向煤壁内侧转移，煤层倾角越大，应力峰值点向煤体内侧移动的距离越大，利于提高煤壁的稳定；煤体预裂之后，煤壁超前支承压力峰值前移，倾角变化时煤层开采煤壁区域稳定，片帮减少；仰斜开采煤壁裂隙发育，较俯斜块煤产出率高。

4.3.2　压裂煤层开采煤壁控制

最佳块煤开采的前提是硬煤层预裂，对压裂煤层工作面的合理支护，不仅能够安全管理压裂煤层顶板和煤壁的稳定性，同时有利于实现综采块煤率的增加。

块煤开采过程中，压裂煤层综采工作面循环进尺范围内煤层裂隙发育程度，对于增加工作面块煤率很关键。在保证顶板有效支撑力基本需要的情况下，采用较小支撑力保证顶板空间安全，通过调整顶板下沉量和顶板沿煤壁弯曲起点的斜率，控制顶板对煤壁再破碎的效果，以促进压裂煤层裂隙的网络化发展，提高坚硬煤层可截割性，提高截割效率，增加块煤生产比重。

1. 煤壁片帮机理

钻孔经水压致裂后，最显著的特点就是煤体强度的降低，煤层之间的黏结力减小，相比未压裂区域呈现出局部裂隙化特征。煤壁片帮主要是因为各向受力不均匀而引起的煤壁破坏现象。随着工作面的推进，煤壁在自重应力和顶板压力的作用下，破坏主要表现出拉裂破坏和剪切破坏两种形式。

在脆性硬煤中煤壁容许的形变量较小，较易产生拉裂式破坏。因此，当顶板来压时，压裂煤壁超前支承压力前移，变形量增加，但总体变形较小。在煤壁内压应力作用下，煤壁产生拉裂破坏，诱发片帮现象，伴有破裂声响。预裂区煤壁片帮破坏形式如图 4-43 中的（a）、（b）所示。

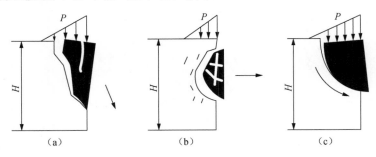

图 4-43　预裂区煤壁片帮破坏形式

当煤层压裂后，会造成预裂区煤体裂隙网络的增加和强度的降低，叠加工作面采动影响，使得预裂区煤体裂隙显著增加，发展成破碎煤体，在超前支承压力作用下煤壁内发生剪切滑移式破坏，如图 4-43 中（c）所示。

当工作面前方煤壁在一定范围内已经出现塑性破坏，在片帮发生之前，还能承受一定的顶板压力载荷；当支承压力增大发生滑移式片帮现象时，片帮最大深度与滑落体高度和煤层内摩擦角相关。当煤壁完全破坏，此时煤壁片帮深度达到最大值，散体煤体介质式以自然安息状态片帮，安息角等于煤体的内摩擦角。

2. 煤壁稳定性控制

煤体预裂后，前方煤体已形成裂隙介质，在采动压力的作用下，裂纹沿着上覆煤层逐渐扩展，并和周围裂纹贯通，最后在竖直方向上形成劈裂形式的破坏。

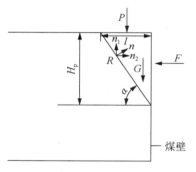

图 4-44　护帮强度计算示意图

前述煤壁片帮破坏机理表明，无论是拉裂破坏还是剪切破坏，主要与煤体承受的顶板压力、支架支护阻力和煤体本身的物理力学性质相关。因此，增大支架前梁的挡板水平推力、改善煤壁承受的顶板压力状态、改变煤体受力状态都可以提高煤体的抗剪强度。

当工作面前方煤壁产生剪切破坏，片帮块煤会沿着剪切滑移面煤壁滑落，假定滑移面为一平面，当煤体发生破坏时承受上覆压力为 P，在自重作用下和顶板压力作用下滑落，如图 4-44 所示，为减小对工作面的损坏程度，护帮板要将最可能发生片帮的煤体护住。

对单位长度的滑动体受力分析

$$R = (G + P)\cos\alpha + F\sin\alpha \tag{4-9}$$

$$f_s = k_1 R \tag{4-10}$$

$$G = \frac{1}{2}H_p l \gamma_{煤} \tag{4-11}$$

$$f_s + F\cos\alpha = (G + P)\sin\alpha \tag{4-12}$$

则

$$F = \frac{(H_p l \gamma_{煤} + 2P)(\sin\alpha - k_1\cos\alpha)}{2(k_1\sin\alpha + \cos\alpha)} \tag{4-13}$$

当工作面前方煤壁产生拉伸破坏，片帮块煤会在顶板应力和自重应力作用下沿着拉伸破裂面煤壁剥落，煤壁裂隙面破裂面摩擦力 $f_s = 0$，此时煤壁护帮阻力 F 为

$$F = \left(\frac{1}{2}H_p l \gamma + P\right)\tan\alpha \tag{4-14}$$

上述式中：R ——滑移面法向方向合力；

$\quad\quad\quad\quad G$ ——滑动体的重量；

$\quad\quad\quad\quad f_s$ ——摩擦力；

$\quad\quad\quad\quad \alpha$ ——煤壁片帮时破断角；

$\quad\quad\quad\quad l$ ——片帮深度；

$\quad\quad\quad\quad H_p$ ——片帮高度；

$\quad\quad\quad\quad k_1$ ——摩擦因子，$k_1 = \tan\varphi$，其中 φ 为内摩擦角；

$\quad\quad\quad\quad P$ ——煤壁所受压力；

$\quad\quad\quad\quad F$ ——护帮阻力；

$\quad\quad\quad\quad \gamma_{煤}$ ——煤的容重。

将煤壁所受压力 P 式（4-8）代入式（4-13）和式（4-14）可得：

煤壁剪切片帮为

$$F_s = \frac{\left(L_p H_p l\gamma_{煤} + q_u L_u^2 + 2T\Delta s - 2QL_Q - 2T\tan\varphi L_u\right)\left(\sin\alpha - k_1\cos\alpha\right)}{2L_p\left(k_1\sin\alpha + \cos\alpha\right)} \quad (4\text{-}15)$$

煤壁拉伸片帮为

$$F_t = \frac{1}{2L_p}\left(L_p H_p l\gamma_{煤} + q_u L_u^2 + 2T\Delta s - 2QL_Q - 2T\tan\varphi L_u\right)\tan\alpha \quad (4\text{-}16)$$

将煤壁剪切破坏时的护帮板阻力 F_s 与煤壁拉伸破坏时的护帮板阻力 F_t 相比可得

$$F_s / F_t = 1 - \frac{k_1(\tan\alpha + c\tan\alpha)}{k_1\tan\alpha + 1} \quad (4\text{-}17)$$

由于煤体的摩擦因子 k_1 为常数，煤壁剪切破坏时的护帮板阻力 F_s 与煤壁拉伸破坏时的护帮板阻力 F_t 比值与煤体片帮时的破断角成反比例函数关系，令煤体摩擦因子 $k_1 = 0.25$，取不同煤体片帮破断角可得如图 4-45 所示。

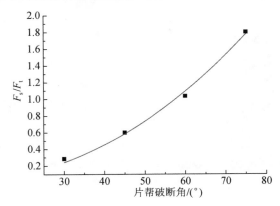

图 4-45　拉剪片帮护帮板阻力比与片帮破断角关系

根据五大矿区工作面煤层采高及物理力学性质和煤壁受力及片帮位置模拟,可得五大矿区工作面预防煤壁发生剪切片帮和拉伸片帮时护帮板工作阻力如表 4-12 所示。

表 4-12　五大矿区护帮板工作阻力

分类	剪切片帮护帮强度/MPa		拉伸片帮护帮板强度/MPa	
	无矸石支撑	有矸石支撑	无矸石支撑	有矸石支撑
神东矿区	0.78	0.76	0.91	0.89
黄陇矿区	1.78	1.76	2.05	2.03
榆神矿区	1.29	1.26	1.49	1.46
万利矿区	1.16	1.13	1.35	1.31
新庙矿区	1.03	1.01	1.19	1.17

煤壁片帮后会导致支架与煤壁之间的端面距增大,如果液压支架不能及时支护裸露的顶板,在支架上覆岩层比较破碎的情况下,很容易发生架前冒顶事故,给安全生产带来严重隐患。煤壁大面积片帮还会压死溜槽,砸坏支架立柱,发生机械事故,影响产能和效率。虽然采煤机都配有破碎滚筒,但如果遇到超大块的煤会被阻挡在转载机进口处,堵塞煤流,影响设备的开机率,采煤机本身和溜槽之间的高度有限,当机道上堆积大量煤炭时,会阻塞采煤机的通过。

当工作面推进到水压致裂区域时,确保液压支架的合理工作阻力,因为顶板的压力完全由支架和煤壁承担,若支架的架设不合理,支架的工作阻力得不到充分的发挥,此时煤壁承受的压力就可能比正常状态下承受的压力大,就容易发生煤壁片帮,液压支架移架速度要快,并及时护帮,因为护帮板可以改变煤壁的受力状况,将煤壁的单向应力状态改变为三向应力状态,可以大大提高煤壁的破碎强度,同时护帮板还能阻挡从煤壁上崩落的块煤,减小块煤对人和设备的伤害。

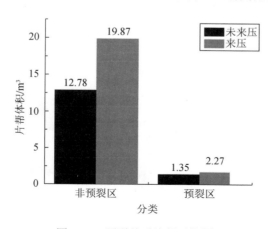

图 4-46　预裂前后片帮对比图

及时支护,可以减小端面距,缩短空顶距离,降低架前的冒顶危险,缩短在水压致裂区域的停采时间。根据综采工作面矿压观测结果可知,停采时间越长,顶板的下沉量越大,对煤壁及端面区直接顶的压缩越严重。

根据五大矿区工作面预裂前后片帮观测统计研究发现,预裂前后工作面煤壁片帮破坏形式主要为剪切滑移式片帮,片帮规模不大。工作面煤体预裂之后,煤体裂隙网络发育,煤体应力降低,片帮较非预裂区减少(图

4-46）。未来压时预裂工作面片帮较未预裂工作面片帮减少 89.4%，来压时预裂工作面片帮较未预裂工作面片帮减少 88.6%，说明预裂工作面可以较好维持煤壁稳定性，预裂工作面有利于防止煤壁片帮。

3. 端面顶板稳定性控制

过度的煤壁片帮防治，是综采工作面端面顶板管理的主要工作之一。支护端面距增大，如果裸露顶板得不到及时支护情况下，易造成架前冒顶事故，导致片帮严重，给安全生产带来隐患。在煤层预裂区，及时支护顶板，减小端面空顶距离，加强支架护帮作用，基本可以解决大采高煤层稳定性问题。

支架与顶板的相互作用是通过直接顶这一中间介质实现的，直接顶的力学特性将直接影响综采工作面支架与顶板的相互作用效果。随着工作面的推进，若不规则垮落带顶板在煤壁附近断裂，并与规则垮落带离层，这时断裂顶板的大部分重量将施加于支架上，支架在"给定载荷"方式下工作；若不规则垮落带顶板与规则垮落带顶板未离层，而规则垮落带顶板又可以发生较大的挠曲下沉，这时支架可能在"给定变形"方式下工作。

支架不论在何种方式下工作都与直接顶的状态有着直接的关系。当直接顶破碎时，即弹性模量较小，此时老顶给定的变形压力就小，这是因为直接顶松软，老顶给定的回转变形更多地为破碎的直接顶所吸收，而支架承担的压力相应减小，此时支架工作方式为降阻式。当直接顶厚度较大时，同样老顶给定的变形压力较小，这主要是由于直接顶厚度的增加将导致其贮存变形能的增大，直接顶越厚时，由于上位直接顶的变形破坏程度增大，吸收了老顶的回转变形量，对下位支架影响不大。直接顶破坏后的剩余强度决定着支架的工况，当其高于支架的额定支护阻力时，直接顶能有效地把顶板位移传递给支架，支架阻力随顶板下沉而增加，此时支架工作方式为增阻式。在此过程中支架在"给定变形"方式下工作，给定变形的大小不是由支架的额定支护强度决定，而是由规则垮落带顶板的挠曲变形量决定。当直接顶的剩余强度小于综采支架的额定支护阻力时，支架阻力递增梯度随顶板下沉而减小，此时支架在"限定载荷"方式下工作，限定载荷值并不决定于支架的额定支护强度，而决定于直接顶的残余强度。

水压致裂后，支架阻力随顶板下沉而减小，直接顶的"塑性垫层"有"吸收"和"缓解"顶板来压的作用，此时综采工作面的老顶将处于稳定状态，液压支架的工作方式一般以恒阻方式工作。

直接顶板的控制措施如下所述。

① 减小端面距，缩短直接顶暴露的时间，此时即使降低支护阻力，端面也可维持稳定。

② 在支护阻力相同时，增大水平支护力对提高端面直接顶稳定性有利。

③ 提高支架的初撑力，可以对直接顶产生主动力，进而保持直接顶的完整性。

④ 合理确定支架的合外力作用点。作用在支架上的合外力，作用点的位置主要取决于支架上方直接顶的稳定性，而直接顶的稳定性在很大程度上又取决于上方岩层的力学稳定结构。从总体上讲，直接顶强度高，支架在前移时有悬顶，支架则处于"后重—前轻"的工作状态，后立柱受压，前立柱受拉；直接顶强度低时，垮落超前，支架则处于"前重—后轻"的工作状态，后立柱受拉，前立柱受压。如果直接顶在整个采煤过程中始终保持在支架后铰接点附近及时垮落，那么支架则处于前后立柱都受压，合外力作用在前后立柱之间的合理工作状态。

⑤ 后柱在设计时应具有抗拉和抗压的双重作用，以保证对端面直接顶的支撑力，减少无支护空间的挠曲。

4.3.3　压裂煤层顶板管理方式

根据综采工作面架后顶板垮落及时程度不同，划分出自然垮落法和人工强制放顶两类顶板管理方式。当工作面顶板架后垮落及时，可采用自然垮落法管理采空区顶板。当工作面顶板硬度较大时架后出现悬顶，可以采取爆破和水力压裂定向切顶处理坚硬顶板。

根据矿压研究结果，采动工作面顶板破坏呈"O-X"破断形式，顶板垮落示意图如图 4-47 所示。因此对于综采工作面坚硬顶板悬顶问题，实施水力压裂处理时，工作面顶板水压切顶钻孔布置示意图如图 4-48 所示的Ⅰ、Ⅱ、Ⅲ、Ⅳ位置，与端部顶板破断位置吻合，有利于块煤开采综采工作面的矿山压力控制和顶板管理。

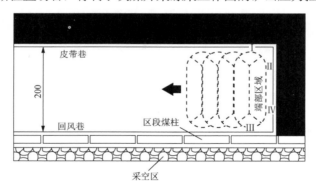

图 4-47　顶板垮落示意图

1. 初采工作面端部顶板管理

当工作面进行初次回采时，采空区坚硬顶板悬露面积大，顶板垮落时冲击动力灾害严重，采用水力压裂措施在端部顶板破断线Ⅰ、Ⅲ处进行密集打钻，进行水力压裂定向切割顶板，同时也在工作面顶板破断线Ⅱ、Ⅳ位置进行压裂切割顶板，减小工作面初次回采时顶板破断距。

压裂工艺：如图 4-48 所示，首先对开切眼后方 4 个垂直钻孔（V_1、V_2、VI_1、

Ⅵ₂）进行压裂，再对工作面前方 4 个倾斜钻孔（Ⅱ₁、Ⅱ₂、Ⅳ′₁、Ⅳ′₂）进行压裂，最后对两巷钻孔（Ⅰ₁、Ⅰ₂、Ⅰ₃、Ⅰ₄、Ⅰ₅、Ⅲ₁、Ⅲ₂、Ⅲ₃、Ⅲ₄、Ⅲ₅）进行压裂。

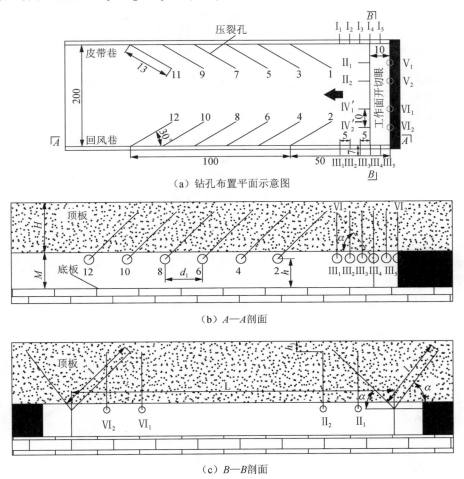

（a）钻孔布置平面示意图

（b）A—A 剖面

（c）B—B 剖面

图 4-48　工作面顶板水压切顶钻孔布置示意图

2. 正常回采悬顶管理方式

工作面正常回采时，在工作面回风巷、皮带巷打定向压裂钻孔，使钻孔定向割缝位于工作面破断线Ⅱ、Ⅳ位置，随着工作面回采，在矿山压力作用下坚硬顶板出现周期性垮落。

压裂工艺：工作面开切眼的顶板及顶煤处理完毕，工作面进行正常开采前分别对运输及回风巷钻孔（1、2、3、4、…）进行高压脉冲预裂，钻孔压裂间距为一个老顶周期来压步距，如图 4-48（a）、（b）所示。

第5章 块煤采煤机原理

本章重点介绍了硬煤层截割概念以及块煤采煤机原理，提出了块煤采煤机的概念，介绍了块煤采煤机开采工艺及其装备配套。分析了块煤采煤机的原理及其截割性能与块煤率之间的关系，对截割块煤率影响因素进行了评价。提出了块煤采煤机技术参数，开发出块煤采煤机样机；结合实际说明了压裂煤层块煤采煤机的工作原理、技术性能及其运行工况特点。

5.1 块煤采煤机概念

块煤采煤机是指装备有块煤滚筒，在采煤过程中割块煤度均匀且普遍在 30～80mm 的大型采煤设备，具有大功率、大质量、高块度、低能耗、高效率的特点。与普通采煤机相比，块煤采煤机具备以下几个特征：①滚筒直径普遍较大；②牵引速度较大；③滚筒转速较小；④截齿截线距较大；⑤切削厚度大等特征。块煤采煤机是块煤开采的主要设备，其截割性能的优劣对于整机的可靠性、运行稳定性、块煤产出率以及企业的经济效益具有重要意义。

块煤采煤机适用于普氏系数 f 大于 1.0 的煤层，能截割硬煤，采高范围大，调高方便。

5.2 综采块煤开采工艺

5.2.1 滚筒采煤机块煤开采工艺

1. 进刀方式和割煤方式

采煤机进刀方式是指采煤机正常割煤之前使滚筒进入煤体的方式。采煤机的割煤方式是指采煤机割煤与其他工序的合理配合方式。进刀方式和割煤方式的合理配套直接影响着工作面的产量和块煤生产效益。目前，综采工作面常用的进刀方式有端部斜切进刀和中部斜切进刀两种。而综采工作面常用的割煤方式有：双向割煤和单向割煤。

进刀方式和割煤方式的配合在综采工作面有三种方式：双向割煤端部斜切进刀方式、单向割煤端部斜切进刀方式和中部斜切进刀方式。选择采煤机进刀和割煤的配合方式，来缩短循环作业时间，提高综采工作面的产能，是优化循环作业的重要问题。

1）利用割一刀煤所需总时间比较

三种进刀方式的循环时间计算如下：

（1）双向割煤端部斜切进刀。

选用双向割煤端部斜切进刀方式（图 5-1），采煤机往返一次割两刀煤，多用于煤层赋存条件稳定、倾角较缓的综采工作面，割一刀煤所需总时间为

$$T_{cs} = a/V_j + a/V_s + a/V_k + b/V_c + 2c/V_c + 2c/V_d + t_d + 2t_s \tag{5-1}$$

式中：T_{cs} ——未压裂煤层双向割煤端部斜切进刀采煤工艺的循环时间；

　　　 t_d ——停机等待移动端部支架及输送机头（尾）时间；

　　　 t_s ——采煤机在升降前后滚筒和翻转滚筒挡煤板所需时间（只在与其他工　　　　　序不平行时参与计算）；

　　　 a ——斜切进刀段长度；

　　　 b ——正常割煤段长度，$b = L - a - 2c$，L 为工作面长度；

　　　 c ——采煤机在端部割底煤段长度；

　　　 V_j ——采煤机在斜切进刀时的割煤速度；

　　　 V_s ——采煤机在割三角煤时的割煤速度；

　　　 V_c ——采煤机正常时的割煤速度；

　　　 V_d ——采煤机在割底煤时的割煤速度；

　　　 V_k ——采煤机走空刀时的运行速度。

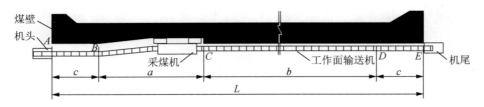

图 5-1　双向割煤端部斜切进刀方式示意图

式（5-1）为未压裂煤层的双向割煤端部斜切进刀时间的计算，未涉及压裂后煤层的变化对工艺的影响。

煤层进行压裂后，煤层结构发生变化，采煤机在割煤时牵引速度将发生变化，在压裂后由于考虑到巷道的稳定，在压裂钻孔口有一段距离未进行压裂，这段距离的大小影响采煤机在不同阶段的牵引速度。进行压裂后，双向割煤端部斜切进刀的循环时间为

$$\begin{aligned} T_{ys} = {} & a_1/V_{wj} + a_2/V_{yj} + a_1/V_{ws} + a_2/V_{ys} + a/V_k + b/V_c \\ & + 2c/V_c + 2c/V_d + t_d + 2t_s \end{aligned} \tag{5-2}$$

式中：T_{ys}——压裂煤层双向割煤端部斜切进刀采煤工艺的循环时间；

　　　　a_1——未进行压裂的斜切进刀段长度；

　　　　a_2——进行压裂后的斜切进刀段长度，$a_2 = a - a_1$；

　　　　V_{wj}——采煤机在未压裂区斜切进刀时的割煤速度；

　　　　V_{yj}——采煤机在压裂区斜切进刀时的割煤速度；

　　　　V_{ws}——采煤机在未压裂区割三角煤时的割煤速度；

　　　　V_{ys}——采煤机在压裂区割三角煤时的割煤速度。

（2）单向割煤端部斜切进刀方式。

选用往返一刀端部斜切进刀方式。采煤机往返一次割一刀多用于：顶板稳定性差的综采工作面；煤层倾角大、不能自上而下移架、输送机易下滑的综采工作面；采煤机装煤效果差或不能次采全高的工作面等。割一刀煤所需总时间为

$$T_{cd} = a / V_j + a / V_s + 2a / V_k + b / V_c + b / V_k + 2c / V_c + 2c / V_d + t_d + 3t_s \qquad (5\text{-}3)$$

式中：T_{cd}——未压裂煤层单向割煤端部斜切进刀采煤工艺的循环时间。

式（5-3）为未压裂煤层的单向割煤端部斜切进刀时间的计算，未涉及压裂后煤层的变化对工艺的影响。

煤层压裂后，单向割煤端部斜切进刀的循环时间为

$$T_{yd} = a_1 / V_{wj} + a_2 / V_{yj} + a_1 / V_{ws} + a_2 / V_{ys} + 2a / V_k + b / V_c$$
$$+ b / V_k + 2c / V_c + 2c / V_d + t_d + 3t_s \qquad (5\text{-}4)$$

式中：T_{yd}——压裂煤层单向割煤端部斜切进刀采煤工艺的循环时间。

（3）单向割煤中部斜切进刀方式。

当工作面采用单向割煤中部斜切进刀方式时（图5-2），其割一刀煤所需总时间为

$$T_{cz} = a / V_j + a / V_s + b / V_k + (b + 2c) / V_c + 2c / V_d + 2t_s \qquad (5\text{-}5)$$

式中：T_{cz}——单向割煤中部斜切进刀采煤工艺的循环时间。

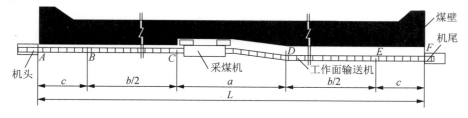

图 5-2　单向割煤中部斜切进刀方式示意图

同样的，式（5-5）为未压裂煤层的单向割煤中部斜切进刀时间的计算，未涉及压裂后煤层的变化对工艺的影响。

进行压裂后，单向割煤中部斜切进刀的循环时间为

$$T_{yz} = a_1/V_{wj} + a_2/V_{yj} + a_1/V_{ws} + a_2/V_{ys} + b/V_k$$
$$+ (b+2c)/V_c + 2c/V_d + 2t_s \tag{5-6}$$

式中：T_{yz}——压裂煤层单向割煤中部斜切进刀采煤工艺的循环时间。

（4）三种进刀方式下割一刀煤的总时间对比。

经过对上述三种时间进行比较，得出如下结论：

① $T_{ys} - T_{yd} = -(a+b)/V_k < 0$，说明在压裂煤层综采工作面，采煤机采用双向割煤端部斜切进刀割煤工艺要优于单向割煤端部斜切进刀割煤工艺。

② $T_{yz} - T_{yd} = -(t_d + 2a/V_k + t_s) < 0$，说明在压裂煤层综采工作面，采煤机采用单向割煤中部斜切进刀割煤工艺要优于单向割煤端部斜切进刀割煤工艺。

③ $T_{ys} - T_{yz} = t_d + a/V_k - b/V_k$，由于采煤机选定后，$a$ 是定值，真正影响到两种工进刀方式下循环时间的就是 t_d、V_k 和 b。

根据以上分析，结合公式 $b = L - a - 2c$ 可得出选择压裂煤层进刀方式的临界公式为

$$\begin{cases} t_d + a/V_k - b/V_k > 0 \\ V_k > [L - 2(c+a)]/t_d \\ t_d > [L - 2(c+a)]/V_k \\ L < t_d \times V_k + 2(a+c) \end{cases} \tag{5-7}$$

当至少满足式（5-7）四者其中之一时，应选择单向割煤中部斜切进刀方式。否则，应选择双向割煤端部斜切进刀方式。

2）不同割煤方式下综采工作面有效时间利用率

综采工作面有效时间利用率定义为采煤机割完一刀煤的纯割煤时间与采煤机割一刀煤所需的总时间的比值，其表达式为

$$K_y = t_c/T \tag{5-8}$$

式中：t_c——采煤机割完一刀煤的纯割煤时间；

T——采煤机割一刀煤所需的总时间。

三种进刀方式下综采工作面有效时间利用率 K_y 的计算公式分别如下。

（1）双向割煤端部斜切进刀方式下有效时间利用率 K_{yS} 为

$$K_{yS} = \frac{t_c}{T_{yS}}$$

$$= \frac{\dfrac{a_1}{V_{wj}} + \dfrac{a_2}{V_{yj}} + \dfrac{a_1}{V_{ws}} + \dfrac{a_2}{V_{ys}} + \dfrac{b}{V_c} + \dfrac{2c}{V_c} + \dfrac{2c}{V_d}}{\dfrac{a_1}{V_{wj}} + \dfrac{a_2}{V_{yj}} + \dfrac{a_1}{V_{ws}} + \dfrac{a_2}{V_{ys}} + \dfrac{a}{V_k} + \dfrac{b}{V_c} + \dfrac{2c}{V_c} + \dfrac{2c}{V_d} + t_d + 2t_s} \tag{5-9}$$

（2）单向割煤端部斜切进刀方式下有效时间利用率 K_{yd} 为

$$K_{yd} = \frac{t_c}{T_{yd}}$$

$$= \frac{\dfrac{a_1}{V_{wj}} + \dfrac{a_2}{V_{yj}} + \dfrac{a_1}{V_{ws}} + \dfrac{a_2}{V_{ys}} + \dfrac{b}{V_c} + \dfrac{2c}{V_c} + \dfrac{2c}{V_d}}{\dfrac{a_1}{V_{wj}} + \dfrac{a_2}{V_{yj}} + \dfrac{a_1}{V_{ws}} + \dfrac{a_2}{V_{ys}} + \dfrac{2a}{V_k} + \dfrac{b}{V_c} + \dfrac{b}{V_k} + \dfrac{2c}{V_c} + \dfrac{2c}{V_d} + t_d + 3t_s} \quad (5\text{-}10)$$

（3）单向割煤中部斜切进刀方式下有效时间利用率 K_{yz} 为

$$K_{yz} = \frac{t_c}{T_{yz}}$$

$$= \frac{\dfrac{a_1}{V_{wj}} + \dfrac{a_2}{V_{yj}} + \dfrac{a_1}{V_{ws}} + \dfrac{a_2}{V_{ys}} + \dfrac{b+2c}{V_c} + \dfrac{2c}{V_d}}{\dfrac{a_1}{V_{wj}} + \dfrac{a_2}{V_{yj}} + \dfrac{a_1}{V_{ws}} + \dfrac{a_2}{V_{ys}} + \dfrac{b}{V_k} + \dfrac{b+2c}{V_c} + \dfrac{2c}{V_d} + 2t_s} \quad (5\text{-}11)$$

由公式（5-9）～式（5-11）可以分别得出三种进刀方式下的有效时间利用率，将三者进行对比，得出最大值 K_{max}，该值反应的就是最佳进刀方式。

3）进刀方式与块煤率的关系

煤层压裂保护煤柱等于采煤机在端部割底煤段长度 c 加上未进行压裂的斜切进刀段长度 a_1。设计煤层压裂保护煤柱宽度分别为 15m、20m、25m；工作面长度分为 150m、250m、350m，分析得到采煤机牵引速度如表 5-1 所示。

表 5-1　采煤机牵引速度取值表

压裂形式	V_{wi}	V_{yi}	V_{ws}	V_{ys}	V_c	V_d	V_k
未压裂煤层	6	6	6	6	5.5	5.7	10
单排孔未来压区	6	6.2	6	6.2	5.7	5.9	10
单排孔来压区	6	6.5	6	6.5	5.9	6.2	10
双排孔未来压区	6	6.8	6	6.8	6.2	6.5	10
双排孔来压区	6	7.3	6	7.3	6.5	6.7	10

方案 1：工作面长度为 150m，煤层压裂保护煤柱为 15m（表 5-2）。该方案采取不同压裂形式下三种进刀方式块煤率。

方案 2：工作面长度为 150m，煤层压裂保护煤柱为 20m（表 5-3）。该方案采取不同压裂形式下三种进刀方式块煤率。

方案 3：工作面长度为 150m，煤层压裂保护煤柱为 25m（表 5-4）。该方案采取不同压裂形式下三种进刀方式块煤率。

方案 4：工作面长度为 250m，煤层压裂保护煤柱为 15m（表 5-5）。该方案采取不同压裂形式下三种进刀方式块煤率。

表 5-2　方案 1 进刀方式与块煤率的关系

压裂形式	进刀方式					
	双向割煤端部斜切进刀		单向割煤端部斜切进刀		单向割煤中部斜切进刀	
	块煤率/%	时间/min	块煤率/%	时间/min	块煤率/%	时间/min
未压裂煤层	19.2	28.7	17.2	40.4	16.4	54.6
单排孔未来压区	27.8	28.0	26.5	39.6	25.3	53.2
单排孔来压区	31.3	27.0	29.5	38.7	28.2	51.6
双排孔未来压区	33.4	26.1	31.2	37.7	30.5	49.9
双排孔来压区	37.8	25.0	36.6	36.7	35.4	48.1

表 5-3　方案 2 进刀方式与块煤率的关系

压裂形式	进刀方式					
	双向割煤端部斜切进刀		单向割煤端部斜切进刀		单向割煤中部斜切进刀	
	块煤率/%	时间/min	块煤率/%	时间/min	块煤率/%	时间/min
未压裂煤层	18.7	29.2	16.7	40.5	15.9	54.6
单排孔未来压区	27.3	28.5	26	39.8	24.8	53.2
单排孔来压区	30.8	27.6	29	39.0	27.7	51.8
双排孔未来压区	32.9	26.7	30.7	38.1	30	50.1
双排孔来压区	37.3	25.8	36.1	37.1	34.9	48.4

表 5-4　方案 3 三种进刀方式与块煤率的关系

压裂形式	进刀方式					
	双向割煤端部斜切进刀		单向割煤端部斜切进刀		单向割煤中部斜切进刀	
	块煤率/%	时间/min	块煤率/%	时间/min	块煤率/%	时间/min
未压裂煤层	18.2	29.6	16.2	40.7	15.4	54.6
单排孔未来压区	26.8	29.0	25.5	40.1	24.3	53.3
单排孔来压区	30.3	28.2	28.5	39.3	27.2	51.9
双排孔未来压区	32.4	27.4	30.2	38.5	29.5	50.3
双排孔来压区	36.8	26.5	35.6	37.6	34.4	48.7

表 5-5　方案 4 三种进刀方式与块煤率的关系

压裂形式	进刀方式					
	双向割煤端部斜切进刀		单向割煤端部斜切进刀		单向割煤中部斜切进刀	
	块煤率/%	时间/min	块煤率/%	时间/min	块煤率/%	时间/min
未压裂煤层	21.2	28.6	19.2	50.4	18.4	82.7
单排孔未来压区	29.8	27.8	28.5	49.6	27.3	80.7
单排孔来压区	33.3	26.9	31.5	48.7	30.2	78.6
双排孔未来压区	35.4	25.9	33.2	47.7	32.5	76.0
双排孔来压区	39.8	24.9	38.6	46.7	37.4	73.5

方案 5：工作面长度为 250m，煤层压裂保护煤柱为 20m（表 5-6）。该方案采取不同压裂形式下三种进刀方式块煤率。

表 5-6　方案 5 三种进刀方式与块煤率的关系

压裂形式	进刀方式					
	双向割煤端部斜切进刀		单向割煤端部斜切进刀		单向割煤中部斜切进刀	
	块煤率/%	时间/min	块煤率/%	时间/min	块煤率/%	时间/min
未压裂煤层	20.7	29.0	18.7	50.5	17.9	82.7
单排孔未来压区	29.3	28.3	28	49.8	26.8	80.8
单排孔来压区	32.8	27.5	31	49.0	29.7	78.7
双排孔未来压区	34.9	26.6	32.7	48.1	32	76.2
双排孔来压区	39.3	25.6	38.1	47.1	36.9	73.7

方案 6：工作面长度为 250m，煤层压裂保护煤柱为 25m（表 5-7）。该方案采取不同压裂形式下三种进刀方式块煤率。

表 5-7　方案 6 三种进刀方式与块煤率的关系

压裂形式	进刀方式					
	双向割煤端部斜切进刀		单向割煤端部斜切进刀		单向割煤中部斜切进刀	
	块煤率/%	时间/min	块煤率/%	时间/min	块煤率/%	时间/min
未压裂煤层	20.2	29.5	18.2	50.7	17.4	82.7
单排孔未来压区	28.8	28.9	27.5	50.1	26.3	80.8
单排孔来压区	32.3	28.1	30.5	49.3	29.2	78.8
双排孔未来压区	34.4	27.3	32.2	48.5	31.5	76.4
双排孔来压区	38.8	26.4	37.6	47.6	36.4	74.0

方案 7：工作面长度为 350m，煤层压裂保护煤柱为 15m（表 5-8）。该方案采取不同压裂形式下三种进刀方式块煤率。

表 5-8　方案 7 三种进刀方式与块煤率的关系

压裂形式	进刀方式					
	双向割煤端部斜切进刀		单向割煤端部斜切进刀		单向割煤中部斜切进刀	
	块煤率/%	时间/min	块煤率/%	时间/min	块煤率/%	时间/min
未压裂煤层	23.2	28.5	21.2	60.4	20.4	110.9
单排孔未来压区	31.8	27.8	30.5	59.6	29.3	108.3
单排孔来压区	35.3	26.8	33.5	58.7	32.2	105.5
双排孔未来压区	37.4	25.9	35.2	57.7	34.5	102.1
双排孔来压区	41.8	24.8	40.6	56.7	39.4	98.8

方案 8：工作面长度为 350m，煤层压裂保护煤柱为 20m（表 5-9）。该方案采取不同压裂形式下三种进刀方式块煤率。

表 5-9 方案 8 三种进刀方式与块煤率的关系

压裂形式	进刀方式					
	双向割煤端部斜切进刀		单向割煤端部斜切进刀		单向割煤中部斜切进刀	
	块煤率/%	时间/min	块煤率/%	时间/min	块煤率/%	时间/min
未压裂煤层	22.7	29.0	20.7	60.5	19.9	110.9
单排孔未来压区	31.3	28.3	30	59.8	28.8	108.3
单排孔来压区	34.8	27.4	33	59.0	31.7	105.7
双排孔未来压区	36.9	26.5	34.7	58.1	34	102.3
双排孔来压区	41.3	25.6	40.1	57.1	38.9	99.1

方案 9：工作面长度为 350m，煤层压裂保护煤柱为 25m（表 5-10）。该方案采取不同压裂形式下三种进刀方式块煤率。

表 5-10 方案 9 三种进刀方式与块煤率的关系

压裂形式	进刀方式					
	双向割煤端部斜切进刀		单向割煤端部斜切进刀		单向割煤中部斜切进刀	
	块煤率/%	时间/min	块煤率/%	时间/min	块煤率/%	时间/min
未压裂煤层	22.2	29.5	20.2	60.7	19.4	110.9
单排孔未来压区	30.8	28.8	29.5	60.1	28.3	108.4
单排孔来压区	34.3	28.0	32.5	59.3	31.2	105.8
双排孔未来压区	36.4	27.2	34.2	58.5	33.5	102.5
双排孔来压区	40.8	26.4	39.6	57.6	38.4	99.4

由方案 1～方案 9 得出：在不同压裂形式下，采取双向割煤端部斜切进刀方式、单向割煤端部斜切进刀方式和中部斜切进刀方式三种不同方式，采煤机在正常割煤段的运行速度随着压裂程度逐渐增大，截割一刀煤消耗的时间减少，对应的块煤率逐渐增大。其中在双排孔来压区采用双向割煤端部斜切进刀的进刀方式速度最大，对应的块煤率最高，且消耗的时间最少，截割效率高。因此，对上述 9 种情况下在双排孔来压区的块煤率进行对比分析，得到不同割煤方式块煤率的关系如表 5-11 所示。

表 5-11 不同割煤方式块煤率的关系

压裂方案	进刀方式					
	双向割煤端部斜切进刀		单向割煤端部斜切进刀		单向割煤中部斜切进刀	
	块煤率/%	时间/min	块煤率/%	时间/min	块煤率/%	时间/min
方案 1	37.8	25.0	36.6	36.7	35.4	48.1
方案 2	37.3	25.8	36.1	37.1	34.9	48.4
方案 3	36.8	26.5	35.6	37.6	34.4	48.7
方案 4	39.8	24.9	38.6	46.7	37.4	73.5
方案 5	39.3	25.6	38.1	47.1	36.9	73.7

续表

压裂方案	进刀方式					
	双向割煤端部斜切进刀		单向割煤端部斜切进刀		单向割煤中部斜切进刀	
	块煤率/%	时间/min	块煤率/%	时间/min	块煤率/%	时间/min
方案 6	38.8	26.4	37.6	47.6	36.4	74.0
方案 7	41.8	24.8	40.6	56.7	39.4	98.8
方案 8	41.3	25.6	40.1	57.1	38.9	99.1
方案 9	40.8	26.4	39.6	57.6	38.4	99.4

由表 5-11 绘制成图 5-3，可以得出：在工作面长度为 350m 时，即方案 7、8、9 情况下，煤层压裂保护煤柱为 15m，在双向割煤端部斜切进刀时，块煤率最高。同一工作面长度时，煤柱宽度越小，块煤率越高。在方案 1 情况下（当工作面长度为 150m 时，煤层压裂保护煤柱为 15m 时），方案 4 情况下（当工作面长度为 250m 时，煤层压裂保护煤柱为 15m 时），方案 7 情况下（当工作面长度为 350m 时，煤层压裂保护煤柱为 15m 时），以上三种情况下工作面长度越长，块煤率越高。

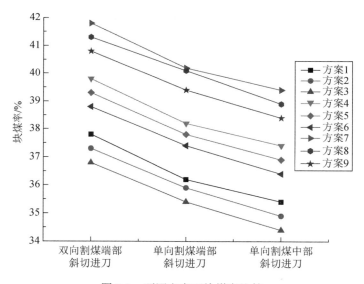

图 5-3　不同方案下块煤率比较

可以发现，任一方案情况下，双向割煤端部斜切进刀的块煤率最高，单向割煤端部斜切进刀块煤率次之，单向割煤中部斜切进刀块煤率最小。

由图 5-4 可以看出，相同工作面长度下，煤层压裂保护煤柱宽度越小，截割一刀煤消耗的时间越少，但是煤层压裂保护煤柱宽度对截割时间的影响不大。可以明显地看出，工作面长度越长，在双孔压裂来压情况下，采煤机的运行速度较快，相对的割一刀煤的时间却不是最长的。综上可以得出，采煤工作面为提高块煤率，在工艺选择时，可以优先选择双向割煤端部斜切进刀的方式；在工作面长度设计时，在设备条件满足的情况下，工作面长度尽可能长。

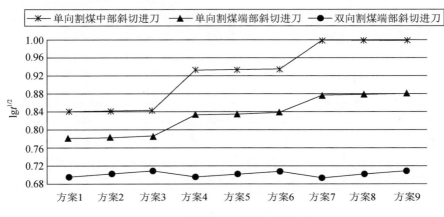

图 5-4　不同方案下截割时间比较

2. 牵引速度

采煤机牵引速度与截割效率密切相关，采煤机的牵引速度愈大，单位时间内截割的煤体总体积就愈大，截割效率自然就愈高。但是，如果只考虑盲目加大牵引速度而不考虑转速与之的匹配关系，那么结果会适得其反。如果牵引速度过大，而滚筒转速过小时，螺旋滚筒还来不及把刚刚截割下来的块煤抛落，就被采煤机带着向前继续截割运动，采煤机滚筒可能被大块煤岩卡死而无法转动，在巨大牵引力作用下，滚筒只能在煤岩表面"犁过"而并非截割；滚筒虽能勉强转动，但块煤不能顺利脱落而留在筒壁上，经过继续挤压形成压实核煤，从而导致滚筒载荷加剧，截割效率降低；过大的牵引速度所造成的滚筒负载超过额定负载时，会造成执行机构元部件以及动力元部件的损坏。

因此，采煤机的牵引速度要选取合理的取值范围，采煤机牵引速度的合理取值主要由 6 个方面决定，分别为截割功率、螺旋滚筒单齿截割厚度、牵引力、液压支架的移架速度、刮板输送机运量、滚筒装煤量。

1）截割功率对牵引速度的限制与影响

截割功率一般情况下是根据截割比能耗估算的。在截煤过程中，采煤机前后滚筒分别承担 60% 和 40% 采高的工作量。截割功率为

$$N_{j} = \frac{QH_{wx}}{k_1 k_2}(0.6 + 0.4k_3) \tag{5-12}$$

设计生产能力为

$$Q = 60JHv_q \tag{5-13}$$

据此可以推导出采煤机牵引速度为

$$v_q = \frac{N_j k_1 k_2}{60JHH_{wx}(0.6 + 0.4k_3)} \tag{5-14}$$

式中：k_1、k_2、k_3——分别为功率利用系数、功率水平系数、后滚筒的工作条件系
数，根据经验分别取 $k_1 = 0.8$，$k_2 = 0.95$，$k_3 = 0.8$；

　　J——滚筒截深；

　　H——平均采高；

　　H_{wx}——滚筒采煤机截割比能耗，与煤质硬度成正比关系，取 $H_{wx} = 0.55\sim0.85$。

2）螺旋滚筒单齿截割厚度对牵引速度的影响

为了让采煤机获得较高的截割效率，并且降低其截割比能耗、避免螺旋滚筒
受到较大的冲击载荷。螺旋滚筒的单齿最大截割厚度为

$$h_{max} = \frac{v_q}{mn} \leqslant 0.65B \tag{5-15}$$

式中：B——单齿截深；

　　m——滚筒同一截线上的截齿数；

　　n——滚筒转速。

然而，在螺旋滚筒截割煤壁的过程中，随着截齿转角的变化，单齿截割厚度
也会随之改变。因此，应该考虑单齿平均截割厚度与单齿最大截割厚度的关系，
即单齿平均截割厚度为

$$h_p = \frac{1}{\pi R}\int_0^\pi h_{max} R \sin v_\varphi \mathrm{d}v_\varphi = \frac{2h_{max}}{\pi} \tag{5-16}$$

式中：h_{max}——单齿最大截割厚度；

　　R、v_φ——采煤机滚筒的半径和转角。

由式（5-15）和式（5-16）可以推导出采煤机牵引速度

$$v_q \leqslant 0.325\pi Bmn \tag{5-17}$$

3）牵引力与牵引功率对牵引速度的影响

采煤机牵引力取决于煤质硬度、煤层倾角、牵引速度、采高、采煤机质量以
及导向装置的结构和摩擦系数等因素，采煤机牵引力为

$$F = k_a[Mg_n(\sin\alpha + f_s\cos\alpha) + R_q] \tag{5-18}$$

式中：k_a——采煤机移动时，导向部分的附加阻力系数，取 $k_a = 1.3\sim1.5$；

　　M——采煤机质量；

　　g_n——重力加速度；

　　α——煤层倾角；

　　f_s——摩擦系数，取 $f_s = 0.18\sim0.25$；

R_q ——螺旋滚筒上截齿点的平均牵引阻力，$R_q = \dfrac{19.1 N_H \eta_H}{n D_c}\left(1 + k_3 \dfrac{H_s - D_C}{D_C}\right)$

（0.6～0.8），其中 N_H 为单个螺旋滚筒的截割电机功率，η_H 为截割部的机械传动效率，取 $\eta_H = 0.8$，D_C 为螺旋滚筒的直径，H_s 为采煤机的设计采高。

采煤机牵引功率为

$$N_q = \frac{k_4 F v_q}{60 \eta_2} \tag{5-19}$$

式中：k_4 ——牵引系数，取 $k_4 = 1.2$；

η_2 ——采煤机牵引部的机械传动总效率，取 $\eta_2 = 0.8$。

由以上公式推导的采煤机牵引速度为

$$v_q = \frac{60 N_q \eta_2}{k_4 k_a [M g_n (\sin \alpha + f \cos \alpha) + R_q]} \tag{5-20}$$

4）对液压支架的移架要求

为了使采煤机在综采工作面可以持续割煤，整个工作面支架的追机速度 v_z 应该大于采煤机的牵引速度。采煤机的牵引速度应满足

$$v_q \leqslant v_z \leqslant \frac{n_z L}{t} \tag{5-21}$$

式中：n_z ——同时移动的液压支架数，通常情况下为单机移架；

L ——支架的中心距；

t ——移动一架需要的时间，通常 $t = 8 \sim 10\text{s}$。

5）刮板输送机运量的影响

在选择采煤机牵引速度时，应该考虑与其配套的刮板输送机的运量。通常情况下，采煤机的落煤能力应该小于等于刮板输送机的运量，具体关系为

$$v_q \leqslant \frac{T_y}{60 \rho J H} \tag{5-22}$$

式中：ρ ——煤质密度；

T_y ——刮板输送机的运量。

6）滚筒装煤的影响

在实际生产中，必须确保滚筒装煤能力大于落煤能力。在一定的牵引速度下，滚筒的落煤能力为

$$Q_1 = J v'_{max} D \lambda k \tag{5-23}$$

采煤机滚筒装煤能力为

$$Q_z = \frac{\pi}{4} n (D_y^2 - D_g^2)\left(S - \frac{\delta}{\cos \alpha}\right) z \psi_z \tag{5-24}$$

上述式中：J ——滚筒截深，$J=0.6\sim1.0\text{m}$；

$v'_{\max}$ ——牵引速度区段上限值，为式（5-21）、式（5-22）最大值，不同因素对煤机牵引速度影响表如表 5-12 所示；

D、D_y、D_g ——滚筒直径、螺旋叶片外、内直径，$D_y\approx D-2l_p$，$D_g=0.4\sim0.6(D-2l_p)$，其中 l_p 为截齿径向长度，镐形截齿 $l_p=0.1\sim0.15\text{m}$；

λ ——煤松散系数，$\lambda=1.5\sim1.7$；

k ——实际装煤系数，$k=0.95\sim0.98$；

z ——叶片头数，$z=2\sim4$；

δ、S ——叶片厚度、螺距，一般取 $\delta=(0.08\sim0.09)J$，$S=(0.65\sim0.75)J$；

α ——叶片平均升角；

ψ_z ——螺旋滚筒实际充满系数，一般取 $\psi_z=0.2\sim0.5$。

根据 $Q_z>Q_1$，将公式代入可得

$$v'_{\max}<n\cdot\frac{\pi}{4}\cdot\frac{(D_y^2-D_g^2)\left(S-\dfrac{\delta}{\cos\alpha}\right)z\psi_z}{JD\lambda k} \tag{5-25}$$

表 5-12　不同因素对煤机牵引速度影响表

影响因素	速度要求	牵引速度/（m/min）				
		黄陵矿区	神东矿区	榆神矿区	新庙矿区	万利矿区
截割功率	$v_{\min}$	4.25	8.25	8.30	9.77	12.46
截割厚度	$v_{\min}$	4.11	4.09	4.45	5.11	2.6
牵引力与牵引功率	$v_{\min}$	14.9	15.7	13.57	12.8	16.7
移架速度	$v_{\min}$	13.13	11.63	11.67	10.50	11.25
刮板机运量	$v_{\min}$	3.13	7.46	2.03	4.18	9.81
滚筒装煤	$v_{\min}$	5.95	6.53	7.87	6.489	5.31

3. 滚筒转速

煤层压裂改造前后，影响滚筒采煤机的主要因素（如滚筒直径、叶片螺旋升角）是固定不变的，采高也是固定的。因此，本节主要对滚筒转速的合理选取进行分析。

1）滚筒最低转速的要求

（1）前滚筒转速分析。

采煤机前滚筒主要负责落煤，同时还承担装煤任务。螺旋滚筒在割煤过程中，滚筒内煤的积累量决定着滚筒的装煤效果。在任意时刻，螺旋滚筒内煤量的变化等于进入螺旋滚筒的煤量和排出螺旋滚筒的煤量之和。

进入螺旋滚筒的煤量变化率为

$$\frac{\mathrm{d}v_{进}}{\mathrm{d}t} = h \cdot v_x \cdot \frac{D}{\lambda} \tag{5-26}$$

式中：　$v_{进}$——进入滚筒的煤量变化速率；

　　　　D——螺旋滚筒的直径；

　　　　v_x——螺旋叶片的轴向速度；

　　　　λ——相同质量的实体煤体积与相同质量松散煤体积之比，一般取 0.83；

　　　　h——叶片进给量。

被螺旋叶片排出去的煤量变化率为

$$\frac{\mathrm{d}v_{出}}{\mathrm{d}t} = h \cdot \overline{h_c} \cdot v_x \tag{5-27}$$

式中：　$v_{出}$——排出滚筒的煤的变化速率；

　　　　$\overline{h_c}$——工作面机道上浮煤的平均高度，$\overline{h_c} = \left[1.34 - 0.387\left(\dfrac{D}{2B}\right)\right] \cdot D$。

螺旋滚筒中煤的变化率为

$$\frac{\mathrm{d}v}{\mathrm{d}t} = \frac{\mathrm{d}v_{进}}{\mathrm{d}t} - \frac{\mathrm{d}v_{出}}{\mathrm{d}t} \tag{5-28}$$

由此，对上式进行积分可以求得螺旋滚筒中煤的积聚体积为

$$v_{\max} = \int_0^T \mathrm{d}v \tag{5-29}$$

煤质点在螺旋滚筒中沿轴向的运动时间 T 为

$$T = \frac{B}{\pi n D \cdot \tan \beta} \tag{5-30}$$

式中：　β——螺旋叶片的升角。

由此可知

$$V_{前\max} = \frac{v_q}{60 \cdot n \cdot N} \cdot B \cdot \left(\frac{D}{\lambda} - \overline{h_c}\right) \tag{5-31}$$

式中：　v_q——滚筒采煤机牵引速度；

　　　　n——螺旋滚筒的转速；

　　　　B——螺旋滚筒的截深；

　　　　N——螺旋叶片的头数。

螺旋滚筒的临界工作空间为

$$V_{GT} = (0.4 \sim 0.6)\frac{1}{2}\pi\left[\left(\frac{D_y}{2}\right)^2 - \left(\frac{D_g}{2}\right)^2\right] \cdot \frac{B}{N} \tag{5-32}$$

为了确保滚筒装煤时不出现堵塞现象，则必须满足以下关系：

$$V_{前\max} \leqslant V_{GT} \tag{5-33}$$

将式（5-31）、式（5-32）代入式（5-33）中，得出

$$n_1 \geqslant \frac{2v_q\left(\dfrac{D}{\lambda} - \overline{h_c}\right)}{(24\sim36)\cdot\left[\left(\dfrac{D_y}{2}\right)^2 - \left(\dfrac{D_g}{2}\right)^2\right]} \tag{5-34}$$

（2）后滚筒转速分析。

后滚筒内煤的积聚体积包括后滚筒割落的煤体和推煤螺旋叶片推入滚筒内的浮煤两部分。后滚筒截割剩余煤层的厚度为（$H-D$），H 为采高。

后滚筒割落煤体的体积为

$$V_1 = \int_0^T h \cdot v_x\left(\frac{H-D}{\lambda}\right)\mathrm{d}t = \frac{v_q}{60nN}B\left(\frac{H-D}{\lambda}\right) \tag{5-35}$$

推入滚筒内浮煤的体积为

$$V_2 = \int_0^{x'}\frac{\mathrm{d}v_{\text{进}}}{\mathrm{d}x}\mathrm{d}x = \frac{v_q}{60nN}\cdot\overline{h_c}\cdot\left[W - \frac{(W-x')^{\frac{4}{3}}}{W^{\frac{1}{3}}}\right] \tag{5-36}$$

式中：W——工作面煤壁与运输机之间的距离；

　　　　x'——推煤螺旋叶片将煤推至距离滚筒出煤口的距离，范围在 $0\sim B$。

将式（5-35）、式（5-36）相加得出后滚筒中煤的积聚体积为

$$V_{\text{后max}} = V_1 + V_2 = \frac{v_q}{60nN}\left\{B\left(\frac{H-D}{\lambda}\right) + \overline{h_c}\cdot\left[W - \frac{(W-x')^{\frac{4}{3}}}{W^{\frac{1}{3}}}\right]\right\} \tag{5-37}$$

要确保后滚筒工作时不出现阻塞现象，必须满足：$V_{\text{后max}} < V_T$，即

$$n_2 \geqslant \frac{v_q\left\{\overline{h_c}\left[W - \dfrac{(W-x')^{\frac{4}{3}}}{W^{\frac{1}{3}}}\right] + B\left(\dfrac{H-D}{\lambda}\right)\right\}}{(24\sim36)\left[\left(\dfrac{D_y}{2}\right)^2 - \left(\dfrac{D_g}{2}\right)^2\right]B} \tag{5-38}$$

式中：D_y——螺旋叶片外径；

　　　　D_g——螺旋叶片内径。

（3）滚筒最低转速的取值。

将 n_1、n_2 进行比较，取两者之间的最大值，即：$n_{max} = \max(n_1, n_2)$。

2）滚筒最高转速的要求

给出最大滚筒转速的表达式为

$$n_{max} \leqslant \frac{\dfrac{a+b}{\cos(\beta+\theta)}}{D_y\sqrt{\dfrac{2H}{g}}\cdot\sin\beta\cdot\cos(\beta+\theta)} \tag{5-39}$$

式中：a——抛煤点与输送机之间的距离；

　　　b——输送机宽度；

　　　θ——煤与螺旋叶片的摩擦角。

经过计算，优化后的五大矿区合理滚筒转速范围如表 5-13 所示。

表 5-13　五大矿区合理滚筒转速范围

矿区	滚筒最小转速/（r/min）	滚筒最大转速/（r/min）	优化后的滚筒转速/（r/min）
黄陵矿区	15.54	28.35	27.23
神东矿区	26.27	33.61	29.76
榆神矿区	15.17	38.52	36
新庙矿区	16.41	32.71	29.7
万利矿区	19.72	25.77	24.3

4. 运输速度

采煤工作面运输主要为刮板输送机，工作面运输速度主要是采煤机与刮板输送机的运量配合综合影响。五大矿区典型矿井工作面运输能力如表 5-14 所示。

表 5-14　五大矿区典型矿井工作面运输能力

项目	黄陇矿区	神东矿区	榆神矿区	新庙矿区	万利矿区
运载能力/（t/h）	800	2000	1000	800	3000

有利于提高块煤率的综采工作面输送机选型应符合以下原则：输送机的结构尺寸应有利于采煤机通过能力的设计；运输能力与采煤机割煤能力相适应；输送机结构尺寸与液压支架的架构尺寸配套合理。

根据输送机能力确定采煤机牵引速度 v_c，可用下式为

$$v_c = \frac{Q_y}{60KMB\rho_煤 C} \tag{5-40}$$

式中：M、B、$\rho_煤$——分别为工作面采高、截深和煤的密度；

　　　Q_y——输送机实际运输能力；

　　　K——考虑到输送机运转条件差且多变所加系数，一般 $K=1.1\sim1.15$；

　　　C——工作面采出率，取 $0.95\sim0.97$。

5. 块煤工艺配套

综采设备的选型，首先要选择有利于提高块煤率的采煤机。采煤机选型的主要依据是煤层采高、煤层硬度系数和截割阻力系数，主要应确定的参数是采高、牵引速度、电机功率。

当然在机型基本确定的情况下，订货时还可以向厂家提出块煤开采要求，如

滚筒直径、截深、割煤速度、底托架高度等参数。此外,增加块煤的采煤机的可靠性至关重要,要根据煤层地质和开采条件对增加块煤率的要求进行产品论证。

在采煤机允许条件下,尽可能地增大采煤机的牵引速度,并在滚筒转速的允许的条件下适当降低滚筒转速,即可以提高工作面块煤的产出率,还能增加滚筒的装煤量,提高滚筒的装煤效率,从而减少工作面煤量的堆积,确保工作面安全高效的生产。

5.2.2 开采装备配套

(1)采煤机的几何尺寸如图 5-5 所示,采用不同高度的底托架,采煤机可获得几种不同的机面高度,以适应不同的采高范围。采煤机的采高可用式(5-41)计算,式中参数均可在产品说明书中查到。

$$M_{\max} = A - \frac{C}{2} + L \times \sin \alpha_{\mathrm{m}} + \frac{D}{2} \tag{5-41}$$

式中: $M_{\max}$ ——采煤机最大采高;

$\quad\quad \alpha_{\mathrm{m}}$ ——摇臂向上的最大摆角;

$\quad\quad A$ ——机面高度;

$\quad\quad C$ ——机身厚度;

$\quad\quad L$ ——摇臂长度;

$\quad\quad D$ ——滚筒直径。

为适应煤层厚度的变化,采煤机最大与最小采高之比应为 1.6~2.0。

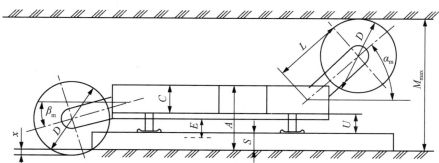

A—机面高度;C—机身厚度;D—滚筒直径;E—过煤高度;S—机槽高度;L—摇臂长度;U—底托架高度;x—最大下切量;α_{m}、β_{m}—摇臂向上及向下的最大摆角;$M_{\max}$—采煤机最大采高。

图 5-5　采煤机的几何尺寸

(2)采高与支架高度的关系可按下式计算:

$$\begin{cases} H_{\max} = M_{\max} - S_1 + h \\ H_{\min} = M_{\min} - S_2 - a \end{cases} \tag{5-42}$$

式中：H_{max}、H_{min}——支架最大、最小支撑高度；

$\quad\quad S_1$、S_2——前后柱处顶板最大下沉量；

$\quad\quad M_{max}$——采煤机最大采高；

$\quad\quad M_{min}$——采煤机最小采高；

$\quad\quad h$——支架支撑高度富余量，一般 $h=200mm$ 左右；

$\quad\quad a$——支柱伸缩量，一般以 $a=50mm$。

（3）支架最小支撑高度 H_{min}、滚筒直径 D 两者关系可用下式表示。

$$H_{min}=D-S_2-a \tag{5-43}$$

滚筒采煤机最小采高等于滚筒直径 D。

（4）支架支撑高度 H 与采煤机面高度 A 之间关系由图 5-6 综采工作面设备配套尺寸可知。当采煤机处于支架最小支撑高度 H_{min} 情况下，其机面至支架顶梁底面仍保持一个过机富余高度 Y 值，通常 $Y\geqslant200mm$，Y 可用下式表示：

$$Y=H_{min}-(A+\delta) \tag{5-44}$$

式中：δ——顶梁厚度。

若机面高度 A 过大，会影响采煤机通过能力；若 A 值过小，则导致采煤机底托架与输送机机槽间的过煤高度 E 值过小，降低块煤率。

（5）采煤机的下切量，即采煤机滚筒能割入底板的深度。下切量的大小表示采煤机对底板平整度以及对输送机机槽歪斜的适应能力，采煤机的最大

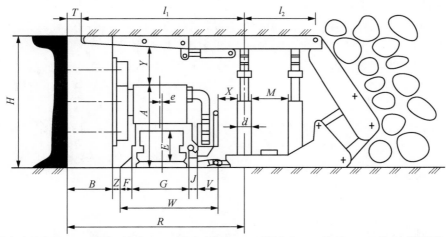

H—支架支撑高度；A—采煤机面高度；Y—过机富余高度；E—过煤高度；T—端面距；Z—煤壁与铲煤板间隙；
F—铲煤板宽度；R—无立柱控顶宽度；M—人行道宽度；W—采煤机机身宽度；B—截深；G—刮板输送机
宽度；V—电缆槽宽度；X—前立柱距电缆槽宽度；d—前柱外径；e—刮板输送机与采煤机中心偏距；
J—电缆槽距刮板输送机距离；l_1—前梁长度；l_2—支撑梁长度。

图 5-6　综采工作面设备配套尺寸

切量 x 可按下式计算：

$$x = A - \frac{C}{2} - L\sin\beta_{\mathrm{m}} - \frac{D}{2} \qquad (5\text{-}45)$$

式中：β_{m}——摇臂向下的最大摆角。

计算出的值应为负数，表示割至机槽底面以下的深度；若是正值，则表示机器不能下切，通常，$x = -(150\sim300)\mathrm{mm}$。

（6）采煤机底托支架高度 U 影响到最大采高 M_{m}、机面高度 A、过煤高度 E 和下切深度。U 可表示为

$$U = M_{\mathrm{m}} - \left(\frac{C}{2} + L\sin\alpha_{\mathrm{m}} + \frac{D}{2} + S \right) \qquad (5\text{-}46)$$

式中：S——输送机机槽高度。

通常，采煤机说明书中，列有几种机面高度或底托架高度，以供用户选择。

（7）摇臂升角 α 是影响采高的重要参数之一，升角增大，采高增大。但升角 α 过大时（图 5-5），会使滚筒中心至机身端部的水平距离过小，导致装煤效果差。

（8）综采工作面的机道宽度就是割煤并移架后从支架前柱中心线至煤壁的距离，即无立柱控顶宽度 R，及时支护式综采工作面机道宽度应包括一个截深的宽度（图 5-6）。为了减小机道宽度，以利顶板管理，同时保证铲煤板与煤壁间的间隙 Z，以及采煤机电缆托移装置能对准输送机电缆槽，采煤机机身中心线相对于输送机机槽中心线向煤壁偏移一定距离 e，其值随机而定。

根据安全规程的规定，人行道宽度 $M \geqslant 700\mathrm{mm}$，人行道的位置可在前后柱之间（图 5-6），也可在前柱与输送机之间，因设备而异。

支架顶梁顶端与煤壁之间必须保留一定端面距，以防机槽不平直或斜切进刀时滚筒割梁端。端面距 T 值与采高有关，一般 $T = 150\sim350\mathrm{mm}$，采高小时取下限，大时取上限。

移架千斤顶的行程应比采煤机截深大 $100\sim200\mathrm{mm}$，以保证在支架与输送机不垂直时也能移机、拉架够一个截深。

5.2.3　块煤开采支护工艺

最佳块煤开采的前提是硬煤层预裂破碎。一般综采工作面均采用及时支护顶板方式管理顶板，采用本架操作、顺序移架。

安全出口采用掩护式液压支架支护，上下端部顶板采用支撑式支架支护。

（1）移架方式和方法。

正常压裂情况下，通常采用先依次顺序移架后推溜方式，移架步距不变（取800mm）。支架顶梁与煤壁端距应小于 200mm，并展开护帮板护帮。煤壁裂隙网络化片帮情况下，采煤后需要加强护帮板的护壁作用。

顶板完整出现架后悬顶情况时，支架滞后煤机后滚筒不大于 3 架，并适时实施水压切顶作业。如遇到顶板破碎情况时，支架要紧跟煤机前滚筒；如产生漏顶现象，工作面必须超前拉架，煤机割煤沿支架顶梁下边缘通过。

（2）移架工序。

带压移架：降架—带压拉架—升架—伸出护帮板—展开护帮板的原则。

采用改变移架方式，采用分组间隔交错式，该方式不仅移架速度快，而且利用煤壁压力的破碎作用发挥。

（3）移架方式对顶板管理的影响。

液压支架移架方式与综采工作面生产能力相适应，通常有以下做法：①顶板稳定时，单架依次顺序式移架采煤机割至工作面端部时，利用采煤机反向操作和斜切进刀的时间移架工将移架滞后的距离赶上来。这种方式省人力，又有利于控顶，又不影响生产。②顶板稳定性中等式变差时，对顶板应分段管理。

5.3　块煤采煤机的原理

5.3.1　截煤理论

块煤采煤机的工作效果主要取决于滚筒转速和运行速度。研究截割刀具和滚筒截割破碎煤岩矿体的方法、机理、载荷、参数、动力学基本的理论，称为截煤理论。以截煤理论为指导，建立优化截煤机制，能够创造出比能耗（截割下单位煤体所消耗的能量）小、煤尘小、块煤率高、生产率高的块煤采煤效率。为了降低硬煤截割能耗，提高块煤率，采用矿压和压裂人工干预措施弱化煤层。煤体在压裂后截割阻抗减小，比能耗大幅度降低，有利于较大幅度地提高块煤率。压裂煤层单齿截割可以分为五个不同的阶段。

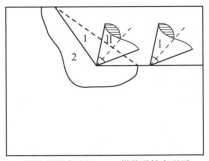

1—煤体塑性变形区；2—煤体弹性变形区。

图 5-7　压裂裂隙压闭-压密阶段

1）压裂裂隙压闭-压密阶段

如图5-7所示，以采煤机上随机抽取的截齿为例，在实际截割生产中，截齿从非截割状态下的位置 I 逐渐前进，直到到达位置 II，此时截齿与煤体刚刚接触。随着截割运动的进一步推进，截齿刀刃开始挤压位置 II 所在区域的煤体，由于煤体内部分布有压裂裂隙，在截齿齿尖压力的作用下，煤体内部原有的裂隙逐渐闭合，煤体被压密，在区域1处形成塑性变形区。随着截齿继续前进，该区域的压力增大，在区域1前方形成弹性区域2，此时由于煤体的抗拉强度小于截齿的截割力，达到破坏强度，在截齿齿尖周围产生局部裂隙。

2）局部裂纹扩展阶段

截齿齿尖截割力逐渐增大，前方的局部裂隙增多且稳定发展，该阶段裂隙的扩展方向不定。如图 5-8 所示，随着截齿截割力增大，齿尖出的局部裂隙发生扩展。一般情况下，剪切裂纹多为撕开型或滑开型，而赫兹裂纹多为张开型。在实际截割生产中多会出现不同形式的组合裂纹。随着截割力的不断增大，剪切裂纹与赫兹裂纹互相交错，导致煤岩结构稳定性被破坏，从而使得煤岩破碎形成碎块。

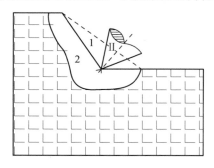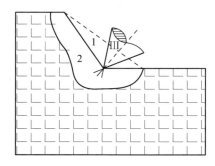

1—煤岩塑性变形区；2—煤岩弹性变形区。

图 5-8　局部裂纹扩展阶段

3）压实核形成阶段

截齿在煤岩上继续前进到位置Ⅳ（图 5-9），截割阻力随着截齿的推进不断增大，由于主裂隙面的阻力较大，超过截齿施加的推力，越来越多的裂纹不断互相交错，煤岩表面上就会产生大量的微小碎块，不断形成的块煤堆积在一起堵塞了新块煤脱落的路径，越来越多无法及时脱落的块煤在截齿不断挤压作用下形成了压实核。

煤岩在被截割过程中所形成的压实核具有压实性和储能性两种特性，它能够将自身内部的能量传递到附近的煤岩，那么压实核同时也就具备了截割的能力，这样看来，也可将其称为截割核。另外，压实核不光具有将采煤机部分能量向周围扩散的能力，同时它所蕴藏的这种能量的流动能力强，压力也较大。所以一旦煤岩与截齿的接触面之间出现间隙，压实核粉块就会立即喷射出来。

4）裂纹扩展阶段

随着截齿的继续前进，在截齿与煤岩接触的边缘产生径向拉应力，在拉应力的作用下使得煤体产生裂纹，接着截齿在煤岩上从位置Ⅳ推进至位置Ⅴ（图5-10），在这个过程中，截齿上的截割力仍然在不断增大。当不断形成的压实核突然将煤粉向外喷射的通道堵塞，其内部储存能量所产生的压力将会持续增大，增大到一定程度在压实核前方产生局部裂纹。由于裂纹的产生，压实核从裂隙喷出，起到裂隙扩展的作用。

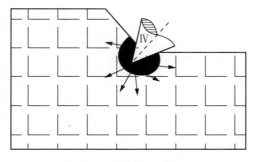 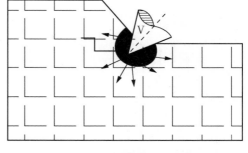

图 5-9　压实核形成阶段　　　　　　　　图 5-10　裂纹扩展阶段

5）煤岩崩落阶段

在截齿齿面侧向力的作用下，应力增加超过裂隙面的阻力，块煤沿着裂隙面发生崩落，进而截割产生大的块煤，如图 5-11 所示。随着一批大的块煤的崩落，压实核内部的截割能量也完成了一次释放，这就是煤岩被截割的一次完整过程。

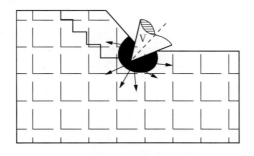

图 5-11　煤岩崩落阶段

以上五个阶段概述了压裂煤层截煤理论诱致煤壁破碎脱落的完整过程。生产实践中，采煤机截割煤岩就是以上五个阶段的循环过程。

5.3.2　截槽间距分析

比能耗是评价采掘机械工况的一项基本指标，截槽间距选取的优劣对比能耗有着重要影响。根据煤岩破碎张应力理论，得出了在不同截割厚度下，比值 t/d 的变化对截割阻力、比能耗、粉煤率、块煤率等的影响规律，导出最佳截槽间距表达式，分析了影响截槽间距的主要因素。

根据埃万斯张应力理论，假设：（1）破碎以一定角度向两侧面展开，并向表面扩展，破碎线与水平面成 α 角，$\alpha = 90° - \psi$（ψ 为煤的崩裂角，即崩落线与截齿轴线的夹角），两相邻截槽图如图 5-12 所示。

（2）破碎裂纹是在剪应力作用下形成，最后在最大张应力状态下破碎，其最大张应力垂直于裂纹连线。图 5-13 表示在破碎时煤截面 $ABCO$ 上的受力状况。

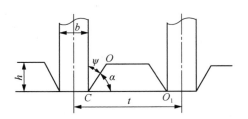 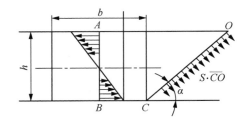

图 5-12　两相邻截槽图　　　　　图 5-13　截面上的受力状况

① 若作用于煤上的总力是 P，那么截面 $ABCO$ 上的力 $1/2P$ 有作用于 $\overline{BC}$ 中点上。

② 垂直于裂纹 CO 的张应力为 $S \cdot \overline{CO}$，S 是煤的张力强度。

③ 中心线 $\overline{AB}$ 上还作用有一个未知力，假设截齿作用于煤时，煤有像梁那样折弯的瞬间状态，同时也就存在一个中性面。在极限条件下最大张拉强度为 S，中心线在中性轴两侧的总力分别为 $\frac{1}{2}S \cdot \frac{1}{2}h$，那么所形成的力偶矩为 $m = \frac{1}{2}S \cdot \frac{1}{2}h \cdot \frac{1}{2}h$，则水力压裂前的最佳槽间距为

$$t = \frac{b + \sqrt{b^2 + 20h^2}}{2} \tag{5-47}$$

式中：t——最佳槽间距；

　　　b——截齿主刃宽度；

　　　h——切削厚度。

水压煤层的切削厚度假设为 $h + \Delta h$，其中 Δh 为水力压裂后，截齿切削增加的切削厚度，水力压裂后的最佳截槽间距为

$$t = \frac{b + \sqrt{b^2 + 20(h + \Delta h)^2}}{2} \tag{5-48}$$

对比发现，压裂后最佳截槽间距增大，截槽间距的增加可以增大割落煤体的块度，使得割落煤体块煤率增加，比能耗降低。

5.3.3　块煤采煤机工作原理

块煤采煤机同普通采煤机一样，是通过装有截齿的螺旋滚筒旋转和采煤机牵引运动的作用进行切割的，形成月牙状的煤屑，如图 5-14 所示。块煤采煤机的特殊性在于滚筒截齿的优化布置，牵引速度和滚筒转速的配合更有利于块煤的截割形成。

块煤采煤机主要是通过增加切削厚度的目标来增加块煤率。实践证明，切削厚度增大具

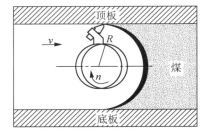

图 5-14　月牙状的煤屑

有以下优点：第一，切削厚度增大，煤尘减少，根据实验，当切削厚度增加一倍时，产生的粉煤量相应地减少一半；第二，随着切削厚度的增大，煤被破碎的次数减少，块煤量增多，同时，采煤机载荷变化的频率大大降低，有利于提高采煤机寿命；第三，切削厚度增加，单位能耗一般按双曲线规律下降，当切削厚度在5～10cm 时，多数煤种单位能耗分别具有最小值；第四，截煤过程中的摩擦力在截煤阻力中所占的比例减少，截齿磨损率降低。因此，无论从提高工作面块率，还是从降低采煤比能耗出发，选择较大的切削厚度都是合理的。

增大采煤机切削厚度可以从以下两个方面入手：第一，增大采煤机牵引速度，当牵引速度达到一定值时，才会切下片状块煤，随着牵引速度的增大，滚筒吃刀深度逐渐增大，每个截齿的切削厚度相应增加；第二，通过滚筒转速入手分析，根据动量定理，滚筒转速减小，截齿的截割速度小，对煤体中已成块的块煤冲击力较弱，截割过程中造成的块率损失较小，也有利于增加块煤量。

由于滚筒截齿采用棋盘式布置，如图 5-15 所示截齿 1 先与煤壁接触，截割一定深度煤体，紧接着，截齿 2 与煤壁发生接触，位于截齿 1 和 2 之间宽度为 t 的块煤被一次截割下来，紧接着截齿 2 和截齿 3 截割位于截齿 2、3 之间的块煤，依次循环，滚筒完成一次割煤。

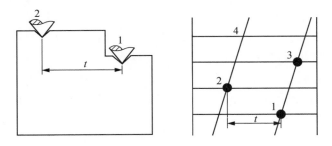

图 5-15　双齿截割示意图

5.3.4　切削图与块煤率

1）切削厚度

截齿对煤岩体进行截割时，由于煤岩体的脆性使截槽侧壁出现自由崩落现象，截槽侧壁并不与截齿侧面贴合，而且有较大的张开度，形成两条崩落线。崩落角 ψ 的大小主要取决于煤岩的性质，与截齿的具体结构尺寸的关系很小。阿卓富采娃试验得出，崩落角与切削厚度 h 和煤的脆性程度 B 有关

$$\tan \alpha = B h^{-0.5} \tag{5-49}$$

如图 5-16 所示，过齿尖打击点所形成的两条崩落线就构成一个理论截槽。两条崩落线所呈的角度由煤岩的崩落角决定，称为理论截槽的原因是其与实际的截槽有一定出入，因为 ψ 是对煤岩进行试验后的统计结果，存在一定程度的随机性。

此外，实际的截槽也不会在齿尖打击点处形成一个尖角，而是有一定的几何形状。尽管与实际截槽有出入，理论截槽却可在大体上反映实际截槽的形状，为评价截齿的受力状况、所截块度大小提供参考。

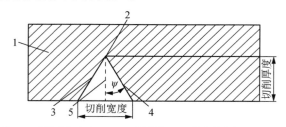

1—煤岩体；2—截齿尖打击点；3、4—崩落线；5—截齿轴线投影；ψ—崩落角。

图 5-16　理论截槽

2）切削图

切削图的绘制就是在过截割头轴线的一个平面上将每一个截齿打击至此平面时所形成的理论截槽记录下来。在绘制每一个理论截槽时，首先要计算出齿尖打击点的位置，然后根据截齿轴线投影的位置和崩落角画出崩落线，崩落线需延伸至煤岩体表面，形成一个供设计者参考的图形。通过切削图可以直观地看到每个截齿截割面积的大小如图 5-17（a）所示，其截割区域的形状，值得注意的是截割面积的大小并不等于所截下块煤的大小，因为其中还包括形成密实核的成粉区，由于裂隙扩展形成的大小不等的小块。只能说截割面积越大，截割区域形状越方正，其成块的概率越大。切削图的绘制需要截齿排列图和滚筒的运动参数，不同的截齿排列和不同的滚筒转速、采煤机牵引速度决定着不同的切削图。滚筒转速和采煤机牵引速度主要决定着切削厚度。

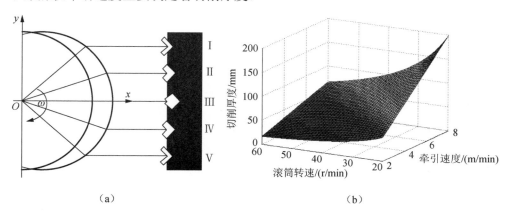

（a）　　　　　　　　　　　　　　（b）

图 5-17　切削厚度与各参数关系

切削厚度与牵引速度、滚筒转速 w 之间的关系可从图 5-17（b）中反映出来，从图中可以看出，滚筒转速越低、牵引速度越高，所形成的切削厚度越大。截齿排列图主要影响着切削的宽度，不同的截齿排列方式、不同的齿数，都影响着切削的宽度。值得注意的是，切削的宽度不都由截齿排列图决定，煤体本身的脆性程度也影响着切削的宽度。从截槽方面来说，切削厚度越大，切削宽度越大，煤的脆性越大，所形成的块煤率越高。

5.4　块煤采煤机性能

块煤采煤机的性能主要通过割煤时的可截割性体现，煤体的可截割性是决定采煤机截割效率的基本因素。国内外对煤岩体的可截割性的基本认识是镐形截齿截割煤岩体时的难易程度，对煤岩体的可截割性的研究方法有多种，主要是：①用煤岩体的物理力学性质评价煤岩体的可截割性；②用采煤机截割效率评价煤岩体的可截割性；③采用截割煤岩体时的比能耗评价煤岩体的可截割性。

通过研究，煤岩体的可截割性定义包含三层含义：①截割对象为煤岩体；②采用镐形截齿进行截割破煤；③破煤效果和能耗程度是可截割性的综合反映指标。

本节针对硬煤截割块煤效果和比能耗变化，以及在不同煤层、不同压裂作用情况下对煤层可截割性能的影响进行了系统地研究。

5.4.1　普氏系数对可截割性的影响

普氏系数 f 主要是用于衡量煤炭破碎难易程度的指标，它既概括了煤的裂隙孔隙发育情况，又概括了块煤本身的韧性、脆性等物理性质，综合反映了煤的强度、硬度和弹塑性等因素。依据煤的坚固性，把煤层按硬度分为极硬煤层、硬煤层、中硬煤层、软煤层、极软煤层五个类别，地下开采煤层硬度分级表如表 5-15 所示。

表 5-15　地下开采煤层硬度分级表

煤层	普氏系数 f
极硬煤层	4～<5
硬煤层	3～<4
中硬煤层	1.5～<3
软煤层	0.8～<1.5
极软煤层	0.5～<0.8

煤层压裂后，硬度下降，完整性降低。煤体裂隙的分形维数与普氏系数之间存在一定的关系，如图 5-18 所示。可以看出，随着压裂的进行，煤体分形维数增

大，此时煤体的普氏系数减小，且两者之间存在一定的线性关系。

研究表明，采煤机比能耗的影响因素除过煤体自身的强度、脆性指数等之外，还受到牵引速度、滚筒直径、采高等的影响，为研究煤层的可截割性，可分以下情况进行分析。

1）牵引速度与比能耗的关系

由表 5-16 和图 5-19 分析可知，在牵引速度一定时，比能耗随煤体硬度增大而增大，比能耗随牵引速度增大而减小，采煤机牵引速度 v_q 越大，相同时间内截割下来的煤体体积越大，单位煤体截割消耗的能耗少，比能耗低。为了降低煤体的比能耗，尽量提高煤机牵引速度，降低煤体普氏系数。

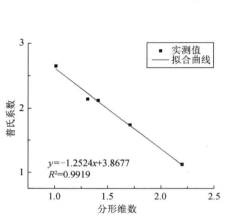

图 5-18　分形维数与普氏系数关系曲线　　　　图 5-19　不同牵引速度情况下

普氏系数与比能耗关系图

表 5-16　不同普氏系数情况下速度对比能耗的影响统计表

牵引速度 v_q/（m/min）	比能耗/[（kW·h）/m³]						
	f=0.5	f=0.8	f=1.5	f=2	f=2.5	f=3	f=3.5
2	0.44	0.70	1.31	1.75	2.18	2.62	3.05
2.5	0.35	0.56	1.05	1.40	1.75	2.09	2.44
3	0.29	0.47	0.87	1.16	1.45	1.75	2.04

2）滚筒直径与比能耗的关系

如表 5-17 及图 5-20 分析可知：相同直径 D 滚筒截割煤壁时，煤质越坚硬，滚筒上的截齿受到的截割阻力越大，煤体越难破碎，截齿破煤消耗的功耗高，比能耗大；滚筒直径越大，截齿到滚筒的距离越远，叶片上的截齿受到滚筒的扭矩越大，滚筒提供的力越大，截割单位煤体消耗的能量高，比能耗较大。采用小直径的滚筒截割可降低截割时的比能耗。

表 5-17 不同普氏系数情况下滚筒直径对比能耗的影响统计表

滚筒直径 D/m	比能耗/[（kW·h）/m³]						
	f=0.5	f=0.8	f=1.5	f=2.0	f=2.5	f=3.0	f=3.5
1.5	0.22	0.35	0.65	0.87	1.09	1.31	1.53
2.0	0.29	0.47	0.87	1.16	1.45	1.75	2.04
2.5	0.36	0.58	1.09	1.45	1.82	2.18	2.55

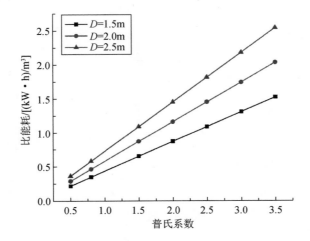

图 5-20 不同滚筒直径情况下普氏系数与比能耗关系图

3）采高与比能耗的关系

由表 5-18 和图 5-21 分析可知：对相同普氏硬度的煤层来说，采高 H 越大，相同时间内截割下来的煤体体积越多，而且采高越大，工作面煤壁暴露的面积越大；煤壁受力在采煤机截割时，受力由三向围岩受力状态转变为两向围岩受力状态，在矿山压力的作用下，煤壁内部裂隙发育，截齿截割时割落煤体的体积较大，单位体积的比能耗越小；在煤层开采过程中，对于厚煤层开采，尽量选用一次采全高的方法，采高尽可能大，对降低采煤机的比能耗有利。

表 5-18 不同普氏系数情况下采高对比能耗影响的统计表

采高 H/m	比能耗/[（kW·h）/m³]						
	f=0.5	f=0.8	f=1.5	f=2.0	f=2.5	f=3.0	f=3.5
2	0.44	0.70	1.31	1.75	2.18	2.62	3.05
3	0.29	0.47	0.87	1.16	1.45	1.75	2.04
4	0.22	0.35	0.65	0.87	1.09	1.31	1.53
5	0.17	0.28	0.52	0.70	0.87	1.05	1.22
6	0.15	0.23	0.44	0.58	0.73	0.87	1.02
7	0.12	0.20	0.37	0.50	0.62	0.75	0.87
8	0.11	0.17	0.33	0.44	0.55	0.65	0.76

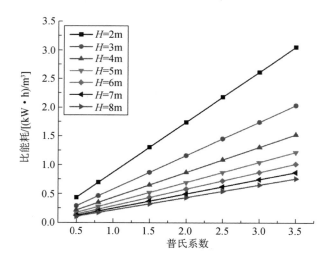

图 5-21　不同采高情况下普氏系数与比能耗关系图

5.4.2　截割阻抗对可截割性的影响

　　煤岩体的截割阻抗是指煤岩体在被机械刀具截割破碎时的机械性能指标，这个指标是煤岩体在标准工况下被标准刀具截割时的抗割强度，是一种从力学角度反映煤岩体抗截割强度的方法，其值为单位截割厚度时的截割阻力，单位为 N/m。由于标准刀具的工作过程与采煤机械工作机构的破煤过程十分相似，其可截割性指标反映了煤岩被刀齿截割时的主要物理力学性能，符合采煤机械的实际工作的状况，具有较高的准确性和可比性。

　　1）截割阻抗与煤岩体硬度的关系

　　由表 5-19、图 5-22 和图 5-23 分析截割阻抗 A 和煤体硬度之间的拟合关系。可见：当煤体硬度 f 为 0.5～1.5 时，截割阻抗 A 随煤体硬度 f 增大而增大，煤体硬度与煤体的截割阻抗 A 存在很好的线性相关性；当煤体硬度 f=1.5～5 时，截割阻抗 A 随煤体硬度 f 增大而增大，煤体硬度与煤体的截割阻抗 A 存在很好的线性相关性。

表 5-19　不同普氏系数的截割阻抗

普氏系数 f	0.5	1.0	1.5	2.0	2.5	3.0	3.5	4.0	4.5	5.0
截割阻抗 A/（N/m）	88	95	106	154	240	298	350	420	470	560

　　2）截割阻抗与分形维数的关系

　　对于普氏系数较小煤层，截割阻抗较小，截煤功耗小，比能耗低。硬煤由于煤质坚硬，难以破碎截割，在采煤之前，采用煤体水力压裂改造，降低煤体强度，能提高煤层的可截割性。

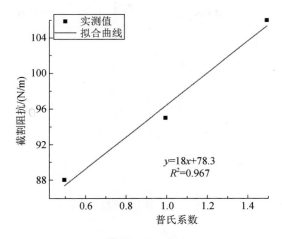

图 5-22　f 在 0.5～1.5 的截割阻抗拟合曲线图

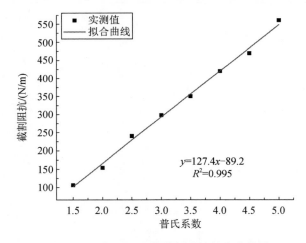

图 5-23　f 在 1.5～5 的截割阻抗拟合曲线图

　　实验表明,水力压裂后的煤层分形维数增大,裂隙增多,截割阻抗与分形维数之间存在一定的关系,对两者之间的关系进行拟合,如图 5-24 所示。可以看出,随着压裂的进行,煤体分形维数增大,此时煤体的截割阻抗减小,且两者之间存在线性关系。

　　综上所述:截割阻抗与普氏系数之间的关系基本满足线性关系,截割阻抗随煤层硬度系数增大而增大;截割阻抗与分形维数关系研究表明,煤体内部裂隙分形维数越大,煤层的截割阻抗越小,煤层的可截割性越好。

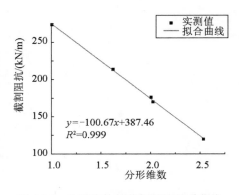

图 5-24　分形维数与截割阻抗关系曲线

5.4.3 煤体物性对可截割性的影响

1）抗压强度与比能耗的关系

用煤岩体的物理力学特性评价煤岩体的可截割性，测量能反映破碎煤岩体实质的某一种或者几种力学性质作为煤岩体可截割性的指标（如抗压强度），其方法简便稳定，可直观反映煤岩体的可截割性。根据所测煤岩物理力学参数的试验结果，分析自变量为单轴抗压强度，因变量为比能耗，对比能耗与单轴抗压强度的关系进行线性回归分析。

由表 5-20 和图 5-25 得出，抗压强度与比能耗成正相关，抗压强度越大，比能耗越大。

表 5-20　不同抗压强度煤体的比能耗

抗压强度/MPa	14.3	19.72	24.54	28.79	32.49	35.57	38.18
比能耗/[（kW·h）/m³]	0.61	0.87	1.09	1.21	1.43	1.50	1.67

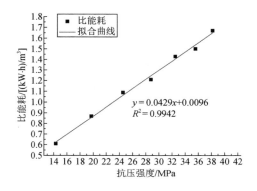

图 5-25　抗压强度与比能耗关系曲线

随着煤层压裂转化的进行，煤体分形维数增大，煤体的抗压强度减小，由图 5-26 可以看出两者之间存在一定的线性关系。

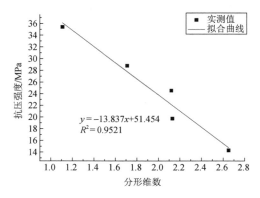

图 5-26　分形维数与抗压强度关系曲线

2）弹性模量与比能耗的关系

如表 5-21 所示为不同弹性模量煤体的比能耗。如图 5-27 所示为弹性模量和比能耗的拟合关系式。可以看出，弹性模量对比能耗的影响较大。由图 5-28 可以看出，随着煤层压裂转化的进行，煤体分形维数增大，此时煤体的弹性模量降低，且两者之间存在一定的线性关系。

表 5-21　不同弹性模量煤体的比能耗

弹性模量/GPa	1.52	1.95	2.45	2.67	2.85	3.0	3.25
比能耗/[（kW·h）/m³]	0.66	0.85	1.09	1.24	1.30	1.38	1.49

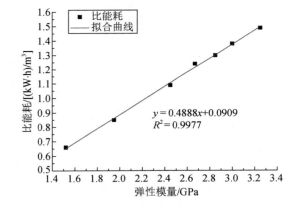

图 5-27　弹性模量与比能耗关系曲线

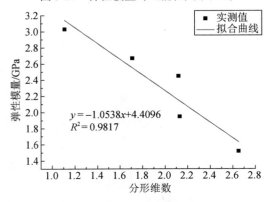

图 5-28　分形维数与弹性模量关系曲线

3）抗拉强度与比能耗的关系

如表 5-22 所示和图 5-29 所示，煤体抗拉强度和比能耗的拟合曲线关系说明煤体抗拉强度对煤体的比能耗的影响很大，煤体抗拉强度越大，比能耗越高。

表 5-22　不同抗拉强度煤体的比能耗

抗拉强度/MPa	0.50	4.00	5.00	7.00	8.00
比能耗/[（kW·h）/m³]	0.484	0.647	0.954	1.705	2.041

由图 5-30 可以看出，随着煤层压裂转化的进行，煤体分形维数增大，此时煤体的抗拉强度减小，且两者之间存在二次曲线的关系。

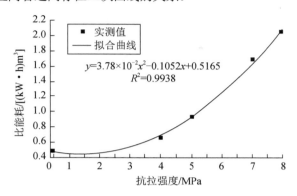

图 5-29　抗拉强度与比能耗关系曲线

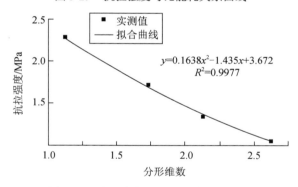

图 5-30　分形维数与抗拉强度关系曲线

煤层的物理力学性质包括煤层的抗压强度、抗拉强度和弹性模量，研究结果表明：抗压强度与比能耗存在线性关系，煤层抗压强度越大，比能耗越大，可截割性越差；抗拉强度与比能耗存在指数关系，随着抗拉强度增大，比能耗增加较快，可截割性较差；煤体弹性模量越大，发生弹性变形较小，煤体不易变形，脆性较大，煤体比能耗越高，可截割性差。为了提高煤层的可截割性，必须做到降低煤体抗拉、抗压强度，减小煤体弹性模量来提高煤层的可截割性。

5.4.4　煤体裂隙对可截割性的影响

随着煤层压裂，裂隙增加，分形维数增加。以典型五大矿区为例，各矿区不同分形维数与煤体截割比能耗关系如表 5-23 所示。

（1）通过黄陵矿区现场试验[表 5-23、图 5-31（a）]表明，双孔压裂情况下煤层分形维数为 1.97，煤机的比能耗最小为 0.47。

（2）通过神东矿区现场试验[表 5-23、图 5-31（b）]表明，双孔压裂情况下煤层分形维数为 2.03，煤机的比能耗最小为 0.29。

（3）通过榆神矿区现场试验[表 5-23、图 5-31（c）]表明，双孔压裂情况下煤层分形维数为 2.35，煤机的比能耗最小为 0.28。

（4）通过新庙矿区现场试验[表 5-23、图 5-31（d）]表明，双孔压裂情况下煤层分形维数为 2.09，煤机的比能耗最小为 0.24。

（5）通过万利矿区现场试验[表 5-23、图 5-31（e）]表明，双孔压裂情况下煤层分形维数为 2.65，煤机的比能耗最小为 0.17。

通过对五大矿区不同压裂煤层研究，裂隙分形维数与煤体比能耗的关系拟合曲线符合二次函数关系。

表 5-23　各矿区不同分形维数与煤体截割比能耗关系

矿区	煤层	分形维数	比能耗/[（kW·h）/m^3]
黄陵矿区	原生煤层	1.23	1.57
	单孔未来压	1.34	1.24
	单孔来压	1.48	0.99
	双孔未来压	1.65	0.75
	双孔来压	1.97	0.47
神东矿区	原生煤层	1.28	1.08
	单孔未来压	1.35	0.92
	单孔来压	1.58	0.63
	双孔未来压	1.83	0.44
	双孔来压	2.03	0.29
榆神矿区	原生煤层	1.28	1.42
	单孔未来压	1.42	0.95
	单孔来压	1.64	0.64
	双孔未来压	1.88	0.43
	双孔来压	2.35	0.28
新庙矿区	原生煤层	1.08	1.42
	单孔未来压	1.25	0.88
	单孔来压	1.56	0.67
	双孔未来压	1.78	0.54
	双孔来压	2.09	0.24
万利矿区	原生煤层	1.12	1.21
	单孔未来压	1.34	0.86
	单孔来压	1.58	0.57
	双孔未来压	2.21	0.34
	双孔来压	2.65	0.17

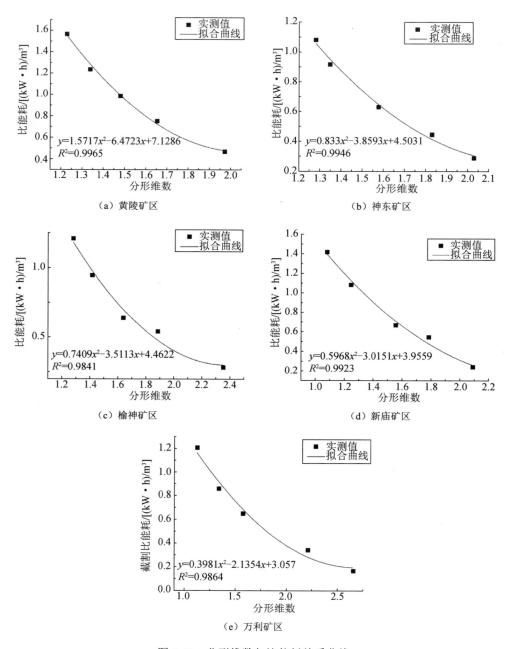

图 5-31　分形维数与比能耗关系曲线

5.4.5　切削面积对可截割效率的影响

采用滚筒截齿的切削图面积来表示块煤率是最直观的表达方式。滚筒切削图是理论上假定滚筒旋转一周以上而绘制的，如图 5-32 所示，它反映截齿通过最大切削厚度的那个截面留下的痕迹，其形状直接影响块煤的大小。切削图还可以反映各个截齿的切削面积及成块特性，直观反映截齿载荷的均匀性，切削图断面的形状越接近"正方形"成块越好，切削图面积越大，块煤率越高。

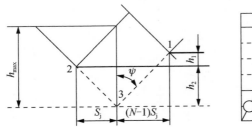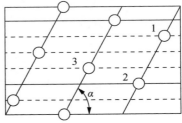

图 5-32　滚筒切削图

由图 5-32 可以得出，切削面积就是 13 边和 23 边组成的矩形的面积大小，整理后面积计算公式为

$$S = \frac{2 \times (1000v_q)^2 \pi^2 D^2 B h^{-0.5}}{4(n\pi D \tan\alpha h^{0.5} B^{-1} - 1000v_q)^2} \qquad (5-50)$$

式中：　v_q ——采煤机牵引速度；

　　　　D ——滚筒直径；

　　　　h ——切削厚度；

　　　　α ——截齿处的叶片升角；

　　　　n ——滚筒转速；

　　　　B ——煤的脆性指数。

1）牵引速度与切削面积的关系

牵引速度对块煤截割的影响很大，集中表现在对切削面积的影响，如表 5-24 和图 5-33 所示。分析得出，对于特定煤层，采煤机的牵引速度越大，截齿截割的煤体切削面积越大，块煤率越高。

表 5-24　不同脆性指数情况下牵引速度对切削面积的影响统计表

牵引速度 v_c/（m/min）	切削面积/mm²			
	脆性指数为 2.0	脆性指数为 2.5	脆性指数为 3.0	脆性指数为 3.5
2.0	235.1	468.1	842.3	1394.2
2.5	374.4	749.2	1355.7	2256.8
3.0	549.7	1105.6	2011.9	3369.0

2）滚筒转速与切削面积的关系

不同脆性指数情况下滚筒转速对切削面积的影响如表 5-25 和图 5-34 所示。

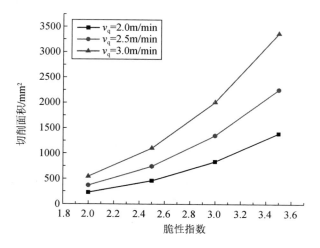

图 5-33　不同牵引速度情况下脆性指数与切削面积关系曲线

表 5-25　不同脆性指数情况下滚筒转速对切削面积的影响统计表

滚筒转速 n/（r/min）	切削面积/mm²			
	脆性指数为 2.0	脆性指数为 2.5	脆性指数为 3.0	脆性指数为 3.5
15	928.1	2051.0	4159.1	7858.9
20	464.7	989.8	1921.2	3451.5
25	278.3	580.9	1102.1	1930.0
30	185.1	381.6	713.7	1230.8
35	131.9	269.6	499.6	852.7

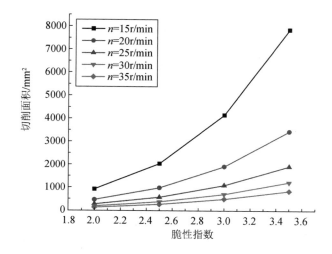

图 5-34　不同滚筒转速情况下脆性指数与切削面积关系曲线

分析得出，滚筒转速越大，滚筒叶片上的截齿的线速度也大，截齿截割煤壁时均为粉煤，对块煤的磨损较大，不利于块煤截割，滚筒转速越小，相邻截齿的切削面积越大，块煤率也就越高。

3）滚筒直径与切削面积的关系

分析表明，滚筒直径对于切面面积的影响，源于相邻截齿单位时间截割距离的大小。滚筒直径越大，相邻截齿的截割的煤体块度也大，切削面积相对也大。滚筒直径对切削面积的影响如表 5-26 和图 5-35 所示。

表 5-26　不同脆性指数情况下滚筒直径对切削面积的影响统计表

滚筒直径 D/m	切削面积/mm²			
	脆性指数为 2.0	脆性指数为 2.5	脆性指数为 3.0	脆性指数为 3.5
1.5	131.8	273.6	515.7	897.0
2.0	234.3	486.4	916.9	1594.6
2.5	366.0	760.0	1432.6	2491.6

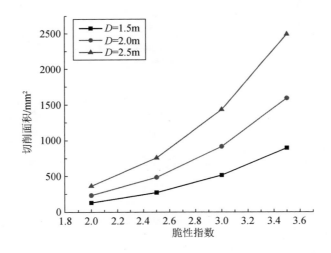

图 5-35　不同滚筒直径情况下脆性指数与切削面积关系曲线

4）采煤机截割不同压裂程度煤层的切削面积

如表 5-27 及图 5-36 所示，煤层实施压裂转化后，裂隙分形维数增大，内部裂隙数目增多，截割阻抗降低。

表 5-27　不同压裂煤层裂隙分形维数与切削面积统计表

煤层	分形维数	切削面积/mm²
原生煤层	1.12	963.6
单孔未来压	1.74	1201.2
单孔来压	2.12	1281.9
双孔未来压	2.34	1520.8
双孔来压	2.65	1914.5

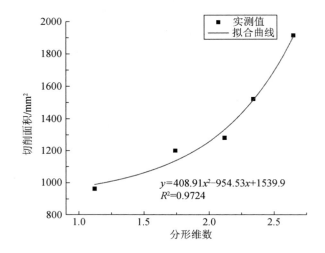

图 5-36　分形维数与切削面积关系曲线

　　综上所述：截割效率的高低是衡量块煤采煤机性能的重要指标。截割效率可以用比能耗密度和切削面积两个指标评价。

5.5　块煤采煤机技术参数

5.5.1　煤质参数

　　1）煤炭粉碎指标

　　根据研究，机械破煤产生的块煤率模型为

$$W = 1 - e^{-\lambda d^m} \tag{5-51}$$

式中：W ——通过直径为 d 的筛子后的碎煤总出量（试样量中的百分比）；

　　　　λ ——粉碎程度参数，它与采用的切削方法和制度有关；

　　　　m ——煤炭粉碎性能指标，煤的固有属性，不随切削参数而变化的常数值。

　　煤炭粉碎指标是煤的固有属性，是煤炭切削时具有崩裂分离的一种性能，不

随切削参数的变化而变化。其与煤的脆性程度 B 的关系是

$$B = \frac{e^{2.3m}}{m^2} - 8.4 \tag{5-52}$$

脆性程度级别如下。

黏性的：$B<2.1$（$0.657<m<1.14$）。

脆性的：$2.1<B<3.5$（$0.54<m<0.657$）。

极脆的：$B>3.5$（$0.385<m<0.54$）。

可以看出机采块煤率不仅与切削方法与制度有关，还与煤本身的属性有关。

2）粉碎程度参数

粉碎程度参数 λ 的计算方法为

$$\lambda = K_s / m^2 \tag{5-53}$$

K_s 为粉碎程度折算指标，其与很多因素相关，K_s 的值越小，块煤率越高。此指标与切削形状的关系最为密切，切削形状与粉碎程度折算指标关系曲线如图 5-37 所示。

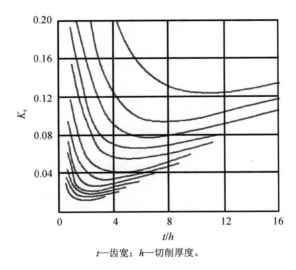

t—齿宽；h—切削厚度。

图 5-37　切削形状与粉碎程度折算指标关系曲线

从图 5-37 中可以看出：

（1）粉碎程度折算指标值与切削厚度 h 成反比，平均切削厚度大于 5cm（最大切削厚度 8cm）时趋于平稳。

（2）t/h 的比值为一合理值时，K 值最小，平均切削厚度大于 5cm 时，t/h 值取 1～1.5 时，切削块呈正方形。

黄陇、神东、榆神等实验矿区的煤炭粉碎程度参数有煤炭粉碎性能指标 m、粉碎程度折算指标值 K 和粉碎程度参数 λ，实验矿区煤炭粉碎程度参数如表 5-28 所示。

表 5-28　实验矿区煤炭粉碎程度参数

矿区	煤炭粉碎性能指标 m	粉碎程度折算指标值 K	粉碎程度参数 λ
黄陇矿区	0.65	0.04	0.095
		0.08	0.189
		0.12	0.284
		0.16	0.379
神东矿区	0.65	0.04	0.095
		0.08	0.189
		0.12	0.284
		0.16	0.379
榆神矿区	0.54	0.04	0.137
		0.08	0.274
		0.12	0.412
		0.16	0.549
新庙矿区	0.54	0.04	0.137
		0.08	0.274
		0.12	0.412
		0.16	0.549
万利矿区	0.6	0.04	0.111
		0.08	0.222
		0.12	0.333
		0.16	0.444

可以看出，煤炭粉碎性能指标 m 一定时，粉碎程度折算指标 K 值越小，粉碎程度参数 λ 值越小，煤体粉碎程度越小，所采落的块煤率越高。据此得出各个矿区典型工作面各个块度的块煤率如表 5-29 所示。

表 5-29　各个矿区典型工作面各个块度的块煤率

矿区	粉碎程度参数 λ	块煤直径/mm	过筛后的碎煤总出量 W	块煤率
黄陇矿区	0.095	13	0.395	0.395
		30	0.580	0.184
		80	0.806	0.226
		100	0.850	0.044
神东矿区	0.095	13	0.395	0.395
		30	0.580	0.184
		80	0.806	0.226
		100	0.850	0.044
榆神矿区	0.137	13	0.422	0.422
		30	0.577	0.155
		80	0.768	0.191
		100	0.807	0.040

续表

矿区	粉碎程度参数 λ	块煤直径/mm	过筛后的碎煤总出量 W	块煤率
新庙矿区	0.137	13	0.422	0.422
		30	0.577	0.155
		80	0.768	0.191
		100	0.807	0.040
万利矿区	0.111	13	0.404	0.404
		30	0.574	0.171
		80	0.785	0.211
		100	0.828	0.042

从前述的分析表明：决定块煤率的关键参数是切削厚度 h 与切削宽度 t，影响切削宽度 t 的因素主要是由截齿排列决定的，而切削厚度 h 与牵引速度 v 成正比，与滚筒转速 n，每个截线齿数 z 成反比。从提高块煤率的角度来说，提高牵引速度有利于提高块煤率。

因此，高效的块煤采煤技术，关键是由采煤机滚筒转速和牵引速度，及滚筒切削厚度和截齿排列方式影响下的切削宽度等参数所控制。

5.5.2　煤机参数

1. 煤机运动参数

1）牵引速度

采煤机的牵引速度是影响切削厚度、落块煤度和块量的重要因素。当牵引速度达到一定值时，才会切下片状块煤。采煤机在截割压裂煤层时，由于压裂煤层的截割阻抗减小，截齿在相同牵引速度下，切削厚度更大。采煤机牵引速度和切削厚度的关系曲线如图 5-38 所示。可见，牵引速度与切削厚度成正比例关系；在滚筒转速一定的情况下，牵引速度和切削面积呈正相关，如图 5-39 所示。

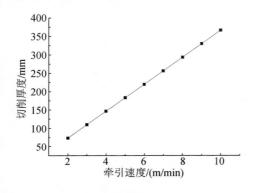

图 5-38　牵引速度和切削厚度关系曲线

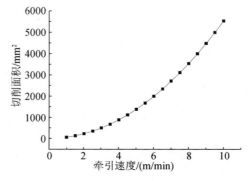

图 5-39　牵引速度和切削面积关系曲线

　　分析表明，最大切削厚度与牵引速度成正比。切削厚度越大，块煤率也越大。

2）滚筒转速

　　截齿在截割过程中的运动轨迹接近于一条渐开线，当牵引速度一定时，滚筒转速降低，每个截齿的切削厚度增大，切削面积相应增大，截割下来的块煤率增高。滚筒转速与切削面积关系曲线如图 5-40 所示。牵引速度、滚筒转速与切削面积关系如图 5-41 所示。

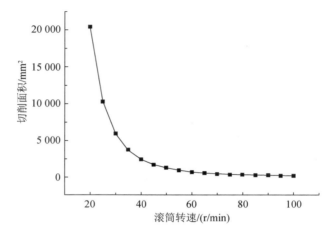

图 5-40　滚筒转速与切削面积关系曲线

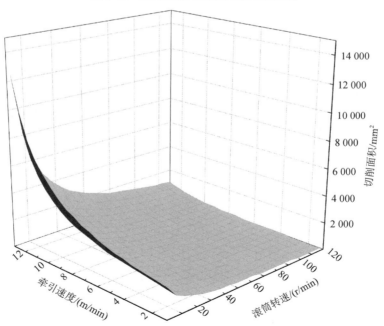

图 5-41　牵引速度、滚筒转速与切削面积关系曲线

综上所述，采煤机牵引速度与滚筒转速保持一个恰当的比例关系，对块煤量和工作面块率均起到有效的作用；一般截割硬度较大的煤层时，牵引速度应适当降低，截割速度相对提高；截割硬度中等煤层时，应适当提高采煤机的牵引速度，调节好采煤机牵引速度与截齿速度之间的比例关系。

2. 煤机结构参数

煤矿大规模采用螺旋滚筒采煤机以后，在煤矿生产上的主要缺点是块煤率低和工作时粉尘量较大。低的块煤率不仅增加采煤比能耗，增加了破碎煤层的无效热能消耗，同时细碎煤粒比重大，还直接影响煤矿的经济效益；污染环境，影响人身健康，而且过大的粉尘还易造成煤尘爆炸等事故。

滚筒是采煤机截煤、输煤的关键部件，其消耗的功率占整个采煤机装机功率的 $80\% \sim 90\%$，而在截割过程中是否产生较高块煤率，滚筒结构起到了关键的作用。

1）采煤机滚筒截深与块煤率的关系

煤壁在顶板压力的作用和工作面暴露时间较长的影响下，形成煤壁压张区，在此范围内煤壁的表层产生拉伸应变，导致煤体拉断破坏，并且这种破坏会深入到工作面煤壁内一定范围，节理、裂隙增加，截割阻抗降低。采用浅截深加大牵引速度，增加切削厚度，有利于增加块煤量，提高煤炭块率。选用较小的截深，碎煤量较少，装煤效果较好，煤在滚筒叶片间也不易被搅碎，有利于保持块率。因此，采煤机选择浅截深有利于提高块煤率。

2）切削厚度与块煤率的关系

在滚筒的截齿配置和转速一定时，牵引速度直接决定了切削厚度的大小。滚筒的截齿截割煤岩时，由于受滚筒转动和牵引速度的影响，截齿作弧形截割，其切削形状呈"弯月状"，滚筒的切削厚度图如图 5-42 所示。从块煤的形成机理来看，当切削厚度加大时，与受截齿挤压形成的煤粉核相接触的煤体体积增大，从而使得破碎块煤和拉应力向上的裂纹增多，块量增加，截距示意图如图 5-43 所示。

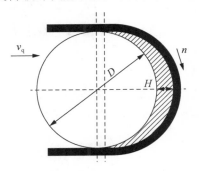 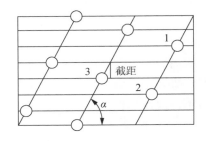

图 5-42　滚筒的切削厚度图　　　　　　图 5-43　截距示意图

3）截距与块煤率的关系

适当提高牵引速度，降低滚筒转速，都是通过增加切削厚度来增加块煤的产出率。减少截齿数量，增大截距（图 5-43），则是通过增大切削宽度和切削高度来增加块煤量，提高割煤块煤率。根据滚筒截齿在煤体上的截割规律，沿采煤机运行方向上看，各截齿的运动轨迹为平行直线。适当增大截齿在螺旋叶片上的安装距离，可以增大截线截距，达到增大切削宽度和高度，增加截割块煤沿工作面推进方向和采高方向上的尺寸，提高块煤量和工作面块煤率。

4）截齿数量与块煤率的关系

根据同一截线上的截齿数量 m 的关系分析，减少同一条截线上的截齿数量，可有效增大截煤吃刀深度，有利于提高块煤量和工作面块煤率。但是，截齿数量的降低也要在合理的范围内，因为截齿数量的降低会带来滚筒乃至采煤机运行的一些不利因素。首先，截齿数量的降低必然会提高单个截齿和齿座的受力，单个截齿和齿座的受力如增大到其承受范围之外，必然会产生失效，如导致截齿、齿座的断裂等。其次，截齿数量的降低，导致滚筒负荷波动趋于增大，对滚筒和采煤机的运行都有不利影响，只有进行截齿排列的优化设计，将此影响降至最低，才能确保机组稳定运行。

块煤截齿的安装尺寸应考虑脆性煤和黏性煤的截割性特点，用截距与截割深度的比值 R 表示，预裂前后的 R 值如表 5-30 所示。实验表明，脆性煤一般在 2～2.5，黏性煤在 1～1.5，在此范围内落煤效果较好。

表 5-30　预裂前后的 R 值

所处区域	R
非预裂区	1.83
预裂区	2.02

5）叶片外圆直径和滚筒轮毂直径的比例对块煤量和块率的影响

滚筒轮毂直径 D 愈大，则滚筒容纳碎煤量的空间愈小，碎煤在滚筒内循环和被重复破碎的可能性增大。当滚筒直径大于 1m 时，叶片高度要大于或等于筒毂直径的 2 倍，能有效减少落煤在滚筒转运过程中的重复破碎，减少块煤损失，提高块煤率。

6）截齿的合理安装角度

截齿安装角度（图 5-44）的大小对截割块煤率、截割阻力等影响非常显著。研究结果表明：镐型截齿的锥角为 80° 并且安装角 β 为 50° 时，截齿所受截割阻力最小，块煤率也最高。

7）螺旋叶片升角与块煤率的关系

叶片螺旋升角是滚筒的重要参数，螺旋叶片某处的升角正切值为滚筒导程与该处展开周长之比。因此，在径向上各点的升角是不同的。螺旋角越大，排煤的能力也越大。但螺旋角过大时，容易引起块煤粉碎；螺旋角过小，叶片的排煤能力小，煤在螺旋叶片内循环，造成煤的重复破碎，使块煤率降低。实践证明，螺旋角取值在 13°～25° 比较适宜。

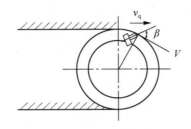

图 5-44　截齿安装角度示意图

螺旋升角 α 是指螺旋线的切线与垂直螺旋轴心平面的交角，其计算式为

$$\tan\alpha = \frac{L}{\pi D} = \frac{ZS}{\pi D} \qquad (5\text{-}54)$$

式中：L——螺旋导程；

　　　D——叶片直径；

　　　Z——叶片头数；

　　　S——螺距。

螺旋叶片装煤过程的实质是把破碎在叶片之间的块煤沿轴向推入输送机；若有一块煤落在叶片的任意处，当滚筒转动时，叶片带动块煤沿轴向移动，其移动速度为

$$V = Ln = \pi D \tan\alpha \qquad (5\text{-}55)$$

式中：n——滚筒转速。

试验表明，螺旋叶片外缘升角 $\alpha = 8°～27°$ 时装煤效果较好。

8）滚筒截齿排列的方式

滚筒截齿排列的方式大致分为顺序式排列（图 5-45）和棋盘式排列（图 5-46）。顺序式排列时相邻二截线上的截齿在同一旋叶上，每条截线上有相同的截齿数。滚筒在截煤时，截齿按先后顺序截割，每个齿的截割均属于半封闭式截割，每个截齿的切削厚度较小，产尘较多；棋盘式排列，相邻截线上的截齿不在同一旋叶上，每个截齿的截割均属于浅封闭式截割。在进刀方向上截割，两相邻截槽已先截出，形成的截槽两侧对称，切削厚度大，截获的块度和块率比顺序式提高近 1 倍，粉尘量明显减少。

根据滚筒截齿的排列方式不同其切削形式也不同，分别对应顺序式切削形式（图 5-47）和棋盘式切削形式（图 5-48）。

（1）顺序式切削形式。这种形式的特征是，煤壁一面裸露，在进刀方向的相邻截齿之间又不能超前切削，切槽两面发生塌帮，截齿承受来自非裸露煤体一侧的很高的侧向载荷。

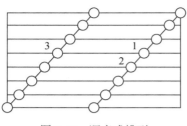

图 5-45　顺序式排列

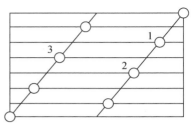

图 5-46　棋盘式排列

图 5-47　顺序式切削形式

图 5-48　棋盘式切削形式

（2）棋盘式切削形式。该形式的特征是进刀方向上的切槽布置，即两相邻切槽都已超前切出，其厚度为该切削厚度的一半时，侧向载荷实际上是平衡的。

以上两种切削图可以看出，棋盘式切削形式在切削形状上呈现方正的切削形状，有利于形成块煤，因此，应采用此种形式的排列有利于提高块煤率。

5.6　块煤采煤机开发

5.6.1　截齿受力与滚筒负荷波动

滚筒的负荷波动受力如图 5-49 所示。

第 i 个截齿的截割阻力 Z_i

$$Z_i = A \frac{0.35b_\mathrm{p} + 0.3}{(b_\mathrm{p} + 0.45h + 2.3)k_\psi \cos \beta} htk_\mathrm{z}k_\phi k_\mathrm{y}k_\mathrm{c}k_\mathrm{OT} \qquad (5\text{-}56)$$

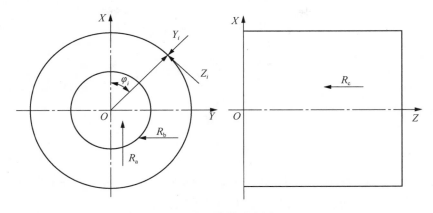

图 5-49 滚筒受力图

第 i 个截齿的牵引阻力 Y_i

$$Y_i = Y_n Z_i \tag{5-57}$$

第 i 个截齿的侧向力 X_i

$$X_i = Z_i \left(\frac{c_1}{h + c_2} + c_3 \right) \frac{h}{t} \tag{5-58}$$

上述式中：A——工作面煤层存在矿压显现时截割阻抗的平均值；

　　　　b_p——截齿工作部分宽度；

　　　　h——切削厚度；

　　　　k_ψ——考虑煤脆塑性的系数，脆性取 1，黏性取 0.85；

　　　　β——倾斜角；

　　　　t——截线间距；

　　　　k_z——外露自由表面的影响系数；

　　　　k_ϕ——截齿前刀面形状影响系数；

　　　　k_y——考虑截齿截角 δ 对比能耗的影响系数；

　　　　k_c——切削图的影响系数；

　　　　k_{OT}——矿压影响系数；

　　　　Y_n——作用在锋利截齿上的牵引阻力与截割阻力的比值系数，当切削厚度较大、煤岩脆性较高时取较小值；

　　　　c_1、c_2、c_3——截齿排列影响系数。

将各个截齿的负荷正交分解后求和，则在竖直、推进、横摆三个方向的载荷 R_a、R_b、R_c 和负载扭矩 M_c 分别为

$$R_a = \sum_{i=1}^{n} \left(Z_i \sin \varphi_i - Y_i \cos \varphi_i \right) \tag{5-59}$$

$$R_b = \sum_{i=1}^{n} \left(-Z_i \cos \varphi_i - Y_i \sin \varphi_i \right) \tag{5-60}$$

$$R_c = \sum_{i=1}^{n} X_i \tag{5-61}$$

$$M_c = \sum_{i=1}^{n} Z_i r_i \tag{5-62}$$

式中：Z_i、Y_i、X_i——截割头上第 i 个截齿的截割阻力、牵引阻力和侧向阻力；

φ_i、r_i——第 i 个截齿的位置角和齿尖回转半径；

n——处于截割区的截齿数。

5.6.2　采煤机参数改进

1．煤机性能分析

煤机参数改进，必须立足现有设备的各项参数，如滚筒截齿排列方式、滚筒转速、牵引速度等，如图 5-50 所示为滚筒截齿排列布阵图。

图 5-50　滚筒截齿排列布阵图

1）切削图

该切削图反映了各个截齿的截割状况，从图 5-51 切削图中可以看出，现有煤机主切削区（叶片区域）截齿的截割下的切削块形状呈 L 形，成块（特别是大块）的可能性低。从各截齿的切削面积上看（图 5-52），每个截齿的切削面积不超过 3000mm²，加上切削块形状不太合理，块煤率不理想。

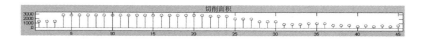

图 5-51　切削图　　　　　　　　　　　图 5-52　各截齿的切削面积

2）载荷波动

将煤机截齿排列和切削图输入计算机程序中，并输入煤层的煤质硬度值，得到如图 5-53 所示的载荷波动图。从图 5-53 可见，滚筒负荷波动较平稳，引起的摇臂和采煤机振动小。

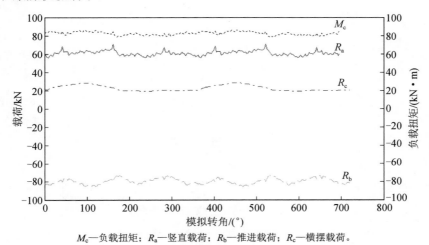

M_c—负载扭矩；R_a—竖直载荷；R_b—推进载荷；R_c—横摆载荷。

图 5-53　载荷波动图

2. 参数的改进

采煤机运动参数是采煤机运行的重要特征。首先，对工作面地质条件进行评估。决定采用如下条件进行优化设计。

（1）主要切削区截齿单齿的最大截割面积>5000mm^2。

（2）截齿单刀力<30kN。

（3）载荷波动均方差<5kN。

经过程序优化，得到的截齿排列图如图 5-54 所示，该排列图中，截齿数为 38 个，共有四个叶片，呈一线两齿布置。同时，将牵引速度提高至 5m/min，改进后滚筒切削图如图 5-55 所示。

在此种切割形式下，切削厚度将达到 85mm，各截齿的切削面积如图 5-56 所示。

从图 5-56 可以看出，改进后的滚筒切削块方正，主切削区域单齿切削面积达到 6000mm^2，可以预测，工作面块煤率将大幅度地提高。改进后滚筒载荷波动图如图 5-57 所示，达到了设计要求。

通过以上研究，切削厚度达到了 85mm，切削面积较大，可以提高 52301 工作面块煤率。

图 5-54　优化后的截齿排列图

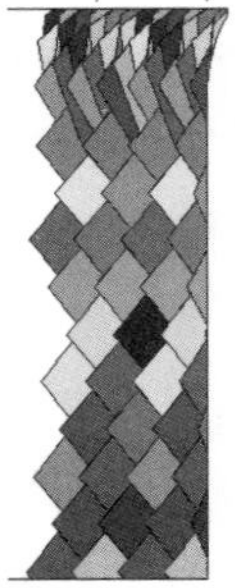

图 5-55　改进后
滚筒切削图

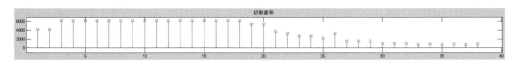

图 5-56　改进后各截齿的切削面积

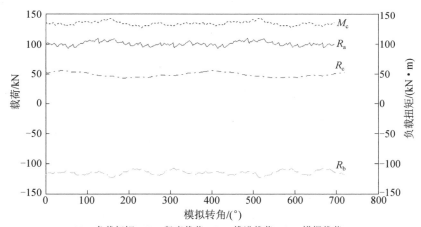

M_c—负载扭矩；R_a—竖直载荷；R_b—推进载荷；R_c—横摆载荷。

图 5-57　改进后滚筒载荷波动图

5.6.3　块煤滚筒的结构特征

　　块煤滚筒主要结构如图 5-58 所示，主要包括联接系统、内喷雾系统、截割系统。联接系统主要包括联接盘，其上有方孔及法兰，主要实现和采煤机摇臂的联接，传递摇臂输出的扭矩和运动。内喷雾系统包括分布于滚筒内部的水道和喷嘴，主要实现滚筒截割时的喷雾降尘功能。截割系统包括齿座、截齿以及将其连成一体的端盘和叶片，主要实现将煤从煤壁上截割下来，并通过叶片将煤体传送到输送机上。块煤滚筒零件图如图 5-59 所示。

序号	代号	名称	数量	单件 重量/kg	总计 重量/kg
1	GTF4Z00901	筒芯	1	972.6	972.6
2	GTF4Z009-01	端盖	1	134	134
3	GTF4Z009-02	端盖	1	683	683
4	GTF4Z008-03	端盘护板	6	13.4	13.4
5	—	端盘耐磨块(100×80×14)	6	0.88	5.28
6	GTF4Z009-03	叶片A	2	248	496
7	GTF4Z009-04	叶片B	2	248	496
8	—	叶片尾块(345×80×70)	4	15.2	60.8
9	GTF4Z009-05	叶片护板	4	56.8	227.2
10	—	叶片耐磨块(100×80×14)	24	0.88	21.12
11	GTE3Z004-06	三角块(45×60×30)	24	0.3	0.72
12	GTE3Z001-05	三角块(180×120×70)	8	5	40
13	GTD3Z001-06	吊环	1	2.15	2.15
25	GB/T5783-2000	螺栓M24×40	12	0.04	0.48
26	GB/T93	垫24	12	0.01	0.12
27	BP01	滚筒标志牌	1	0.1	0.1
28	BP02	煤安标志牌	1	0.1	0.1
29	GB/T827	铆钉3×8	8	0	0.01

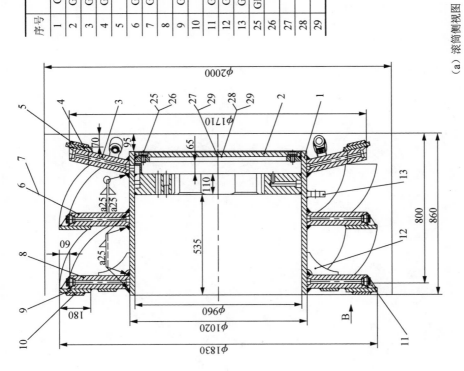

(a) 滚筒侧视图

图 5-58　块煤滚筒主要结构

序号	代号	名称	数量	单件重量/kg	总计/kg
20	GBT.894.2 30	轴用挡圈	6	0.01	0.06
19	T47.03AA	截齿	6	1.49	8.94
18	T47.01AA I	齿座	6	2.82	16.92
17	GBT.894.2 50	轴用挡圈	40	0.01	0.4
16	T92.03AA	截齿	40	1.67	66.8
15	T92.02AA	齿套	40	1.76	70.4
14	T92.01AA	齿座	40	7.2	288

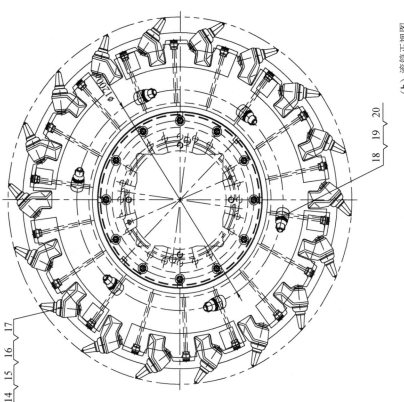

（b）滚筒正视图

图 5-58（续）

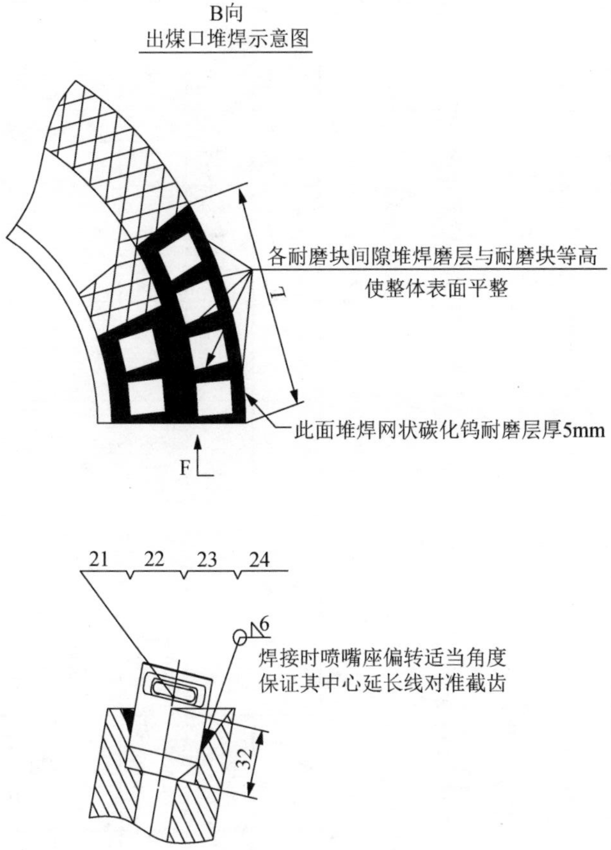
B向
出煤口堆焊示意图
各耐磨块间隙堆焊磨层与耐磨块等高
使整体表面平整
L
此面堆焊网状碳化钨耐磨层厚5mm
F
21
22
23
24
6
焊接时喷嘴座偏转适当角度
保证其中心延长线对准截齿
32

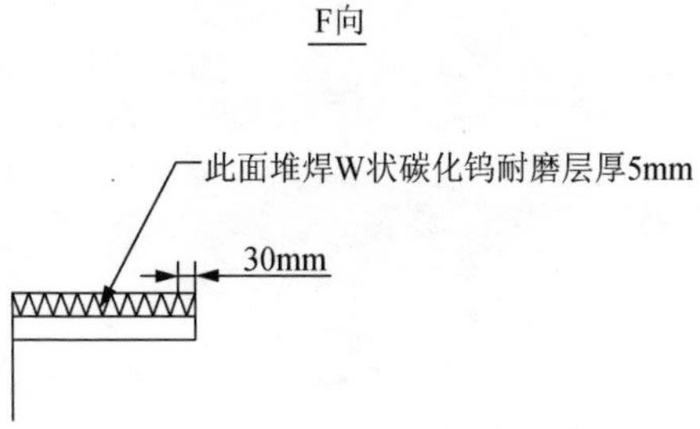
F向
此面堆焊W状碳化钨耐磨层厚5mm
30mm

序号	代号	名称	数量	单件重量/kg	总计重量/kg
24	P01.04	U型卡	38	0.01	0.38
23	P02.03	喷嘴芯	38	0.01	0.38
22	P02.02	喷嘴体	38	0.01	0.38
21	P01.01	喷嘴座	38	0.34	12.92

图 5-59　块煤滚筒零件图

5.6.4　块煤滚筒的制造

为保证块煤率滚筒的精确制造，西安煤矿机械有限公司采用了多种设备，如图 5-60～图 5-62 所示，试验工作面研制的块煤采煤机滚筒如图 5-63 所示。

图 5-60　叶片压型胎具

图 5-61　齿座集配设备

图 5-62　焊接变位设备图

图 5-63　研制的块煤采煤机滚筒

5.6.5　装备样机

五大矿区综采典型装备配置如表 5-31 所示，块煤采煤机和滚筒如图 5-64 所示。

表 5-31　五大矿区综采典型装备配置表

矿区	采煤机型号	开采高度/mm	滚筒直径/mm	滚筒转速/(r/min)	牵引力/kN	牵引速度/(m/min)	截齿数/个	截深/m	截齿排列方式
黄陇矿区	MG300/700-W	1800～3600	1800	27.23	300～500	4.1	30	0.8	棋盘式
神东矿区	MG650/1630-WD	2240～4300	2240	29.76	300～500	6.2	30	0.8	棋盘式
榆神矿区	MG500/1140-WD	2000～4000	2000	36.0	300～500	4.0	40	0.8	棋盘式
新庙矿区	MG650/1510-WD	2000～4000		29.7	932	5.0	38	0.8	棋盘式
万利矿区	MG900/2245-GWD	3300～5400	2800	24.3		5.2	56	0.8	棋盘式

图 5-64　块煤采煤机和滚筒

5.7　块煤采煤机运行工况

5.7.1　块煤采煤机运行速度

图 5-65 中实线为块煤采煤机截割压裂煤层的速度与工作面长度曲线图，图中 oo' 代表采煤机开始割底煤的时间点，aa' 代表斜切进刀开始的时间点，bb' 代表正常割煤开始的时间点，cc' 代表正常割煤结束的时间点，dd' 代表割一刀煤结束。图 5-65 中 oa 段为采煤机割底煤的位移区间，ab 段为块煤采煤机斜切进刀的位移区间，bc 段为正常割煤的位移区间，cd 段为采煤机割底煤的位移区间。

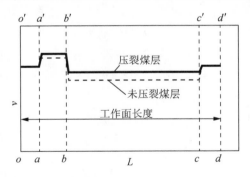

图 5-65　块煤采煤机截割压裂煤层速度 v 与工作面 L 长度关系曲线

图 5-65 中虚线为块煤采煤机截割未压裂煤层的速度与工作面长度曲线图，图中 $o'a'$ 段为采煤机割底煤的位移区间，压裂煤层与未压裂煤层在该区域速度相同；$a'b'$ 段为块煤采煤机斜切进刀的位移区间，相比压裂煤层，未压裂煤层在该区间的割煤速度较小；$b'c'$ 段为采煤机正常割煤的位移区间，相比压裂煤层，未压裂煤层在该区间的割煤速度较小；$c'd'$ 段为采煤机割底煤的位移区间，割煤速度与压裂煤层速度相同。

图 5-66 中实线为块煤采煤机截割压裂煤层的速度与时间曲线图，图中 o_1o_2 代表采煤机开始截割的时间点，a_1a_2 代表斜切进刀结束的时间点，b_1b_2 代表割底煤

结束的时间点，c_1c_2 代表走空刀结束、正常割煤的时间点，d_1d_2 代表正常割煤结束的时间点，e_1e_2 代表割一刀煤结束。

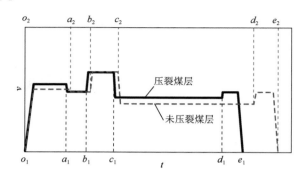

图 5-66　块煤采煤机截割压裂煤层速度 v 与时间 t 关系曲线

图 5-66 中实线 o_1a_1 段为块煤采煤机斜切进刀的时间段（进刀处已经处于压裂区域），a_1b_1 段为采煤机割底煤的时间段，b_1c_1 段为采煤机走空刀的时间段，c_1d_1 段为采煤机正常割煤的时间段，d_1e_1 段为采煤机割底煤的时间段。

图 5-66 中虚线为块煤采煤机截割未压裂煤层的速度与时间曲线图，图中 o_2a_2 段为块煤采煤机斜切进刀的时间段，该时间段割煤速度小于压裂时期的割煤速度，因此消耗的时间较长；a_2b_2 段为采煤机割底煤的时间段，由于割底煤都是处于未压裂区域，割煤速度相同；b_2c_2 段为采煤机走空刀的时间段和压裂煤层截割的速度相同；c_2d_2 段为采煤机正常割煤的时间段，相对于压裂煤层截割阻力较大，截割速度相比压裂煤层割煤速度较小；d_2e_2 段为采煤机割底煤的时间段，压裂与未压裂煤层截割速度相同。

可以发现图 5-66 两条曲线与时间轴围成的面积相同，即

$$S_{压裂煤层}=S_{未压裂煤层}$$

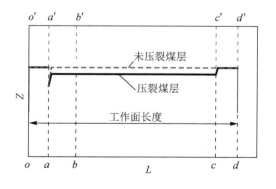

图 5-67　块煤采煤机截割阻力 Z 与工作面长度 L 关系曲线

5.7.2　块煤采煤机截割阻力

图 5-67 中块煤采煤机截割阻力与工作面长度关系曲线表明：在 oa 与 cd 段，压裂煤层与未压裂煤层的截割阻力一样，在工作面中部，压裂煤层比未压裂煤层的截割阻力小。

图 5-68 中块煤采煤机截

割阻力与时间关系曲线表明：随着采煤机向前推进，o_1a_1 段进刀区域未压裂煤层比压裂煤层的截割阻力大，a_1b_1、a_2b_2 段割底煤时，采煤机都处于未压裂区域，截割阻力相同；b_1c_1、b_2c_2 段为空刀区域，截割阻力最小且相同；c_1d_1、c_2d_2 段为正常割煤区域，压裂煤层截割阻力小于未压裂煤层；d_1e_1、d_2e_2 段为割底煤区域，截割阻力相同。整个过程，压裂煤层截割速度大，消耗的时间短，未压裂煤层截割速度小，消耗时间长。

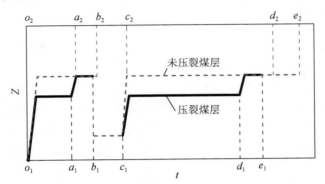

图 5-68　块煤采煤机截割阻力 Z 与时间 t 关系曲线

5.7.3　块煤采煤机比能耗

图 5-69 中块煤采煤机比能耗与工作面长度关系曲线表明：在 oa 与 cd 段，压裂煤层与未压裂煤层的比能耗一样，在工作面中部，压裂煤层比未压裂煤层的比能耗小。由于截割阻力与比能耗之间存在正比例关系，比能耗与工作面长度关系曲线及截割阻力与工作面长度关系曲线趋势相同。

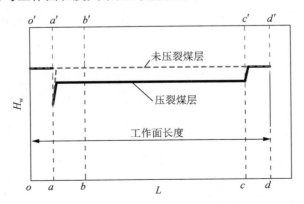

图 5-69　块煤采煤机比能耗 H_w 与工作面长度 L 关系曲线

图 5-70 中块煤采煤机比能耗与时间关系曲线表明：随着采煤机向前推进，采煤机比能耗与截割阻力关系与图 5-68 相吻合。

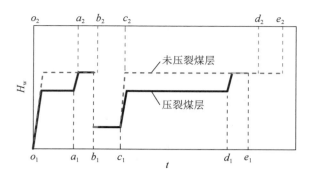

图 5-70　块煤采煤机比能耗 H_w 与时间 t 关系曲线

5.7.4　块煤采煤机截割速度

图 5-71 块煤采煤机截割速度与工作面长度关系曲线表明：在 oa 与 cd 段，压裂煤层与未压裂煤层的截割速度相同；ab 段为进刀区域，截割速度未压裂煤层截割速度高于压裂煤层的截割速度；在 bc 段正常割煤区域，未压裂煤层高于压裂煤层。

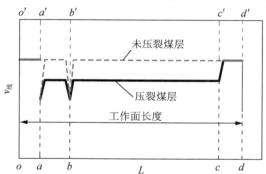

图 5-71　块煤采煤机截割速度 $v_{线}$ 与工作面长度 L 关系曲线

图 5-72 块煤采煤机截割速度与时间关系曲线表明：随着采煤机向前推进，采煤机截割速度在 o_1a_1 段进刀区域，未压裂煤层的截割速度高于压裂煤层；a_1b_1、a_2b_2

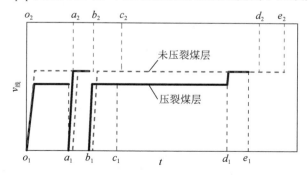

图 5-72　块煤采煤机截割速度 $v_{线}$ 与时间 t 关系曲线

段割底煤区域截割速度相同；c_1d_1、c_2d_2 段正常割煤区域，未压裂煤层的截割速度高于压裂煤层；d_1e_1、d_2e_2 段为割底煤区域截割速度趋于相同。

5.7.5　块煤采煤机切削面积

图 5-73 块煤采煤机切削面积与工作面长度关系曲线表明：在 oa 与 cd 段，压裂煤层与未压裂煤层的切削面积一样，都小于正常割煤区域；在工作面中部 bc、$b'c'$ 段正常割煤区域，压裂煤层比未压裂煤层的切削面积大。

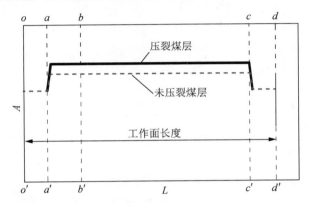

图 5-73　块煤采煤机切削面积 A 与工作面长度 L 关系曲线

图 5-74 块煤采煤机切削面积与时间关系曲线表明：随着采煤机向前推进，采煤机截割速度在 o_1a_1、o_2a_2 段进刀区域，切削面积压裂煤层高于未压裂煤层，a_1b_1、a_2b_2 段割底煤区域切削面积相同，b_1c_1、b_2c_2 段为走空刀，切削面积为 0，c_1d_1、c_2d_2 段为正常割煤区域，切削面积压裂煤层高于未压裂煤层，d_1e_1、d_2e_2 为割底煤区域，切削面积相同。

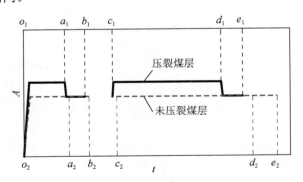

图 5-74　块煤采煤机切削面积 A 与时间 t 关系曲线

第 6 章 块煤破坏与止损控制

本章针对现代化矿井煤炭长距离大流量运输系统中煤流块度损失与止损控制问题，分析构建了煤流块体结构离散模型，研究了不同运动参数块体颗粒破坏规律，给出了块煤流离心式卸载和重力卸载颗粒运动特征曲线及其影响参数。采用热力学原理分析了煤流转载过程中控制参数诱发块煤破碎机理；建立了煤流块体破碎能量耗散准则。给出了大型矿井块煤流转载止损与控制方法；给出了大流量煤流仓储系统块煤柔性止损与弹性控制方法。

6.1 块煤结构模型与运动仿真

6.1.1 块煤结构模型

DEM Solutions 公司的 EDEM 软件可以精细地分析颗粒与颗粒、颗粒与边界之间的行为，并为颗粒与流体、颗粒与机械力学分析等问题提供了一个研究平台。它是一种用现代化的离散元模型来仿真模拟和分析颗粒行为的通用软件。EDEM 的模拟仿真结果可以提供很多有价值的数据，它不仅可以分析颗粒与机械结构表面的力学行为，而且可以分析颗粒与颗粒、颗粒与边界的碰撞强度、频率和分布，以及每个颗粒的位置和速度，通过颗粒黏结模型，可以仿真分析单个颗粒集合体中颗粒碰撞、磨损、聚合和分解相关的能量和力链断裂情况。

1. 块煤离散结构

通过 EDEM 的 API 接口可以将研究黏结模型导入到研究颗粒团体的动力学过程中来。通过建立 API 函数，在某一时刻，将大颗粒体替换为小颗粒黏结团，随后受法向和切向的最大力限制，颗粒黏结在一起，当由于冲击碰撞力超过法向或切向最大力时，连接键断开，小颗粒与黏结颗粒团分离，实现破碎仿真的过程。由于黏结模型中每个小颗粒单元都是单一的 ID，需要通过破断的键数判断黏结颗粒团的破碎情况。由于破断的连接键数目与增加的表面积成正比，根据表面积单耗理论得知，断裂的键数与破碎消耗的能量成正比。通过黏结颗粒团断裂的键数目可以反映破碎新增的表面情况和能量耗散情况。

1）几何模型建立

采用 EDEM 软件进行仿真，仿真流程如图 6-1 所示。在颗粒几何模型建立中，按照典型煤密度、剪切模量和泊松比等物性参数定义煤颗粒性质，并进行黏结小颗粒（这里将其命名为 Fraction）位置确定。Fraction 颗粒位置的获取通过 EDEM

仿真实验煤密度性质，将确定数量的颗粒约束在所要替换的粒径大颗粒（将其命名为 Whole）中。如果煤物性密度不能完全填充，则调整填充系数，按照煤粒子吸引力和排斥力作用关系，将 F 颗粒完全填充到 W 粒级颗粒体内。图 6-2～图 6-4 为不同形状的块煤仿真。

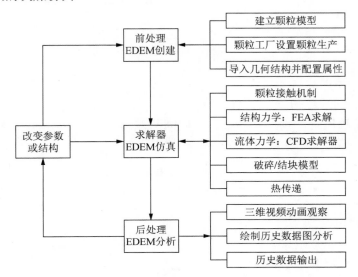

图 6-1　EDEM 仿真流程

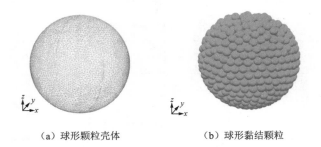

（a）球形颗粒壳体　　　　　　　　　（b）球形黏结颗粒

图 6-2　球形块煤

（a）立方体外壳　　　　　　　　　　　（b）立方体黏结颗粒

图 6-3　立方体块煤

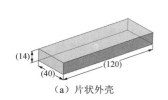（a）片状外壳   （b）片状黏结颗粒

图 6-4   片状块煤

2）接触模型建立

将填充好的颗粒单元的位置信息导出作为 API 函数中的坐标参数。这里采用的是黏结接触模型，设置好颗粒替换时间和黏结时间，Fraction 煤颗粒参数和 Fraction-Fraction 黏结参数如表 6-1 和表 6-2 所示。

表 6-1   Fraction 煤颗粒参数

参数	数值
泊松比	0.3
剪切模量/Pa	2×10^9
密度/（kg/m³）	1400
恢复系数（煤-钢板）	0.5
静摩擦系数（煤-钢板）	0.5
滚动摩擦系数（煤-钢板）	0.01

表 6-2   Fraction-Fraction 黏结参数

参数	数值
弹性模量/Pa	3.55×10^9
剪切模量/Pa	2×10^9
抗拉强度/Pa	2.1×10^6
剪切强度/Pa	3.2×10^6
黏结半径/mm	4

2. 破碎机理及力键判断

颗粒在黏结生成时间 t_{BOND} 黏结在一起。在这个时间之前，颗粒间相互作用通过标准的 Hertz-Mindlin 接触模型计算。黏结以后，颗粒上的"力（$F_{n,t}$）/力矩（$T_{n,t}$）"被设置为 0 并在每个时间步长通过以下式子逐步进行调整。

$$\begin{cases} \delta F_n = -v_n S_n A \delta_t \\ \delta F_t = -v_t S_t A \delta_t \\ \delta M_n = -\omega_n S_t J \delta_t \\ \delta M_t = -\omega_t S_t \dfrac{J}{2} \delta_t \end{cases} \tag{6-1}$$

式中：$J = 1 / 2\pi R_{\mathrm{B}}^4$；

　　　　A ——黏结面积，$A = \pi R_{\mathrm{B}}^2$，其中 R_{B} 为黏结半径；

　　　　S_n、S_t ——分别为法向和切向刚度；

　　　　δ_t ——时间步长；

　　　　v_n、v_t ——分别为颗粒法向和切向速度；

　　　　ω_n、ω_t ——分别为颗粒法向和切向角速度。

当法向和切向剪切应力超过 $\sigma_{\max}$、$\tau_{\max}$ 预定义的值时，黏结破裂时的最大主应力为

$$\begin{cases} \sigma_{\max} < \dfrac{-F_n}{A} + \dfrac{2M_t}{J} R_{\mathrm{B}} \\[2mm] \tau_{\max} < \dfrac{-F_t}{A} + \dfrac{M_n}{J} R_{\mathrm{B}} \end{cases} \tag{6-2}$$

这些黏结力/力矩是额外加到标准 Hertz-Mindlin 力中的。由于这个模型可以在颗粒没有实际接触时起作用，接触半径应该设置成比实际半径大，这个模型只能作用于颗粒和颗粒间。

6.1.2　块煤颗粒碰撞仿真分析

1. 不同冲击速度碰撞分析

为了研究不同冲击速度时的煤粒块冲击碰撞破碎情况，采用之前建立的球形块煤对挡板进行碰撞，根据卸料过程中容易出现的速度区间，对 $v=3\text{m/s}$、5m/s、7m/s、9m/s 进行碰撞分析，挡板的参数如表 6-3 所示。设置合理的仿真时间步长，根据不同的速度计算出替换时间和黏结时间，确保颗粒在黏结前替换，碰撞前黏结，煤颗粒团冲击钢板仿真图如图 6-5 所示。

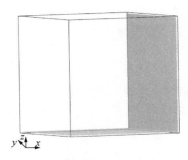

图 6-5　煤颗粒团冲击钢板仿真图

表 6-3　挡板参数

参数	数值
泊松比	0.3
剪切模量/Pa	7×10^{10}
密度/（kg/m³）	7800

1）在 3m/s 时冲击速度

将 3m/s 时的仿真结果中力键和速度矢量导出，绘制在图中，不同时刻的力键和速度矢量情况如图 6-6 所示。

从图 6-6 中可知，0.0426s 时黏结颗粒团向钢板方向运动，0.0437s 时发生冲击，块煤内部发生挤压，速度开始下降，块煤颗粒前方与钢板接触区速度已降低

到 0.8m/s，后方颗粒速度受前方变形缓冲，速度降低较慢，当速度在 2.4m/s 时，颗粒团发生变形，前端向钢板平行方向产生拉伸变形。在 0.044s 时，颗粒变形开始恢复，前端速度开始反向，后方速度存在滞后性，速度很低，近乎为 0m/s。在 0.0449s 时，颗粒形状恢复，整体速度反向，颗粒回弹。

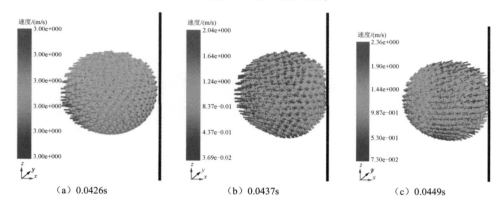

（a）0.0426s　　　　　　　（b）0.0437s　　　　　　　（c）0.0449s

图 6-6　在 3m/s 冲击速度时力键和速度矢量图

将全程力键断裂数目与时间的关系绘制在图 6-7（a）中，破碎情况如图 6-7（b）所示。从图中看出，在 0.0360s 颗粒发生黏结，黏结的力键数 7411 个，碰撞之后，力键数目减少为 7010 个，断裂的力键数目为 401 个，力键破坏率为 5.4%。

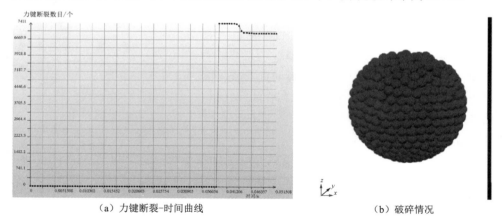

（a）力键断裂-时间曲线　　　　　　　　　（b）破碎情况

图 6-7　在 3m/s 冲击速度时冲击前后破坏情况

2）在 5m/s 时冲击速度

从图 6-8 中可知，在 0.0252s 时黏结颗粒团向钢板方向运动，0.0270s 时发生冲击，块煤内部产生挤压，块煤颗粒速度开始下降，颗粒前方与钢板接触区速度已降低到 1.45m/s，后方颗粒速度受前方撞击变形缓冲，速度降低较慢，当速度在 4.42m/s 时，颗粒团发生变形，前端向钢板平行方向拉伸变形。在 0.0282s 时，颗粒变形开始恢复，速度开始反向，并逐渐增大，力键发生部分断裂。在 0.0306s 时，颗粒团整体向反方向运动，断裂力键与整体分离，破碎的颗粒部分沿钢板平行方向运动，部分与钢板呈一定角度弹出。形状恢复，整体速度反向，颗粒回弹。整个过程没有出现力键断裂。0.0420s 以后，颗粒团速度继续增大，最大达到 2.84m/s。

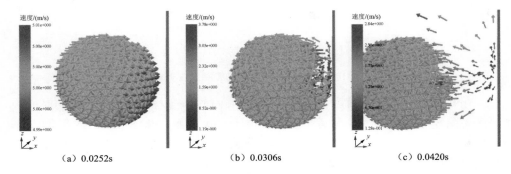

(a) 0.0252s　　　　　　　(b) 0.0306s　　　　　　　(c) 0.0420s

图 6-8　在 5m/s 冲击速度时力键和速度矢量图

将全程力键断裂数目与时间的关系绘制在图 6-9（a）中，破碎情况如图 6-9（b）所示。从图中看出，在 0.0233s 颗粒发生黏结，黏结的力键数 7411 个，碰撞之后，力键数目减少为 5558 个，断裂的力键数目为 1853 个，力键破坏率为 25%。

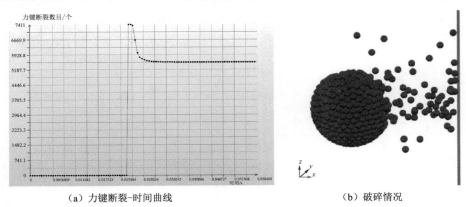

（a）力键断裂-时间曲线　　　　　　　　　　（b）破碎情况

图 6-9　在 5m/s 冲击速度时冲击前后破坏情况

3）在 7m/s 时冲击速度

从图 6-10 中可知，0.0190s 时黏结颗粒团向钢板方向运动，速度为 7m/s。0.0201s 时颗粒团变形达到极限，前端颗粒速度开始增大，后端颗粒速度逐渐减小。在 0.0210s 时，颗粒可以看到明显的力键断裂，出现三角形拉伸破坏区，颗粒团依然处于前方速度方向，后方速度正向运动。在 0.0222s 时，前方的颗粒将后方颗粒团继续撕裂，破坏区继续增大。0.0348s 以后，颗粒团整体速度反向。

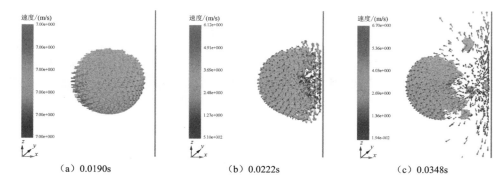

(a) 0.0190s　　　　　　　　(b) 0.0222s　　　　　　　　(c) 0.0348s

图 6-10　　7m/s 冲击速度时力键和速度矢量图

7m/s 冲击速度冲击前后破坏情况如图 6-11 所示。全程力键断裂数目与时间的关系如图 6-11（a）所示，破碎情况如图 6-11（b）所示。从图中看出，在 0.0187s 颗粒发生黏结，黏结的力键数 7408 个，碰撞之后，力键数目减少为 3420 个，断裂的力键数目为 3988 个，力键破坏率为 53.8%。

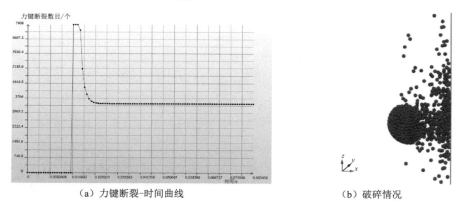

（a）力键断裂-时间曲线　　　　　　　　（b）破碎情况

图 6-11　　7m/s 冲击速度冲击前后破坏情况

4）在 9m/s 时冲击速度

从图 6-12 中可知，0.0143s 时黏结颗粒团向钢板方向运动，速度为 9m/s。0.0158s 时颗粒团碰撞变形，块煤前方颗粒速度向两侧变化，后端速度逐渐减小。在 0.0167s 时，颗粒可以看到明显的力键断裂，出现多个三角形拉伸破坏区。在 0.0176s 时，前方的颗粒将后方颗粒团继续撕裂，破坏区继续增大。0.0314s 以后，颗粒团整体速度反向。

9m/s 冲击速度冲击前后破坏情况如图 6-13 所示。将全程力键断裂数目与时间的关系绘制在图 6-13（a）中，破碎情况如图 6-13（b）所示。从图中看出，在 0.0152s 颗粒发生黏结，黏结的力键数 7412 个，碰撞之后，力键数目减少为 1898 个，断裂的力键数目为 5514 个，力键破坏率为 74.4%。

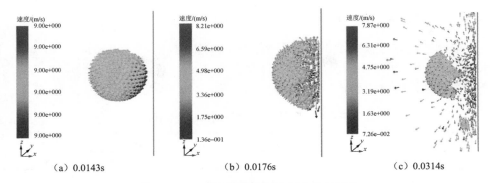

（a）0.0143s   （b）0.0176s   （c）0.0314s

图 6-12 9m/s 冲击速度力键和速度矢量图

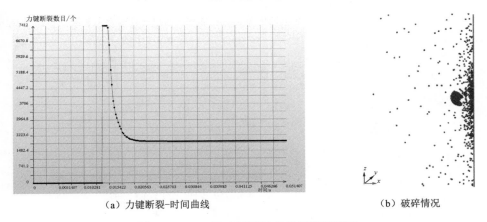

（a）力键断裂-时间曲线   （b）破碎情况

图 6-13 9m/s 冲击速度冲击前后破坏情况

综合以上四种速度下的力键断裂情况，3m/s、5m/s、7m/s、9m/s 时，力键断裂比率分别为 5.4%、25.0%、53.8%、74.4%，得出垂直冲击速度与力键断裂率之间的关系函数 $y = 0.1179x - 0.3109$，拟合度 $R^2 = 0.9945$，如图 6-14 所示。

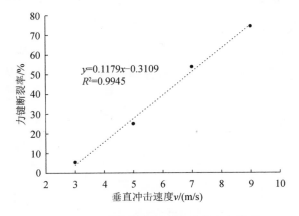

图 6-14 力键断裂率与垂直冲击速度关系

2. 不同冲击角度碰撞模拟

以相同的方法模拟冲击角度对破碎情况的影响，这里主要模拟 α =10°、20°、40°、70°、90°的冲击情况，冲击速度默认为 7m/s，统计数值模拟不同冲击角度下的力键断裂情况如表 6-4 所示。

表 6-4　不同冲击角度下的力键断裂情况

冲击角度/（°）	10	20	40	70	90
力键断裂率/%	1.3	9.8	27.3	46.7	53.8

将统计的数据描绘在图中并拟合，冲击角度与力键断裂率的关系曲线如图 6-15 所示。

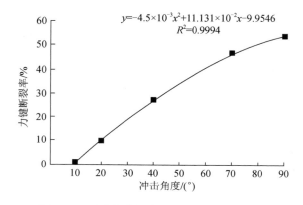

图 6-15　冲击角度与力键断裂率的关系曲线

从模拟的不同冲击角度中力键断裂情况和小颗粒完全离开颗粒团的程度来看，随着入射角度的增加，力键断裂率冲击不断增加，其中在 10° 时破坏率最小，没有出现颗粒完全脱离的情况。

3. 不同冲击速度和冲击角度碰撞模拟

冲击问题是冲击速度和冲击角度的复合问题，为了得出这两者之间的关系，通过正交模拟冲击速度为 v=3m/s、5m/s、7m/s、9m/s 和冲击角度为 α =10°、20°、40°、70°、90° 的力键断裂情况，如表 6-5 和图 6-16 所示。

表 6-5　不同冲击速度和冲击角度的力键断裂情况

冲击速度/（m/s）	力键断裂率/%				
	α =10°	α =20°	α =40°	α =70°	α =90°
3	0.35	1.14	3.22	6	5.4
5	0.88	2.75	14.57	24.84	25
7	1.3	9.8	27.3	46.7	53.8
9	6.98	16.68	41.86	67.24	74.4

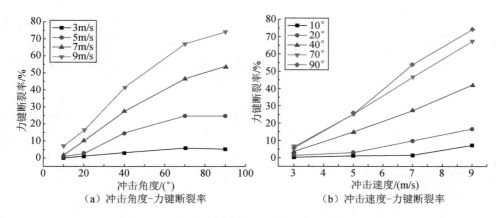

（a）冲击角度-力键断裂率　　　　　（b）冲击速度-力键断裂率

图 6-16　冲击角度、冲击速度和力键断裂率关系曲线

从图 6-16（a）中可以看出，随着冲击角度增大，不同冲击速度下的力键断裂率整体增大。但速度较小时，力键断裂率随角度的变化不明显，速度越大，力键断裂率受冲击角度影响越明显。从图 6-16（b）中可以看出，随着冲击速度增大，不同冲击角度下的力键断裂率整体增大。但角度较小时，力键断裂率随速度的变化不明显，冲击角度越大，力键断裂率受冲击速度的影响越明显。其拟合曲面如图 6-17 所示，拟合关系式为

$$f(v,\alpha) = -7.86 + 0.125v + 0.06\alpha + 0.14v\alpha - 0.004\alpha^2 \quad （拟合度 R^2=0.9916）$$

根据该公式，可以估计单个煤颗粒任意冲击速度和冲击角度下的力键断裂率，从而评估冲击钢板的破坏情况，从而在转载站设计中合理布置煤颗粒与转载站部件的碰撞点和角度。

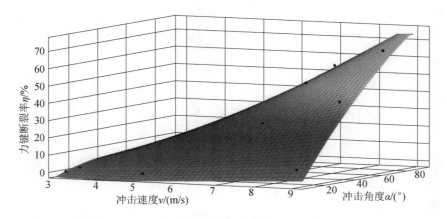

图 6-17　冲击速度、冲击角度和力键断裂率的拟合曲面

4. 不同块煤强度碰撞仿真分析

不同的块煤强度在碰撞过程中可能发生不同程度的破坏，主要考虑不同的抗拉强度和弹性模量的变化对块煤破坏的影响，对三种强度的块煤进行碰撞仿真，具体参数如表 6-6 所示。

表 6-6 不同强度块煤参数

参数	数值		
	强度较弱	强度中等	强度较大
弹性模量/（10^9Pa）	3.01	3.55	4.08
剪切模量/（10^9Pa）	2	2	2
抗拉强度/（10^6Pa）	1.79	2.1	2.42
剪切强度/（10^6Pa）	3.2	3.2	3.2
黏结半径/mm	4	4	4

经过仿真发现，块煤破碎的过程基本一致，破碎程度基本相当，将较低和较高强度的块煤撞击钢板过程中力键断裂情况导出如图 6-18 和图 6-19 所示。

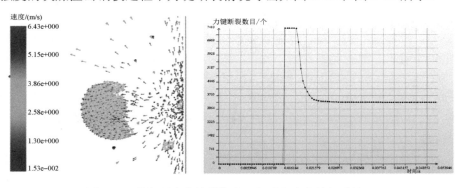

图 6-18　较低强度的块煤撞击钢板过程中力键断裂情况

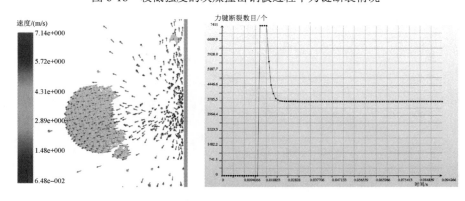

图 6-19　较高强度的块煤撞击钢板过程中力键断裂情况

经统计，强度降低 15%时，块煤碰撞钢板后力键断裂率为 55%，正常情况时为 53%；强度增加 15%时，力键断裂率为 51%。因此可以得出，随着块煤强度的增大，力键断裂率逐渐减小，煤体不容易发生破坏。

5. 不同形状块煤碰撞仿真分析

为了研究不同形状撞击钢板过程的块煤破碎情况，本节主要研究立方块、片状、球状等形状块煤撞击过程的破碎情况的差异，建立相应块煤外壳形状并进行仿真。

1）立方块块煤碰撞钢板仿真

从图 6-20 中可以看出，立方块在以速度 7.0m/s 碰撞瞬间，基本处于拉伸破坏，两侧的小颗粒向两侧拉伸，最终导致力键断裂。而且，由于立方块碰撞接触面积较大，碰撞过程中造成的力键断裂率较低，破坏较小，力键断裂率为 13%。

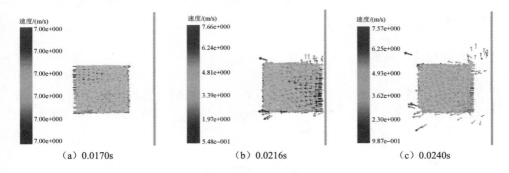

(a) 0.0170s　　　　　　　(b) 0.0216s　　　　　　　(c) 0.0240s

图 6-20　立方块块煤碰撞过程

2）片状块煤碰撞钢板仿真结果

从图 6-21 中看出，刚开始碰撞瞬间，后端的速度基本还保持原来的速度（7.0m/s），存在较长时间的滞后，前端已经开始破裂，并向四周飞溅，由于片状较长，中间段存在不同程度的断裂。最后，片状块煤速度很低，在 1.6m/s 左右，未出现较大的反弹，最终统计力键断裂率为 43%。

3）球状块煤碰撞钢板仿真结果

从本节可知，球状块煤出现三角形拉伸破坏，前方的颗粒将后方颗粒团撕裂，造成破坏区较大，力键破坏率达 53.8%。

立方块块煤、片状块煤、球状块煤的力键断裂率分别为 13%、43%、53.8%，立方块块煤与钢板接触面积最大是造成力键断裂率最低的主要原因，而片状块煤与钢板接触面积一直保持为一个固定的矩形面积，球状块煤与钢板接触面积随着时间不断地增加，因此其与片状的力键断裂率相差不大，且都较高，说明破坏较严重。

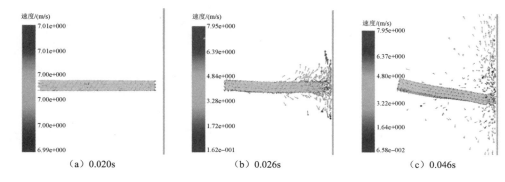

（a）0.020s　　　　　　（b）0.026s　　　　　　（c）0.046s

图 6-21　片状块煤碰撞过程

6.1.3　煤流模型及运动

1. 模型建立及参数校验

1）煤颗粒模型建立及参数设置

根据块煤几何和物理力学性质定义煤颗粒模型。为了分析方便，将煤颗粒模型定义为特定的块煤度颗粒体，颗粒模板和颗粒模板的填充如图 6-22 所示。煤颗粒粒径的分布服从正态分布，可从煤流实测数据导入，块煤粒径的分布如表 6-7 所示，煤颗粒模型参数如表 6-8 所示。

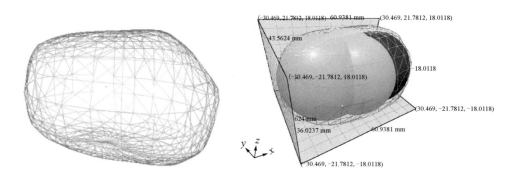

图 6-22　颗粒模板和颗粒模板的填充

表 6-7　块煤粒径分布

粒径范围/mm	重量/kg	百分比/%
$R<30$	239.4	45.1
$30 \leqslant R<80$	243.8	45.9
$R \geqslant 80$	47.8	9
合计	531	100

表 6-8　煤颗粒模型参数

参数	数值
泊松比	0.3
剪切模量/Pa	2×10^9
密度/（kg/m³）	1400
恢复系数（煤-橡胶）	0.5
静摩擦系数（煤-橡胶）	0.5
动摩擦系数（煤-橡胶）	0.45
滚动摩擦系数（煤-橡胶）	0.01

2）自然安息角验证

为了验证煤流颗粒体的静止堆积状态下的堆积角是否与实际中的煤流堆积角的一致性，本书采用注入法来模拟煤颗粒的动态堆积过程，完成模拟煤颗粒的堆积角，并与实测煤流堆积角进行比较。

（1）堆积模拟。

采用 EDEM 自带的建模工具建立圆形漏斗、底部圆板。漏斗上开口直径1500mm，下开口直径750mm，漏斗高度500mm。为了防止颗粒产生力拱造成堵塞，圆形漏斗下口的直径应该至少是最大颗粒的 5～6 倍，颗粒的最大直径设置为100mm，下开口尺寸满足要求。建立颗粒和容器、底板的几何模型，并设置接触参数。刚开始为装煤阶段，装满后，使漏斗缓慢向上运行，这里采用 0.1m/s 的速度提升，确保煤颗粒堆不受较大的冲击。同时，提升过程有助于煤颗粒下落，整个过程平稳进行，最终在底板面形成稳定的圆锥形煤堆，注入法仿真煤颗粒堆积如图 6-23 所示。

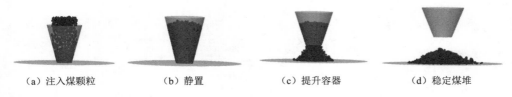

（a）注入煤颗粒　　　　　（b）静置　　　　　（c）提升容器　　　　　（d）稳定煤堆

图 6-23　注入法仿真煤颗粒堆积

（2）休止角测量。

为了准确测量休止角，这里通过设置两个过堆积中心的切片 Slice1 和 Slice2，休止角测量如图 6-24 所示。通过 Manual Selection 来手动选择切片面内位于高点的颗粒，然后将选择的颗粒导出并做散点图，通过拟合直线的斜率来计算休止角度，最终休止角取四个方向的平均值。

根据拟合结果（图 6-25），得出的斜率绝对值分别是$|k|$=0.5955、0.603、0.555、0.5948，均值为 0.5871。求反正切值的平均角度为 30.42°，现场测得煤堆的堆积角为 29.67°，休止角基本一致，从而在一定程度上说明了所取参数的可靠性。

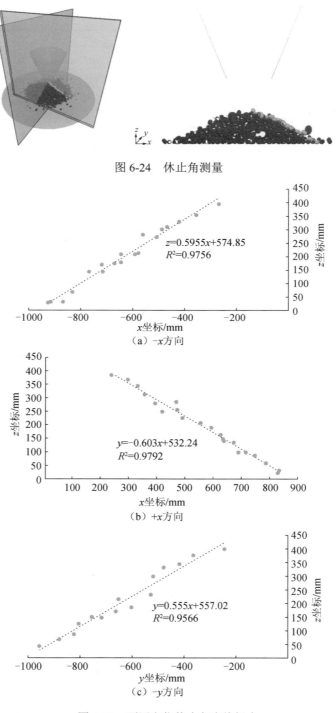

图 6-24　休止角测量

$z=0.5955x+574.85$
$R^2=0.9756$

（a）$-x$ 方向

$y=-0.603x+532.24$
$R^2=0.9792$

（b）$+x$ 方向

$y=0.555x+557.02$
$R^2=0.9566$

（c）$-y$ 方向

图 6-25　不同方位休止角直线拟合

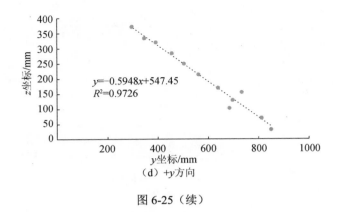

$$y=-0.5948x+547.45$$
$$R^2=0.9726$$

（d）+y 方向

图 6-25（续）

3）输送胶带建模及参数配置

结合实际中常用的输送胶带条件，为了较好地实现输送带结构功能，采用 CATIA 建模软件建立输送带结构模型。为方便对各零部件进行材料参数赋值，在 CATIA 中对各个部件分开建模，最后再将部件装配成产品。其中，皮带机上皮带面在单独建模过程中，分别建立皮带弯曲截面段和滚筒拉直段，最后将两个截面进行多截面连接，从而达到与实际运输情况基本吻合。然后，依次建立滚筒零件、胶带底面。在仿真过程中，为防止煤流沿皮带撒料和煤粒反弹等情况的发生，单独设计出料漏斗，保证颗粒生成容易，节省时间，将煤流收拢到皮带面靠近中心轴线上，防止撒料。

输送带几何建模完成后，将结构导入到 EDEM 中进行参数设置，对上皮带面施加 Moving Plane 模型，将该模型置顶，并设置其 X 方向的速度为 4m/s，使其具有输送机皮带的运动速度大小和方向一致。对滚筒添加转动模型，使其线速度与上皮带面速度相同，输送机卸料处结构图如图 6-26 所示，输送机皮带上表面添加平动模型如图 6-27 所示，输送带滚筒添加旋转模型如图 6-28 所示。输送机卸料处结构参数和输送机胶带材料参数如表 6-9 和表 6-10 所示。

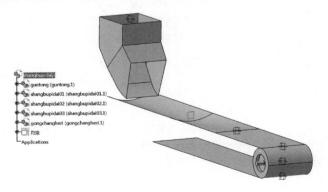

图 6-26　输送机卸料处结构图

图 6-27　输送机皮带上表面添加平动模型

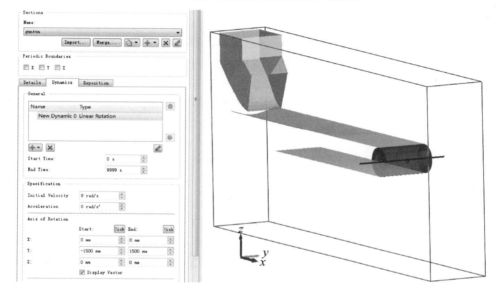

图 6-28　输送带滚筒添加旋转模型

表 6-9　输送机卸料处结构参数表

参数	数值
带宽/m	1.6
带速/（m/s）	4
滚筒直径/m	1
滚筒转速/（rad/s）	8

表 6-10　输送机胶带材料参数表

参数	数值
泊松比	0.45
剪切模量/Pa	1×10^6
密度/（kg/m³）	9100

4）颗粒工厂

通过颗粒工厂设置产生的煤颗粒几何体、总颗粒量和产生速率，产生初始时间及最大尝试次数，以及颗粒的类型、粒径分布、速度、位置等，颗粒工厂参数设置如表 6-11 所示。

表 6-11　颗粒工厂参数设置

参数		数值
颗粒产生面尺寸/（mm×mm）		1400×1400
颗粒质量流率/（kg/s）		554（10Mt/a）
颗粒产生速度/（m/s）		1（沿 Z 轴向下）
仿真时间/s		5
颗粒粒径分布/%	<30mm	45.1
	30～80mm	45.9
	>80mm	9

生成煤颗粒几何体需要提前设置好，其结构可以是平面或者壳体，但要有足够的大小保证颗粒的生成。本次将颗粒工厂建立在之前设计的出料漏斗的正上方。

按数量和质量两种方式，可以设置颗粒产生的总量、产生速率，以及产生颗粒的初始时间。颗粒产生的最大尝试次数，默认为 20 次，即在产生颗粒的位置上，如果有其他颗粒已经占据该位置，则该颗粒会再次尝试，当达到 20 次时，如果依然有其他颗粒占据其要产生的位置，则放弃该颗粒的产生而开始产生下一个颗粒。在仿真前要综合考虑产生颗粒的速率、颗粒的初始速度和颗粒产生的空间，避免出现这种情况，从而提高仿真计算速度。

根据矿井胶带运输量要求，确定出煤颗粒的产生量和粒径分布，以及颗粒的初始速度。颗粒在运行一段时间后，受摩擦力作用，速度将于皮带面速度保持一致，这就要求输送带要有合适的长度，保证在到达卸料滚筒前，煤颗粒速度与皮带速度完全一致，并且煤颗粒处于静摩擦状态。

5）仿真计算

设置好以上参数后，即完成 CREATOR 模块的所有模型建立方面的参数设置，接下来进入 Simulator 模块进行仿真的一些基本参数的设置，时间步长的选取一般在 5%～40%，仿真总时间根据仿真需要设置，仿真计算网格设置为 2～3 倍的最小颗粒半径仿真效果如图 6-29 所示。

6）速度和质量流率验证

为了保证煤流在卸料前与煤矿转载点现场的煤流速度一致，必须要对煤流卸料前速度和质量流率进行验证，以确保与实际情况相符。通过在卸料皮带上布置一个 Grid Bin Group 和一个 Mass Flow Sensor，对经过的煤流速度和质量流率进行监测，如图 6-30 所示，运行模拟结果，观察煤流速度和质量流率是否达到预定要求，时间-煤流速度曲线如图 6-31 所示，时间-煤流质量流率曲线如图 6-32 所示。

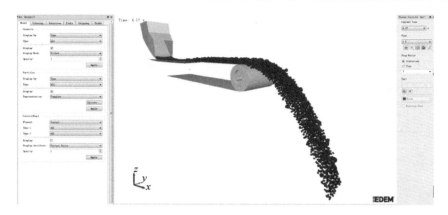

图 6-29　仿真效果

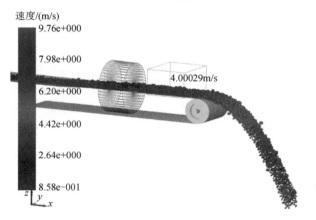

图 6-30　煤流速度和质量流率监测

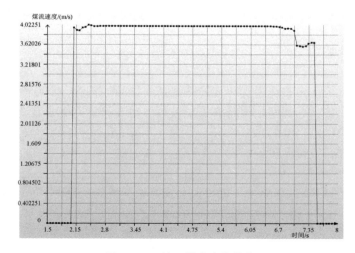

图 6-31　时间-煤流速度曲线

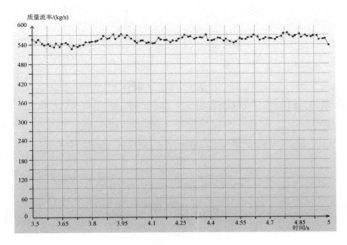

图 6-32　时间–煤流质量流率曲线

2. 运动轨迹研究

1）卸料理论模型

煤粒的卸载过程包括离心式卸载和重力式卸载两种情况。离心式卸载是指当煤粒刚运动到皮带面与卸载滚筒的切点上时就卸载的一种卸料方式。重力式卸载是指煤粒运动低于离心速度，与滚筒上缠绕的输送带一起运动或在带上滑动一段距离后才卸载的卸料方式。

根据现场情况，忽略空气阻力和煤流黏性的影响，取单位煤颗粒单元为 dm。当输送带绕过卸料滚筒（图 6-33），处于与 y 轴夹角为 ϕ 时，煤单元的受力情况包括：单位煤颗粒重量 dF_G，输送带给煤单元的反力 dF_N，煤粒的离心力 dF_R，输送带与煤单元的摩擦力 dF_W，煤单元相对输送带加

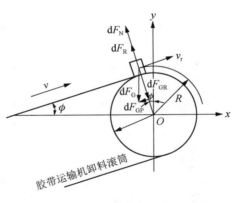

图 6-33　煤单元在卸料瞬间受力模型

速所引起的煤单元的惯性力 dF_a，煤粒在皮带与水平面夹角 ϕ 处的速度为 v_r，其离心力 dF_R 为

$$dF_R = dm\frac{-v_r^2}{R} \tag{6-3}$$

式中：R——煤单元运动时重心的曲率半径；

$\quad\quad v_r$——煤粒分离速度。

重力的径向分力为

$$dF_{GR} = dmg\cos\phi \tag{6-4}$$

煤单元径向受力平衡为

$$dF_{GR} - dF_N - dF_R = 0 \qquad (6\text{-}5)$$

即

$$dF_N = dF_{GR} - dF_R \qquad (6\text{-}6)$$

煤粒脱离输送带的临界状况是 $dF_N = 0$，也就是当煤单元即将抛离滚筒时，设此时 $\phi_r = \phi$，则有

$$dF_{GR} = dF_R \qquad (6\text{-}7)$$

即

$$\frac{v_r^2}{Rg} - \cos\phi_r = 0 \qquad (6\text{-}8)$$

式中： ϕ_r ——煤粒分离时的位置与轴的夹角。

设 $K_r = \dfrac{v_r^2}{Rg}$ ，则煤粒在皮带上的卸载条件为

$$K_r \geqslant \cos\phi_r \qquad (6\text{-}9)$$

当煤刚运行到滚筒与皮带的第一个切点上就卸出时，也就是离心式卸载，此时 $\phi_r = \phi$，此时卸载条件为

$$\frac{v^2}{Rg} - \cos\phi = 0 \qquad (6\text{-}10)$$

设 $K = \dfrac{v^2}{Rg}$ ，则有 $K = \cos\phi \geqslant 1$ ，根据该式，得出如图 6-34 所示的滚筒半径和煤流速度的关系，当（R，v）对应点落在阴影区域时，为离心式卸载，否则为重力式卸载。

2）卸料轨迹数值模拟仿真

对仿真结果进行数据处理，选取煤流稳定后某一时刻作为导出时刻，将该时刻的所有颗粒的 x、y 坐标导出，绘制散点图，不同卸料速度下不同方向位移散点图如图 6-35 所示。

经过数值模拟，当煤流速度大于 3m/s 时，水平卸料模型基本按重力卸料模式卸料，与抛物线计算方法得出的轨迹基本一致，所以，在结构设计时可通过抛物线方式进行简化。

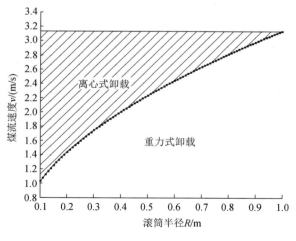

图 6-34　滚筒半径和煤流速度的关系

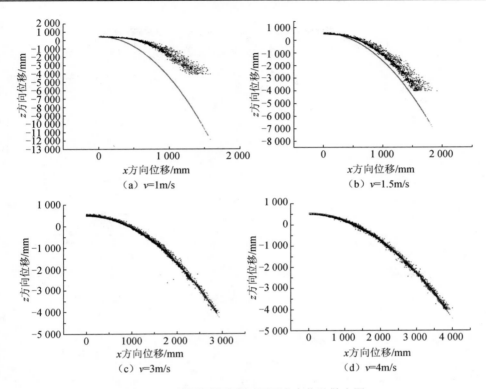

图 6-35　不同卸料速度下不同方向位移散点图

　　通过构建块煤流模型，并赋予块煤流和卸料部件的运动模型，仿真模拟分析堆积过程和卸料过程，验证了堆积角和煤流在胶带运输机上的速度、质量速率，并通过理论分析得出离心式卸载条件和重力式卸载条件，与数值模拟仿真的卸料轨迹完全相符。

6.1.4　煤流粒块破坏

　　在煤矿中煤流运输和所有转载环节，按照煤流粒块破坏形式不同，可以将块煤流破坏分成三种类型，即煤流粒块之间、煤流粒块与转载物体之间的冲击破碎、撞击破碎和摩擦破碎。

　　根据碰撞破坏原理，定义煤流粒块破碎过程单位表面积能耗表达式为

$$\alpha_k = \frac{W}{A} \tag{6-11}$$

式中：α_k——冲击韧度；

　　　　W——试件所吸收的能量；

　　　　A——试件切槽处的最小横截面积。

　　根据碰撞试验测试结果分析，煤体破碎的表面积与煤流粒块破碎消耗的能量、

煤流粒块抛落高差近似呈线性关系，如图 6-36 所示。实测表明，煤流粒块的落差越大，碰撞消耗的能量也越多，煤体破碎的程度越严重。

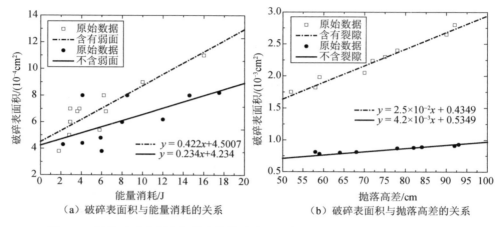

（a）破碎表面积与能量消耗的关系　　　　　　（b）破碎表面积与抛落高差的关系

图 6-36　煤体破碎表面积与煤流粒块破碎能量消耗、煤流粒块抛落高差的关系

6.2　煤流颗粒系统的能量分析

煤流粒块破碎过程中始终不断地与外界交换着物质和能量，材料的宏观破碎是其内部微裂纹不断发育、扩展、聚集和贯通的结果。从微观损伤发展到宏观破碎的过程是能量耗散过程，是能量转移驱动下的状态失稳现象。因此，能量耗散可综合反映煤流粒块内部微缺陷的损伤演化以及裂隙扩展并最终破碎的过程。

当受到外力作用时，煤流粒块始终和外界进行能量的交换，将煤流机械能转变为应变能、热能等内能；同时，粒块应变能还会转化为塑性能、表面能等，并以电磁辐射、声发射、动能等释放。

一般情况下，煤流颗粒运动系统中，假设粒块弹性变形对应的弹性势能 E_e、塑性变形对应的塑性势能 E_p、破碎表面能 E_Ω、破坏产生的动能 E_v、热能辐射 E_m 及其他余能 E_x，则系统作用过程中能量的平衡关系可以写成

$$E = F\left(E_e, E_p, E_\Omega, E_v, E_m, E_x\right) \tag{6-12}$$

6.2.1　弹性势能的变化

受力前期，块煤发生弹性变形，将外界能量转化为弹性势能，并储存于其内部。从理论上讲，弹性应变能可按弹性力学的有关理论计算

$$E = \iiint\limits_V \sigma_{ij}\varepsilon_{ij}\mathrm{d}V \tag{6-13}$$

式中：E ——块煤的弹性能；

σ_{ij} ——外力所引起的应力；

ε_{ij} ——外力引起的弹性应变。

则

$$E_{e} = \frac{\left(2g\Delta h + V_0{}^2\right)m^2}{t^2 s^2 E} \qquad (6\text{-}14)$$

式中：E_e ——块煤的弹性能；

Δh ——转载点高差；

V_0 ——块煤离开转载点速度；

m ——块煤质量；

t ——块煤碰撞作用时间；

s ——块煤碰撞作用面积；

E ——弹性模量。

弹性势能具有可逆性，在受力后期，岩石发生灾变破坏时这些能量从岩石内部释放出来，转化为不同形式的能量。

6.2.2　表面能的变化

在外力作用下，岩石内部的微裂纹逐渐增加、扩展、汇集，新的微表面逐渐形成，外界能量转化为表面能，可用损伤力学的理论计算该部分能量

$$Y = -\rho \frac{\partial \psi_e}{\partial D} \qquad (6\text{-}15)$$

式中：Y ——损伤能量释放率；

D ——损伤变量；

ψ_e ——自由能。

随着荷载的逐步增加，岩石内部出现宏观裂纹，并且当裂纹扩展所释放的应变能足够支付新表面所消耗的能量时，裂纹发生扩展。断裂力学给出了裂纹扩展时的能量释放率，即

$$G = -\frac{\mathrm{d}\Pi}{\mathrm{d}a} \qquad (6\text{-}16)$$

式中：G ——断裂能量释放率；

Π ——试验系统的形变势能；

a ——裂纹长度。

6.2.3　塑性势能的转化

岩石变形过程中会产生部分塑性变形，其塑性势能可按下式进行计算

$$E_p = \iiint_v \mathrm{d}\omega_p = \iiint_v \sigma \mathrm{d}\varepsilon_p \qquad (6\text{-}17)$$

式中：　E_p ——塑性势能；

　　　　ω_p ——塑性势能密度；

　　　　ε_p ——塑性应变。

6.2.4　辐射能

岩石微裂纹开展时，内部存在的自由电子、被束缚的离子电荷等要发生一定的扩散和转移，在此过程中岩石以电磁辐射、声发射等形式向外辐射能量。辐射能本身很复杂，关于这方面的研究尚未形成完善的理论体系。辐射能基本上属于耗散能，岩石变形初期不大，而在临近破坏时变得非常明显。

6.2.5　动能

岩石灾变破坏后，将有块体飞出，伴随着动能的转化。目前一般有两种方法计算动能：一是用高速摄像机拍摄块体飞出的整个过程，再用有关的理论进行计算；二是把块体的运动看做平抛运动，按照水平位移和竖直位移的大小计算动能。

6.3　破　碎　准　则

由热力学定律可知，物质破坏是能量驱动下的一种状态失稳现象。因此，研究并建立煤流块体颗粒破坏过程中的能量变化规律及其与块体颗粒强度和整体破碎之间的联系，将有利于揭示煤流块体动态破碎的本质特征。

6.3.1　运动颗粒的能量平衡

考虑煤流块体颗粒单元在外力作用下产生变形破坏的过程与转载系统外界没有能量交换，即煤流转载封闭系统。则颗粒流体进入转载系统时所产生的总输入能量为 U，根据热力学第一定理可得

$$U = U^d + U^e + E \tag{6-18}$$

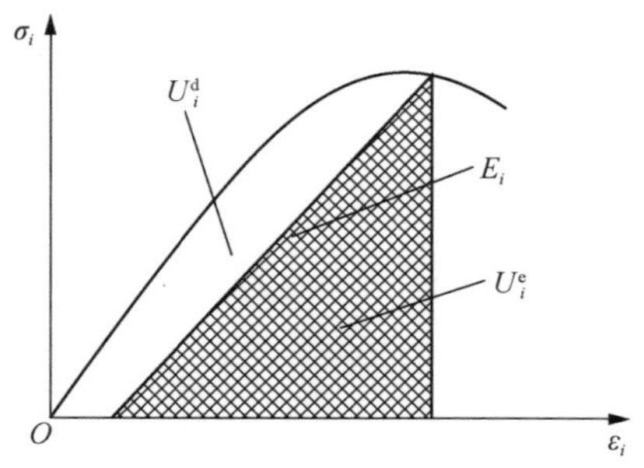

单元耗散能用于形成单元内部损伤和塑性变形，其变化满足热力学第二定律，即内部状态改变符合熵增加的趋势。图 6-37 为运动块体单元颗粒应力-应变曲线，面积 U_i^d 表示颗粒单元发生撞击损伤和塑性形变时所消耗的能量，阴影面积 U_i^e 表示颗粒单元撞击卸载后弹性应变能。E 为块体颗粒破碎（噪声、温度等）耗散余能。E_i 为卸载弹性模量。

图 6-37　运动块体单元颗粒应力-应变曲线

6.3.2　块煤破裂规律

能量耗散与块煤体运动变形破坏过程中，缺陷不断发展、强度不断弱化并最终完全破碎全过程相关。研究表明，块煤体破碎过程实质上是运动颗粒撞击过程中，体积遭受过度压缩而诱发的胀裂破坏。块体运动输入撞击系统中的能量不同，最终块体的破碎状态不同。块体动能和势能在正面撞击中，与块体损伤程度和破碎程度直接相关。块体运动速度越大，破碎块度越小，破碎出现的小球体飞溅速度越大。不同下降高度运动块体颗粒正面撞击均出现分段压缩后的胀裂变形现象。

如果视块体形状为球颗粒，那么煤球颗粒的胀裂破坏过程可以分成 4 个阶段。

第一阶段，撞击压缩后，出现煤球压缩的 1、2 阶段。即球体完整不破坏，保持弹性性质，这时的撞击力诱发块体内部力键不平衡，还不能打破斥力与吸力之间的平衡状态。或者球体压缩区远小于二分之一球半径，球体撞击面有破坏发生，但球块整体完整，这一过程中最大球粒压缩量累计小于二分之一球体半径的深度。块煤体输入能量中，耗散能变化较小，主要转化为弹性能和耗散余能形式存在（撞击面变形、噪声、温度等）。

第二阶段，撞击过程时间延长，出现煤球压缩的第 3、4 阶段压缩变形。即球体出现整体性变形，这时的撞击力诱发块体内部斥力力键与吸力力键之间的再平衡。或者球体压缩后破裂开始发育，但球块整体完整。这一过程中球粒最大压缩量累计超过二分之一球体半径，但小于四分之三球体半径的深度。块煤体输入能量中，主要转化为耗散能、弹性能和耗散余能形式存在（噪声、温度等）。

第三阶段，撞击过程时间变长，出现煤球压缩的第 5、6 阶段压缩变形。即球体出现严重整体变形，这时的块体内部斥力与吸力之间出现不平衡，煤球块体破裂扩展，球块整体进入破碎阶段。这一过程中球粒最大压缩量累计超过二分之一球体半径，但小于四分之三球体半径的深度。块煤体输入能量中，主要转化为耗散能、破碎小球体的弹性能和耗散余能形式存在（飞溅速度、噪声、温度等）。

第四阶段，撞击接触过程完成，出现煤球压缩的后破裂阶段。即球体出现整体压缩胀裂破坏，这时的块体内部力键沿斥力大于吸力之间出现完全断裂，煤球块体破裂解体，整体球块破裂进入若干小球体状态。这一过程中球粒最大压缩量累计超过球体半径的深度。块煤体输入能量中主要转化为耗散能、破碎小球体的弹性能形式存在（飞溅速度等）。

6.3.3　块煤破碎准则

根据运动块煤正面撞击压缩胀裂原理，块煤破碎过程是运动块体颗粒输入能量的内部转移过程，导致耗散能增加，整体弹性能减小的过程。根据煤球块正面撞击过程中压缩变形量 s 与球体半径 r 的比值变化特征，得出块煤破碎准则如下所述。

（1）当 $s/r<1/2$，整体不发生破坏或局部面破坏。

（2）当 $1/2 \leqslant s/r < 3/4$，整体出现变形，整体内部力键再平衡。

（3）当 $3/4 \leqslant s/r < 1$，整体严重变形、破裂；力键断裂。

（4）当 $s/r \geqslant 1$，整体完全破碎，胀裂后小块体飞溅。

6.4　煤流转载块煤止损方法

受巷道布置和运输能力限制，多部胶带搭接构成的常规运输系统成为大型现代化矿井的煤炭运输的主要形式。实际中胶带运输转载点成为煤炭运输系统的关键环节，转载点煤粒块体破碎止损设计是块煤控制设计的重要部分。

通过典型矿井工程测试、理论分析和数值模拟研究，针对大流量长距离矿井煤炭的转载点，提出煤流块煤止损的 4 种方法：煤流转向中的止损方法、下跌煤流的止损方法、煤流出口的止损方法、溜煤摩擦止损方法。

6.4.1　煤流转向中的止损方法

这部分主要包括对滚筒卸料轨迹的准确计算，然后通过卸料抛物线轨迹拟合出最贴近卸料轨迹的曲线挡煤板，保证煤流大面积小角度接触挡煤板，实现大煤流方向的转换的过程，煤流不发生撞击破碎，实现摩擦消耗一部分能量而达到煤流减速的目的。

设煤流运行初速度 v，煤流块体跌落高度 h，不考虑空气阻力作用，拟合煤流的抛落轨迹曲线得出

$$\begin{cases} x = vt \\ y = -\dfrac{1}{2}gt^2 \end{cases} \qquad (6\text{-}19)$$

同时，采用 EDEM 软件进行煤流颗粒轨迹的模拟，与采用连续理论方法得出的轨迹曲线进行比较验证，得出最为合理的煤流撞击过程，使得轨迹与曲线挡煤板小角度碰撞接触。然后，通过 CATIA 建模软件建立曲线型挡煤板（图 6-38）和直线型挡煤板（图 6-39）两种模型；通过模拟判断哪一种止损结构能最大限度地避免煤流块体的煤破碎。

为了研究单位接触面积上能量损失情况，从而判断弧形挡煤板相对于直线型挡煤板的止损情况。布置监测区域对直线型挡煤板和曲线型挡煤板的碰撞前后的能量变化进行监测，然后计算碰撞时接触面积，从而得出单位面积能量耗散。

1）能量监测区域确定

通过运行仿真计算结果，判断转载站上部的煤流的关键碰撞点，确定碰撞前后监测区域，即 1 号监测区和 2 号监测区，挡煤板能量监测如图 6-40 和图 6-41所示。

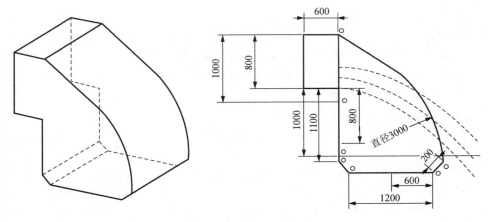

图 6-38　曲线型挡煤板

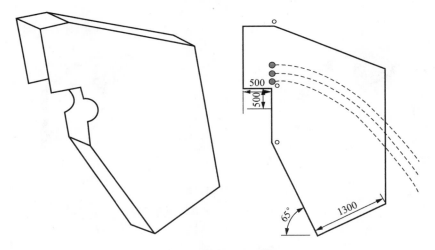

图 6-39　直线型挡煤板

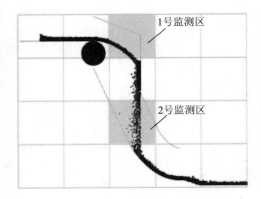

图 6-40　直线型挡煤板能量监测

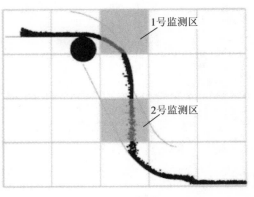

图 6-41　曲线型挡煤板能量监测

2）接触面积计算

通过计算接触面的面积，得出挡煤板处的接触面积如图 6-42 所示。

曲线型挡煤板碰撞区面积：S_1=1.639×0.500=0.8m^2

直线型挡煤板碰撞区面积：S_2=0.369×0.500=0.185m^2

3）单位面积能量耗散

单位面积的能量耗散计算公式为

$$dE = \frac{E_2 - E_1}{S} \qquad (6\text{-}20)$$

对单位时间步长平均能量按上式进行计算，得出的能量耗散对比如图 6-43 所示。从图中可知，直线型挡煤板单位时间单位碰撞接触面积的内能量耗散为 11J，曲线型挡煤板为 2J，得出块煤止损效率比为 2∶11，即曲线型挡煤板是直线型挡煤板止损效率的 5.5 倍左右。

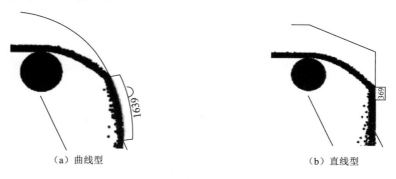

（a）曲线型　　　　　　　　　　　　　　（b）直线型

图 6-42　接触面积计算

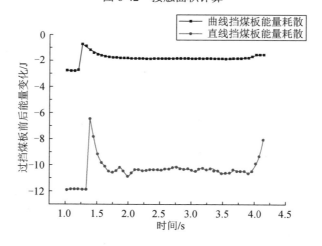

图 6-43　能量耗散对比

4）不同切入角和弧形半径挡煤板的能量耗散

对不同切入角 α 和不同接触弧形半径 R 的挡煤溜槽进行控制变量法仿真对比（图 6-44）。设计的切入角 α 为 10°、20°、30°、40°，对比的弧形半径 R 为 2m、3m、4m、5m。对比切入角度时，固定弧形半径为 3m；对比弧形半径时，固定切入角为 20°。

（1）不同切入角。当弧形半径为 3m 时，对 10°、20°、30°、40° 切入角度进行仿真，其能量耗散情况如图 6-45 所示。

从图 6-45 中看出，切入角度 α=10°、20°、30°、40° 时，平均能量耗散分别是 1.5J、1.5J、2.2J、2.7J。根据以上数据拟合切入角度与能量耗散之间的关系曲线（图 6-46）可知，随着切入角不断增大，能耗越来越高，止损效果越来越差，能耗随着切入角度的增加呈现二次曲线式增高；当弧形切入角保持在 10°～20° 时，止损效果较小，但切入角如果再小不但不会使止损效果有较明显提高，而且会影响煤流卸料。所以切入角的最佳止损角度时 10°～20°。

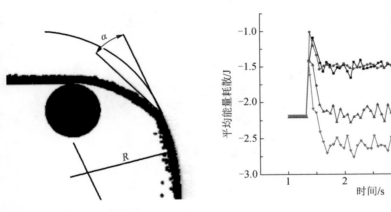

图 6-44　不同切入角和不同接触
　　　　　弧形半径对比

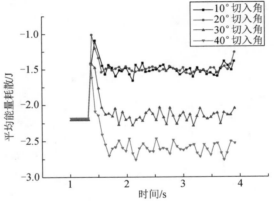

图 6-45　不同切入角能量耗散情况

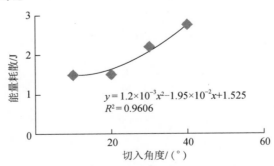

$$y = 1.2 \times 10^{-3} x^2 - 1.95 \times 10^{-2} x + 1.525$$
$$R^2 = 0.9606$$

图 6-46　切入角度与能量耗散的关系曲线

（2）不同接触弧形半径。在切入角为 20° 时，对弧形半径分别为 $R=$ 2m、3m、4m、5m 分别进行比较其能量耗散，分析结果如下。

从图 6-47 中可以看出，弧形半径 $R=$2m、3m、4m、5m 时，平均能量耗散分别是 2.4J、1.5J、1.4J、1.1J。根据以上数据拟合弧形半径与能量耗散的关系曲线（图 6-48）可知，随着挡煤板弧形半径增大，煤流撞击能耗降低，但变化率逐渐减小；当弧形半径增大到一定时，止损效果基本趋于稳定，此时落差大小限制着弧形半径不能过大；从图中还可以看出，当弧形挡煤板半径 4～5m 时，止损率趋于稳定。所以，设计中弧形半径取 4～5m，即能达到较好的止损效果。

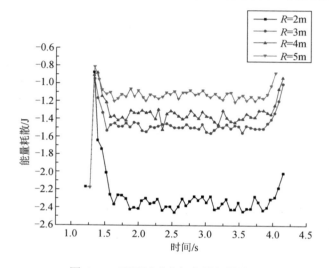

图 6-47　不同弧形半径能量耗散情况

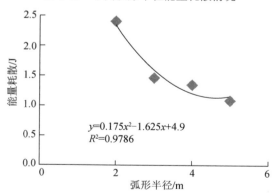

图 6-48　弧形半径与能量耗散的关系曲线

5）防尘、降噪、降温措施

煤流对挡煤板碰撞过程中，不仅会产生煤尘，挡煤板的温度也会升高，同时碰撞造成噪声影响。因此，需要采取对挡煤板的降温、降噪，以及除尘等措施。具体在弧形挡煤主板外侧设置流水降温、降噪装置，并直接沿进、出煤口喷洒降尘，其降噪、防尘、降温装置如图 6-49 所示。

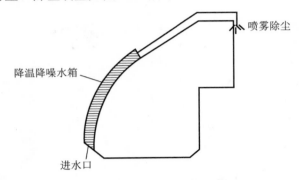

图 6-49　降噪、防尘、降温装置

6.4.2　下跌煤流的止损方法

煤流经过曲线挡煤板转向后，会跌落至下部溜槽中，该下跌煤流如果速度过大或者角度过大，甚至与溜槽垂直撞击接触，就可能造成块煤破碎。同时，撞击会造成下部溜槽装备的使用寿命缩短。因此，该跌落点是止损设计的重要环节之一。

跌落点选择采用能量耗散理论，需要研究煤流经过该点的速度和方向，从而确定出溜槽角度和曲度。通过模拟分析调整位置和角度，保证跌落煤流平滑接触溜槽，减少冲击，并保证滑行流体不阻塞。

1）能量监测区域确定

采用计算机仿真对直线型溜槽和曲线型溜槽跌落方式进行分析、判断跌落碰撞点，确定跌落碰撞前后监测区域，分别对两种形式（图 6-50 和图 6-51）设置 3 号监测区和 4 号监测区，然后对监测区域的平均能量进行监测。

2）接触面积计算

通过计算接触面的面积，得出两种溜槽形式的接触面积（图 6-52），如下所述。

曲线型溜槽接触面积：$S_3 = 0.999 \times 0.500 = 0.5\text{m}^2$

直线型溜槽接触面积：$S_4 = 0.595 \times 0.500 = 0.3\text{m}^2$

3）单位面积能量耗散

对单位时间步长平均能量按上式进行计算，得出的能量耗散对比如图 6-53 所示。从图中可以看出，跌落时，直线型溜槽单位时间单位碰撞接触面积内能量耗散为 22J，曲线型溜槽为 11J，得出块煤止损效率比为 1∶2，即曲线型溜槽是直线型溜槽止损效率的 2 倍。从而得知，曲线挡煤板比直线型挡煤板有更好的止损效果。具体设计时，对块煤跌落速度方向与曲线切线的角度进行适当的调整可以取得更好的止损效果。

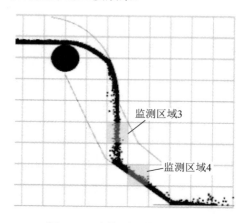

图 6-50　直线型溜槽跌落方式

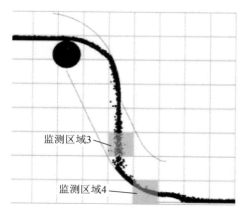

图 6-51　曲线型溜槽跌落方式

（a）直线型溜槽

（b）曲线型溜槽

图 6-52　面积计算

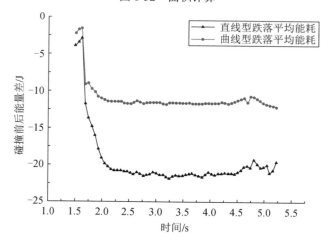

图 6-53　能量耗散对比

从模拟分析可以看出，跌落损失比较严重，为了更有效地缓解跌落损失，可以在跌落板下面布置弹簧组装置，内置弹簧组双层底板溜槽如图 6-54 所示，避免硬性碰撞而达到止损的目的。

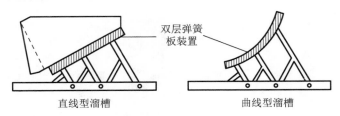

图 6-54　内置弹簧组双层底板溜槽

6.4.3　煤流出口的止损方法

块煤经过出口向皮带转载时，可以设置导向溜槽将煤流导向到接近下部皮带的速度方向，这样煤流不会以大角度冲击皮带，防止块煤破碎，同时减少皮带磨损。在较短距离内要改变煤流方向，采用直线形式易造成块煤飞溅，也容易造成块煤破碎。

通过对比有弧形导向溜槽和无弧形导向溜槽前后的能量耗散，可以分析得出加弧形导向溜槽的功用，分别建立两种模型，出口溜槽三维图如图 6-55 所示。

同样，采用能量耗散理论分析，布置监测区域（图 6-56 和图 6-57），计算单位面积能量耗散。经过计算，得出弧形导向溜槽能量耗散对比如图 6-58 所示。从图中可以看出，有弧形导向溜槽的单位面积和时间内能耗只有 1.4J 左右，而无弧形导向的溜槽块煤单位能耗为 1.75J 左右。所以，有弧形导向溜槽相对无弧形导向溜槽可以使得块煤损失减少 20%左右。

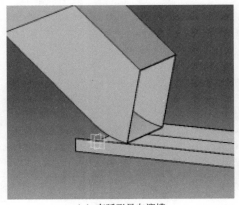 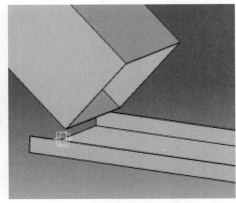

（a）有弧形导向溜槽　　　　　　　　　　　　　（b）无弧形导向溜槽

图 6-55　出口溜槽三维图

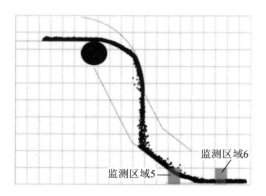

图 6-56　有弧形导向溜槽监测

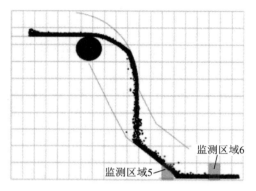

图 6-57　无弧形导向溜槽监测

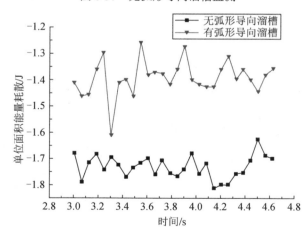

图 6-58　弧形导向溜槽能量耗散对比

6.4.4　溜煤摩擦止损方法

溜煤摩擦止损是指在运输胶带正常运行过程中，煤流处于相对静止状态时在胶带或溜槽内的流动止损。转载过程中除了以上关键环节外，溜煤环节也是不可或缺的止损环节。溜煤过程中通过溜槽底板的摩擦耗能消除煤流重力做功，从而基本保证直线溜槽内煤流匀速直线运动。另一种溜煤方式是煤流在缓冲平台的煤堆上溜煤，煤流首先冲击缓冲平台上的煤堆，然后沿煤堆动态安息角方向再溜到其他方向，从而达到缓冲的目的。

本节溜槽的设计主要包括溜槽断面尺寸确定、溜槽角度、溜槽形式等。

1. 断面尺寸确定

断面尺寸的确定主要通过以下两种方法确定。

1）按最大粒径确定溜槽断面

溜槽常用的有矩形断面和方形断面，矩形断面多用于倾斜段，方形断面多用于垂直段。根据经验，可以通过最大通过粒径确定断面的宽度和高度。

断面宽为

$$b \geqslant 2d_{\max} + 100$$

断面高为

$$h \geqslant 1.5d_{\max}$$

式中：$d_{\max}$——最大通过粒径。

2）按输送能力确定溜槽断面

首先，根据运输量和最大粒度，运用下式决定溜槽的断面尺寸。

$$A = \frac{Q}{3600kv\gamma} \tag{6-21}$$

式中：A——断面面积；

Q——溜槽运量；

k——装满系数，通常取 0.2～0.4；

v——运行速度；

γ——煤粒散密度。

为避免煤流堵塞，在进行溜槽设计时实际所取断面面积应该大一些。溜槽末端宽度通常应为受煤胶带水平投影宽度的 2/3，溜槽内煤流高度应为溜槽高度的 20%～30%。一般情况下，由于煤粒主要经溜槽底板转载，其厚度应选大一些，当溜槽输送磨蚀性煤粒及煤粒在溜槽内运行速度较大时，溜槽底板和侧板应铺设耐磨衬里。相应地，由于侧板和上盖板所受摩擦力较小，板厚相应可以选小一些，最后确定溜槽结构及布置。根据现场空间及工艺流程的需要，并结合煤粒性质分析、抛落轨迹及速度计算，同时，本着减少噪声和粉尘、避免煤粒过粉碎、溜槽及受煤胶带磨损、保证溜槽畅通、煤粒不撒落的原则，最终确定溜槽的方向、形状和结构。另外，在溜槽的拐弯和交叉处应该加大溜槽断面或倾角。

2. 溜槽角度

根据煤粒粒度组成、水分、安息角等性质选择溜槽倾斜角度，在确定溜槽倾角时，应保证溜槽末端煤粒可以在受煤胶带机启动后，溜槽内存煤不会堵塞溜槽。通常溜槽倾角应比煤粒本身的安息角大 2°～5°。

3. 溜槽形式

1）直线溜槽

直线溜槽（图 6-59）主要考虑煤流在溜槽内的速度，最理想的溜速是煤流保持匀速，速度的大小主要由溜槽的装配角度控制，在煤的滑动摩擦角一定的情况下，溜槽的材质也会影响煤流的速度，这里我们主要考虑角度因素。

2）曲线溜槽

众所周知，调整溜槽的倾角可以调控煤粒的运行速度，而且，现场应通过调整溜槽的倾角来调整煤粒的运动方向。但是，如果倾角变化较大，必然造成煤粒在溜槽内跳动，从而不利于煤粒的平滑流动。因此，应用曲线底板的溜槽，可以实现煤粒运动速度和方向的平滑过渡，从而有效解决以往煤粒在溜槽内跳动造成的煤粒排料方向不正、煤粒粉碎率高的问题。当然与传统直线型溜槽相比，曲线溜槽（图 6-60）的加工难度和成本要稍大一些。

3）缓冲平台

在卸料滚筒的排料溜槽内煤粒下落点设置一个或几个缓冲平台（图 6-61），从而将来煤的动能及势能消散掉。这样，一方面可避免煤粒与溜槽直接撞击，减轻煤粒的粉碎率，降低了粉尘和噪声，另一方面也解决了溜槽磨损问题。

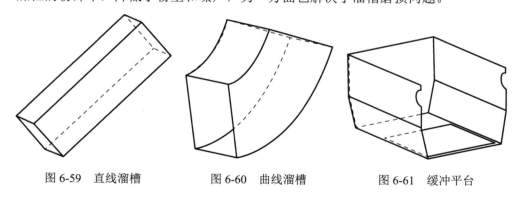

图 6-59　直线溜槽　　　　　图 6-60　曲线溜槽　　　　　图 6-61　缓冲平台

6.5　仓储系统块煤止损方法

大型现代化矿井仓储系统主要包括筒形煤仓和落煤伞塔。煤仓块煤止损，需要考虑入仓口皮带的煤流量、煤的流速，仓高 H、仓直径 D 等参数，以及入仓口煤流设计、出仓口煤流的设计、入仓煤流的仓位设置等。

6.5.1　仓储止损

1）煤流入仓口阶段

进仓口用于进煤，上部皮带的煤流要顺利通过进仓口进入筒仓，同时要防止进入的煤流尽量避免大角度冲击进仓口壁面，以防块煤的破碎和进煤口受损。

2）直筒仓内煤流

直筒仓是主要的储煤部分，用于缓存大量的煤。它要求有足够的空间，满足一定的储煤量，同时要求有足够的强度来满足煤对它造成的仓壁压力。随着仓位高度的增加，仓底部壁面压力逐渐增加，当仓位增加到一定高度时，仓底部壁面压力将不再增加。

3）放煤口煤流阶段

放煤口是煤仓的出煤口，需要保持一定的壁面角度，防止筒仓内煤体对它的压力过大，造成破坏，甚至影响煤流速度造成堵塞。

4）缓冲溜槽煤流

缓冲溜槽用于对漏嘴出来的竖直落下的煤流进行缓冲和导向，防止对皮带进行垂直冲击，造成块煤损失和皮带磨损。

6.5.2　仓储参数优化

根据仓储系统条件，建立煤仓模型如图 6-62 所示，参数如下：煤仓高度 35m，卸料斗倾角 60°，卸料斗高度 4m，卸料口径 1.2m，直筒直径 5m。设置煤流入仓粒径分布为正态分布，剪切模量 $3×10^7$Pa，颗粒密度 1360kg/m³，采用 Hertz- Mindlin 无滑移接触模型，重力加速度为-9.81m/s²。为方便计算，设煤颗粒 particle（简称 P）；仓壁 wall（简称 W）。摩擦参数选为：P—P 弹性恢复系数、静摩擦因数、动摩擦因数分别为 0.10、0.45、0.10；P—W 对应取值分别为 0.15、0.35、0.10。

在煤仓模型的卸料口添加 1 个半径 R=0.60m 的圆形挡板，卸料之前其属性为实体，待煤仓装到合适位置时煤颗粒压实稳定，开始卸料，将圆板设为虚拟，即模拟煤仓装料与放出过程（图 6-63）。

图 6-62　煤仓模型

经过对煤仓卸料过程的模拟（图 6-64）分析可知，卸料开始的一段时间为整体流，同一料层的颗粒下落速度相当，基本为竖直下落；当料层顶面流动到直筒下端时变成漏斗流或中心流，靠近仓壁的颗粒开始逐渐向中心靠拢；流到料斗后中心轴线上的颗粒先流出，越靠近漏斗壁的颗粒流出的越晚。以上现象说明在直筒靠近卸料斗部分和卸料斗内部，处在同一水平面的煤颗粒流动速度不同，贴近料斗壁处流动最慢，中间流速最快，卸料过程随着料斗部分横断面越来越小，直筒部分的煤颗粒流动到料斗时会呈现不均匀下降的趋势。随着颗粒流动，越靠近卸料口煤颗粒间、煤颗粒与料斗壁间的挤压和摩擦越明显，沿着流动方向的阻力也增大，在卸料口达到最大值，但此时煤仓上部的煤颗粒所受阻力较小，流动较快，产生附加压力压实煤仓下面的煤，靠近料斗壁的煤受到的摩擦阻力更大，使流动更加困难。

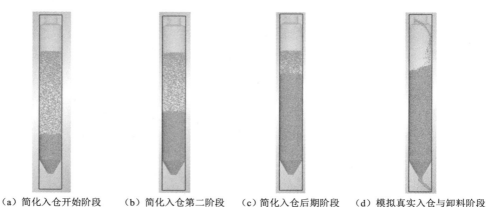

（a）简化入仓开始阶段　（b）简化入仓第二阶段　（c）简化入仓后期阶段　（d）模拟真实入仓与卸料阶段

图 6-63　煤仓装料与放出过程

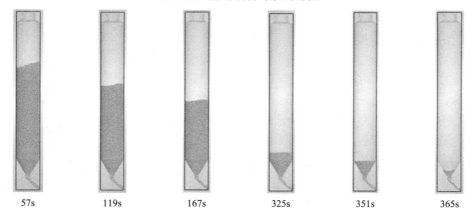

57s　　　　119s　　　　167s　　　　325s　　　　351s　　　　365s

图 6-64　煤仓卸料过程

散体贮料在筒仓中卸料时的流动方式大致可分为 3 种。

（1）整体流［图 6-65（a）］。即卸料过程中，筒仓中无死料，全部颗粒同时向下移动，散料与筒仓壁间存在相对运动，越靠近卸料口的散料卸出的时间也相对较早，这种流动方式的优点是没有散料长时间停留在煤仓内，缺点是容易引起筒仓仓壁侧压力值急剧增加，对仓壁磨损较严重。

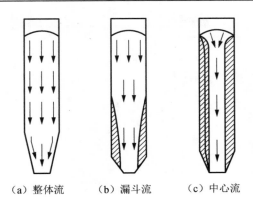

（a）整体流　　　（b）漏斗流　　　（c）中心流

图 6-65　三种常见流动状态

（2）漏斗流 ［图 6-65（b）］。筒仓卸料时，中心部分散料流速较快，卸出时间较早，但仓内存在死料区，仅卸料口以上一定范围内的散料呈漏斗状流动，上部的煤粒相对于下部更早卸出筒仓外，这种流动方式的优点是对筒仓壁磨损小，缺点是散料以"先进后出"的方式卸出，因此这种流动方式仅适合于贮存流动性好或不易变质的散料。

（3）中心流 ［图 6-65（c）］。实际上它是漏斗流的极端形式，又称为管状流或栓式流，筒仓内死料区占有较大空间，只有垂直于中心区域的卸料口上部有一狭窄区域形成流动通道，最上层的散料最早卸出筒仓外部，卸料口附近靠近筒仓壁的散料保持静止，该流动形式筒仓壁动态侧压力接近静态侧压力。

锥形卸料斗的倾角越大，卸料时散料的流动状态越接近整体流。锥形卸料斗的倾角越大，散料的卸料速度也越快。但是需要说明的是，倾角越大，卸料口附近速度场会越密集，如果卸料口径不够大，或者煤散料粒径分布较大时，过快的卸料速度容易在卸料口附近出现煤散料起拱和堵塞。

同时，卸料口半径大小也是影响卸料流动状态的一个重要因素，卸料斗开口半径越大，卸料时散料流动状态越接近整体流。很显然，卸料斗开口半径越大，卸料速度越快。

6.5.3　仓储块煤止损控制

传统煤仓主要通过控制煤位线来控制煤流的落差，从而达到控制仓位和块煤止损的目的，但这就要求仓内储量大，对仓的强度、出煤口以及人工监控的要求增高。

经过研究分析，本节提出了一种仓储煤流块体智能化柔性止损控制系统。本系统在大筒仓内设计一个断面较小的多级套筒来控制仓内煤位线，从而解决煤仓内煤量大，减少仓壁和漏煤口压力。从人工控制转变为智能化控制，实现自动化灵活控制煤位线，防止块煤破碎和仓位异常，自动化控制多级可伸缩套筒系统如图 6-66 所示。

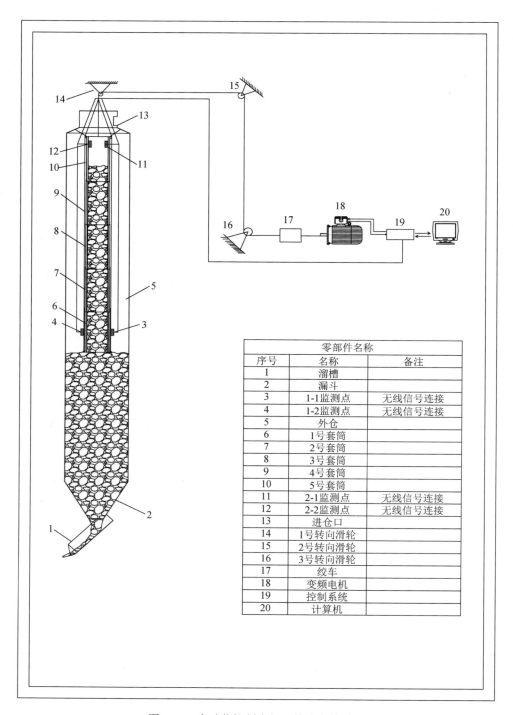

零部件名称		
序号	名称	备注
1	溜槽	
2	漏斗	
3	1-1监测点	无线信号连接
4	1-2监测点	无线信号连接
5	外仓	
6	1号套筒	
7	2号套筒	
8	3号套筒	
9	4号套筒	
10	5号套筒	
11	2-1监测点	无线信号连接
12	2-2监测点	无线信号连接
13	进仓口	
14	1号转向滑轮	
15	2号转向滑轮	
16	3号转向滑轮	
17	绞车	
18	变频电机	
19	控制系统	
20	计算机	

图 6-66　自动化控制多级可伸缩套筒系统

1. 提升子系统

仓储煤流块体智能化柔性控制提升子系统（图 6-67），该子系统由提升系统、2～3 个柔性仓、仓外监测系统组成。煤仓上部煤流卸料后，落入煤仓内多级套筒内，套筒内存煤高度为 2～3m，从而保证煤流落差小，这个落差通过监测系统控制；当监测系统监测到落差大于这个高度时，套筒不会被提升；当监测系统监测到落差小于这个高度时，控制系统会开始提升多级套筒，煤流开始流动堆积到外筒仓内，内置套筒内的煤位线开始下降；当监测系统再次检测到落差大于这个高度时，控制系统停止提升内置套筒，内置套筒内继续蓄煤。如此不断循环，这个过程中，监测系统实时监控，控制系统全程接收监测系统的信息，并做出响应。

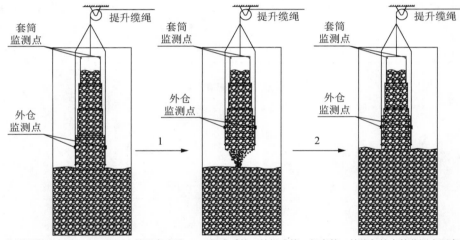

1—监测到煤外仓煤位线距监测点的距离小于 4m，提升系统开始提升第一级套筒；始终保持套筒监测点距离套筒内煤位在 2.5m 距离。2—监测到煤外仓煤位线距监测点的距离大于 6m，停止提升，套筒内煤流开始填充外仓；始终保持套筒监测点距离套筒内煤位在 2.5m 距离。

图 6-67　提升子系统

2. 控制子系统

仓储煤流块体智能化柔性控制子系统（图 6-68），主要由监测系统、控制系统和线性动力系统组成。随着外筒仓煤位线不断升高，储煤量不断增大，当到达监测系统所设高度时，控制系统开始打开放煤漏斗放煤。同时需要注意的是，在达到内置套筒不能再回缩时，下部漏斗嘴必须开放开始放煤。

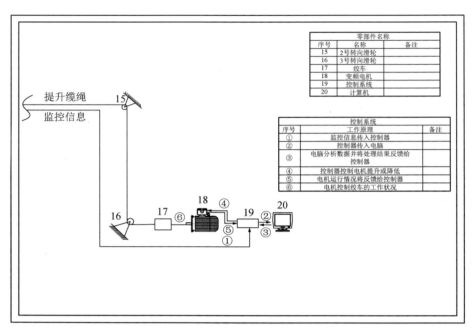

零部件名称

序号	名称	备注
15	2号转向滑轮	
16	3号转向滑轮	
17	绞车	
18	变频电机	
19	控制系统	
20	计算机	

控制系统

序号	工作原理	备注
①	监控信息传入控制器	
②	控制器传入电脑	
③	电脑分析数据并将处理结果反馈给控制器	
④	控制器控制电机提升或降低	
⑤	电机运行情况将反馈给控制器	
⑥	电机控制绞车的工作状况	

图 6-68　控制子系统

第 7 章　长壁综合机械化采煤工作面
煤层预裂块煤开采技术

本章主要介绍长壁综合机械化采煤工作面煤层压裂块煤开采的技术方案、工艺与参数，以及压裂煤层开采块煤效果监测方法和开采装备。

7.1　长壁综合机械化采煤工作面煤层预裂块煤开采方案

根据陕北侏罗纪煤层地质特征和开采技术条件，为了增强预裂效果，提高块煤开采方案的可靠性，在长壁综合机械化采煤工作面煤层中沿煤层走向方向布置长孔超前预裂方案进行试验。当运输巷中皮带与工作面煤壁有合适的间距时，在回风、运输巷同时布置钻孔；当皮带与工作面煤壁间距过小时，只在回风顺槽布置钻孔。块煤开采预裂实验方案有以下四种方案：方案一是单排平行张拉孔间隔脉冲压裂预裂方案（STPF）；方案二是双排"三角"平行剪切孔脉冲压裂方案（DSPF）；方案三是混合长孔压-剪混合预裂方案；方案四是多排"扇形"脉冲预裂方案。

7.1.1　单排平行张拉孔间隔脉冲压裂预裂方案（STPF）

根据长壁综采工作面煤层赋存条件、构造特征，煤岩物理力学性质、综采工艺和开采技术条件等因素采用单排平行张拉孔间隔脉冲压裂预裂方案（STPF）。超前预裂实施方案步骤：第一步高压脉冲预裂法；第二步水压致裂预裂法与综采工艺协调时相配套的综合预裂。钻孔布置工艺参数记录表如表 7-1 所示，工作面钻孔布置图如图 7-1 所示。

表 7-1　钻孔布置工艺参数记录表

工作面：　　　　　位置：　　　　　时间：　　　年　　月　　日　　　　填写人：

参数 孔号	角度/（°）	水平长度/m	斜长/m	钻孔 直径/mm	布置位置 高度/m	施工 备注
1#孔						
……						

工艺参数如下所述。

① 布孔方式：沿垂直于工作面走向方向布单排孔。

② 布孔间距：5～10m。

③ 钻孔直径：80～100mm。

④ 钻孔角度：0°～3°。

⑤ 预裂孔长度：根据工作面长确定。

⑥ 钻孔数量：根据试验段长确定。

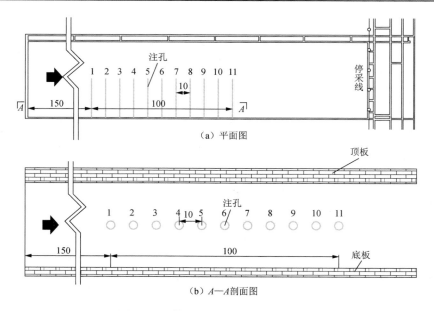

图 7-1　工作面钻孔布置图（方案一）

7.1.2　双排"三角"平行剪切孔脉冲压裂方案（DSPF）

采用双排"三角"平行剪切孔脉冲压裂方案（DSPF），工作面钻孔布置图如图 7-2 所示。

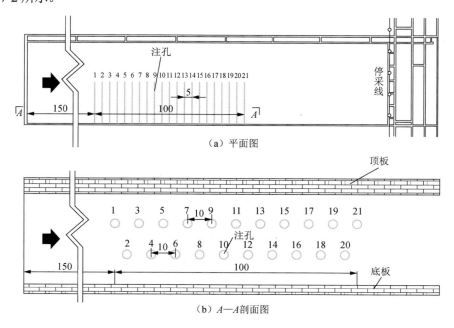

图 7-2　工作面钻孔布置图（方案二）

工艺参数如下所述。

① 布孔方式：沿垂直于工作面走向方向布置双排孔。

② 两巷布孔间距：3.5～10.0m。

③ 钻孔直径：80～100mm。

④ 钻孔角度：0°～3°。

⑤ 预裂孔长度：根据工作面长确定。

⑥ 钻孔数量：根据试验段长确定。

7.1.3　混合长孔压-剪混合预裂方案

采用混合长孔压-剪混合预裂方案，工作面钻孔布置图如图 7-3 所示。

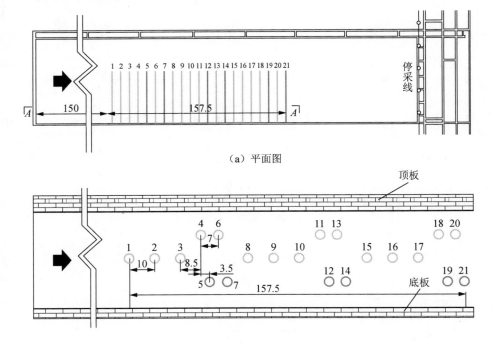

（a）平面图

（b）A—A 剖面图

图 7-3　工作面钻孔布置图（方案三）

工艺参数如下所述。

① 布孔方式：沿垂直于工作面走向方向布置单、双排混合孔。

② 布孔间距：3.5～10.0m。

③ 钻孔直径：80～100mm。

④ 钻孔角度：0°～3°。

⑤ 预裂孔长度：根据工作面长确定。

⑥ 钻孔数量：根据试验段长确定。

7.1.4 多排"扇形"脉冲预裂方案

长壁综放工作面采用多排"扇形"脉冲预裂方案，工作面钻孔布置图如图 7-4 所示。

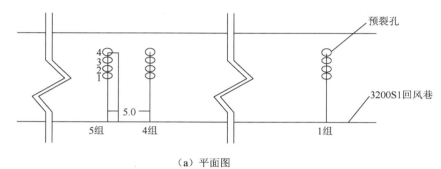

（a）平面图

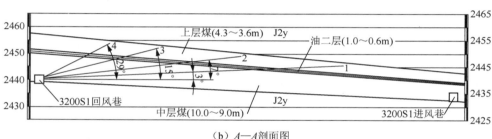

（b）A—A剖面图

图 7-4　工作面钻孔布置图（方案四）

工艺参数如下所述。

① 布孔方式：沿垂直于工作面走向方向布置多排孔。

② 布孔间距：2.5～5.0m。

③ 钻孔直径：80～100mm。

④ 钻孔角度：0°～30°。

⑤ 预裂孔长度：根据工作面长确定。

⑥ 钻孔数量：根据试验段长确定。

7.2　煤层预裂块煤开采技术工艺

7.2.1　技术工艺流程

煤层预裂块煤开采技术是以煤层超前预裂改造技术为核心，借助采煤工艺优化、采煤设备改造、矿压利用及转储系统改造等手段，实现煤炭提质增效、清洁高效开采的关键技术，为煤炭分级高效利用创造条件。其预裂块煤开采技术工艺流程如图 7-5 所示。

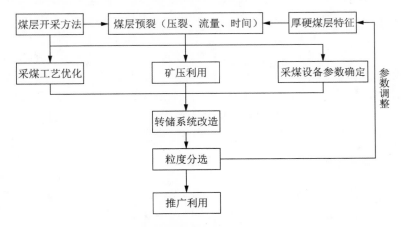

图 7-5　预裂块煤开采技术工艺流程

7.2.2　煤层预裂工艺

长壁综采面煤层超前预裂工艺分阶段进行：第一阶段为高压脉冲预裂工艺（PPF），第二阶段为高压致裂预裂工艺（HPF）。同时，实施与综采工艺协调配套的块煤开采方法和技术工艺。

1. 高压脉冲预裂工艺

高压脉冲预裂工艺步骤如下所述。

① 在超前工作面 100～150m 的位置布置试验点，布置单双排钻孔。

② 根据工作面长确定钻孔设计长度，在进回风顺槽侧留 20m 保护线。

③ 打钻同时，连接泵组（水、电）并试运行确定压裂设备能够正常运行。

④ 做好安全防护的前提下，开启设备，将高压预裂装置缓慢推送到孔内指定位置后，由内向外对煤层进行定向切割。

⑤ 切割完成后，关闭泵组，将预裂装置从孔内取出，进行下一个孔的预裂。

2. 高压致裂预裂工艺

高压致裂预裂工艺步骤如下所述。

① 定向预裂完成后，取下预裂装置，连接封孔装置。

② 检查连接装置，确保安全的情况下将封孔装置按要求放到孔内指定位置。

③ 启动泵组，按要求调节压力，确保封孔装置达到要求。

④ 调节阀门，往孔内注水压裂，检查煤壁压裂情况，以便能够及时调节泵组压力。

⑤ 煤壁出现明显裂隙时，及时查看裂隙分布并分析压裂效果，到达要求后，关闭泵组，取出封孔装置，进行下一个孔的压裂。

7.2.3　采煤工艺优化

观测预裂前后采煤机前后滚筒割煤煤体的破碎范围,以及受影响煤体下落的块度及齿痕分布情况。记录采煤机割煤、落煤、装煤、刮板机运煤等配套工序参数,对比分析不同牵引速度下的割煤能力,与刮板机的运煤能力、转载机的转载能力、破碎机的破煤能力之间的匹配关系,得出符合试验工作面的最优牵引速度,以及最优的进刀方式、割煤方式、割煤速度等参数。

7.2.4　采煤设备改造

依据采煤机运动参数、截齿参数与切削面积、截割比能耗之间的关系,结合试验工作面预裂前后截齿、油脂、电量等材料消耗情况,确定适合该工作面的块煤采煤机的结构参数。

7.2.5　矿压利用

根据煤层预裂区对支撑压力分布规律、煤壁片帮规律以及支架与围岩相互作用关系,合理调整支架的支护强度,在保证煤壁稳定的前提下,充分利用矿压破煤。

7.2.6　转储系统改造

观测分析转储系统的块煤损失情况,根据转载止损理论,优化转运系统,对关键转载点进行优化改造,最大限度地减少转储过程中块煤的损失。

7.3　工　艺　参　数

7.3.1　实施压裂工艺参数

长壁综采面煤层块煤开采关键技术为煤层压裂,其压裂工艺参数与预裂工艺参数如表 7-2~表 7-4 所示。

表 7-2　压裂工艺参数表

序号	压裂参数	理论公式	备注
1	起裂最小水压	$p = 3\sigma_3 + R_t - \sigma_1$	R_t 为煤体的抗拉强度;p 为压裂压力;σ_1、σ_3 分别为煤体中的最大、最小主应力
2	裂缝扩展最小水压	$p > p_k + R_q$	p_k 为弱面延展平面上的法向应力;R_q 为切割产生弱面的联结力
3	钻孔壁裂缝破断面的方向	$\alpha = \pm \arctan \sqrt{\dfrac{c_0}{T_0} - \dfrac{\sigma_z - p}{T_0}}$	σ_z 为 y 轴方向于无穷远处作用第一主应力;c_0 为单轴抗压强度;T_0 为单轴抗拉强度

序号	压裂参数	理论公式	备注
4	裂缝扩展长度	$$L = \dfrac{qt_p}{\dfrac{\pi H_f^2(1-\upsilon^2)(\overline{p}-p_c)}{E} + 2\pi CH_f\sqrt{t_p}}$$	t_p 为泵注时间；$\overline{p}$ 为裂缝内位置 x 处的压力,可用泵注压力平均值代替；p_c 为裂缝闭合压力；H_f 为缝高；L 为缝长；E 为煤弹性模量；υ 为煤泊松比；q 为泵注流量
5	裂缝宽度	$$W = \dfrac{2H_f(1-\upsilon^2)}{E}(\overline{p}-p_c)$$	W 为缝宽；其余同上
6	单孔压裂量	$$\begin{aligned} Q_{单孔} &= V_{钻孔} + V_{裂缝总体积} + V_{滤失} \\ &= 0.785ld^2 \\ &\quad + 0.94H\sqrt{\dfrac{qT_3(1-\mu^2)(3\sigma_2-\sigma_1-p_0)}{E}} \\ &\quad + 8HCL\sqrt{T_3} \end{aligned}$$	d 为高压水管内径；l 为高压水管长度；E 为弹性模量；H 为煤层厚度；μ 为煤岩体泊松比；σ_1、σ_2 为最大、最小水平力分量；p_0 为孔隙水压力；q 为单位时间内注泵排量；C 为综合滤失系数；T_3 为压裂时间；L 为裂缝半长
7	单孔压裂时间	$$\begin{aligned} T_{总} &= \dfrac{47.1ld^2}{q} + \dfrac{10\pi d^2 l(R_t+3\sigma_1-\sigma_2-p_0)}{p_{水泵}g} \\ &\quad + \dfrac{3.12q(1-\mu^2)}{E} + 1.6HCL \end{aligned}$$	d 为钻孔内径；l 为钻孔长度；p_0 为钻孔注水压力；R_t 为岩石抗拉强度；$p_{水泵}$ 为注水泵电机输出功率；q 为泵注流量；μ 为煤岩体泊松比；H 为煤层厚度；C 为综合滤失系数；L 为裂缝半长；σ_1、σ_2 为最大、最小水平力分量
8	水压裂缝充分扩展所需时间	$$T_3 = \left(\dfrac{\dfrac{2H}{3}\sqrt{\dfrac{2q(1-\mu^2)(3\sigma_2-\sigma_1-p_0)}{E}} + 8HCL}{q}\right)$$	变量符号说明同上

表 7-3 预裂工艺参数表（一）

序号	预裂 PPF 参数	工艺说明
1	预裂方式	PPF 方法通过高压预裂冲击波破岩工艺方式，超前工作面 150m 实施预裂工程
2	出口压力/MPa	270（可以自行控制）
3	预裂半径/m	5～10
4	作业时间	平孔高压预裂速度 2m/min，预裂时间 1h/孔
5	保护煤柱/m	20

表 7-4 预裂工艺参数表（二）

序号	裂化 HPF 参数	工艺说明
1	压裂方式	HPF 方法通过高压预裂软化工艺方式，采用多孔单泵水平混合预裂裂化工艺
2	压裂压力/MPa	20～25
3	压裂渗透半径/m	5

序号	裂化 HPF 参数	工艺说明
4	预裂时间/h	0.5～1
5	压裂量	单孔 0.7m³，累计 1m³
6	压裂流量/（m³/h）	动压压裂时应为 0.7～2.0
7	压裂超前距离/m	150～200
8	封孔长度/m	20

煤层预裂块煤开采装备采用西安科技大学专利成果 XKRFS-Ⅱ-1 型煤岩层多功能水力预裂设备对煤岩层进行内部、外部水力预裂以及定向切割裂化（专利：ZL201420645240.2），如图 7-6 所示。

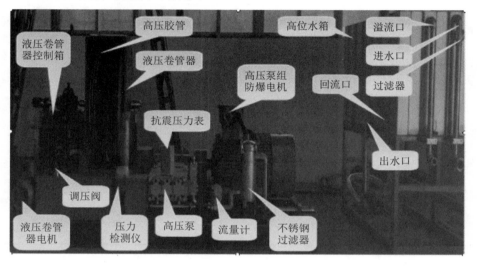

图 7-6　XKRFS-Ⅱ-1 型煤岩层多功能水力预裂设备

7.3.2　采煤工艺优化参数

根据理论分析及工业试验可知：①当采煤机割煤方式为机尾向机头割煤，割煤效果最好，块煤率最高，且粒度均匀；②煤层超前预裂，使得预裂工作面裂隙更加发育，煤体相对松散，采煤机更容易割煤，割煤工效提高 3.29%～8.73%；③通过分析采煤工艺的采、落、装、运四道工序，得出在工作面实施超前预裂技术后，采煤机牵引速度的最大临界值为 10.2m/min。

7.3.3　采煤设备参数

为了开采比能耗小、煤尘小、提高块煤率，西安科技大学和西安煤矿机械有限公司联合开发采煤机样机，采煤机样机参数如表 7-5 所示。

表 7-5　采煤机样机参数表

项目	参考参数	影响规律	备注
截割间距	$t=h/b=2h$	硬煤和韧性大的煤，t 取小值；软煤和脆煤 t 应取大值；在煤壁深部 t 应取小值，越接近煤壁表面 t 值应加大	t 为最佳截槽间距；b 为截齿主刃宽度；h 为切削厚度
叶片螺旋升角/(°)	$13\sim25$	在合理区间内叶片螺旋角越大，排煤能力越大。过大或过小，都能降低块煤率	
截齿数量/个	$42\sim71$	考虑单齿平均截割面积为 $5000mm^2$ 的情况，在机组平稳运行时合理数目	
滚筒直径	$D\geqslant M/1.8536$	选择大直径滚筒，有利于降低临界转速，提高装煤效果	M 为煤层采高；D 为滚筒直径
牵引速度	$h=\dfrac{1000v_q}{nm}$	由六个因素决定截割功率、螺旋滚筒单齿截割厚度、牵引力、液压支架的移架速度、刮板输送机能力、装煤能力	h 为最大截割厚度；v_q 为采煤机牵引速度；n 为滚筒转速；m 为截线上的截齿数
滚筒转速	$v_{max}\geqslant v\geqslant v_{min}$	滚筒转速具有合理区间。在较高转速情况下适度降低转速，有利于提高块煤率	v_{max} 为最大滚筒转速；v 为最佳滚筒转速；v_{min} 为最小滚筒转速
截齿排列方式	棋盘式	棋盘式切削呈现方正的切削形状	

7.3.4　矿压利用参数

经过工业试验发现：煤层预裂后，工作面周期来压变化不大；工作面走向和倾向存在应力转移现象，工作面走向超前支承压力往前转移 2~4m，工作面倾向预裂区支承压力存在往非预裂区转移现象，转移距离 20m 左右；预裂之后，预裂区煤壁片帮减少，非预裂区片帮增大；预裂后支架压力降低，但降低现象不明显。

7.3.5　转储系统设计

1. 垂直搭接式缓冲平台设计

针对转载系统中的垂直搭接存在的问题，可以采用设置缓冲平台，其目的是堆积一部分煤（最终将积累成粉煤缓冲斜面），然后后面的煤将通过沫子煤缓冲平面进行缓冲，将其原来的动能通过沫子煤缓冲面消耗。同时，因为斜面的作用，原煤下滑将煤速在水平方向变化为与下部皮带运输方向一致，然后再通过导向溜槽，最终在竖直方向上将原煤速度改为与下部皮带方向一致，方案图如图 7-7 所示。

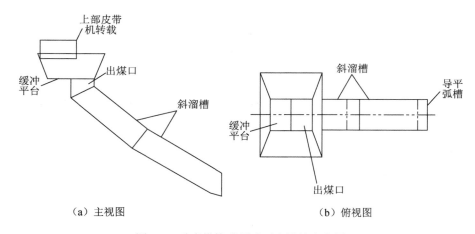

（a）主视图　　　　　　　　　　　　　　（b）俯视图

图 7-7　垂直搭接式缓冲平台设计方案图

1）缓冲平台的布置位置确定

上部皮带的运动轨迹要根据皮带运行速度，上部皮带端部距离下部皮带中心线的距离，以及上下部皮带的高度差，分析煤炭运动轨迹，从而确定缓冲平台的架设位置。

平台均是布置在上部皮带端部正前方，缓冲平台有四种布置方式：一种是溜煤口布置在上部皮带端部与平台之间，煤炭向反方向翻转至溜煤口；一种是溜煤口布置在平台的正前方，煤炭向与抛落速度相同的方向翻转；其他两种是溜煤口布置在平台的左侧或右侧，煤炭向左或右侧翻转。具体根据煤流运动轨迹和下部皮带中心线的位置，以及周围的其他设施是否阻碍，确定布置方式、布置位置和布置高度。

2）缓冲平台四周挡煤板的角度和高度的确定

为了防止堆积煤炭溢出，需要确定四周挡煤板的高度和角度，同时也要兼顾靠近皮带滚筒的挡煤板的高度和角度，既要防止漏煤，又要防止皮带滚筒下方煤堆磨损皮带。

3）平台以下溜槽的设计

当上下部皮带高差较小时，可以不用设置溜煤槽，砸到缓冲斜面的煤炭可以直接滑落至下部皮带。当高差较大时，可以根据具体高差大小，设置 1～3 节不同安置角度的溜槽，将缓冲斜面滑落的煤炭再次溜至下部皮带，出煤口采用圆弧导槽将煤流的速度改变为水平方向，这样可以减少煤流对皮带的冲击。

2. 斜交搭接螺旋溜槽设计

斜交搭接结构主要分两段，一段是转向段，属于螺旋结构，螺旋圈数 T 因转载角度而定。此段落差决定于螺旋槽中心切线与水平的夹角，设计后煤流路径立体示意图如图 7-8 所示，剩余部分高差采用斜溜槽完成，设计方案俯视图如图 7-9 所示。

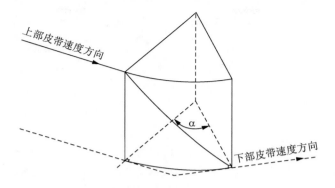

图 7-8　设计后煤流路径立体示意图

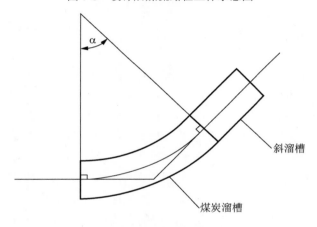

图 7-9　设计方案俯视图

3. 顺直搭接曲线溜槽设计

对于顺直搭接，也就是上部皮带与下部皮带俯视图的运输线路在一条直线上的搭接方式，这种搭接比较简单，损失也小。所以，一般落差较小的转载点，直接采用缓冲斜槽即可，落差较大时，一般又会出现两种情况：一种是波浪缓冲式；一种是缓冲平台式，这种情况较多。下面分两种情况具体分析。

1）波浪缓冲式设计

（1）运动轨迹的确定。现场获取皮带运行速度、皮带倾斜角度，从而得知煤流速度 v，再实测皮带的高差 h，拟合煤炭抛落时的运动抛物线，波浪缓冲式设计方案图如图 7-10 所示。

（2）溜槽设计。溜槽第一部分，与拟合的运动轨迹类似，保证煤炭贴着溜槽上部和下部运动，

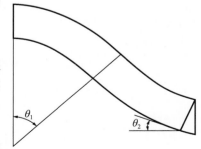

图 7-10　波浪缓冲式设计方案图

避免空置；溜槽第二部分为改变煤流方向段，煤流贴着溜槽下部运动，但最小角度不能太小，避免堵塞；溜槽第三部分为速度导平段，最终将速度导向水平方向，此段很短，只是将速度约束到水平方向，防止块煤冲击皮带，造成皮带损失严重。

2）缓冲平台式

（1）运动轨迹同无隔层设计相同。

（2）缓冲平台的布置位置的确定。缓冲平台有两种布置方式：一种是平台布置在溜煤口和上部皮带端部之外，煤炭翻转方向与煤流方向相同；一种是平台布置在上部皮带机和溜煤口之间，煤炭向与煤流速度相反的方向翻转。具体根据煤流在隔层上的落点位置以及周围的其他设施是否阻碍，选择合适的布置方式。

（3）缓冲平台四周挡煤板的角度和高度的确定。确定混煤的自然安息角度，堆积的沫子煤一定不能超过四周挡煤板的高度，同时靠近皮带端部一侧的挡煤板上端要位于皮带滚筒的中心线以下，目的是防止漏煤。

（4）平台以下溜槽的设计。当上下部皮带高差较小时，可以不用设置溜煤槽，砸到缓冲斜面的煤炭可以直接滑落至下部皮带。当高差较大时，可以根据具体高差大小，设置1～3节不同安置角度的溜槽，将缓冲斜面滑落的煤炭再次溜至下部皮带，出煤口采用圆弧导槽将煤流的速度改变为水平方向，这样可以减少煤流对皮带的冲击，缓冲平台式设计方案图如图7-11所示。缓冲平台上半部分结构图如图7-12所示，缓冲平台下半部分结构图如图7-13所示。

当现场没有隔层时，直接采用无隔层的方式即可，当现场有隔层，如钢板、混凝土等材料隔层时，可以借助隔层架设缓冲平台，从而完成无损转载。

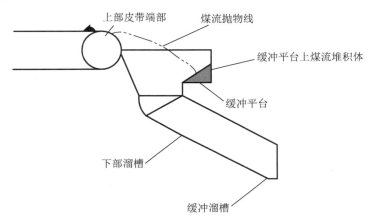

图7-11　缓冲平台式设计方案图

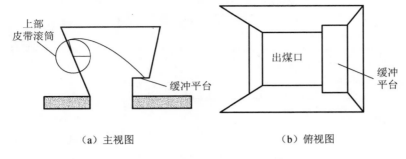

（a）主视图　　　　　　　　　　　（b）俯视图

图 7-12　缓冲平台上半部分结构图

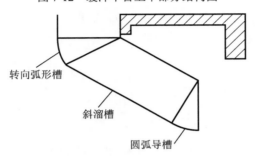

图 7-13　缓冲平台下半部分结构图

7.4　效　果　监　测

7.4.1　常规监测

①　通过观测工作面割煤、推溜、移架的实际过程，对比循环作业图表的相关数据，统计工艺所占用的实际时间，割煤、推溜、移架实际时间统计表如表 7-6 所示。

表 7-6　割煤、推溜、移架实际时间统计表

工作面：　　　位置：　　　　时间：　　　年　　月　　日　　　　填写人：					
序号	割一刀煤的时间/min	进刀时间/min	割煤时间/min	回刀时间/min	推溜时间/min	移架时间/min
1						
2						
⋮						

②　观测采煤机割煤过程中对煤层裂隙的影响，采煤机实际的滚筒转速和实际的牵引速度，以及后滚筒装煤过程中块煤的损失情况。

③　矿压观测：根据综采工作面长度，将综采工作面分为上、中、下三个测区记录来压情，工作面周期来压观测记录表如表 7-7 所示。

表 7-7　工作面周期来压观测记录表

工作面：　　　　　　　　　　　　　　　　　　　　　　　　　　　　　　　记录人：

观测时间	工作面推进距离/m	上部测区	中部测区	下部测区

④ 工作面端面冒顶观测：将工作面全长范围内等距离地分为若干固定个测区，观测每个测区内顶板的冒顶宽度及长度，计算工作面端面冒落灵敏度，如表 7-8 所示为冒顶观测记录表。

表 7-8　冒顶观测记录表

工作面：　　　　　位置：　　　　　时间：　　　年　　月　　日　　　　　记录人：

架号	位置/m	冒顶宽度 d/m	空顶宽度 d'/m	端面顶板破碎度 F	顶板冒落灵敏度 E	备注
1						
2						
⋮						

⑤ 工作面煤壁片帮观测：从工作面运输顺槽开始，使用钢尺测量煤壁片帮的位置，煤壁片帮的长度（x）、高度（y）、深度（z），进行片帮体积计算，片帮情况记录表如表 7-9 所示。

表 7-9　片帮情况记录表

工作面：　　　　　位置：　　　　　时间：　　　年　　月　　日　　　　　记录人：

架号	位置/m	x/cm	y/cm	z/cm	体积/cm^3	光滑平整度
1						
2						
⋮						

7.4.2　压裂监测

① 对钻孔施工的位置、角度和长度进行记录，并绘制在图纸上，煤层预裂钻孔施工记录表如表 7-10 所示。

表 7-10　煤层预裂钻孔施工记录表

工作面：　　　　　位置：　　　　　时间：　　　年　　月　　日　　　　　记录人：

钻孔	角度/（°）	水平长度/m	斜长/m	钻孔直径/mm	钻杆数量/根	施工备注
1#孔						
……						

② 煤层预裂压力、流量、时间等参数的监测，煤层压裂施工记录表如表 7-11 所示。

表 7-11 煤层压裂施工记录表

工作面： 位置： 时间： 年 月 日 记录人：

类别具体内容	钻孔长度/m	钻孔直径/mm	钻孔高度/mm	倾角/（°）	进管时间/min	进管长度/m	预裂时间/min	预裂最大压力/MPa
参　数								
封孔注水参数	封孔长度		封孔时间			封孔最大压力		
钻眼现场情况								
预裂过程情况								

7.4.3 效果监测

为了进行煤层预裂效果监测统计需进行预裂工作面块煤率及气体实测统计和实施预裂前后效果对比统计，分别如表 7-12 和表 7-13 所示。

表 7-12 预裂工作面块煤率及气体实测统计表

工作面： 位置： 编号： 初始时间： 点 分 记录人：

预裂方式	预裂深度/m	预裂长度/m	块煤率/m	回风 CH_4 浓度/%		回风 CO_2 浓度/%	
				预裂前	预裂后	预裂前	预裂后
第一种							
第二种							
第三种							
第四种							

表 7-13 实施预裂前后效果对比统计表

工作面： 位置： 时间： 年 月 日 记录人：

序号	指标		预裂前	预裂后	备注
1	块煤率/%				
2	回采率/%				
3	原煤工效/（t/工）				
4	正规循环时间/h				
5	粉尘浓度	全尘/（mg/m³）			
		呼吸性/（mg/m³）			
6	吨煤成本				截齿、电耗
7	日产量/t				

第8章　机械化工作面煤层爆破块煤开采技术

在长壁综采工作面以外，存在大量较短综采工作面和机械化程度较低的中小型煤炭企业，为了全面完善块煤开采技术体系，本章对常规爆破、气体爆破等爆破方法进行块煤开采技术进行介绍。

8.1　块煤开采爆破技术

块煤开采爆破常用有两种工艺，即常规爆破工艺和气体爆破工艺。

8.1.1　常规爆破工艺

1. 炸药品种的选择

选择符合煤矿生产的煤矿许用炸药，也可采用煤矿许用型乳化炸药，实现炸药生产的本地化，便于现场应用。

2. 装药结构设计

爆破孔中会有许多未知因素引起的拒爆、爆燃现象，为提高深孔爆破的安全性、可靠性，采用钻孔内敷设导爆索、双炮头正向起爆的装药结构，装药结构示意图如图 8-1 所示。

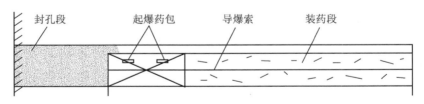

图 8-1　装药结构示意图

3. 封孔工艺

采用压风封孔器进行喷泥封孔。专用压风封孔器为密闭压力容器，工作原理是风动压入式，压风经过进风阀、安全阀进入黄泥罐，黄泥在压风作用下，先将黄泥罐底部锥口内的黄泥压入封孔管，而上部的黄泥借助风压、自重作用不断地补充到锥口。用压风装药器进行压风喷泥封孔,不仅提高了封孔质量,而且可提高工艺效率,大大缩短工艺时间。

4. 起爆工艺

在炸药填装完成后,在最后两节炸药中各插入 1～2 发煤矿许用电雷管,作为起爆药包,电雷管全部插入被筒炸药内,将脚线缠绕固定在药卷上;随后用铜芯绝缘线加长脚线,连接可靠,接头用胶布绝缘,并将铜芯绝缘线在炮头上打结固定。每个雷管上加长用的铜芯线须采用不同的颜色,以免出现误接现象。加长的脚线末端要悬空、远离导体,并扭结短路。雷管为瞬发电雷管或同段位毫秒延期电雷管,连线方式为孔内并联、孔间串联的方式。封孔后,将放炮母线连接脚线,由放炮员在警戒线外安全地点进行起爆。

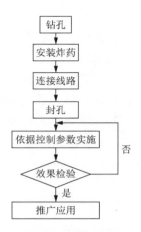

5. 爆破工艺流程

常规爆破工艺流程图如图 8-2 所示。

图 8-2　常规爆破工艺流程图

8.1.2　气体爆破工艺

气体爆破工艺以 CO_2 气体爆破为例说明。CO_2 气体爆破实施工艺是在试验工作面进、回风顺槽距离工作面 150m 的位置布置一个工作点,从回风顺槽或运输、回风顺槽直接往煤层打一个垂直于煤层走向的预裂深钻孔。钻孔打完后填装 CO_2 预裂装置,安装 CO_2 预裂装置同时自行封孔,采用高压管预先注入液态 CO_2,采用引爆器或加热方式引发管内的 CO_2 迅速从液态转化为气态,CO_2 气体透过径向孔,迅速向外爆发,利用瞬间产生的强大推力,沿预裂钻孔壁自然裂隙引发煤体破碎;预裂之后,回收 CO_2 预裂管以备下次重复使用。CO_2 气体爆破工艺流程图如图 8-3 所示。

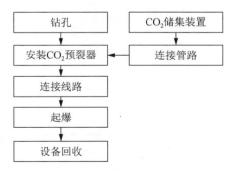

图 8-3　CO_2 气体爆破工艺流程图

8.2　块煤开采爆破技术方案

8.2.1　常规爆破技术工艺参数

根据煤层赋存条件、构造特征，煤岩物理力学性质、采煤工艺和开采技术条件等因素综合分析。为增强爆破弱化效果，提高方案的可靠性，提出两种可行性方案：方案一，工作面采用双排钻孔布置对煤层进行爆破弱化；方案二，超前工作面在进、回风巷采用双排钻孔布置对煤层进行爆破弱化。

常规爆破工艺参数如表 8-1 所示。

表 8-1　常规爆破工艺参数

序号	压裂参数	理论公式
1	装药量	$Q = qv$
2	炮眼间距	$l < 2\left(b\dfrac{P}{\sigma_{t}} \right)r_{b}$
3	孔径大小/mm	60～90
4	钻孔深度	根据实际情况确定
5	封孔长度	孔深的 1/4
6	爆破方式	正向起爆

1.　工作面爆破钻孔布置参数

工作面炮眼布置剖面图如图 8-4 所示，工作面回风巷炮眼布置剖面图如图 8-5 所示，钻孔布置参数如下所述。

① 炮孔深度：炮眼深度 2.5m。

② 炮眼间距：横向炮眼间距为 1.5m，竖向炮眼间距 1.5m。

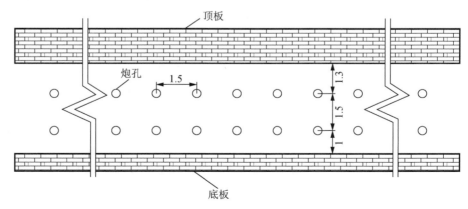

图 8-4　工作面炮眼布置剖面图（单位：m）

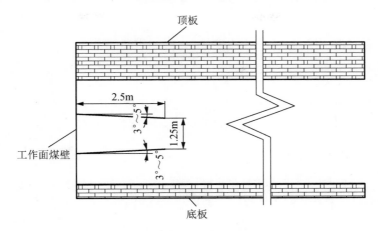

图 8-5　工作面回风巷炮眼布置剖面图

③ 炮眼布置方式：试验工作面煤壁分上下布置两排炮眼。将顶眼垂直布置，距煤层顶板 1.3m，保证爆破后位于裂隙圈范围，并向下成 3°～5° 的俯角；将底眼水平倾斜 75° 布置，距煤层底板 1.0m，保证爆破后位于裂隙圈范围，并向上成 3°～5° 的仰角。

2. 超前工作面爆破钻孔布置参数

超前工作面爆破方案图如图 8-6 所示，钻孔布置参数如下所述。

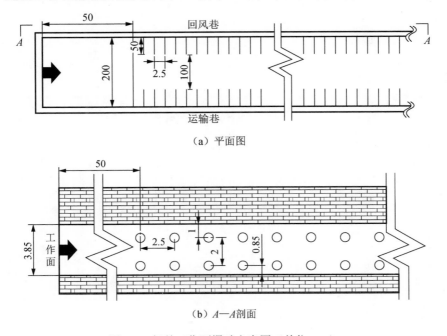

（a）平面图

（b）A—A剖面

图 8-6　超前工作面爆破方案图（单位：m）

① 炮孔深度：炮眼深度 50m。

② 炮眼间距：横向炮眼间距为 2.5m，竖向炮眼间距 2m。

③ 超前工作面距离：50～150m。

④ 封孔长度：15m。

⑤ 炮眼布置方式：工作面超前松动爆破炮孔分别在进、回风巷垂直巷道壁，平行于工作面布置两排炮眼，即上下两排相邻的四个炮眼成矩形分布。

8.2.2　气体爆破技术工艺

根据煤矿综采工作面煤层赋存条件、构造特征、煤岩物理力学性质、综采工艺和开采技术条件等因素综合分析。设计煤层超前 CO_2 气体爆破预裂法与综采工艺协调时空配套的综合预裂技术方案。在综采面煤层中沿煤层走向方向布置长孔超前 CO_2 气体爆破两种预裂方案进行试验：方案一采用单排长孔 CO_2 气体爆破预裂弱化方案，如图 8-7 所示；方案二采用双排错距长孔 CO_2 气体爆破预裂弱化方案，如图 8-8 所示。针对煤层厚度小于 3m 的区段，采用方案一；针对煤层厚度大于 3m 的区段，采用方案二。当运输巷中皮带与工作面煤壁有合适的间距时，在回风、运输巷同时布置钻孔；当皮带与工作面煤壁间距过小时，只在回风顺槽布置钻孔。

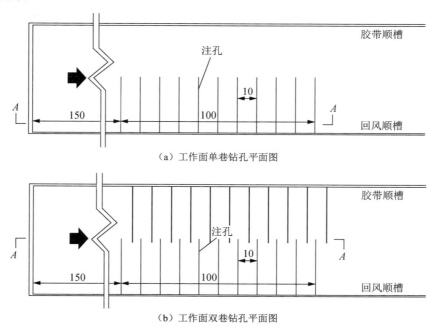

（a）工作面单巷钻孔平面图

（b）工作面双巷钻孔平面图

图 8-7　单排长孔 CO_2 气体爆破预裂弱化方案（单位：m）

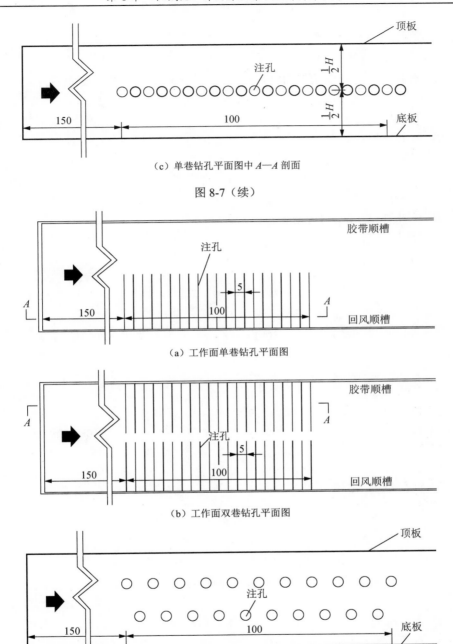

（c）单巷钻孔平面图中 *A—A* 剖面

图 8-7（续）

（a）工作面单巷钻孔平面图

（b）工作面双巷钻孔平面图

（c）*A—A* 剖面图

图 8-8　双排错距长孔 CO_2 气体爆破预裂弱化方案（单位：m）

1. 单排钻孔布置参数

单排钻孔布置参数如下所述。

① 布孔方式：超前工作面 150m，垂直于工作面走向沿煤层倾斜方向布置单排孔。

② 布孔间距：2.5～5m。

③ 布孔高度：1.2～1.6m。

④ 钻孔数量：根据试验段长确定。

⑤ 预裂孔长度：单侧预裂钻孔设计长度为工作面长度的 2/3 左右，双侧预裂钻孔设计长度小于 1/2 工作面长度。

⑥ 钻孔直径：80～100mm。

⑦ 钻孔角度：0°～1°。

⑧ CO_2 封孔长度：8～10m。

2. 双排钻孔布置参数

双排钻孔布置参数如下所述。

① 布孔方式：超前工作面 150m，垂直于工作面走向沿煤层倾斜方向布置双排孔。

② 布孔间距：3.5～7.0m。

③ 布孔高度：1.2～1.6m。

④ 钻孔数量：根据试验段长确定。

⑤ 预裂孔长度：单侧预裂钻孔设计长度为工作面长度的 2/3 左右，双侧预裂钻孔设计长度小于 1/2 工作面长度。

⑥ 钻孔直径：80～100mm。

⑦ 钻孔角度：0°～1°。

⑧ CO_2 封孔长度：8～10m。

3. 混合装药 CO_2 预裂方式及参数

混合装药 CO_2 布置参数如下所述。

① 预裂方式：超前工作面 150m，实施 CO_2 自激高压水柱冲击波联合破岩工艺方式。

② 预裂压力：60～270MPa，注水压力自动控制。

③ 预裂半径：3m。

④ 巷道保护煤柱：15～20m。

⑤ 装药方式：分 1/2 钻孔、2/3 钻孔或全钻孔段装药；钻孔装药结构如图 8-9 所示。

⑥ CO_2 注入量：根据不同的预裂需要选择。

⑦ 引爆方式：点加热预裂装置中的液态 CO_2 引爆。

⑧ 装药方式：人工装药。

⑨ 注水量：1/2 钻孔、2/3 钻孔或全钻孔段。

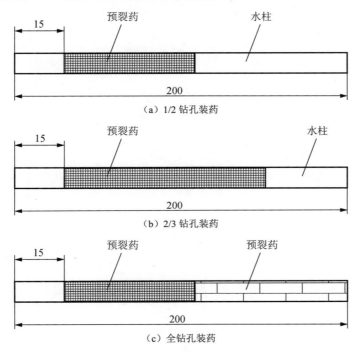

图 8-9　钻孔装药结构图（单位：m）

4. 工作面端部预裂方式及参数

工作面端部布置参数如下所述。

① 预裂方式：在超前工作面 10m 加强支护范围，采取 CO_2 预裂。

② 钻孔长度：根据工作面超前支承压力影响区范围以及工作面试验阶段煤壁破碎度确定。

③ 预裂半径：3m。

④ 巷道煤帮保护煤柱：5m。

⑤ 预裂装药方式：分全钻孔装药和 1/2 钻孔装药。

⑥ CO_2 注入量：根据不同的预裂需要选择。

⑦ 引爆方式：点加热预裂装置中的液态 CO_2 引爆。

⑧ 装药方式：人工装药。

⑨ 封孔长度：大于 4m。

⑩ 预裂孔间距：孔间距为 10m。

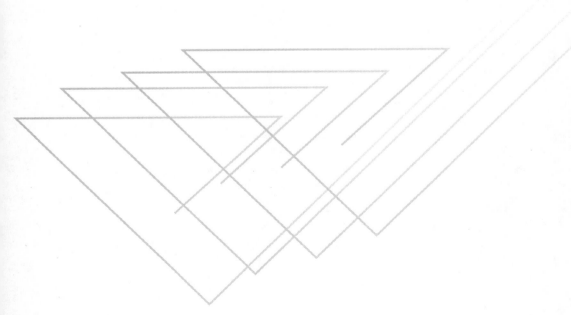

第二篇

工程与应用

第9章 黄陇侏罗纪煤田2号煤层提高块煤率技术研究

9.1 试验工作面概况

黄陵矿区选择12406和12407综采工作面为试验点，所采煤层为黄陇侏罗纪煤田2#煤层，煤层厚度为1.7～4.52m，硬度 f 为2～3，倾角0°～5°，采用倾斜长壁后退式开采。黄陵矿区试验工作面基本情况如表9-1所示，工作面平面示意图如图9-1所示。

表9-1 黄陵矿区试验工作面基本情况

项目类别	指标名称	12406工作面	12407工作面
开采条件	煤层埋深/m	274.5	235
	开采煤层	2#	2#
	煤层裂隙	裂隙不发育	裂隙不发育
	硬度 f	2～3	2～3
	倾角/(°)	0～5	0～3
	煤层厚度/m	1.7～4.18	1.7～4.52
	工作面走向长度/m	2 495.946	2 300
	工作面倾斜长度/m	150	150
	工作面采高/m	1.7～3.6	2.7～3.6
	可采储量/t	1 546 854.4	1 357 490.53
开采方法	采煤方法	倾斜长壁后退式	倾斜长壁后退式
	落煤方式	采煤机割煤	采煤机割煤
	支护形式	支撑掩护式液压支架	支撑掩护式液压支架
	顶板结构	稳定	稳定
	顶板管理方法	全部垮落法	全部垮落法

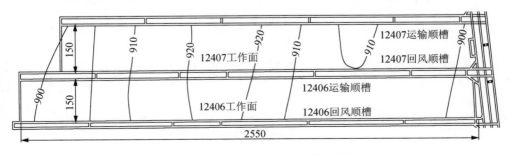

图9-1 12406/12407工作面平面示意图

9.2　实施方案

9.2.1　总体设计

根据黄陵矿区 2#煤层赋存条件和开采技术条件等因素，实施超前水压预裂综合块煤开采技术方案。实施步骤：第一步采用高压脉冲水进行预裂；第二步利用高压水进行煤层压裂；第三步采用与综采工艺协调配套的综合块煤开采技术方案。具体是在距离煤层工作面 150m 的回风顺槽布置预裂工作点，从回风顺槽工作面一侧煤帮向煤层打预裂孔，沿平行工作面布置钻孔。

9.2.2　12406 工作面实施方案

在 12406 长壁综采工作面实验阶段共 350m（工作面离停采线距离），超前150m，即有效实施区域长度 200m。钻孔布置参数如表 9-2 所示，钻孔布置方案示意图如图 9-2 所示。

表 9-2　12406 工作面钻孔布置参数

参数	数值	参数	数值
钻孔直径/mm	94	钻孔间距/m	10
钻孔长度/m	100～126	封孔长度/m	20
钻孔角度/（°）	1～3	钻孔数量/个	20

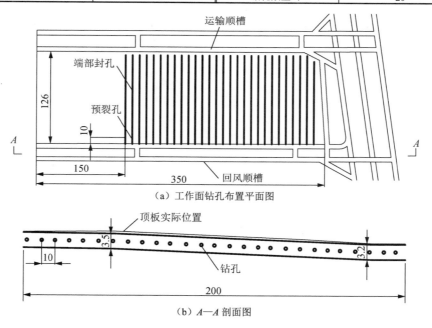

（a）工作面钻孔布置平面图

（b）A—A 剖面图

图 9-2　12406 工作面钻孔布置方案示意图

9.2.3　12407 工作面实施方案

1）单排钻孔布置方案

12407 工作面超前预裂试验阶段分为两个试验区，第一试验区从距停采线 1480m 至距停采线 1150m 处，长度为 330m，第二试验区从距停采线 600m 至距停采线区域内，长度 600m。在超前工作面 150m 的回风顺槽及运顺顺槽各布置一个工作点，从回风顺槽和运顺顺槽交替直接往煤层打预裂深钻孔，沿平行工作面方向布置钻孔。根据煤层薄厚起伏变化，调整钻孔位置。单排钻孔布置参数如表 9-3 所示，单排钻孔布置方案示意图如图 9-3 所示。

表 9-3　12407 工作面单排钻孔布置参数

参数	数值	参数	数值
钻孔直径/mm	113	钻孔间距/m	10
钻孔长度/m	80/50	封孔长度/m	20
预留保护线/m	20	钻孔数量/个	95

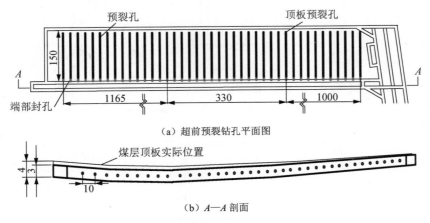

（a）超前预裂钻孔平面图

（b）A—A 剖面

图 9-3　12407 工作面超前预裂单排钻孔布置方案示意图

2）双排钻孔布置方案

12407 工作面超前预裂分为三试验区，第一试验区从开切眼至 1165m 处，第二试验区从距开切眼 1165m 至距开切眼 1495m 区域内，长度 330m，第三试验区从距开切眼 1495m 至 12407 工作面停采线，长度 1000m。在超前工作面 200m 的回风顺槽布置一个工作点，从回风顺槽直接往煤层打预裂深钻孔，沿平行工作面方向布置双排钻孔，呈三角形布置（图 9-4）。双排钻孔布置参数如表 9-4 所示，双排钻孔布置方案示意图如图 9-5 所示。

表 9-4　12407 工作面双排钻孔布置参数

参数	数值	参数	数值
钻孔直径/mm	113	钻孔间距/m	10~12
钻孔长度/m	126	封孔长度/m	20
钻孔角度/（°）	−1~1	钻孔数量/个	330

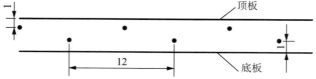

图 9-4　12407 回风顺槽双排钻孔布置方案示意图

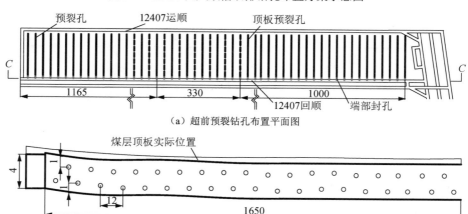

（a）超前预裂钻孔布置平面图

（b）C—C 剖面

图 9-5　12407 工作面超前预裂双排钻孔布置方案示意图

9.3　采煤工艺及设备优化、转载止损

9.3.1　采煤工艺优化

1. 采

1）不同进刀方式对煤壁破碎的规律

综采块煤开采工艺的进刀方式分为：双向割煤端部斜切进刀方式、单向割煤端部斜切进刀方式和中部斜切进刀方式。在工作面长度，设备型号确定的情况下，由前文可以确定不同进刀方式割一刀煤的时间如表 9-5 所示。由表 9-5 可知，采用双向割煤端部斜切进刀方式，割一刀煤所消耗的时间最少。

表 9-5　不同进刀方式割一刀煤的时间

进刀方式	时间/min
双向割煤端部斜切进刀方式	43
单向割煤端部斜切进刀方式	64
中部斜切进刀方式	52

由表 9-6 可知，在预裂区来压阶段机尾向机头斜切进刀方式的牵引速度最大为 8.52m/min，比非预裂区未来压阶段机头向机尾斜切进刀方式速度增加了 7.85%，此时采煤机的割煤效果最好。

表 9-6　不同进刀方式下采煤机的牵引速度

测试区间	是否来压	进刀方式	牵引速度/（m/min）	速度变化率/%
非预裂区	未来压	机头向机尾斜切进刀	7.9	0
	来压	机头向机尾斜切进刀	8.1	2.53
预裂区	未来压	机头向机尾斜切进刀	8.23	4.18
	来压	机头向机尾斜切进刀	8.38	6.08
非预裂区	未来压	机尾向机头斜切进刀	8.17	3.42
	来压	机尾向机头斜切进刀	8.25	4.43
预裂区	未来压	机尾向机头斜切进刀	8.43	5.19
	来压	机尾向机头斜切进刀	8.52	7.85

将表 9-6 中不同区域的不同进刀方式与非预裂区未来压阶段机头向机尾斜切进刀方式牵引速度之差（图 9-6），说明同等情况下机尾向机头进刀方式较机头向机尾方式大，不同时期预裂区同样进刀方式较非预裂区牵引速度快。

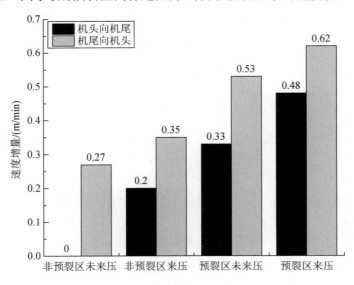

图 9-6　不同区域采煤机牵引速度变化增量图

2）不同割煤方式对煤壁破碎的影响规律

由表 9-7、图 9-7 和图 9-8，采煤机割顶煤与割底煤相比可知，在割煤过程中，在割顶煤时预裂区来压阶段，前方煤体挤压区范围最大为 68cm，是割底煤时非预裂区未来压阶段的 6.8 倍；同时，在割顶煤预裂区来压阶段，滚筒割煤时前方煤体挤压区煤体的体积为 41 160cm³，是割底煤时非预裂区未来压阶段的 5.25 倍。

表 9-7　不同割煤方式下采煤机割煤情况分析

割煤方式		是否来压	L_j /cm	b	V_j /cm³	Δ
割顶煤	非预裂区	未来压	34	2.4	80×22×10	1.24
		来压	41	3.1	94×30×10	2.60
	预裂区	未来压	52	4.2	94×32×12	3.60
		来压	68	5.8	98×30×14	4.25
割底煤	非预裂区	未来压	10	0	98×8×10	0.00
		来压	21	1.1	112×12×10	0.71
	预裂区	未来压	37	2.7	120×15×15	2.44
		来压	43	3.3	122×17×15	2.97

注：L_j 为前方煤壁挤压区影响范围（cm）；b 为与割底煤非预裂区为未来压相比影响范围的增加倍数；V_j 为滚筒割煤时前方煤体挤压片帮煤体的尺寸，高×宽×厚=cm×cm×cm；Δ 为与非预裂区未来压相比挤压区体积的增加倍数。

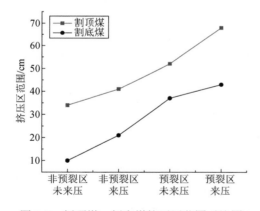

图 9-7　割顶煤、割底煤挤压区范围对比图　　图 9-8　割顶煤、割底煤挤压区体积对比图

2. 落

落煤是指经采煤机截割后的块煤从煤壁落入刮板运输机的过程。对于双滚筒采煤机，前滚筒主要负责割顶煤，同时负责装煤任务；后滚筒主要负责装煤，以及截割底煤，通过对滚筒割煤的运动速度分析得出：

煤的轴向速度为

$$U_{\mathrm{xp}} = \pi Dn \frac{\sin\beta}{\cos\theta}\cos(\beta+\theta) \tag{9-1}$$

煤的切向速度为

$$U_{\text{tp}} = \pi D n \frac{\sin \beta}{\cos \theta} \sin(\beta + \theta) \tag{9-2}$$

式中：D——滚筒直径；

　　　n——滚筒转速；

　　　θ——块煤与叶片之间的摩擦角；

　　　β——叶片螺旋升角。

由式（9-1）得出，滚筒转速增大，块煤的轴向运动速度 U_{xp} 增大，块煤在滚筒内的运动时间大大缩短，在相同时间内通过滚筒的煤量增多。由式（9-2）得出，块煤的切向速度 U_{tp} 也随着滚筒转速增大而增大，切向速度的增大将导致环流煤量的形成，增大了采煤机功率的消耗，容易造成二次破碎，致使煤的块度下降。

块煤在螺旋滚筒中沿轴向的运动时间为 t 为

$$t = \frac{L_{\text{t}}}{\pi n D \tan \beta} \tag{9-3}$$

式中：L_{t}——螺旋导程。

根据优化后的结果，12406 及 12407 综采工作面采煤机滚筒转速 27.73r/min，滚筒直径为 2000mm，块煤在滚筒中的运动时间为

$$t = 1.09\text{s} < 1.26\text{s}$$

如果块煤在滚筒中的运动时间过小，截齿截割下来的煤体在出煤口造成堵塞，导致大量的落煤不能被螺旋叶片及时运到刮板运输机上，加大了块煤之间的重复挤压，使得块煤率降低。同时压裂后的煤层呈充满裂隙的破碎状态，遇水后的煤体与螺旋叶片的摩擦系数降低，块煤在滚筒内的运动速度加快。

由表 9-8 可知，优化后块煤在采煤机滚筒内的轴向速度增加了 6.88m/min，切向速度增加了 7.94m/min；速度增大有利于块煤快速从滚筒排出，顺利落到刮板运输机上，且块煤排出时间减小 0.17s，时间缩短，滚筒内的块煤不容易发生碰撞造成二次破碎，有利于提高块煤率。

表 9-8　工艺优化前后参数

参数	优化前数值	优化后数值	变化量
轴向速度 U_{xp} /（m/min）	52.68	59.56	6.88
切向速度 U_{tp} /（m/min）	60.79	68.73	7.94
运动时间 t/s	1.26	1.09	−0.17

3. 装、运

工作面使用 MG300/700-WD 型电牵引螺旋叶片滚筒采煤机及 SGZ-764/400 型带煤壁侧铲煤板输送机。MG300/700-WD 型采煤机按优化后的 4.1m/min 的割煤速

度，根据最大割煤速度计算最大产量为 562t/h 左右；根据 12406 与 12407 工作面长度计算及优化后的割煤速度来计算，每小时产量为 350t 左右；采煤工作面使用的输送机为 SGZ-764/400 型输送机，其每小时的最大运输能力为 800t，满足优化后工作面的最大运输能力。

4. 支护

12406 与 12407 工作面选用 ZZ6000/18/38 综采液压支架，液压支架初撑力 5235kN/架，来压时为 6200kN/架，初次来压步距为 36m，周期来压步距为 18m，工作面支架工作方式为恒阻式，压裂前后矿压对比如表 9-9 所示。

表 9-9　压裂前后矿压对比

分类		未压裂煤层	压裂煤层
	周期来压/m	19	18
超前支承压力	峰值位置/m	3	5
	应力集中系数 K	1.35	1.18
支架动载系数		1.1	1.05
支架工作方式		增阻式	恒阻式
煤体片帮形式		剪切片帮	剪切片帮

由表 9-9 可知，工作面煤体压裂之后，工作面周期来压步距变化不大，工作面超前支承压力前移 2m，应力集中系数由 1.35 降低为 1.18，降低 12.6%，煤层卸压效果显著。支架工作方式由增阻式转变为恒阻式，支架运行稳定，来压时支架动载系数由 1.1 降低为 1.05，降低 4.5%。工作面煤壁片帮形式压裂前后均为剪切滑移式片帮，但压裂之后，煤壁片帮较压裂前片帮体积减小，工作面煤壁更稳定。

12406 与 12407 工作面采用及时支护，移架在煤机滚筒过后 6 架外进行，采用本架操作、顺序移架（在条件具备下可进行奇偶移架）、追机作业方式，移架步距为 800mm，当顶板破碎时，可在煤机前滚筒割完煤后及时伸护帮板或移超前架。

5. 循环进度

经过对采煤工艺的研究，工艺优化结果如表 9-10 和图 9-9 所示。12406 工作面采煤机采用双向端部斜切进刀方式进刀距离 20m，在非预裂区未来压阶段采煤机割煤速度为 2.5m/min，正常阶段割煤时间为 44min，空刀运行时间 7.5min，在未预裂区采煤机割一个循环煤的时间 54min。在预裂区来压阶段采煤机速度提高到 4.1m/min 时，正常阶段割煤缩短至 27.5min，斜切进刀时间 5min，空刀运行时间 7.5min，在预裂区来压阶段采煤机割一个循环煤时间为 44min，相比非预裂区未来压割一个循环煤缩短 10min。原矿井设计中每天割煤循环为 10 刀，速度提高之后正常割煤阶段共节省时间 100min，即每天可增加 2 个割煤循环。

表 9-10　工艺优化前后参数

参数	优化前数值	优化后数值	变化量
割煤时间/（min/刀）	54	44	-10
空刀时间/min	7.5	7.5	0
斜切进刀时间/min	27	21	-6
割煤刀/刀	10	12	2
产量/t	6209.3	7451.1	1241.8

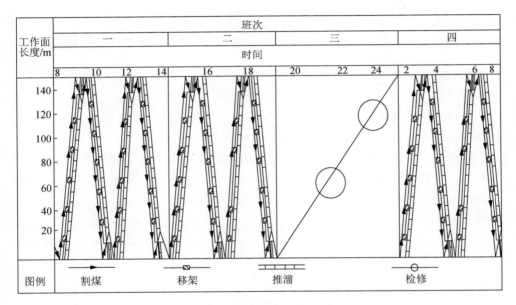

图 9-9　工艺优化后循环图表

6. 小结

（1）12406 及 12407 工作面原割煤工艺采用的是单向割煤端部斜切进刀方式，优化后采用双向割煤端部斜切进刀方式进行割煤。采煤机运行速度由优化前的 2.5m/min，增加到 4.1m/min，割一刀煤可节约工时 10min，每天可节约工时 100min。在有效循环不变的情况下，压裂后煤层截割比未压裂煤层截割可以多增加 2 个割煤循环。

（2）在采煤机进入压裂区后采煤工艺采用双向割煤端部斜切进刀方式，采用割顶煤的割煤方式，采煤机牵引速度 4.1m/min 时，割煤效果最好。

（3）参数优化后，采煤机滚筒落煤速度加快，相比优化前落煤时间提高

0.17s，有助于割落块煤迅速落到刮板运输机上，有效杜绝了落煤缓慢，发生堵塞的情况发生。

（4）经过工效分析，综采执行"四六"制工作方式，一二四班生产，三班集中检修，不同于原循环图表的是，整个开采过程在提高工效的情况下，每天可以增加 2 个循环，产量每天增加 1241.8t。充分利用有效的开机时间，对工作面割煤进行高效管理。

9.3.2　设备优化

为了增大切削面积，提高块煤生产率，对牵引速度与块煤率的关系、滚筒转速与块煤率的关系、采煤机滚筒截深与块煤率、切削厚度与块煤率的关系、截齿数量与块煤率、滚筒直径对块煤量和块煤率的影响、滚筒截齿排列的方式对块煤率的影响等方面进行分析。

1）滚筒直径

由前文分析得出，为了提高块煤率，采煤机滚筒直径应在满足煤层开采的条件下选择直径较大的滚筒，12406 和 12407 工作面采用的滚筒直径为 1800mm，选择直径大一些滚筒，有利于降低临界转速，提高装煤效果。

由表 9-11 可知，在压裂区域，采煤机滚筒直径为 2000mm 时，切削面积最大为 1314.2mm^2，是未压裂区直径为 1500mm 滚筒切削面积的 2.55 倍，12406 与 12407 工作面采用 2000mm 直径滚筒，可以增大块煤产量。

表 9-11　不同滚筒直径的切削面积

测试区间	滚筒直径/mm	切削面积/mm^2
未压裂区	1500	515.7
	1800	782.8
	2000	916.9
压裂区	1500	746.2
	1800	907.5
	2000	1314.2

2）牵引速度

牵引速度与切削厚度成正比例关系，在滚筒转速一定的情况下，已知牵引速度和切削面积成正相关，块煤率随牵引速度的增大而增大。

由表 9-12 可知，在未压裂区，采煤机的牵引速度为 2.5 m/min 时，切削厚度为 78.13mm，预裂之后的采煤机的牵引速度为 4.1m/min，切削厚度为 147.85mm，是优化前的 1.89 倍；在未压裂区，牵引速度为 2.5 m/min 时，切削面积为 1355.7mm^2，预裂区牵引速度为 4.1m/min 时，切削面积为 3204.27mm^2。所以采煤机的牵引速度应增加至 4.1m/min。

表 9-12　不同牵引速度采煤机的切削面积及切削厚度

测试区间	牵引速度/（m/min）	切削厚度/mm	切削面积/mm²
未压裂区	2.5	78.13	1355.7
	3.0	93.75	2011.9
	4.1	128.13	2861.8
压裂区	2.5	90.16	1580.6
	3.0	108.20	2256.5
	4.1	147.85	3204.27

3）滚筒转速

由于滚筒截齿在截割过程中的运动轨迹接近于一条渐开线，当牵引速度一定时，滚筒转速降低，每个截齿的切削厚度增大，切削面积相应增大，截割下来的块煤率提高。

以表 9-13 可知，12406 和 12407 工作面在未压裂区滚筒转速为 32r/min 时，切削面积为 689.4mm²，在未压裂区滚筒转速下降至 27.73r/min，切削面积增大到 1021.1 mm²，面积增大 0.48 倍；同样，在压裂区滚筒转速由 32r/min 降至 27.73r/min 时，切削面积从 1004.8mm² 增大到 1532.5 mm²，增加 0.53 倍。适当降低采煤机滚筒转速有利于提高采煤机切削面积，增大块煤率。

表 9-13　不同滚筒转速采煤机的切削面积

测试区间	转速/（r/min）	切削面积/mm²
未压裂区	27.73	1021.1
	32.00	689.4
压裂区	27.73	1532.5
	32.00	1004.8

4）截齿数量

截齿数量和切削面积有关，12406 与 12407 工作面采用 MG300/700-WD 型采煤机滚筒截齿 36 个，其中端盘 18 个、叶片 18 个、每片 6 个。为提高块煤率，根据黄陵矿区 2 号煤的煤层性质情况来确定截齿的安装数量应按 10～16 个/m² 安装较为适宜，将截齿数量减少到 30 个，其中端盘 18 个保持不变，叶片由每片 6 个减少到 4 个符合理论上的要求，所截割的煤体块度相比破岩滚筒块度增大。

5）截齿排列方式

截齿排列方式采用棋盘式布置，可以增大相邻截齿的截线距，相邻截线上的截齿不在同一旋叶上，棋盘式布置使两截齿间隔大，切削断面大，割落的煤体块煤率大。

12406 与 12407 工作面工艺优化前后采煤机参数如表 9-14 所示。

表 9-14　12406 与 12407 工作面工艺优化前后采煤机参数

参数	优化前数值	优化后数值
滚筒直径/mm	1800	2000
截齿数量/个	36	30
切削厚度/mm	78.13	147.85
叶片数目/个	6	4
牵引速度/（m/min）	2.5	4.1
滚筒转速/（r/min）	32.00	27.73
截齿形式	刀型齿	镐型齿
截深/m	0.8	0.8
截齿排列方式	棋盘式	棋盘式

9.3.3　转载止损

黄陵矿区 12406 工作面转运系统共涉及 7 个转载点：1 个顺直搭接、4 个直角搭接、1 个井底煤仓转载和 1 个地面煤仓。依据对原煤运输系统中块煤的破碎理论分析研究，以及结合 12406 工作面运煤运输系统转载点的实际情况，提出 12406 工作面转载点原煤顺直搭接和直角搭接的改进措施，该工作面井下运输转载环节采用缓冲装置设计为原煤缓冲区和优化后煤自流区两个部分，两个部分可进行顺直连接或者直角连接，转载点优化装置示意图如图 9-10 所示。

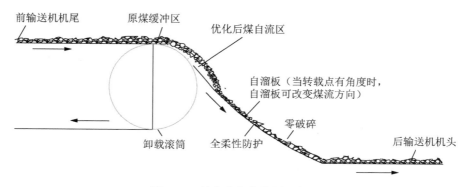

图 9-10　转载点优化装置示意图

关于井底煤仓转载，采用螺旋式煤仓，在立仓内壁安装螺旋装置，一般为锰钢材料，上面可贴耐磨材料，煤炭通过该装置可匀速滑下，使块煤破碎量减到最小。结合黄陵矿区实际情况，设置 6 个伸缩溜槽将煤堆分为 6 个煤堆，能有效降低落煤高度，减少块煤碰撞破碎。煤仓改造装配示意图如图 9-11 所示。

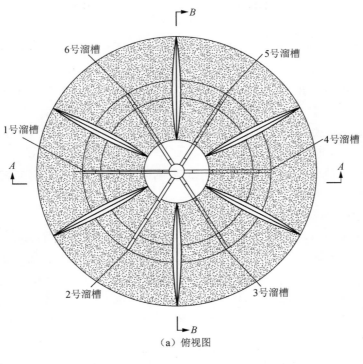

（a）俯视图

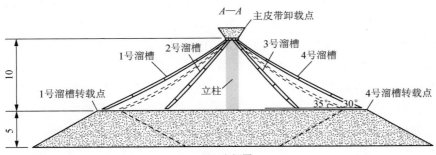

（b）主视图

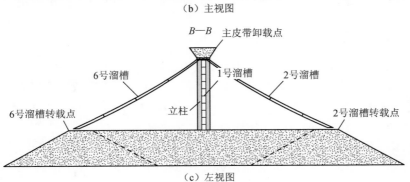

（c）左视图

图 9-11　煤仓改造装配示意图

9.4 实 施 过 程

2014 年 4 月～2015 年 12 月，在黄陵矿区 12406、12407 工作面进行煤层水压预裂成套技术方案，效果显著，达到了设计要求，两个工作面在未预裂及技术改造前的块煤率为 23%，预裂后工作面块煤率测定值为 61%，其中在 2#煤异常变薄带综采面块煤率也提高到 53.47%。

黄陵矿区 12406、12407 综采工作面提高块煤率项目实施按时间顺序，分为 4 个阶段。

1）前期准备（第一阶段）

2014 年 1～3 月，历时 3 个月，其主要工作包括对该矿区 12406、12407 综采工作面的材料搜集，以及对该矿区煤样的物理参数测定，对使用水质进行分析等。依据收集的地质资料进行理论分析、数值模拟计算，设计了 12406 和 12407 工作面水力压裂方案（选用单排单巷钻孔预裂方案）、块煤转载止损方案、采煤机设备改造和采煤工艺优化方案。

2）现场试验（第二阶段）

2014 年 4 月～2015 年 12 月，黄陵矿区 12406/12407 工作面进行现场试验。2014 年 4～5 月，依据设计的采煤工艺、采煤设备优化方案以及转载止损方案对 12406、12407 综采工作面进行了改造；2014 年 4～6 月，在地面进行压裂切煤工业试验，随后根据设计的水力压裂方案在 12406 工作面超前工作面 150m 的回风顺槽布置一个工作点在试验区 200m 内开始打单排预裂深钻孔，共计 7 个，钻孔打完后开始在 12406 工作面进行水力压裂，试验成功后，2014 年 7～12 月，实施煤层水力压裂提高块煤率方案；2015 年 1～12 月，在 12407 工作面超前工作面 150m 划分的 2010m 试验区回风顺槽内打双排预裂深钻孔 200 个，实施煤层水力压裂方案。

3）现场效果测定（第三阶段）

2014 年 4 月，对 12406 工作面压裂后的块煤率测定，以及转载止损及采煤工艺及设备优化后的块煤率测定；2015 年 1 月，对 12407 工作面压裂后的块煤率测定，以及转载止损及采煤工艺及设备优化后的块煤率测定。

4）效果分析及资料整理（第四阶段）

在前 3 个阶段实施基本完成后，分析存在的问题及实施效果，整理相关资料，给出适合黄陵矿区和类似矿井水压预裂提高块煤率的成套技术方法与工艺参数。

9.5　实　施　效　果

经过对黄陇煤田 2 号煤层实施煤层压裂提高块煤率综合技术后，块煤粒径分级统计表如表 9-15 所示，提质增效统计表如表 9-16 所示。

表 9-15　压裂煤层块煤粒径分级统计表

块煤粒径/mm	占比/%		
	未压裂煤层	压裂煤层	变化量
0～6	18.2	16.3	−1.9
6～13	6.6	12.4	5.8
13～30	3.2	11.6	8.4
30～50	2.8	15.2	12.4
50～80	4.1	13.6	9.5
80～100	6.3	8.2	1.9
>100	58.8	22.7	−36.1

表 9-16　压裂煤层提质增效统计表

	分析指标	未压裂煤层	压裂煤层	变化率/%
提质增效	块煤粒径 6～100mm 占比/%	23	61	165.2
	割煤循环/刀	10	12	20.0
节能降耗	截割比能耗/[（kW·h）/m³]	1.12	1.04	−7.1
	截割阻抗/（N/m）	298	154	−48.3
	切削面积/mm²	782.8	1314.2	67.9
	比能耗密度/[（kW·h）/（m³·min）]	0.131	0.116	−11.5
	电耗/（度/万 t）	8025.6	6525.2	−18.7
	油脂/（kg/万 t）	90.52	68.5	−24.3
	截齿/（个/万 t）	18.5	12.6	−31.9

由表 9-15 和图 9-12 可知，压裂煤层 0～6mm 粒径块率为 16.3%，未压裂煤层为 18.2%；压裂煤层 30～50mm 粒径块率高，为 15.2%，未压裂煤层低，为 2.8%；压裂煤层 50～80mm 粒径块率高，为 13.6%，未压裂煤层低，为 4.1%；未压裂煤层 100mm 以上粒径块率高，为 58.8%，压裂煤层低，为 22.7%。

将块煤粒径分为 0～6mm、6～100mm、大于 100mm 三级，各级占比如图 9-13 所示，其中 100mm 以上块度减少了 36.1%，6～100mm 块度增加了 38%，且各区间块度增量在区间震荡，30～50mm 增量最大，为 12.4%，50～80mm 增量次之，为 9.5%。说明压裂工艺显著减少大块，使得大块破碎为中块和仔块煤。压裂工艺综采工作面不同粒径块煤率变化量分布如图 9-14 所示。

由图 9-15 可知，压裂工艺作用下，块煤粒径分布呈 "W" 形状，20～80mm 粒径呈正态分布。

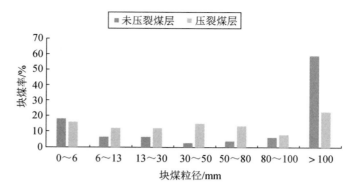

图9-12 压裂破碎前后综采面块煤率与块煤粒径分布规律

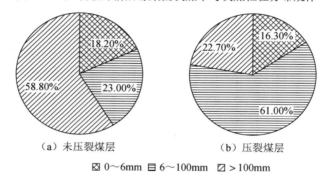

图9-13 压裂破碎前后综采工作面块煤率与块煤粒径分布统计

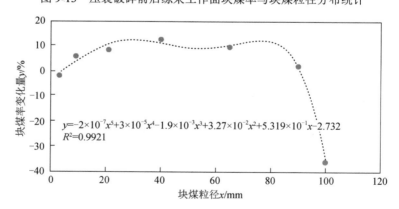

图9-14 压裂工艺综采工作面不同粒径块煤率变化量分布

综采工作面块煤破碎粒径与煤层破碎分类关系为：未破碎煤体 A 块煤粒径大于 100mm，轻微破碎煤体 B01 块煤粒径为 90～100mm，轻微破碎煤体 B02 块煤粒径为 80～90mm，较强破碎煤体 C01 块煤粒径为 50～80mm，破碎煤体 D01 块煤粒径为 30～50mm，破碎煤体 D02 块煤粒径小于 30mm。压裂煤层破碎性分类如表9-17所示。

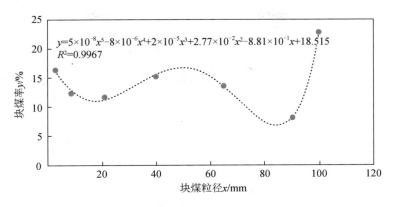

图 9-15　压裂工艺综采工作面不同粒径块煤率分布

表 9-17　压裂煤层破碎性分类

影响因素	煤层理论计算分维数	煤层实际破碎分维数	煤层破碎性分类
未压裂煤层	1.27	1.26	未破碎煤体 A02
带式压裂未来压	2.52	2.28	破碎煤体 D01
带式压裂来压		2.31	破碎煤体 D01

根据煤层 12406、12407 综采工作面煤层破碎分级表研究发现，工作面煤体未压裂时，煤层硬度大，为未破碎煤体 A02；为改善煤层结构，提高截割效率和块煤产出率，依据煤层破碎分级转化关系和计算公式，选用带式水力压裂破碎工作面煤体；采用带式压裂之后工作面煤体破碎分形维数增大，煤体转化为破碎煤体 D01，工作面大块煤体减小，煤体粒径为 30~50mm 产量增加显著。黄陵矿区煤层压裂方案与实施效果如表 9-18 所示。

表 9-18　黄陵矿区煤层压裂方案与实施效果

项目		内容
技术方案	煤层压裂	采用双排"三角"平行剪切孔脉冲压裂（DSPF）方案，预裂压力 66~270MPa，压裂压力 80~120MPa，预裂半径 5~10m，压裂流量 2.0m³/h，压裂时间 0.5~1.0h
	采煤设备改造	滚筒直径 2000mm，截齿选择镐型齿，截齿数 30 个，叶片数 4 个，转速 27.73r/min
	采煤工艺优化	采用端部斜切进刀方式，预裂区割煤速度 4.1m/min，每天增加两刀煤
	转载改造	对顺直与直角搭接转载点增加缓冲装置，分为煤流缓冲区、自溜落煤与顺直或直角连接；井底煤仓转载，采用螺旋式煤仓，在立仓内壁安装螺旋装置；地面煤仓采取将 1 个煤堆利用伸缩可移动溜槽分为 6 个煤堆，降低落煤高度，减少块煤破碎
技术效果	综合技术效果	采用煤层水压预裂、采煤工艺优化、采煤设备改造以及矿压利用综合块煤开采技术，测定正常采高 3m 情况下，综采面块煤率达 61%，块煤率提高了 38%；在 2# 煤异常变薄带综采面块煤率也提高到 53.47%，块煤率提高了 30.47%，截割比能耗降低 7.1%
	采煤设备改造	采煤机改造后，对比改造前后块煤率，采煤机改造块煤率提高 7.2%
	采煤工艺优化	对比采煤工艺优化前后块煤率，采煤工艺优化块煤率提高 7.6%
	转载系统改造	对主要转载点的改造后，块煤损失由 18.39% 降到 5.02%，块煤损失率降低了 13.37%

第 10 章　神东矿区浅埋煤层提高块煤率技术研究

10.1　试验工作面概况

神东矿区选择 5102 和 5103 综采工作面为试验点，所采 5^{-2} 煤层厚度 6.39～9.18m，硬度 f 为 2.5，倾角 0°～1°，采用长壁分层后退式开采。5102 工作面西北部为井田西北部边界，东北部为 5101 回采工作面采空区，南部为辅运大巷，西部尚未开采。5103 工作面位于 5102 工作面下部，属于下分层开采。神东矿区试验工作面基本情况如表 10-1 所示，工作面平面示意图如图 10-1 和图 10-2 所示。

表 10-1　神东矿区试验工作面基本情况

项目类别	指标名称	5102 工作面	5103 工作面
开采条件	井田	大海则井田	大海则井田
	煤层埋深/m	43.72～185.23	43.72～185.23
	开采煤层	5^{-2}	5^{-2}
	煤层裂隙	裂隙不发育	裂隙不发育
	硬度 f	2.5	2.5
	倾角/(°)	0～1	0～1
	煤层厚度/m	6.39～9.18	6.39～9.18
	工作面走向长度/m	1832	1832
	工作面倾斜长度/m	200	190
	工作面采高/m	4.2	4.2
	可采储量/Mt	35.82	35.82
开采方法	采煤方法	长壁分层后退式	长壁分层后退式
	落煤方式	采煤机割煤	采煤机割煤
	支持形式	掩护式液压支架	掩护式液压支架
	顶板结构	稳定	稳定
	顶板管理方法	全部垮落法	全部垮落法

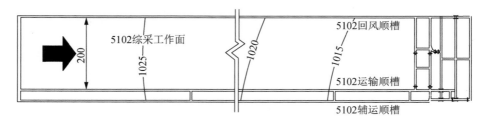

图 10-1　5102 工作面平面示意图

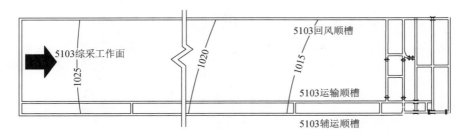

图 10-2　5103 工作面平面示意图

10.2　实　施　方　案

10.2.1　总体设计

根据神东矿区 5102 和 5103 综采工作面煤层赋存条件和开采技术条件等因素，5^{-2} 煤层实施超前水压预裂综合块煤开采技术方案，其实施步骤：第一步，采用高压脉冲水进行预裂；第二步，利用高压水进行煤层压裂；第三步，采用与综采工艺协调配套的综合块煤开采技术方案。

10.2.2　5102/5103 工作面实施方案

5102、5103 工作面采用双排错距钻孔布置对煤层进行预裂。在距离煤层工作面 50m 的回风顺槽布置一个工作点，从回风顺槽直接沿平行工作面方向往煤层布置双排预裂深钻孔，呈三角形布置，预裂钻孔布置参数如表 10-2 所示，工作面双排孔预裂方案示意图如图 10-3 和图 10-4 所示。

表 10-2　预裂钻孔布置参数

参数	数值	参数	数值	参数	数值
钻孔直径/mm	94	预留保护线/m	20	封孔长度/m	20
钻孔长度/m	100	钻孔间距/m	5~10	钻孔数量/个	21

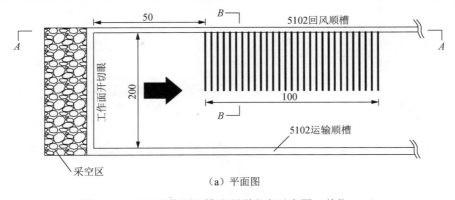

（a）平面图

图 10-3　5102 工作面双排孔预裂方案示意图（单位：m）

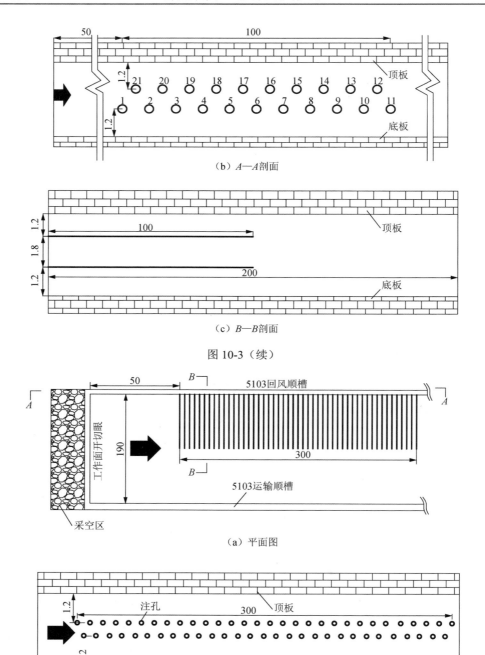

（b）A—A剖面

（c）B—B剖面

图 10-3（续）

（a）平面图

（b）A—A剖面

图 10-4　5103 工作面双排孔预裂方案示意图（单位：m）

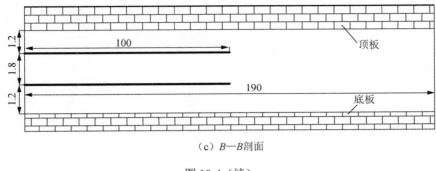

（c）B—B剖面

图 10-4（续）

10.3　采煤工艺及设备优化、转载止损

10.3.1　采煤工艺优化

1. 采

1）不同进刀方式对煤壁破碎的规律

综采块煤开采工艺的进刀方式分为双向割煤端部斜切进刀方式、单向割煤端部斜切进刀方式和中部斜切进刀方式。在工作面长度，设备型号确定的情况下，可以确定割一刀煤消耗的时间。

由表 10-3 可知，采用双向割煤端部斜切进刀方式，割一刀煤所消耗的时间最少为 45.9min。

表 10-3　不同进刀方式割一刀煤的时间

进刀方式	时间/min
双向割煤端部斜切进刀方式	45.9
单向割煤端部斜切进刀方式	57.6
中部斜切进刀方式	50.0

由表 10-4 和图 10-5 分析可得，当采煤机采用双向割煤端部斜切进刀方式割煤时，在预裂区来压时采煤机牵引速度在预裂区来压阶段速度最大为 8.68m/min，与非预裂区未来压时相比采煤机的牵引速度提高了 4.45%，割煤效果最好。

表 10-4　双向割煤端部斜切进刀方式下采煤机的牵引速度

测试区间	是否来压	牵引速度/（m/min）	速度变化率/%
非预裂区	未来压	8.31	0
	来压	8.36	0.6
预裂区	未来压	8.52	2.53
	来压	8.68	4.45

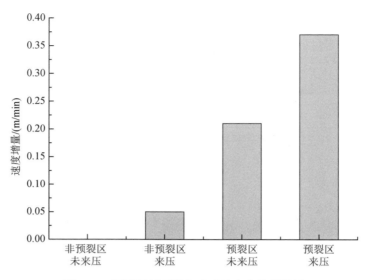

图 10-5　不同区域采煤机牵引速度变化增量图

2）不同割煤方式对煤壁破碎的影响规律

由表 10-5、图 10-6 和图 10-7 可知，采煤机在割煤过程中，割顶煤时预裂区来压阶段，前方煤体挤压区范围最大为 70cm，是割底煤时非预裂区未来压阶段的 7 倍；同时，在割顶煤时预裂区来压阶段，滚筒割煤时前方煤体挤压区范围煤体的体积为 46 800cm³，是割底煤时非预裂区未来压阶段的 5.97 倍。

表 10-5　不同割煤方式下采煤机割煤情况分析

割煤方式		是否来压	L_j /cm	b	V_j /cm³	Δ
割顶煤	非预裂区	未来压	34	2.4	101×12×8	0.24
		来压	41	3.1	112×16×10	1.29
	预裂区	未来压	52	4.2	115×20×15	3.40
		来压	70	6	130×20×18	4.97
割底煤	非预裂区	未来压	10	0	98×8×10	0.00
		来压	21	1.1	112×12×10	0.71
	预裂区	未来压	37	2.7	115×15×15	2.30
		来压	43	3.3	130×18×15	3.48

2. 落

根据优化后的结果，5102 及 5103 综采工作面采煤机滚筒转速 29.76r/min，滚筒直径为 2240mm，块煤在滚筒中的运动时间为

$$t = 1.9 < 2.13\text{s}$$

如果块煤在滚筒中的运动时间过小，截齿截割下来的煤体在出煤口造成堵塞，导致大量的落煤不能被螺旋叶片及时运到刮板运输机上，加大了块煤之间的重复

挤压，使得块煤率降低。压裂煤层呈破碎状态，煤体与螺旋叶片的摩擦系数降低，块煤在滚筒内的运动速度加快。

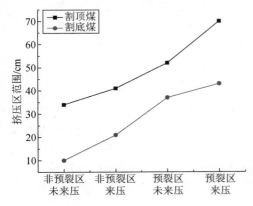

图 10-6　割顶煤、割底煤挤压区范围对比图

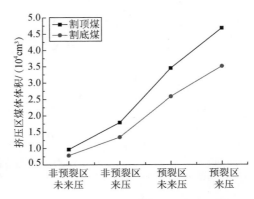

图 10-7　割顶煤、割底煤挤压区体积对比图

由表 10-6 可知，优化后块煤在采煤机滚筒内的轴向速度增加了 8.09m/min，切向速度增加了 9.65m/min；速度增大有利于块煤快速从滚筒排出，顺利落到刮板运输机上，且块煤排出时间减小 0.23s，时间缩短，滚筒内的块煤不容易发生碰撞造成二次破碎，有利于提高块煤率。

表 10-6　工艺优化前后参数变化

参数	优化前数值	优化后数值	变化量
轴向速度 U_{xp} /（m/min）	39.35	47.44	8.09
切向速度 U_{tp} /（m/min）	46.89	56.54	9.65
运动时间 t /s	2.13	1.9	−0.23

3. 装、运

工作面使用 MG650/1630-WD 型电牵引采煤机割煤，滚筒螺旋叶片及 SGZ1000/1400 型输送机靠煤壁侧铲煤板，借助煤机牵引力和支架为运输机提供推力，块煤自动装入刮板输送机，运出工作面。其每小时的最大运输能力为 800t，满足优化后工作面的最大运输能力。

4. 支护

5102 与 5103 工作面选用 ZYP11000/24/45 综采液压支架，液压支架初撑力 7916kN/架，来压时为 10 700kN/架，初次来压步距为 65m，周期来压步距为 21m，工作面支架工作方式为恒阻式，压裂和未压裂矿压对比如表 10-7 所示。

表 10-7　压裂和未压裂矿压对比

分类		未压裂煤层	压裂煤层
超前支承压力	周期来压/m	20.1	21
	峰值位置/m	3.2	5.7
	应力集中系数 K	1.4	1.25
支架动载系数		1.37	1.26
支架工作方式		增阻式	恒阻式
煤体片帮形式		剪切片帮	剪切片帮

由表 10-7 可知，5102 和 5103 工作面压裂后周期来压步距与未压裂相比变化不明显，工作面超前支承压力峰值前移 2.5m，峰值应力集中系数降低 10.7%，支架动载系数降低 8%，支架工作方式有压裂前增阻式转变为压裂之后的恒阻式，工作面煤壁更稳定，煤壁片剪切滑移式帮形式虽未改变，但片帮的体积和规模大大降低。

5. 循环进度

5102 及 5103 工作面采煤机采用双向割煤端部斜切进刀方式进刀距离 30m；在非预裂区未来压阶段采煤机割煤速度为 5.7m/min，每刀煤正常阶段割煤时间为 29.8min；空刀运行时间 8.2min，即在未预裂区采煤机割一个循环煤的时间 47.2min。在预裂区来压阶段采煤机速度提高到 6.2m/min 时，正常阶段割煤缩短至 27.4min，斜切进刀时间 8min，空刀运行时间为 8.2min，即在预裂区来压阶段采煤机割一个循环煤时间为 43.9min，相比非预裂区未来压缩短 3.3min。原设计中每天割 14 刀煤，速度提高之后正常割煤阶段共节省时间 50.4min，即每天可增加割煤刀数 1刀。工艺优化前后参数如表 10-8 所示，工艺优化后循环图表如图 10-8 所示。

表 10-8　工艺优化前后参数

参数	优化前数值	优化后数值	变化量
割煤时间/（min/刀）	47.2	43.9	-3.3
空刀时间/min	8.2	8.2	0
斜切进刀时间/min	28	19	-9
割煤刀数	14	15	1
工作面产量/（t/天）	26 368.7	28 252.2	1 883.5

6. 小结

（1）5102 及 5103 工作面原割煤工艺采用的是单向割煤端部斜切进刀方式，优化后采用双向割煤端部斜切进刀的方式进行割煤，往返一次割两刀。采煤机运行速度由优化前的 5.7m/min 增加到 6.2m/min，割一刀煤可节约工时 3.3min，每天可节约工时 46.2min。在有效循环不变的情况下，压裂后煤层截割比未压裂煤层截割可以多增加 1 个割煤循环。

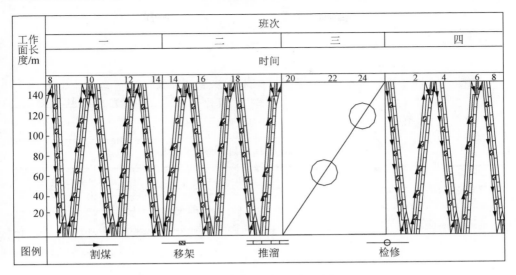

图 10-8　工艺优化后循环图表

（2）在采煤机进入压裂区后采煤工艺采用双向割煤端部斜切进刀方式，采用割顶煤的割煤方式，采煤机牵引速度 6.2m/min 时，割煤效果最好。

（3）参数优化后，采煤机滚筒落煤速度加快，相比优化前落煤时间提高 0.23s，有助于割落块煤迅速落到刮板运输机上，有效杜绝了落煤缓慢，发生堵塞的情况发生。

（4）经过工效分析，综采执行"四六"制工作方式，一二四班生产，三班集中检修，不同于原循环图表的是，整个开采过程在提高工效的情况下，每天可以增加 1 个循环，产量每天增加 1883.5t。充分利用有效的开机时间，对工作面割煤进行高效管理。

10.3.2　设备优化

1）牵引速度

在未压裂区，采煤机的牵引速度为 5.7m/min 时，切削厚度为 84mm，预裂之后的采煤机的牵引速度为 6.2m/min，切削厚度为 135mm，切削厚度为优化前的 1.61 倍；在未压裂区，牵引速度为 5.7m/min 时，切削面积为 1399.1mm^2，预裂区牵引速度为 6.2m/min 时，切削面积为 3342.4mm^2。

2）滚筒转速

由于滚筒截齿在截割过程中的运动轨迹接近于一条渐开线，当牵引速度一定时，滚筒转速降低，每个截齿的切削厚度增大，切削面积相应增大，截割下来的块煤率提高。5102 和 5103 工作面滚筒转速由 29.76r/min 不变，符合要求。

3）截齿数量

截齿数量和切削面积有关，5102 和 5103 工作面 MG/1630-WD 型采煤机滚筒截齿 36 个，其中端盘 18 个，叶片 18 个，每片 6 个。为提高块煤率，根据 5102

工作面煤矿煤层性质情况来确定截齿的安装数量按 10～16 个/m² 安装较为适宜，将截齿数量减少到 30 个，其中端盘 18 个保持不变，叶片由每片 6 个减少到 4 个。

4）截齿排列方式

截齿形式采用镐形齿，截齿排列方式采用棋盘式布置，相邻截线上的截齿不在同一旋叶上，棋盘式布置使两截齿间隔大，切削断面大，割落的煤体块煤率大。

综采工作面煤机设备优化结果如表 10-9 所示。

表 10-9　综采工作面煤机设备优化结果

参数	原采煤机	国产块煤采煤机
滚筒直径/mm	2240	2240
截齿数量/个	36	30
切削厚度/mm	84	135
叶片数目/个	6	4
牵引速度/（m/min）	5.7	6.2
滚筒转速/（r/min）	29.76	29.76
截齿形式	刀型齿	镐型齿
截深/m	0.8	0.8
截齿排列方式	棋盘式	棋盘式

10.3.3　转载止损

经过对块煤过转载点破碎机理的研究和实测 5102/5103 工作面各转载点，研究块煤止损机理，对主要转载点进行了改造设计，主要包括：运输顺槽与主运大巷之间转载点、主运大巷与主井转载点、主井口转载点等。在堆煤场实测混煤自然安息角为 30°，采用抛物线拟合实际抛煤路线进行缓冲平台设计，确定了各转载点缓冲平台的尺寸。

1）运输顺槽与主运大巷转载点

经研究分析，最终设计为在上部皮带端部前方一定位置处布置缓冲平台（图 10-9），用于堆积一部分煤。当煤堆积到一定角度（煤的自动滑落角）会产生稳定的斜坡面，上部皮带下来的煤在此缓冲后，滑落到旁边的溜煤口，然后依次经过安放角为 40° 的溜煤管和 30° 的溜煤槽，最终落到下部皮带。

2）运输大巷与主井转载点

5102 综采工作面集中大巷皮带转主井皮带为 127° 钝角搭接，两皮带落差 2.6m，集中大巷皮带端部到主井皮带的水平延伸距离为 1.5m。经研究分析，设计分为三部分，依次是进煤口、导向管和溜煤管、出煤口，运输大巷与主井转载设计效果图如图 10-10 所示。

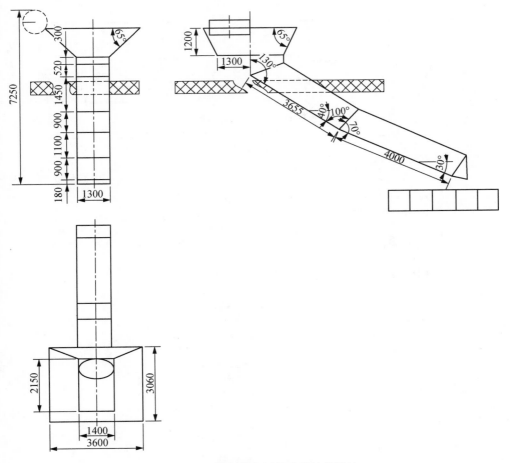

图 10-9　运输顺槽与运输大巷转载设计

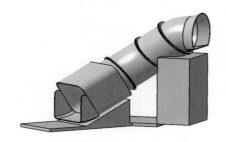

图 10-10　运输大巷与主井转载设计效果图

3）主井口

主井口改造了楼板上（图 10-11）和楼板下（图 10-12）部分。楼板上采用抛物线拟合运动轨迹，确定了缓冲平台位置；楼板下采用溜槽和弧形接口将块煤平滑过渡到下节皮带。

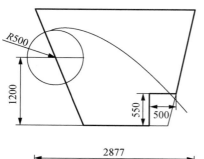
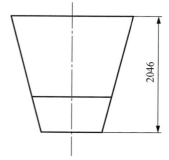
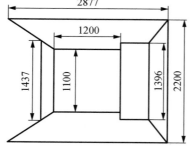

说明:
　　1. 楼板上的改造为搭建55cm高度的平台,沿着煤流方向为50cm。
　　2. 给皮带滚筒留底边为1.4m的缺口。

图 10-11　楼板上改造

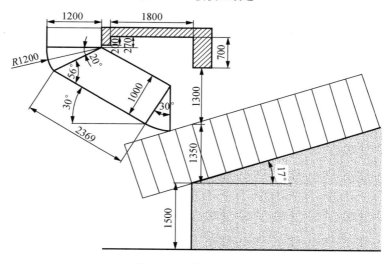

图 10-12　楼板下改造

10.4　实　施　过　程

　　2015 年 1~12 月,在神东矿区 5102、5103 工作面进行煤层水压预裂成套技术方案,效果显著,达到了设计要求。

　　神东矿区综采工作面提高块煤率项目按时间顺序,分为以下 4 个阶段。

1）前期准备（第一阶段）

2014 年 10～12 月，收集神东矿区 5102、5103 综采工作面的地质资料及开采条件，对采集煤样进行物理力学性质测定，同时对使用水质进行检测分析。根据相关资料进行理论分析和数值模拟，设计 5102 和 5103 工作面煤层水力预裂方案，以及块煤转载止损、采煤工艺及采煤设备优化方案。

2）现场试验（第二阶段）

2015 年 1～12 月，进行现场试验。2015 年 1～2 月，实施块煤转载止损、采煤工艺设备优化方案，与此同时根据设计的水力压裂方案，在 5102 工作面距离煤层主回撤巷 50m 的回风顺槽布置一个工作点，在试验区 100m 内布置双排预裂深钻孔，共计 20 个，钻孔完成后进行水力压裂，试验成功后，在 5102 工作面进行煤层水力压裂。2015 年 7～12 月，在 5103 工作面超前工作面 500m 划分的 300m 试验区回风顺槽内打双排预裂深钻孔，共计 61 个，并进行水力压裂。

3）现场效果测定（第三阶段）

2015 年 1 月，对完成转载止损系统和采煤工艺优化及设备改造后的块煤率测定；2015 年 2 月，对 5102 工作面压裂后块煤率测定；2015 年 7～12 月，对 5103 工作面压裂之后块煤率测定，煤壁片帮观测和煤壁裂隙统计。

4）效果分析及资料整理（第四阶段）

在前三个阶段实施基本完成后，分析存在的问题及实施效果，整理相关资料，得出适合神东矿区和类似矿井水压预裂提高块煤率的成套技术方法与工艺参数。

10.5　实 施 效 果

对神东矿区 5102、5103 工作面进行了工业性试验，预裂压力可以达到 60MPa，压裂压力可以达到 20MPa，符合设计要求。对预裂后的块煤情况进行了测试，平均块煤率达到 60%～65%；片帮情况较预裂之前增加 65% 左右，裂隙也有所增加，说明工作面煤壁得到有效预裂，裂隙发育充分。两个工作面的工业性试验达到了预期的效果。

10.5.1　5102/5103 工作面水压预裂效果分析

对 5102/5103 工作面预裂区域各个预裂钻眼的观测，预裂区域煤壁颜色与未预裂区域相比总体颜色较暗；未显露出可观测的张开裂隙；支架压力及超前支护压力预裂前后未发生变化。

5102/5103 工作面在预裂区域采煤过程中，采煤机割煤截深由原来的 750mm 增深至 800mm，采煤机牵引速度有所提高；采煤机滚筒在预裂区域煤壁上留下弧形痕迹间距较大，约 50cm（未预裂为 5～7cm）间距较多；采煤机在割煤时，预裂区域工作面煤壁片帮次数相对未预裂之前变多，片帮面积较大，为 20～100cm。

　　由图 10-13 和图 10-14 可知，5102 工作面高压脉冲预裂压力一般为 40～50MPa，而 5103 工作面高压脉冲预裂压力一般为 50～60MPa，这是因为 5103 工作面为下分层开采，矿压显现较弱，煤体节理裂隙不发育，故预裂压力较 5102 工作面较大。随着高压脉冲预裂的进行，高压胶管以 2m/min 的速度从里向外运行，在此过程中在孔壁上割出一条水压裂缝，为水压致裂裂缝的定向扩展创造条件。

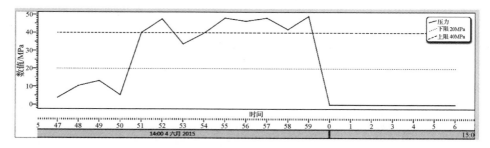

图 10-13　5102 工作面高压脉冲预裂压力图

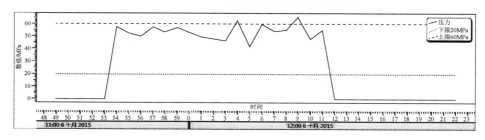

图 10-14　5103 工作面高压脉冲预裂压力图

　　预裂完成后，安装好封孔器，进行水力压裂，工作面压裂压力图如图 10-15 和图 10-16 所示。随着压力的升高，达到煤体起裂压力时，煤体发生初次破裂，煤体裂隙体积空间增大，压力发生初次下降；随着压力水的继续注入，压力又继续上升，裂隙发生扩展，在此过程中裂隙发生多次扩展，在煤体内形成了一个裂隙演化网络，最终当达到煤体失稳压力时，水压迅速下降，压裂结束。

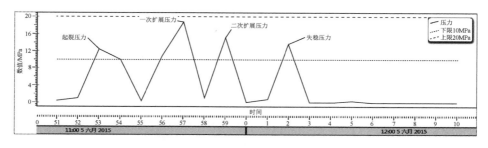

图 10-15　5102 工作面压裂压力图

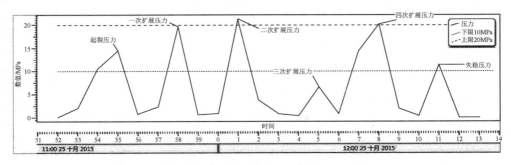

图 10-16　5103 工作面压裂压力图

10.5.2　5102/5103 工作面实施效果

经过对神东矿区 5 号煤层实施煤层压裂提高块煤率综合技术后，取得效果如表 10-10 和表 10-11 所示。

表 10-10　5102/5103 工作面煤层压裂块煤粒径分级统计表

块煤粒径/mm	占比/%		
	未压裂煤层	压裂煤层	变化量
0~6	18.5	17.3	−1.2
6~13	10.3	14.2	3.9
13~30	5.4	11.4	6.0
30~50	7.5	16.8	9.3
50~80	9.9	14.7	4.8
80~100	6.9	7.9	1.0
>100	41.5	17.7	−23.8

表 10-11　5102/5103 工作面煤层压裂提质增效统计表

	分析指标	未压裂煤层	压裂煤层	变化率/%
提质增效	块煤粒径 6~100mm 占比/%	40	65	62.5
	割煤循环/刀	23	24	4.3
节能降耗	截割比能耗/[(kW·h)/m³]	1.31	1.09	−16.8
	截割阻抗/（N/m）	276	134	−51.4
	切削面积/mm²	1399.1	3342.4	138.9
	比能耗密度/[(kW·h)/(m³·min)]	0.197	0.128	−35.0
	电耗/（度/万 t）	9038	6463.5	−28.5
	油脂/（kg/万 t）	83.5	72.6	−13.1
	截齿/（个/万 t）	23.9	17.4	−27.2

由表 10-10 和图 10-17 可知，压裂煤层 0~6mm 粒径块率为 17.3%，未压裂煤层为 18.5%；压裂煤层 30~50mm 粒径块率高，为 16.8%，未压裂煤层低，为 7.5%；压裂煤层 50~80mm 粒径块率高，为 14.7%，未压裂煤层低，为 9.9%；未压裂煤层 100mm 以上粒径块率高，为 41.5%，压裂煤层低，为 17.4%。

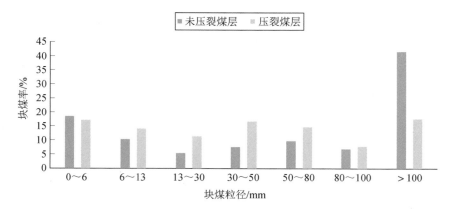

图 10-17 压裂破碎前后综采面块煤率与块煤粒径分布规律

将块煤粒径分为 0～6mm、6～100mm、大于 100mm 三级，各级占比如图 10-18 所示。压裂工艺使得大块破碎为中块和仔块煤，100mm 以上粒径的块度显著减少了 23.8%，0～6mm 的沫煤稍有降低，6～100mm 的块度增加，且各区间块度增量服从正态分布，其中 30～50mm 增量最大，为 9.3%，13～30mm 增量次之，为 6.0%。压裂工艺综采工作面不同粒径块煤率变化量分布如图 10-19 所示。

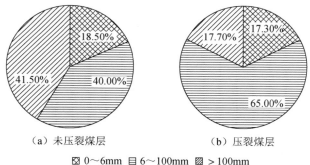

（a）未压裂煤层　　　　　（b）压裂煤层

▨ 0～6mm　目 6～100mm　▧ >100mm

图 10-18 压裂破碎前后综采工作面块煤率与块煤粒径分布统计

由图 10-20 可知，压裂工艺使不同粒径的块度分布呈现"W"形状。

由表 10-12 可知，神东矿区 5102、5103 工作面原煤分形维数为 1.36，煤层为未破碎煤体 A03，煤层截割硬度大，为弱化煤体，改善煤层截割性，依据煤层破碎分级转化关系和理论计算公式，采用带式水力压裂改善煤层结构，采用带式压裂工作面未来压时煤层破碎分形维数为 2.31，煤层转化为破碎煤体 D01，工作面来压之后，工作面煤体更为破碎，煤层分维数增大，煤层破碎性分类仍为 D01，但工作面大块煤体减少，中块和仔块煤产量增加。

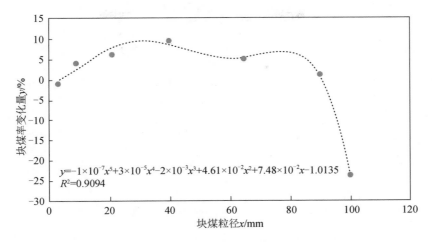

图 10-19　压裂工艺综采工作面不同粒径块煤率变化量分布

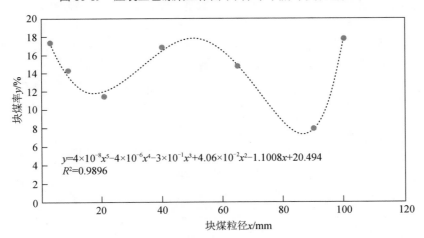

图 10-20　压裂工艺综采工作面不同粒径块煤率分布

表 10-12　5102、5103 工作面煤层破碎分类

影响因素	煤层理论计算分维数	煤层实际破碎分维数	煤层破碎性分类
未压裂煤层	1.35	1.36	未破碎煤体 A03
带式压裂未来压	3.12	2.31	破碎煤体 D01
带式压裂来压		2.4	破碎煤体 D01

　　由表 10-13 和图 10-21 可知，采用块煤采煤机对综采面块煤率有显著影响，其中 0～6mm 粒径块率降低，较之前减少了 1.1%；30～50mm 粒径块率增量最大，较之前增加了 3.46%；13～30mm 粒径块率增量次之，较之前增加了 3.07%；100mm 以上粒径块率降幅最大，减少了 9.2%。

表 10-13　5102/5103 压裂煤层使用块煤采煤机前后块煤分级统计表

块煤粒径/mm	不同条件		
	原采煤机/%	块煤采煤机/%	变化量/%
0～6	17.3	16.2	−1.1
6～13	14.2	16.23	2.03
13～30	11.4	14.47	3.07
30～50	16.8	20.26	3.46
50～80	14.7	16.21	1.51
80～100	7.9	8.13	0.23
>100	17.7	8.5	−9.2

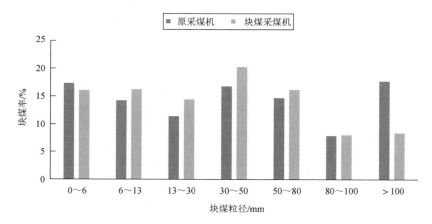

图 10-21　不同采煤机对综采面块煤率与块煤粒径分布的关系

对神东矿区煤层压裂方案及实施效果如表 10-14 所示。

表 10-14　神东矿区煤层压裂方案及实施效果

项目		内容
技术方案	煤层压裂	采用双排"三角"平行剪切孔脉冲压裂（DSPF）方案，预裂压力 40～70MPa，压裂压力 20～30MPa，预裂半径 5～10m，压裂流量 2.0m³/h，压裂时间 0.5～1.0h
	采煤设备改造	滚筒直径 2240mm，截齿选择镐型齿，截齿数 30，叶片数 4 个，转速 29.76r/min
	采煤工艺优化	采用双向割煤端部斜切进刀方式，割一刀煤所消耗的时间最少，预裂区割煤速度 6.2m/min，节约割煤时间，每天增加 1 刀煤
	转载改造	对运输顺槽与主运大巷之间转载点，主运大巷与主井转载点，主井口转载点进行改造，采用抛物线拟合实际抛煤路线，进行缓冲平台设计，堆煤场实测混煤自然安息角为 30°，确定了各转载点缓冲平台的尺寸
技术效果	综合技术效果	5102 工作面属于上分层开采，采用煤层水压预裂与采煤工艺优化后，块煤率由 40% 提高到 65%，提高 25%；5103 工作面属于下分层开采，矿压显现较弱，采用煤层压裂与采煤工艺优化后，块煤率由 35% 提高到 60%，提高 25%；截割比能耗降低 16.8%；材料节支 13%～28%
	采煤设备改造	采用国产块煤采煤机后，块煤率提升 10.3%
	采煤工艺优化	采煤工艺优化后，块煤率提高 5.0%～6.3%，割煤功效提高，日增产一刀
	转载系统改造	经过对各大转载点的改造设计改造后，转载点合计损失率降低到 5.02%，相比之前块煤率提高了 11.2%

第 11 章　榆神矿区侏罗纪煤层提高块煤率技术研究

11.1　试验工作面概况

榆神矿区选择 30103、$2^{-2 \pm}$06 和 40105 工作面为试验点，所采煤层为 3#、$2^{-2 \pm}$、4^{-2}，煤层厚度 2.8～5.4m，硬度 f 为 3.0～3.5，倾角为 1°～3°，采用长壁综采一次采全高。工作面巷道采用三条巷道布置形式，分别为辅助运输巷、带式输送机巷和回风巷，其中辅助运输巷在工作面回采结束后保留，榆神矿区试验工作面基本情况如表 11-1 所示，工作面平面示意图如图 11-1～图 11-3 所示。

表 11-1　榆神矿区试验工作面基本情况

项目类别	指标名称	30103 工作面	$2^{-2 \pm}$06 工作面	40105 工作面
开采条件	煤层埋深/m	120～234	86.3～124.5	0～205
	开采煤层	3#	$2^{-2 \pm}$	4^{-2}
	硬度 f	3.5	3.0	3.0
	煤层裂隙	裂隙不发育，方解石、黄铁矿薄膜充填	不含夹矸的单一煤层	结构简单，含一层夹矸
	倾角/（°）	1～3	0～2	1～3
	煤层厚度/m	5.4	2.8～3.2	3.85
	工作面走向长度/m	1 052	1 066	1 384.6
	工作面倾斜长度/m	221	100	200
	工作面采高/m	5.46	3.0	3.85
	可采储量/t	1 400 000	362 000	1 240 000
	采煤方法	长壁综采一次采全高	长壁综采一次采全高	长壁后退式一次采全高
开采方法	落煤方式	采煤机割煤	采煤机割煤	采煤机割煤
	支护形式	掩护式液压支架	支撑掩护式液压支架	掩护式液压支架
	顶板结构	稳定	稳定	稳定
	顶板管理方法	全部垮落法	全部垮落法	全部垮落法

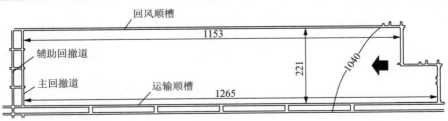

图 11-1　30103 试验工作面平面示意图

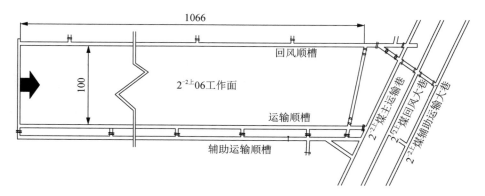

图 11-2 $2^{-2\pm}06$ 试验工作面平面示意图

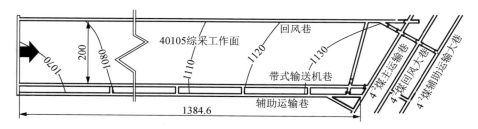

图 11-3   40105 试验工作面平面示意图

11.2   实 施 方 案

11.2.1   总体设计

根据榆神矿区煤层赋存条件和开采技术条件等因素，实施超前水压预裂、常规爆破弱化以及 CO_2 气体爆破弱化综合块煤开采技术方案。30103 工作面实施煤层水压预裂块煤开采综合方案，$2^{-2\pm}06$ 工作面实施常规爆破弱化块煤开采技术方案，40105 工作面实施常规爆破弱化和 CO_2 气体爆破弱化块煤开采技术方案。实施步骤：第一步，布置钻孔；第二步，实施煤层弱化（水压预裂和常规爆破）方案；第三步，采用与综采工艺协调配套的综合块煤开采技术方案。

11.2.2   30103 工作面实施方案

方案一采用单排钻孔布置对煤层进行预裂改造；方案二采用双排钻孔布置对煤层进行预裂。

1）单排钻孔布置方案

在超前工作面 150m 的回风顺槽布置一个工作点，从回风顺槽直接往煤层打预裂深钻孔，沿平行工作面方向布置一组钻孔，根据煤层薄厚起伏变化，当采高为 5.46m 时,布置钻孔在采高中间位置,即 2.73m 处。实验区域设定有效区域为 100m。30103 工作面单排钻孔布置参数如表 11-2 所示, 布置方案示意图如图 11-4 所示。

表 11-2　30103 工作面单排钻孔布置参数

参数	数值	参数	数值
钻孔直径/mm	80	钻孔间距/m	5
钻孔长度/m	100	封孔长度/m	20
预留保护线/m	20	钻孔数量/个	21

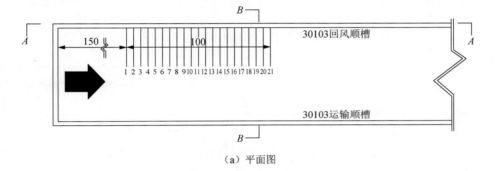

（a）平面图

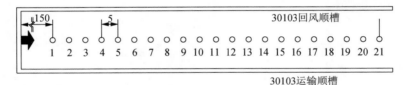

（b）A—A剖面

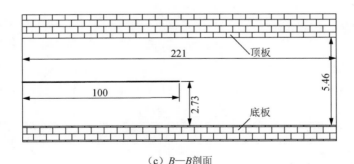

（c）B—B剖面

图 11-4　30103 工作面单排钻孔布置方案示意图（单位：m）

2）双排钻孔布置方案

在超前工作面 200m 的回风顺槽布置一个工作点，从回风顺槽直接往煤层打预裂钻孔，沿平行工作面方向布置双排钻孔，呈三角形布置，30103 回风巷双排钻孔布置示意图如图 11-5 所示。

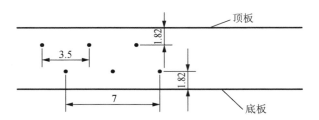

图 11-5　30103 回风巷双排钻孔布置示意图

30103 工作面双排钻孔布置参数如表 11-3 所示，布置方案示意图如图 11-6 所示。

表 11-3　30103 工作面双排钻孔布置参数

参数	数值	参数	数值
钻孔直径/mm	80	钻孔间距/m	10
钻孔长度/m	100	封孔长度/m	20
预留保护线/m	20	钻孔数量/个	29

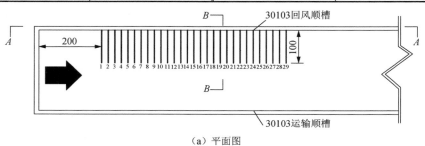

（a）平面图

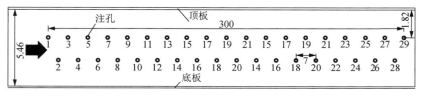

（b）A—A 剖面

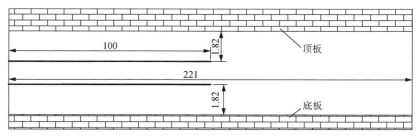

（c）B—B 剖面

图 11-6　30103 工作面双排钻孔布置方案示意图（单位：m）

11.2.3 2$^{-2\pm}$06 工作面实施方案

2$^{-2\pm}$06 工作面采用双排钻孔布置对煤层进行常规爆破弱化方案，2$^{-2\pm}$06 工作面爆破参数如表 11-4 所示，炮眼布置方案图如图 11-7 所示。

表 11-4 2$^{-2\pm}$06 工作面爆破参数

参数		数值	参数	数值
炮孔深度/m		2.5	炮眼直径/mm	42
炮孔间距/m	横向	1.0～1.5	药卷直径/mm	32
	竖向	1.0～1.5		
上排孔	距顶板距离/m	0.8～1.0	装药方式	不耦合装药
	倾角/（°）	−5～−3		
	与煤壁水平夹角/（°）	90		
下排孔	距底板距离/m	0.5～0.8	爆破方式	多分段微差爆破
	倾角/（°）	3.0～5.0		
	与煤壁水平夹角/（°）	75.0		
封孔长度/m		1.0	炮孔数量/个	172

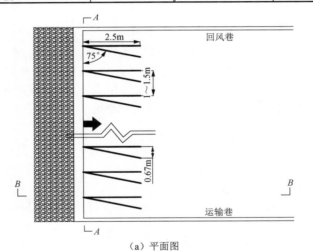

（a）平面图

（b）A—A 剖面图

图 11-7 2$^{-2\pm}$06 工作面炮眼布置方案图

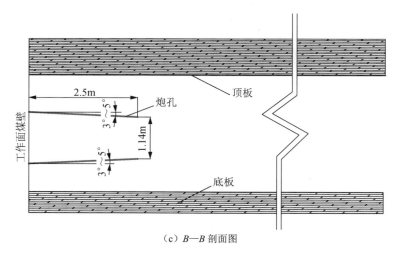

（c）B—B 剖面图

图 11-7（续）

11.2.4　40105 工作面实施方案

根据 40105 工作面地质条件和开采技术条件，为了对比分析气体爆破弱化技术与常规爆破预裂技术对综采工作面块煤率的影响规律。在 40105 工作面实施两种方案：方案一采用工作面双排钻孔布置对煤层进行常规爆破弱化；方案二超前工作面采用双排钻孔布置对煤层进行 CO_2 气体爆破弱化；并且开发块煤滚筒与之配套使用提高块煤率。

1）工作面爆破弱化技术方案

40105 工作面爆破参数如表 11-5 所示。

（1）炮孔深度：炮眼深度 2.5m。

（2）炮孔间距：横向炮眼间距为 1.5m，竖向炮眼间距 1.5m。

表 11-5　40105 工作面爆破参数

参数		数值	参数	数值
炮孔深度/m		2.5	炮眼直径/mm	42
炮眼间距/m	横向	1.5	药卷直径/mm	32
	竖向	1.5		
上排孔	距顶板距离/m	1.3	装药方式	不耦合装药
	倾角/（°）	−5～−3		
	与煤壁水平夹角/（°）	90		
下排孔	距底板距离/m	1	爆破方式	多分段微差爆破
	倾角/（°）	3～5		
	与煤壁水平夹角/（°）	75		
封孔长度/m		1	炮孔数量/个	372

（3）炮孔布置方式：40105 工作面煤壁分上下对布两排炮孔，即上下两排相邻的 4 个炮孔成矩形分布。40105 工作面常规预裂方案图如图 11-8 所示。

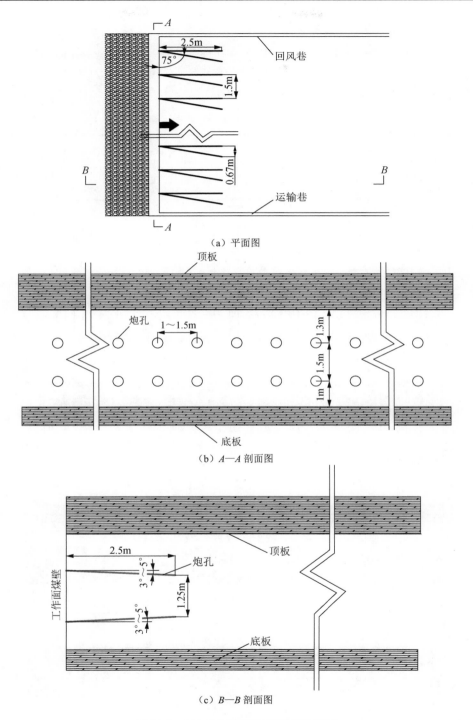

图 11-8　40105 工作面常规预裂方案图

2）CO_2 气体爆破弱化技术方案

在进、回风巷垂直巷道壁，平行于工作面布置两排钻孔，即上下两排相邻的 4 个钻孔成矩形分布。40105 工作面超前爆破参数如表 11-6 所示，40105 工作面 CO_2 气体爆破弱化技术方案图如图 11-9 所示。

表 11-6　40105 工作面超前爆破参数

参数	数值	参数	数值
钻孔直径/mm	80	钻孔间距/m	2.0～2.5
钻孔长度/m	50	封孔长度/m	10
钻孔角度/（°）	0～1	钻孔数量/个	1068

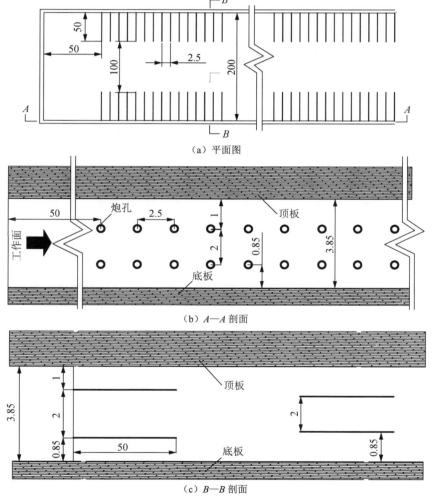

（a）平面图

（b）A—A 剖面

（c）B—B 剖面

图 11-9　40105 工作面 CO_2 气体爆破弱化技术方案图（单位：m）

11.3　采煤工艺及设备优化、转载止损

11.3.1　采煤工艺优化

1. 30103 工作面采煤工艺优化

1）采

（1）不同进刀方式对煤壁破碎的规律。

综采块煤开采工艺的进刀方式分为双向割煤端部斜切进刀方式、单向割煤端部斜切进刀方式和中部斜切进刀方式。工作面长度、设备型号确定，可确定割一刀煤消耗的时间。同一煤层，工作面长度以及保护煤柱相同的情况下，计算不同进刀方式割一刀煤的时间如表 11-7 所示，经对比得出，采用双向割煤端部斜切进刀方式，割一刀煤所消耗的时间最少为 58.2min。

表 11-7　不同进刀方式割一刀煤的时间

进刀方式	时间/min
双向割煤端部斜切进刀方式	58.2
单向割煤端部斜切进刀方式	62.9
中部斜切进刀方式	65.7

由表 11-8 和图 11-10 分析可得，当采煤机端部斜切进刀割煤时，预裂区来压时采煤机牵引速度最大为 8.57m/min，与非预裂区未来压时斜切进刀相比采煤机的牵引速度提高 5.15%；在预裂区来压阶段，采煤机斜切进刀方式时采煤机的牵引速度最大，割煤效果最好。

表 11-8　双向割煤端部斜切进刀方式下采煤机的牵引速度

测试区间	是否来压	牵引速度/（m/min）	速度变化率/%
非预裂区	未来压	8.15	0
	来压	8.28	1.60
预裂区	未来压	8.44	3.56
	来压	8.57	5.15

（2）不同割煤方式对煤壁破碎的影响规律。

由表 11-9、图 11-11 和图 11-12 可得，在割煤过程中，割顶煤预裂区来压阶段，前方煤体挤压区范围最大为 66cm，是割底煤时非预裂区未来压阶段的 4.71 倍；同时，在割顶煤时预裂区来压阶段，滚筒割煤时前方煤体挤压区煤体的体积为 50 400cm³，是割底煤时非预裂区未来压阶段的 5.19 倍。

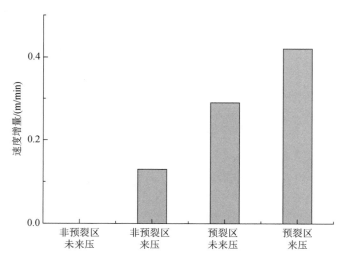

图 11-10　不同速度变化增量图

表 11-9　不同割煤方式下采煤机割煤情况分析

割煤方式		是否来压	L_j /cm	b	V_j /cm^3	Δ
割顶煤	非预裂区	未来压	26	0.86	124×11×10	0.40
		来压	39	1.79	124×19×10	1.42
	预裂区	未来压	47	2.36	127×28×11	3.02
		来压	66	3.72	140×24×15	4.19
割底煤	非预裂区	未来压	14	0	120×9×9	0.00
		来压	23	0.64	124×12×10	0.53
	预裂区	未来压	34	1.43	128×18×15	2.56
		来压	48	2.43	132×24×15	3.89

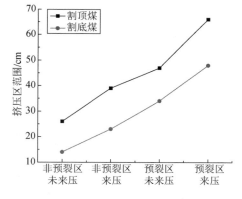

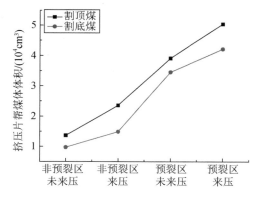

图 11-11　割顶煤、割底煤挤压区范围对比图　　图 11-12　割顶煤、割底煤挤压区体积对比图

在爆破区来压阶段采煤机速度提高到 4.73m/min，正常割煤时间缩短至 63.8min，相比非预裂区未来压缩短 15.8min；斜切进刀时间缩短至 17min，空刀

运行时间为 23min，即在预裂区来压阶段采煤机割一刀煤时间为 103.8min。原设计中每天割 7 刀煤，速度提高之后正常割煤阶段共节省时间 110.6min，即每天可增加割煤刀数 1 刀。

2）落

根据优化后的结果，30103 综采工作面采煤机滚筒转速 29.76r/min，滚筒直径为 2000mm，块煤在滚筒中的运动时间为

$$t = 1.18s < 2.43s$$

由表 11-10 可得，优化后块煤在采煤机滚筒内的轴向速度增加了 5m/min，切向速度增加了 4.4m/min，速度增大有利于块煤快速从滚筒排出，顺利落到刮板运输机上，且块煤排出时间减小 1.25s，时间缩短，滚筒内的块煤不容易发生碰撞造成二次破碎，有利于提高块煤率。

表 11-10　工艺优化前后参数变化

参数	优化前数值	优化后数值	变化量
轴向速度 U_{xp} /（m/min）	58.9	63.9	5.0
切向速度 U_{tp} /（m/min）	52.1	56.5	4.4
运动时间 t /s	2.43	1.18	−1.25

3）装、运

工作面使用 MG750/1915-GWD 型电牵引采煤机割煤，滚筒螺旋叶片及 SGZ1000/1400V 型输送机靠煤壁侧铲煤板，借助煤机牵引力和支架为运输机提供推力，块煤自动装入 SGZ1000/1400 型刮板输送机运出工作面，其每小时的最大运输能力为 2500t，满足优化后工作面的最大运输能力。

4）支架支护

根据榆神矿区侏罗纪煤层矿压观测规律研究，为保证 30103 综采工作面的安全生产，工作面选用 ZY12000/27/58A 综采液压支架，液压支架初撑力 7916kN/架，来压时为 9625kN/架，初次来压步距为 50m，周期来压步距为 20m，工作面支架工作方式为恒阻式。

由表 11-11 可知，30103 工作采用水力压裂之后，综采工作面周期来压步距变化不大，为 20m 左右，但工作面超前支承压力产生显著变化，工作面超前支承压力峰值位置前移 1.6m，峰值应力集中系数降低 13%，工作面煤壁塑性区显著变大，卸压效果显著。液压支架工作方式由增阻式转变为恒阻式，支架动载系数降低 11%，煤壁片帮规模和体积显著减小，工作面煤壁更加稳定。

30103 综采工作面采用及时支护，移架在煤机滚筒过后 3～5 架进行，采用本架操作、顺序移架（在条件具备下进行奇偶移架）、追机作业方式，移架步距为 865mm，当顶板破碎时，在煤机前滚筒割完煤后及时伸护帮板或移超前架。

表 11-11　压裂前后矿压对比

分类		未压裂煤层	压裂煤层
	周期来压/m	20.8	20
超前支承压力	峰值位置/m	2	3.6
	应力集中系数 K	1.42	1.23
支架动载系数		1.36	1.21
支架工作方式		增阻式	恒阻式
煤体片帮形式		剪切片帮	剪切片帮

5）循环进度

由表 11-12 可知，30103 工作面采用双向割煤端部斜切进刀方式，进刀距离 30m，进刀时间为 24min；在非预裂区未来压阶段采煤机割煤速度为 2.4m/min，每刀煤正常割煤阶段时间为 79.6min；空刀运行时间 23min，即在未预裂区采煤机割一刀煤的时间 126.6min。

对 30103 工作面预裂之后，进行采煤工艺优化，压裂前后矿压对比如表 11-11 所示，工作面循环图表如图 11-13 所示。

表 11-12　工艺优化前后参数变化

参数	优化前数值	优化后数值	变化量
割煤时间/（min/刀）	79.6	63.8	-15.8
空刀时间/min	23	23	0
斜切进刀时间/min	24	17	-7
割煤刀数	7	8	1
原煤产量/（t/天）	8741.24	9989.98	1248.74

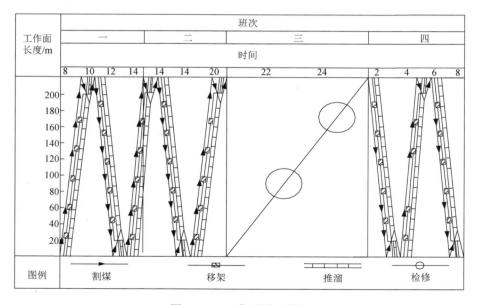

图 11-13　工作面循环图表

6）小结

（1）30103 工作面优化后采用双向割煤端部斜切进刀方式进行割煤，采煤机运行速度由优化前的 2.4m/min，增加到 4.73m/min，每天正常割煤阶段割煤时间节省 110.6min，在有效循环不变的情况下，压裂后煤层截割比未压裂煤层截割可以多增加 1 个割煤循环。

（2）在采煤机进入爆破区后采煤工艺采用双向割煤端部斜切进刀方式，正常割煤段采用割顶煤的割煤方式，采煤机牵引速度 4.73m/min 时，割煤效果最好。

（3）参数优化后，采煤机滚筒落煤速度加快，相比优化前落煤时间提高 1.25s，有助于割落块煤迅速落到刮板运输机上，有效杜绝了落煤缓慢、发生堵塞的情况发生。

（4）经过工效分析，综采执行"四六"制工作方式，一、二、四班生产，三班集中检修，与原循环图表不同的是，整个开采过程在保障计划产能的情况下，通过提高效率，每天增加 1 个正规循环，增加产量 1248.75t，达到充分利用有效开机时间，降低成本，提高生产效益的目的。

2. $2^{-2\text{上}}06$ 工作面采煤工艺优化

1）采

（1）不同进刀方式对煤壁破碎的规律。

经过对综采块煤开采工艺的研究，进刀方式分为双向割煤端部斜切进刀方式、单向割煤端部斜切进刀方式和中部斜切进刀方式。在工作面长度，设备型号确定的情况下，可以确定割一刀煤消耗的时间，不同进刀方式割一刀煤的时间如表 11-13 所示。对比得出，采用中部斜切进刀方式，割一刀煤所消耗的时间最少为 39.9min。

表 11-13　不同进刀方式割一刀煤的时间

进刀方式	时间/min
双向割煤端部斜切进刀方式	45.2
单向割煤端部斜切进刀方式	46.5
中部斜切进刀方式	39.9

由表 11-14 和图 11-14 得出，在爆破区来压阶段机尾向机头斜切进刀方式的牵引速度最大为 5.73m/min，与非爆破区未来压阶段机头向机尾斜切进刀方式速度增加了 11.9%。从不同区域采煤机牵引速度增量图（图 11-14）可知，牵引方向相同情况下，爆破区来压总体牵引速度增量最大，其中在同等条件下机尾向机头牵引速度增量最大，说明在爆破区中部斜切进刀方式时，采煤机的割煤效果最好。

表 11-14　机头向机尾斜切进刀方式下采煤机的牵引速度

测试区间	是否来压	进刀方式	牵引速度/（m/min）	速度变化率/%
非爆破区	未来压	机头向机尾斜切进刀	5.12	0
	来压	机头向机尾斜切进刀	5.27	2.93

续表

测试区间	是否来压	进刀方式	牵引速度/(m/min)	速度变化率/%
爆破区	未来压	机头向机尾斜切进刀	5.39	5.27
	来压	机头向机尾斜切进刀	5.54	8.20
非爆破区	未来压	机尾向机头斜切进刀	5.31	3.71
	来压	机尾向机头斜切进刀	5.46	6.64
爆破区	未来压	机尾向机头斜切进刀	5.58	8.98
	来压	机尾向机头斜切进刀	5.73	11.9

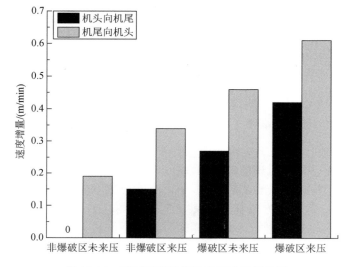

图 11-14　不同区域采煤机牵引速度增量图

（2）不同割煤方式对煤壁破碎的影响规律。

由表 11-15、图 11-15 和图 11-16 可知，在割煤过程中，割顶煤时爆破区来压阶段，前方煤体挤压区范围最大为 48cm，是割底煤时非爆破区未来压阶段的 4 倍；同时，割顶煤时爆破区来压阶段，滚筒割煤时前方煤体挤压区煤体的体积为 69 870cm³，是割底煤时非爆破区未来压阶段的 9.95 倍。

表 11-15　不同割煤方式下采煤机割煤情况分析表

割煤方式		是否来压	L_j/cm	b	V_j/cm³	Δ
割顶煤	非爆破区	未来压	22	0.83	89×16×10	1.03
		来压	27	1.25	97×19×10	1.63
	爆破区	未来压	35	1.92	113×25×15	5.04
		来压	48	3	137×34×15	8.95
割底煤	非爆破区	未来压	12	0	78×9×10	0
		来压	16	0.33	83×12×10	0.42
	爆破区	未来压	28	1.33	97×21×15	3.35
		来压	35	1.92	119×26×15	5.61

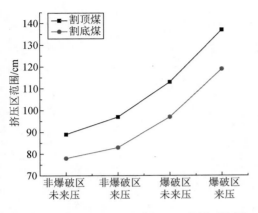

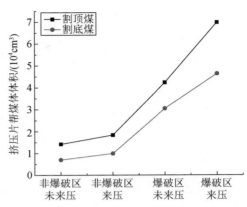

图 11-15　割顶煤、割底煤挤压区范围对比图　　图 11-16　割顶煤、割底煤挤压区体积对比图

2）落

根据优化后的结果，$2^{-2上}06$ 综采工作面采煤机滚筒转速 29.76r/min，滚筒直径为 1800mm，块煤在滚筒中的运动时间为

$$t = 1.22s < 1.32s$$

由表 11-16 可得，优化后块煤在采煤机滚筒内的轴向速度增加了 4.48m/min，切向速度增加了 3.95m/min，速度增大有利于块煤快速从滚筒排出，块煤排出时间缩短了 0.1s，$2^{-2上}06$ 综采工作面原滚筒转速符合生产的要求，有利于块煤的排出。

表 11-16　工艺优化前后参数变化

参数	优化前数值	优化数值后	变化量
轴向速度 U_{xp} /（m/min）	53.05	57.53	4.48
切向速度 U_{tp} /（m/min）	46.93	50.88	3.95
运动时间 t /s	1.32	1.22	−0.1

3）装、运

工作面使用 MG300/730-QWD 型电牵引采煤机割煤，滚筒螺旋叶片及 SGZ-764/630 型输送机靠煤壁侧铲煤板，借助煤机牵引力和支架为运输机提供推力，块煤自动装入刮板输送机，运出工作面。其每小时的最大运输能力为 2500t，满足优化后工作面的最大运输能力。

4）支架支护

根据榆神矿区侏罗纪煤层矿压观测规律研究，为保证 $2^{-2上}06$ 综采工作面的安全生产，选用 ZZ7600-17.5/35 综采液压支架，液压支架初撑力 6184kN/架，来压时为 8150kN/架，支架工作方式为增阻式，初次来压步距为 45m，周期来压步距为 18m。

由表 11-17 可知，$2^{-2\pm}06$ 综采工作面采用炸药爆破裂化煤体之后，工作面周期来压步距未产生显著变化，但是工作面超前支承压力峰值前移 3.5m，峰值应力集中系数降低 12.32%，来压时液压支架动载系数降低 8.9%，液压支架工作方式未发生变化仍为增阻式工作，工作面煤壁由爆破裂化前的剪切片帮转化为鼓出式拉伸片帮。

表 11-17　压裂前后矿压对比

分类		未压裂煤层	压裂煤层
周期来压/m		18	18.3
超前支承压力	峰值位置/m	3	6.5
	应力集中系数 K	1.38	1.21
支架动载系数		1.35	1.23
支架工作方式		增阻式	增阻式
煤体片帮形式		剪切片帮	鼓出片帮

$2^{-2\pm}06$ 综采工作面采用及时支护，移架在煤机滚筒过后 3～5 架进行，采用本架操作、顺序移架（在条件具备进行奇偶移架）、追机作业方式，移架步距为 865mm，当顶板破碎时，在煤机前滚筒割完煤后及时伸护帮板或移超前架。

5）循环进度

由表 11-18 可知，工作面采用中部斜切进刀方式，进刀距离 20m，进刀时间为 21min；在非爆破区未来压阶段采煤机割煤速度为 2.8m/min，每刀煤正常割煤阶段时间为 28.5min；空刀运行时间 5min，即在未爆破区采煤机割一刀煤的时间 54.5min。

表 11-18　工艺优化前后参数变化

参数	优化前数值	优化后数值	变化量
割煤时间/（min/刀）	28.5	24.4	−4.1
空刀时间/min	5	5	0
斜切进刀时间/min	21	16	−5
割煤刀数	10	12	2
工作面产量/（t/天）	3415.1	3725.6	310.5

在爆破区来压阶段采煤机速度提高到 3.4m/min 时，割一刀煤缩短至 24.4min，斜切进刀时间缩短至 16min，空刀运行时间与非爆破区空刀时间相同，即在爆破区来压阶段采煤机割一刀煤时间为 45.4min，相比非爆破区未来压缩短 9.1min。原设计中每天割 10 刀煤，速度提高之后总共节省时间 91min，即每天可增加割煤刀数 2 刀，优化后工作面循环图表如图 11-17 所示。

6）小结

（1）$2^{-2\pm}06$ 综采工作面优化后采用中部斜切进刀的方式进行割煤，采煤机运行速度由优化前的 2.8m/min，增加到 3.4m/min，每天割煤时间节省 91min，在有效循环不变的情况下，压裂后煤层截割比未压裂煤层截割可以多增加 1 个割煤循环。

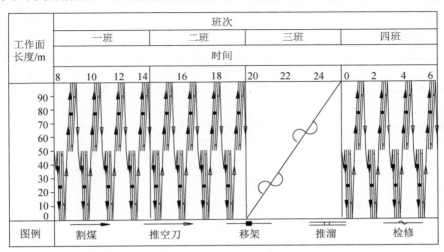

图 11-17　优化后工作面循环图表

（2）在采煤机进入爆破区后采煤工艺采用单向割煤中部斜切进刀割顶煤的割煤方式，割煤效果最好。

（3）参数优化后，采煤机滚筒落煤速度加快，相比优化前落煤时间提高 0.1s，有助于割落块煤迅速落到刮板运输机上，有效杜绝了落煤缓慢、发生堵塞的情况。

（4）经过工效分析，综采执行"四六"制工作方式，一、二、四班生产，三班集中检修，与原循环图表不同的是，整个开采过程在保障计划产能的情况下，通过提高效率，每天增加 1 个正规循环，增加产量 310.5t，达到充分利用有效开机时间，降低成本，提高生产效益的目的。

3. 40105 工作面采煤工艺优化

1）采

（1）不同进刀方式对煤壁破碎的规律。

经过对综采块煤开采工艺的进刀方式重新计算。在工作面长度，设备型号确定的情况下，可以确定割一刀煤消耗的时间，不同进刀方式割一刀煤的时间如表 11-19 所示。由表可得，采用双向割煤端部斜切进刀方式，割一刀煤所消耗的时间最少为 55.2min。

表 11-19　不同进刀方式割一刀煤的时间

进刀方式	时间/min
双向割煤端部斜切进刀方式	55.2
单向割煤端部斜切进刀方式	64.6
中部斜切进刀方式	58

由表 11-20 和图 11-18 分析可得，在爆破区来压阶段牵引速度最大为 7.07m/min，与非爆破区未来压阶段速度增加了 0.35m/min，即增加了 5.21%，此时采煤机的割煤效果最好。

表 11-20　双向割煤端部斜切进刀方式下采煤机的牵引速度

测试区间	是否来压	牵引速度/（m/min）	速度变化率/%
非爆破区	未来压	6.72	0
	来压	6.81	1.34
爆破区	未来压	6.96	3.57
	来压	7.07	5.21

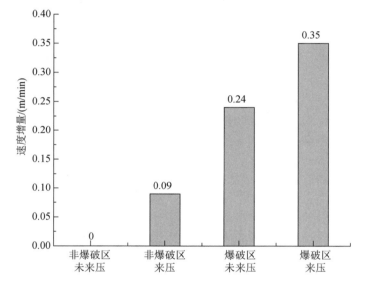

图 11-18　双向割煤端部斜切进刀速度变化增量图

（2）不同割煤方式对煤壁破碎的影响规律。

由表 11-21、图 11-19 和图 11-20 可知，在割煤过程中，在割顶煤时爆破区来压阶段，前方煤体挤压区范围最大为 55cm，是割底煤时非爆破区未来压阶段的 3.67 倍；同时，在爆破区来压阶段割顶煤时，前方煤体挤压区煤体的体积为 56 250cm³，是非爆破区未来压阶段割底煤时的 6.58 倍。

表 11-21　不同割煤方式下采煤机割煤情况分析表

割煤方式		是否来压	L_j/cm	b	V_j/cm³	Δ
割顶煤	非爆破区	未来压	29	0.93	106×18×10	1.23
		来压	37	1.47	114×26×10	2.47
	爆破区	未来压	48	2.2	125×24×15	4.26
		来压	55	2.67	125×30×15	5.58

续表

割煤方式		是否来压	L_j /cm	b	V_j /cm^3	Δ
割底煤	非爆破区	未来压	15	0	95×9×10	0.00
		来压	21	0.4	103×12×10	0.45
	爆破区	未来压	28	0.87	115×21×15	3.24
		来压	37	1.47	128×24×15	4.39

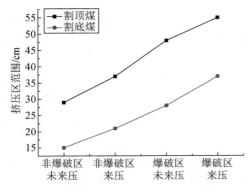

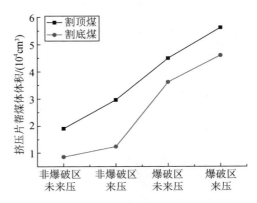

图 11-19　割顶煤、割底煤挤压区范围对比图　　图 11-20　割顶煤、割底煤挤压区体积对比图

2）落

根据优化后的结果，采煤机滚筒转速 28r/min，滚筒直径为 2000mm，块煤在滚筒中的运动时间为

$$t = 1.26s < 2.08s$$

由表 11-22 可知，优化后块煤在采煤机滚筒内的轴向速度增加了 11.16m/min，切向速度增加了 9.8m/min，速度增大有利于块煤快速从滚筒排出，顺利落到刮板运输机上，且块煤排出时间减小 0.82s，时间缩短，滚筒内的块煤不容易发生碰撞造成二次破碎，有利于提高块煤率。

表 11-22　工艺优化前后参数变化

参数	优化前数值	优化后数值	变化量
轴向速度 U_{xp} /（m/min）	60.14	71.30	11.16
切向速度 U_{tp} /（m/min）	53.2	63.0	9.8
运动时间 t /s	2.08	1.26	−0.82

3）装、运

工作面使用 MG500/1140-WD 型电牵引采煤机割煤，滚筒螺旋叶片及 SGZ900/1050 型输送机靠煤壁侧铲煤板，借助煤机牵引力和支架为运输机提供推力，块煤自动装入刮板输送机，运出工作面。其每小时的最大运输能力为 1700t，满足优化后工作面的最大运输能力。

4）支架支护

40105 工作面选用 ZY9000/20/40D 综采液压支架，液压支架初撑力为 6412kN/架，来压时为 9200kN/架，初次来压步距为 47m，周期来压步距为 21m，工作面支架工作方式为增阻式。

由表 11-23 可知，40105 工作面采用爆破作用后，工作面煤体裂隙发育，但周期来压步距变化不大。工作面超前支承压力峰值位置向煤体深部转移 2.7m，峰值应力集中系数降低 15.44%，液压支架的工作方式未发生转变仍为增阻式工作，但液压支架动载系数降低 10.7%，煤壁片帮也由之前的剪切片帮转移为鼓出片帮。

表 11-23　压裂前后矿压对比

分类		未压裂煤层	压裂煤层
周期来压/m		21	20.4
超前支承压力	峰值位置/m	2.5	5.2
	应力集中系数 K	1.36	1.15
支架动载系数		1.4	1.25
支架工作方式		增阻式	增阻式
煤体片帮形式		剪切片帮	鼓出片帮

40105 综采工作面采用及时支护，移架在煤机滚筒过后 3～5 架进行，采用本架操作、顺序移架（在条件具备下可进行奇偶移架）、追机作业方式，移架步距为 865mm，当顶板破碎时，可在煤机前滚筒割完煤后及时伸护帮板或移超前架。

5）循环作业

从表 11-24 可知，40105 综采工作面采用双向割煤端部斜切进刀方式，进刀距离 30m，进刀时间为 15min；在非爆破区未来压阶段采煤机割煤速度为 3m/min，每刀煤正常割煤阶段时间为 56.6min；空刀运行时间 10min，即在未爆破区采煤机割一循环煤的时间 81.6min。在爆破区来压阶段割一刀煤缩短至 51.5min，斜切进刀时间 15min，空刀运行时间与非爆破区空刀时间相同，该阶段割一循环煤时间为 76.5min，相比非爆破区未来压缩短 5.1min。原设计中每天割 14 刀煤，速度提高之后总共节省时间 71.4min，即每天可增加割煤刀数 1 刀。工作面循环图表如图 11-21 所示。

表 11-24　工艺优化前后参数对比

参数	优化前数值	优化后数值	变化量
割煤时间/（min/刀）	56.6	51.5	-5.1
空刀时间/min	10	10	0
斜切进刀时间/min	15	15	0
割煤刀数	14	15	1
工作面产量/（t/天）	14 488.32	15 523.2	1 034.88

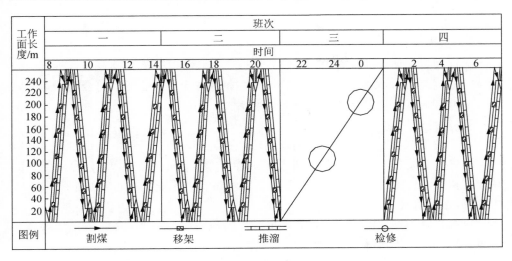

图 11-21　工作面循环图表

6）小结

（1）40105 工作面优化后采用双向割煤端部斜切进刀方式进行割煤，正常割煤段采煤机运行速度由优化前的 3m/min，增加到 4m/min；在爆破区来压阶段采煤机割一刀煤的时间为 76.5min，每天割煤时间节省 70.2min，在有效循环不变的情况下，压裂后煤层截割比未压裂煤层截割可以多增加 1 个割煤循环。

（2）在采煤机进入爆破区后采煤工艺采用双向割煤端部斜切进刀方式，采用割顶煤的割煤方式，采煤机牵引速度保持在 4m/min 时，割煤效果最好。

（3）参数优化后，采煤机滚筒落煤速度加快，相比优化前落煤时间提高 0.82s，有助于割落块煤迅速落到刮板运输机上，有效杜绝了落煤缓慢、发生堵塞的情况发生。

（4）经过工效分析，综采执行"四六"制工作方式，一、二、四班生产，三班集中检修，与原循环图表不同的是，通过提高效率，每天增加 1 个正规循环，增加产量 1034.88t，达到充分利用有效开机时间，降低成本，提高生产效益的目的。

11.3.2　设备优化

1. 30103 工作面设备优化

1）牵引速度

在未压裂区，采煤机的牵引速度为 2.4m/min 时，切削厚度为 80.6mm，预裂之后的采煤机的牵引速度为 4.73m/min，切削厚度为 159mm，为优化前的 1.99 倍；在未压裂区切削面积为 1214.2mm²，预裂区切削面积为 3120.5mm²，为未压裂区的 2.577 倍。

2）截齿数量

截齿数量和切削面积有关，30103 综采工作面 MG/1630-WD 型采煤机滚筒截齿 38 个，将截齿数量减少到 30 个，叶片由每片 4 个保持不变，符合理论上的要求，所截割的煤体块度相比破岩滚筒块度增大。

3）滚筒转速

由于滚筒截齿在截割过程中的运动轨迹接近于一条渐开线，当牵引速度一定时，滚筒转速降低，每个截齿的切削厚度增大，切削面积相应增大，截割下来的块煤率提高。30103 工作面滚筒转速由 29.76r/min 保持不变，满足切削面积的要求。

4）滚筒直径

选择直径大一些滚筒，有利于降低临界转速，提高装煤效果，提高块煤率。经过计算和实测，滚筒直径 2000mm 满足要求。

30103 工作面采煤机参数优化结果如表 11-25 所示。

表 11-25　30103 工作面采煤机参数优化结果

序号	参数	优化前数值	优化后数值
1	滚筒直径/mm	2000	2000
2	截齿数量/个	38	30
3	切削厚度/mm	80.6	159
4	叶片数目/个	4	4
5	牵引速度/（m/min）	2.4	4.73
6	滚筒转速/（r/min）	29.76	29.76
7	截齿形式	刀型齿	镐型齿
8	截深/m	0.8	0.8
9	截齿排列方式	棋盘式	棋盘式

2.　$2^{-2\perp}06$ 工作面设备优化

1）牵引速度

在未压裂区，采煤机的牵引速度为 2.8m/min 时，切削厚度为 86.9mm，爆破之后的采煤机的牵引速度为 3.4m/min，切削厚度为 119.6mm，切削厚度为优化前的 1.38 倍；在未压裂区，切削面积为 1251.2mm^2，爆破区切削面积为 2845.5mm^2，为未压裂前的 2.27 倍。

2）滚筒转速

在牵引速度不变情况下 $2^{-2\perp}06$ 工作面在未压裂区滚筒转速为 32.23r/min 时，切削面积为 824.7mm^2，在爆破区滚筒转速下降至 29.76r/min 时，切削面积增大到 1672.4mm^2，面积增大 2.03 倍。适当降低采煤机滚筒转速有利于提高采煤机切削面积，增大块煤率。

3）截齿数量

截齿数量和切削面积有关，$2^{-2\perp}06$ 工作面 MG300/730-QWD 型采煤机滚筒截齿 36 个，将截齿数量减少到 28 个，所截割的煤体块度相比破岩滚筒块度增大。

4）截齿排列方式

截齿排列方式采用棋盘式布置，相邻截线上的截齿不在同一旋叶上，棋盘式布置使两截齿间隔大，切削断面大，割落的煤体块煤率大。

$2^{-2\perp}06$ 工作面采煤机参数优化结果如表 11-26 所示。

表 11-26　$2^{-2\perp}06$ 工作面采煤机参数优化结果

参数	优化前数值	优化后数值
滚筒直径/mm	1800	1800
截齿数量/个	36	28
切削厚度/mm	86.9	119.6
叶片数目/个	4	4
牵引速度/（m/min）	2.8	3.4
滚筒转速/（r/min）	32.23	29.76
截齿形式	刀型齿	镐型齿
截深/m	0.8	0.8
截齿排列方式	棋盘式	棋盘式

3. 40105 工作面设备优化

1）牵引速度

在未爆破区正常割煤时，采煤机的牵引速度为 3m/min 时，切削厚度为 83.33mm，爆破之后的采煤机的牵引速度为 4m/min，切削厚度为 121mm，切削厚度为未爆破区的 1.71 倍；在未爆破区，牵引速度为 3m/min 时，切削面积为 1945.5mm^2，预裂区牵引速度为 4m/min 时，切削面积为 3113.4mm^2。所以，40105 工作面采煤机的牵引速度应增加至 4m/min。

2）滚筒转速

40105 工作面在未爆破区滚筒转速为 36r/min，切削面积为 675.4mm^2；在压裂区滚筒转速下降至 28r/min，切削面积增大到 1585.5mm^2，切削面积较未爆破区增大 1.35 倍。因此，适当降低采煤机滚筒转速有利于提高采煤机切削面积，增大块煤率。

3）截齿数量

由于截齿数量和切削面积有关，40105 工作面采用 MG500/1140-WD 型采煤机滚筒截齿 69 个，将截齿数量减少到 40 个，叶片数目减小至 3 个，所截割的煤体块度相比破岩滚筒块度增大。

4）滚筒直径

选择直径大一些的滚筒，有利于降低临界转速，提高装煤效果，提高块煤率，经过计算和实测，40105 工作面采用的滚筒直径为 2000mm，符合要求。

5）截齿排列方式

截齿排列方式采用棋盘式布置，相邻截线上的截齿不在同一旋叶上，棋盘式布置使两截齿间隔大，切削断面大，割落的煤体块煤率大。

40105 工作面采煤机参数优化结果如表 11-27 所示。

表 11-27　40105 工作面采煤机参数优化结果

参数	优化前数值	优化后数值
滚筒直径/mm	2000	2000
截齿数量/个	69	40
切削厚度/mm	83.3	121
叶片数目/个	4	3
牵引速度/（m/min）	3	4
滚筒转速/（r/min）	36	28
截齿形式	刀型齿	镐型齿
截深/m	0.8	0.8
截齿排列方式	棋盘式	棋盘式

11.3.3　转载止损

以榆神矿区 30103 工作面各转载点实测数据为参考，通过对块煤转载止损机理研究，对主要转载点改造设计如下。

1. S1229 转载点止损设计

S1229 转载点属于垂直搭接角度的转载点，上部皮带机皮带面到下部皮带机皮带面，搭接高度 H=2.4m，属于损失严重的转载点之一。同时，该转载点是煤炭井下运输比较大型的第一个转载点，块煤率越高，相对来说，损失越大，属于需要设计的重点转载点之一。具体设计的装置装配图如图 11-22 所示，设计效果图如图 11-23 所示。该装置主要包括弧形挡煤板型接煤漏斗和缓冲平台式溜槽。

1）弧形挡煤板型接煤漏斗

煤流长时间冲击挡板，可能导致挡板过热，一种方法是给其挡煤板内表面加耐磨性可拆卸衬板，另一种方法是可以给挡板外侧加设降温、降噪的过水水箱，经过水箱的水可以用于进煤口上方进行喷雾除尘。另外，进煤口需要加设皮帘子，防止煤尘溢出，但必须留够足够的过煤高度，一般为 50cm。具体设计如图 11-24 和图 11-25 所示。

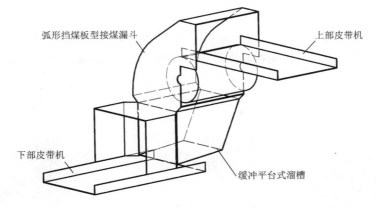

弧形挡煤板型接煤漏斗

上部皮带机

下部皮带机

缓冲平台式溜槽

图 11-22　S1229 转载点装置装配图

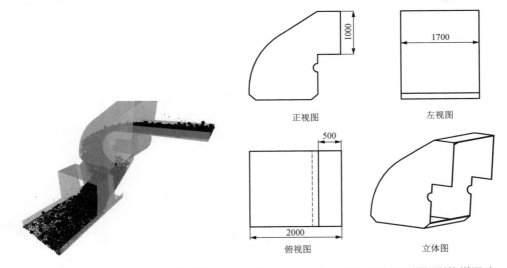

1000

正视图

1700

左视图

500

2000

俯视图

立体图

图 11-23　S1229 转载点设计效果图　　　图 11-24　S1229 转载点弧形挡煤板型接煤漏斗

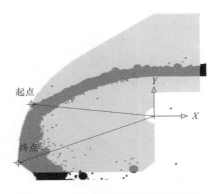

起点

终点

Y

X

图 11-25　S1229 转载点挡煤板效果

2）缓冲平台式溜槽

从缓冲平台式溜槽模拟试验（图 11-26）中看出，煤流在缓冲面上的落点基本在下部皮带的中心线上，动态安息角是 23°，煤流能顺利通过。另外，为了抑制煤尘，可以在出口一定高度处加皮帘子，一方面防止煤尘溢出，另一方面可以避免煤粒飞溅，皮帘子要留够过煤高度，防止堵塞。直线溜槽和弧形导向溜槽如图 11-27 所示。

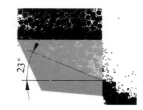

图 11-26　缓冲平台式溜槽模拟试验

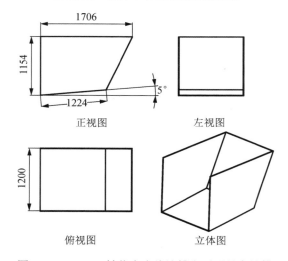

图 11-27　S1229 转载点直线溜槽和弧形导向溜槽

2. S1210 转载点止损设计

S1210 转载点属于垂直搭接角度的转载点，上部皮带机皮带面到下部皮带机皮带面，搭接高度 H=4m，落差较大，属于损失严重的转载点之一。经过分析，决定选择防尘罩、缓冲平台式漏斗、直线溜槽和弧形导向溜槽的方式来完成转载，S1210 转载点设计效果图如图 11-28 所示，装置装配图如图 11-29 所示。

该装置主要包括防尘罩，缓冲平台式漏斗，直线溜槽和弧形导向溜槽。

1）防尘罩

该方案设计的防尘盖距离皮带上表面为 80cm，完全符合进煤口的高度需求。

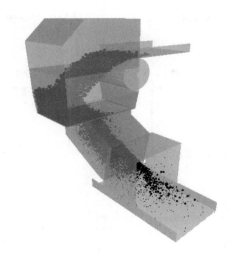

图 11-28　S1210 转载点设计效果图

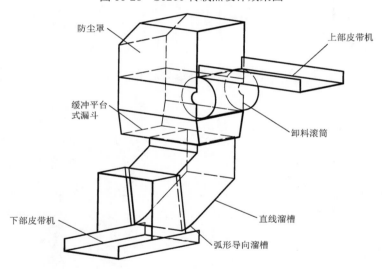

图 11-29　S1210 转载点装置装配图

2）缓冲平台式漏斗

缓冲平台式漏斗用于对抛卸的煤流进行阻拦和堆积，使其形成缓冲面。缓冲平台的位置需要根据煤流的抛卸轨迹决定，具体的抛卸轨迹将由通过对煤流运动的 EDEM 颗粒元软件进行模拟确定。缓冲平台式漏斗如图 11-30 所示，仿真效果图如图 11-31 所示。

3）直线溜槽和弧形导向溜槽

直线溜槽设计时，要注意料流与溜槽的接触角度，接触过大可能造成破碎，同时突然的变向，会导致煤流速度突然降低而造成拥堵，使得溜槽堵塞。弧形导向溜槽与皮带面夹角以 10° 为宜。直线溜槽和弧形导向溜槽如图 11-32 所示,弹簧板图如图 11-33 所示。

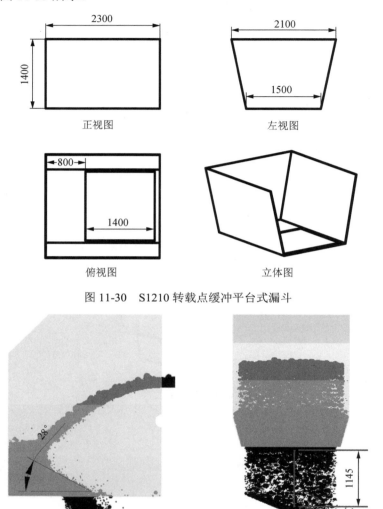

图 11-30　S1210 转载点缓冲平台式漏斗

图 11-31　S1210 转载点仿真效果图

3. S3-1 机尾给料机止损设计

S3-1 机尾给料机转载点属于顺直搭接角度的转载点,上部皮带机皮带面到下部皮带机皮带面,搭接高度 $H=2m$,落差较小,属于损失较严重的转载点之一。经过分析,决定选择挡煤板型接煤漏斗、直线溜槽和弧形导向溜槽的方式来完成转载,S3-1 机尾给料机转载点装置装配图如图 11-34 所示,设计效果图如图 11-35 所示。

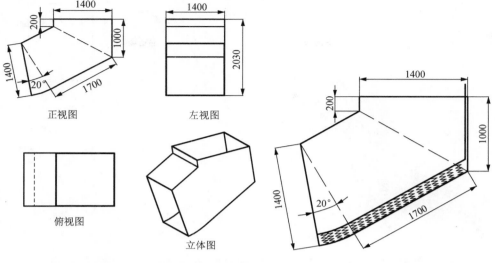

正视图　　　　左视图

俯视图　　　　立体图

图 11-32　S1210 转载点直线溜槽和弧形导向溜槽　　　　图 11-33　弹簧板图

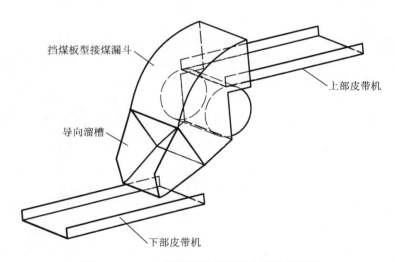

挡煤板型接煤漏斗

上部皮带机

导向溜槽

下部皮带机

图 11-34　S3-1 机尾给料机转载点装置装配图

1）挡煤板型接煤漏斗

同 S1229 转载点一样，煤流长时间冲击挡板，可能导致挡板过热，一种方法是给其挡煤板内表面加耐磨性可拆卸衬板，另一种方法是给挡板外侧加设降温、降噪的过水水箱，经过水箱的水可以用于进煤口上方进行喷雾除尘。另外，进煤口加设皮帘子，防止煤尘溢出，但必须留够足够的过煤高度，一般为 50cm。挡煤板型接煤漏斗如图 11-36 所示。

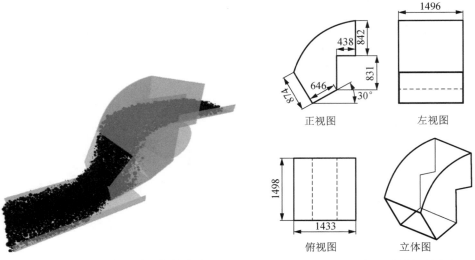

图 11-35　S3-1 机尾给料机转载点
设计效果图

图 11-36　S3-1 机尾给料机转载点
挡煤板型接煤漏斗

2）直线溜槽和弧形导向溜槽

导向溜槽采用直线溜槽和弧形导向溜槽的形式，如图 11-37 所示。经过挡煤板后的煤流，将与直线溜槽接触，并将以一个较小的角度与弧形导向溜槽接触，弧形导向溜槽将煤流的速度方向导入到与下部皮带运行方向相近，这里给的角度为 10°，防止停机时煤流在此堆积。为了减少因块煤撞击引起的块煤率损失，将溜槽改成弹簧板。出口处，为了防止煤粒飞溅和煤尘逸出，可以加皮帘子。

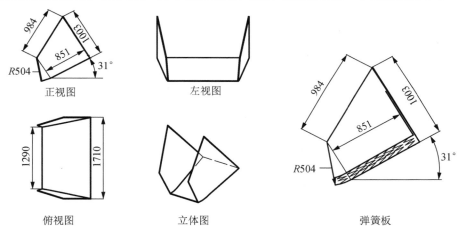

图 11-37　S3-1 机尾给料机转载点直线溜槽和弧形导向溜槽

4. 主井 101-102 皮带机止损设计

主井 101-102 机头属于顺直搭接角度的转载点，上部皮带机皮带面到下部皮带机皮带面，搭接高度 H=5.8m，落差大，属于损失严重的转载点之一。经过分析，决定选择防尘罩、缓冲平台式漏斗、直线溜槽和防护罩的方式来完成转载，具体设计的装置装配图如图 11-38 所示。

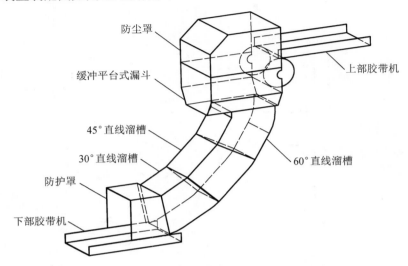

图 11-38　主井 101-102 皮带机转载点装置装配图

1）防尘罩

设计中要确保防尘盖的上沿与皮带面的距离大于皮带上煤料的高度，防止造成堵塞，该方案设计的防尘盖距离皮带上表面距离为 80cm，完全符合进煤口的高度需求，防尘罩如图 11-39 所示。

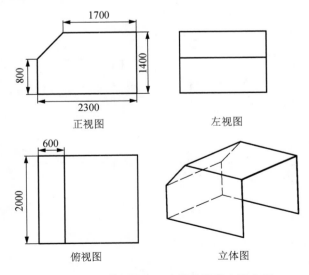

图 11-39　主井 101-102 皮带机转载点防尘罩

2）缓冲平台式漏斗

　　缓冲平台式漏斗用于对抛卸的煤流进行阻拦和堆积，使其形成缓冲面。缓冲平台的位置需要根据煤流的抛卸轨迹决定，具体的抛卸轨迹将由通过对煤流运动的 EDEM 颗粒元软件进行模拟确定，缓冲平台式漏斗如图 11-40 所示。

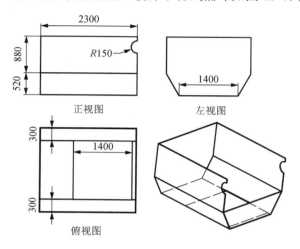

图 11-40　主井 101-102 皮带机转载点缓冲平台式漏斗

3）直线溜槽

　　直线溜槽用于接受上部接煤漏斗通过的煤流，然后通过摩擦耗能，使得煤流保持匀速或者减速。直线溜槽设计时，要注意料流与溜槽的接触角度，接触过大可能造成破碎，同时突然的变向，会导致煤流速度突然降低而造成拥堵，使得溜槽堵塞。按转载点的装配位置从上到下分别为 60°、45°、30°，直线溜槽如图 11-41 所示。

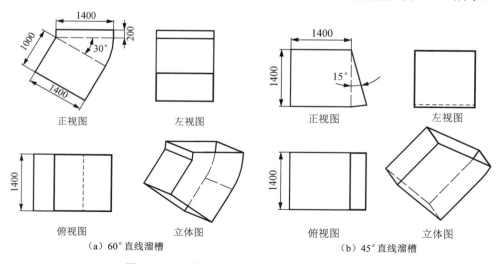

（a）60°直线溜槽　　　　　　　　　　　（b）45°直线溜槽

图 11-41　主井 101-102 皮带机转载点直线溜槽

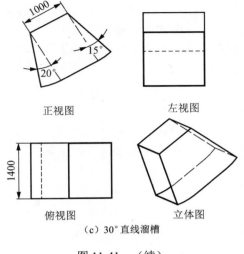

正视图　　　　　　　　左视图

俯视图　　　　　　　　立体图

（c）30°直线溜槽

图 11-41　（续）

4）防护罩

为了防止块煤飞溅，特设计防护罩，防护罩要满足过煤需求，如图 11-42 所示。

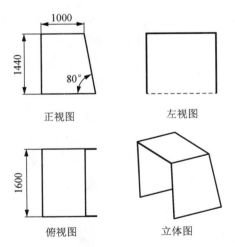

正视图　　　　　　　　左视图

俯视图　　　　　　　　立体图

图 11-42　主井 101-102 皮带机转载点防护罩

11.4　实　施　过　程

2012 年 4 月～2013 年 5 月，对 $2^{-2^{上}}06$ 工作面煤层进行常规爆破弱化，工作面块煤率提升了 13.27%；2013 年 4～11 月，对 40105 工作面煤层进行常规爆破弱化，工作面块煤率提升了 20.97%；2015 年 10 月～2016 年 9 月，对 30103 工作面煤层进行水压预裂弱化，工作面块煤率提高了 26%。

榆神矿区综采工作面提高块煤率项目实施按时间顺序，分为以下 4 个阶段。

1）前期准备（第一阶段）

2012 年 1～3 月、2013 年 1～3 月、2015 年 7～9 月，分别对榆神矿区 $2^{-2\pm}06$ 工作面、40105 工作面、30103 工作面进行了工作面资料收集以及煤岩样的物理力学参数测定、水质分析。依据收集资料进行数值模拟，设计煤层预裂方案，其中 $2^{-2\pm}06$ 工作面、40105 工作面实施常规爆破弱化方案和 30103 工作面实施水压预裂弱化方案（选用单巷双排钻孔预裂方案）。

2）现场试验（第二阶段）

2012 年 4 月～2013 年 5 月，对 $2^{-2\pm}06$ 工作面进行现场试验。根据设计的煤层常规爆破弱化方案，在 $2^{-2\pm}06$ 工作面布置深度 2.5m 的双排浅孔，共计 172 个，完成一次爆破循环，此后依次进行。

2013 年 4～11 月，对 40105 工作面进行现场试验。根据设计的煤层常规爆破弱化方案，在 40105 工作面布置深度 2.5m 的双排浅孔，共计 372 个，完成一次爆破循环，此后依次进行；2013 年 7 月更换了块煤滚筒。

2015 年 10 月～2016 年 9 月，对 30103 工作面进行现场试验。2015 年 10～11 月，依据设计的采煤设备优化方案对 30103 工作面采煤设备进行改造；2015 年 10～12 月，根据设计的水压预裂弱化方案，在 30103 工作面超前工作面 200m 的回风顺槽布置一个工作点，在试验区 100m 内布置双排预裂深钻孔，共计 29 个，依次实施水压预裂方案。

3）现场效果测定（第三阶段）

2012 年 4 月～2013 年 5 月，在 $2^{-2\pm}06$ 工作面每次完成爆破后对工作面进行块煤率测定；2013 年 4～6 月，在 40105 工作面每次完成爆破后进行了块煤率测定；2013 年 7～9 月，对更换块煤滚筒后块煤率测定；2015 年 12 月，对 30103 工作面压裂之后块煤率测定；2016 年 4～11 月，对采煤设备改造及各个转载点块煤率测定。

4）效果分析及资料整理（第四阶段）

在前三个阶段实施基本完成后，分析存在的问题及实施效果，整理相关资料，给出适合榆神矿区和类似矿井常规爆破弱化、水压预裂弱化提高块煤率的成套技术方法与工艺参数。

11.5　实　施　效　果

在榆神矿区针对不同矿井条件，采用常规爆破弱化和水压预裂两种综合技术提高块煤率，取得较好的经济效益和社会效益。

11.5.1　30103 工作面实施效果

经过对榆神矿区 3#煤层 30103 工作面实施水压预裂提高块煤率综合技术后，块煤粒径分级统计表如表 11-28 所示，提质增效统计表如表 11-29 所示。

表 11-28　30103 工作面压裂煤层块煤粒径分级统计表

块煤粒径/mm	占比/%		
	未压裂煤层	压裂煤层	变化量
0～6	25.0	24.3	−0.7
6～13	5.7	9.8	4.1
13～30	5.1	10.9	5.8
30～50	4.6	14.2	9.6
50～80	5.2	10.1	4.9
80～100	7.4	9.0	1.6
>100	47.0	21.7	−25.3

表 11-29　30103 工作面压裂煤层提质增效统计表

	分析指标	未压裂煤层	压裂煤层	变化率
提质增效	块煤粒径 6～100mm 占比/%	28	54	92
	割煤循环/刀	7	8	14.3
节能降耗	截割比能耗/[(kW·h)/m³]	1.91	1.16	−39.3
	截割阻抗/（N/m）	324	176	−45.7
	切削面积/mm²	1214.2	3120.5	157.0
	比能耗密度/[(kW·h)/(m³·min)]	0.187	0.135	−27.8
	电耗/（度/万 t）	6425.2	3225.2	−49.8
	油脂/（kg/万 t）	118.3	62.2	−47.4
	截齿/（个/万 t）	13.1	8.24	−37.1

由表 11-28 和图 11-43 可知，压裂煤层 0～6mm 粒径块率为 24.3%，未压裂煤层为 25.0%；压裂煤层 13～30mm 粒径块率高，为 10.9%，未压裂煤层低，为 5.1%；压裂煤层 30～50mm 粒径块率高，为 14.2%，未压裂煤层低，为 4.6%；压裂煤层 50～80mm 粒径块率高，为 10.1%，未压裂煤层低，为 5.2%；未压裂煤层 100mm 以上粒径块率高，为 47.0%，压裂煤层低，为 21.7%。

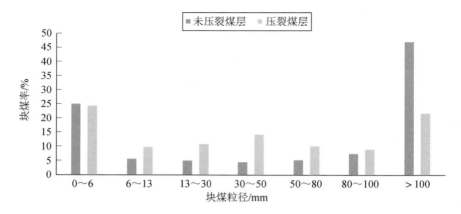

图 11-43　压裂破碎前后综采面块煤率与块煤粒径分布规律

由图 11-44 可知，压裂工艺使得大块破碎为中块和仔块煤，其中 100mm 以上大块减少了 25.3%，6～100mm 粒径的块度显著增加，增加了 26%。

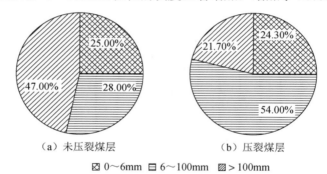

图 11-44　压裂破碎前后综采工作面块煤率与块煤粒径分布统计

由图 11-45 可知，压裂工艺使 100mm 以上粒径的块度显著减少，0～6mm 的沫煤稍有降低，6～100mm 的块度增加，且各区间块度增量服从正态分布，其中 30～50mm 增量最大，为 9.6%，13～30mm 增量次之，为 5.8%；由图 11-46 可知，压裂工艺使不同粒径块煤分布呈现"W"形状，两头大，中间存在最值。

由表 11-30 可知，榆神矿区 30103 工作面煤体原煤破碎分形维数为 1.25，煤层为未破碎煤体 A02，煤层裂隙不发育，煤体硬度大，采煤机截齿损耗严重；为改善煤层结构，提高截割效率和块煤产出率，依据煤层破碎分级转化关系和理论计算公式，采用带式水力压裂改善煤层结构；工作面煤体经弱化之后，煤层破碎分形维数增大，裂隙发育，煤体转化为破碎煤体 D01，工作面中块和仔块煤产量增大。

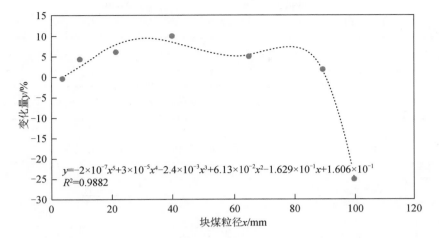

图 11-45　压裂工艺综采工作面不同粒径块煤率变化量分布

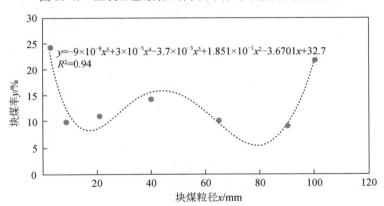

图 11-46　压裂工艺综采工作面不同粒径块煤率分布

表 11-30　30103 工作面煤层破碎分类

影响因素	煤层理论计算分维数	煤层实际破碎分维数	煤层破碎性分类
未压裂煤层	1.2	1.25	未破碎煤体 A02
带式压裂未来压	1.97	2.23	破碎煤体 D01
带式压裂来压		2.38	破碎煤体 D01

11.5.2　$2^{-2\,\text{上}}06$ 工作面实施效果

经过对榆神矿区 $2^{-2\,\text{上}}06$ 工作面实施煤层常规爆破弱化煤层、提高块煤开采技术后，粒径分级统计表如表 11-31 所示，提质增效统计表如表 11-32 所示。

表 11-31　$2^{-2上}06$ 工作面常规爆破弱化煤层块煤粒径分级统计表

块煤粒径/mm	占比/%		
	未爆破弱化煤层	爆破弱化煤层	变化量
0～6	11.15	21.6	10.45
6～100	46.65	59.92	13.27
>100	42.2	18.48	−23.72

表 11-32　$2^{-2上}06$ 工作面常规爆破弱化煤层提质增效统计表

	分析指标	未压裂煤层	压裂煤层	变化率/%
提质增效	块煤粒径 6～100mm 占比/%	46.65	59.92	28.4
	割煤循环/刀	10	12	20.0
节能降耗	截割比能耗/[(kW·h)/m³]	1.08	0.78	−27.8
	截割阻抗/(N/m)	288	144	−50.0
	切削面积/mm²	1251.2	2845.5	127.4
	比能耗密度/[(kW·h)/(m³·min)]	0.098	0.168	−71.4
	电耗/(度/万t)	6425.2	4021.2	−37.4
	油脂/(kg/万t)	118.3	83.5	−29.4
	截齿/(个/万t)	13.1	11.2	−14.5

由表 11-31 和图 11-47 可知，爆破弱化煤层 0～6mm 粒径块率高，为 21.6%，未爆破弱化煤层低，为 11.15%；爆破弱化煤层 6～100mm 粒径块率高，为 59.92%，未爆破弱化煤层低，为 46.65%；爆破弱化煤层 100mm 以上粒径块率低，为 18.48%，未爆破弱化煤层高，为 42.2%；爆破弱化后，0～6mm 粒径块率增加了 10.45%，6～100mm 粒径块率增加了 13.27%，100mm 以上粒径块率减少了 23.72%。

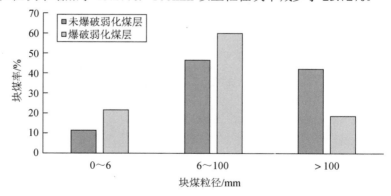

图 11-47　常规爆破弱化前后综采面块煤率与块煤粒径分布规律

由表 11-33 可知，榆神矿区 $2^{-2上}06$ 工作面原煤破碎分形维数为 1.30，煤体为未破碎煤体 A03，煤体硬度大；为改善煤层截割性，依据 $2^{-2上}06$ 工作面煤层赋存条件，采用带式爆破破碎工作面煤体；煤体破碎之后，工作面未来压时煤层分形维数为 1.52，煤体为轻微破碎煤体 A02，工作面来压之后煤体破碎分形维数增大为 1.75，煤体转化为较强破碎煤体 C01，说明矿压对爆破工作面煤体分级影响较大，采取爆破措施后 6～100mm 煤体产量增加集中。

表 11-33 $2^{-2\perp}06$ 工作面煤层破碎分类

影响因素	煤层理论计算分维数	煤层实际破碎分维数	煤层破碎性分类
未压裂煤层	1.31	1.30	未破碎煤体 A03
带式压裂未来压	1.49	1.52	轻微破碎煤体 B02
带式压裂来压	1.68	1.75	较强破碎煤体 C01

11.5.3 40105 工作面实施效果

为了对比分析常规爆破和 CO_2 气体爆破对综采工作面提高块煤率效果，对榆神矿区 4^{-3} 煤层 40105 工作面采取两种技术方案。

1. 常规爆破弱化技术方案

对 40105 工作面采取常规爆破弱化煤层提高块煤率技术方案，块煤粒径分级统计表如表 11-34 所示，提质增效统计表如表 11-35 所示。

表 11-34 40105 工作面常规爆破弱化煤层块煤粒径分级统计表

块煤粒径/mm	占比/%		
	未爆破弱化煤层	爆破弱化煤层/%	变化量/%
0～6	6.7	13.03	6.33
6～100	53.46	74.43	20.97
>100	39.84	12.54	−27.3

表 11-35 40105 工作面常规爆破弱化煤层提质增效统计表

	分析指标	未压裂煤层	压裂煤层	变化率/%
提质增效	块煤粒径 6～100mm 占比/%	53.46	74.43	39.2
	割煤循环/刀	15	16	6.7
节能降耗	截割比能耗/[（kW・h）/m³]	1.84	1.55	−15.8
	截割阻抗/（N/m）	220	148	−32.7
	切削面积/mm²	1278.6	3113.4	143.5
	比能耗密度/[（kW・h）/（m³・min）]	0.124	0.092	−25.8
	电耗/（度/万 t）	5894.2	4215.2	−28.5
	油脂/（kg/万 t）	110.5	90.2	−18.4
	截齿/（个/万 t）	14.2	11.8	−16.9

由表 11-34 和图 11-48 可知，爆破弱化煤层 0～6mm 粒径块率高，为 13.03%，未爆破弱化煤层低，为 6.7%；爆破弱化煤层 6～100mm 粒径块率高，为 74.43%，未爆破弱化煤层低，为 53.46%；爆破弱化煤层 100mm 以上粒径块率低，为 12.54%，未爆破弱化煤层高，为 39.84%；爆破弱化后，0～6mm 粒径块率增加了 6.33%，6～100mm 粒径块率增加了 20.97%，100mm 以上粒径块率减少了 27.3%。

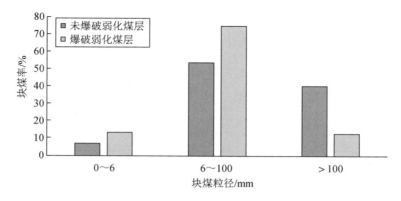

图 11-48 常规爆破弱化前后综采面块煤率与块煤粒径分布规律

由表 11-36 可知，榆神矿区 40105 工作面原煤破碎分形维数为 1.36，工作面煤体为未破碎煤体 A03，煤体裂隙不发育；为提高煤层截割效率，改善煤层截割性，采用工作面带式爆破弱化煤体；煤体弱化之后，工作面煤层破碎分形维数为 1.47，依据煤层破碎分级指标判定，工作面煤体转化为轻微破碎煤体 B01；工作面来压之后煤体破碎分形维数变为 1.6，煤体转化为轻微破碎煤煤体 B02。经爆破弱化煤体之后，工作面大块煤产量降低，块煤产量 6～100mm 增加最大。

表 11-36 40105 工作面煤层破碎分类

影响因素	煤层理论计算分维数	煤层实际破碎分维数	煤层破碎性分类
未压裂煤层	1.33	1.36	未破碎煤体 A03
带式压裂未来压	1.49	1.47	轻微破碎煤体 B01
带式压裂来压	1.68	1.6	轻微破碎煤体 B02

2. CO_2 气体爆破弱化技术方案

对 40105 工作面实施 CO_2 气体爆破弱化煤层提高块煤率技术后，块煤粒径分级统计表如表 11-37 所示，提质增效统计表如表 11-38 所示。

表 11-37 40105 工作面 CO_2 气体爆破弱化煤层块煤粒径分级统计表

块煤粒径/mm	占比/%		
	未气爆煤层	气爆煤层	变化量
0～6	6.7	7.76	1.06
6～13	8.22	13.36	5.14
13～30	13.53	19.32	5.79
30～50	10.29	18.42	8.13
50～80	11.85	16.23	4.38
80～100	9.57	11.45	1.88
>100	39.84	13.46	-26.38

表 11-38　40105 工作面 CO_2 气体爆破弱化煤层提质增效统计表

	分析指标	未压裂煤层	压裂煤层	变化率/%
提质增效	块煤粒径 6～100mm 占比/%	53.46	78.78	47.4
	割煤循环/刀	15	16	6.7
节能降耗	截割比能耗/[(kW·h)/m³]	1.84	1.23	−33.2
	截割阻抗/(N/m)	220	124	−43.6
	切削面积/mm²	1278.6	3524.4	175.6
	比能耗密度/[(kW·h)/(m³·min)]	0.124	0.085	−31.5
	电耗/(度/万 t)	5894.2	3785.9	−35.8
	油脂/(kg/万 t)	110.5	85.2	−22.9
	截齿/(个/万 t)	14.2	10.5	−26.1

　　由表 11-37 和图 11-49 可知，气爆煤层 0～6mm 粒径块率为 7.76%，未气爆煤层为 6.7%；气爆煤层 13～30mm 粒径块率高，为 19.32%，未气爆煤层低，为 13.53%；气爆煤层 30～50mm 粒径块率高，为 18.42%，未气爆煤层低，为 10.29%；气爆煤层 50～80mm 粒径块率高，为 16.23%，未气爆煤层低，为 11.85%；未气爆煤层 100mm 以上粒径块率高，为 39.84%，气爆煤层低，为 13.46%。

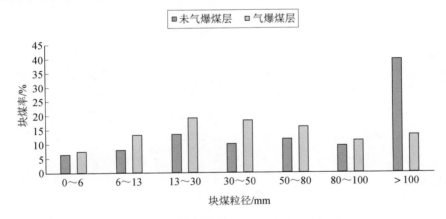

图 11-49　CO_2 气体爆破前后综采工作面块煤率与块煤粒径分布规律

　　由图 11-50 可知，气爆工艺使得大块破碎为中块、仔块煤以及沫煤，其中 100mm 以上大块减少了 26.38%，6～100mm 粒径的块度显著增加，增加了 25.32%。

　　由图 11-51 可知，气爆工艺使 100mm 以上粒径的块度显著减少了 26.38%，0～6mm 的沫煤稍有增加，6～100mm 的块率增加，其中 30～50mm 增量最大，为 8.13%，13～30mm 增量次之，为 5.79%。由图 11-52 可知，气爆工艺使 6～100mm 粒径的块度呈现正态分布，存在最大值。

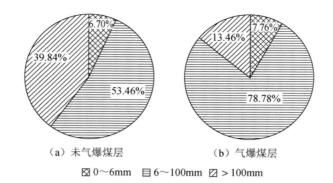

（a）未气爆煤层　　　　（b）气爆煤层

☒ 0～6mm　　目 6～100mm　　◩ >100mm

图 11-50　CO_2 气体爆破前后综采工作面块煤率与块煤粒径分布统计

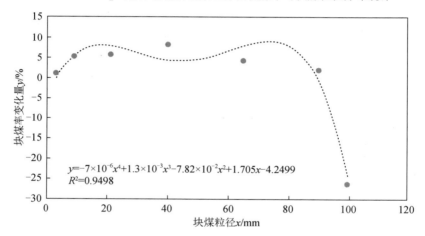

$y=-7\times10^{-6}x^4+1.3\times10^{-3}x^3-7.82\times10^{-2}x^2+1.705x-4.2499$
$R^2=0.9498$

图 11-51　CO_2 气爆工艺对不同粒径块煤增值分布

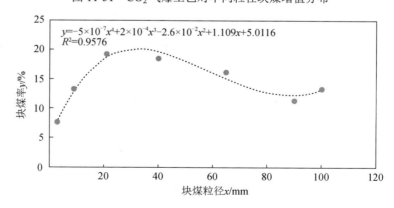

$y=-5\times10^{-7}x^4+2\times10^{-4}x^3-2.6\times10^{-2}x^2+1.109x+5.0116$
$R^2=0.9576$

图 11-52　CO_2 气爆工艺对不同粒径块煤分布

由表 11-39 可知，对炸药爆破与气体破煤效果进行对比，该工作面原煤破碎分形维数为 1.36，工作面煤体为未破碎煤体 A03，煤体裂隙不发育；采用巷道超

前 CO_2 带式爆破弱化煤体，煤体弱化之后，工作面煤层破碎分形维数为 1.71，工作面煤体转化为较强破碎煤体 C01；工作面来压之后煤体破碎分形维数变为 1.94，煤体转化为较强破碎煤体 C01；经气体爆破弱化煤体之后，煤体裂隙较炸药爆破更加发育，工作面大块煤产量降低，块煤产量 6～100mm 增加最大。

表 11-39　40105 工作面煤层破碎分类

影响因素	煤层理论计算分维数	煤层实际破碎分维数	煤层破碎性分类
未压裂煤层	1.33	1.36	未破碎煤体 A03
带式压裂未压	1.63	1.71	较强破碎煤体 C01
带式压裂来压	1.92	1.94	较强破碎煤体 C01

综前所述，榆神矿区煤层弱化块煤开采实施方案及效果对比如表 11-40 所示。

表 11-40　榆神矿区煤层弱化块煤开采实施方案及效果对比

项目			内容
煤层压裂块煤开采综合技术	技术方案	煤层压裂	采用双排"三角"平行剪切孔脉冲压裂（DSPF）方案，预裂压力 66～270MPa，压裂压力 80～120MPa，预裂半径 5～10m，压裂流量 2.0m³/h，压裂时间 0.5～1.0h
		采煤工艺优化	采用双向割煤端部斜切进刀方式，割一刀煤耗时减少 15.8min，预裂区割煤速度 4.73m/min，节约割煤时间，每天增加 1 刀煤
		设备改造	滚筒直径 2000mm，截齿选择镐型齿，截齿数 30 个，牵引速度 4.73m/min，滚筒转载 29.76r/min
		转载系统改造	对 2 转载点，1 个机尾给料机和 1 个主升进行止损改造
	技术效果	综合技术效果	采用煤层水压预裂、采煤工艺优化以及矿压利用综合块煤开采技术，试验区综采面块煤率达到 54%，块煤率提高了 26%；日增产 1 刀煤；截割比能耗降低 39.3%
		采煤工艺优化	采煤工艺优化后，块煤率提高 7.8%，且工效提高 14.2%，日增产一刀煤
		转载系统效果	对 30103 工作面主要转载点的改造设计后，使块煤率从转载环节上减少损失 12%
常规爆破弱化块煤开采综合技术	技术方案	煤层爆破弱化	工作面双排孔爆破，孔深 2.5m，间距 1.0～1.5m，不耦合装药，多分段微差爆破
		采煤工艺优化	采用中部斜切进刀方式，割一刀煤所消耗的时间减少为 9.1min，在爆破区来压阶段采煤机速度提高到 3.4m/min 时，原设计中每天割 10 刀煤，速度提高之后总共节省时间 91min，即每天可增加割煤刀数 2 刀
		设备改造	滚筒直径 1800mm，截齿选择镐型齿，截齿数 28 个，牵引速度 3.4m/min，滚筒转载 29.76r/min
	技术效果	综合效果	采用工作面常规爆破弱化，分别与采煤工艺优化、采煤设备改造后，工作面块煤率分别提高了 13.27%、20.97%；日增产 2 刀煤；截割比能耗降低 27.8%
		采煤工艺优化	采煤工艺优化后，块煤率提高 6.32%，割煤功效提高，日增产 2 刀煤

续表

项目			内容
CO₂气体爆破弱化块煤开采技术	技术方案	煤层气体爆破	超前工作面双排孔CO_2气体爆破，孔深50m，间距2.0～2.5m，预裂压力270MPa，点加热液态CO_2引爆
		采煤设备改造	滚筒直径2000mm，截齿选择镐型齿，截齿数40个，叶片数量3个，转速28r/min
	技术效果	综合效果	采用工作面爆破弱化、CO_2气体爆破弱化与采煤设备改造后，工作面块煤率提高了25.32%；日增产1刀煤；截割比能耗降低33.2%
		采煤设备改造	更换块煤率滚筒后井下工作面块煤率均值相比于更换块率滚筒前提高了11.06%

第12章　新庙矿区侏罗纪煤层
提高块煤率技术研究

12.1　试验工作面概况

新庙矿区选择 5101、52301 和 52303 综采工作面为试验点，所采煤层为 5^{-1}、5^{-2}，煤层厚度 1.92～3.0m，硬度 f 为 3.0，倾角为 1°～3°，采用长壁后退式一次采全高开采。新庙矿区试验工作面基本情况如表 12-1 所示，工作面平面示意图如图 12-1～图 12-3 所示。

表 12-1　新庙矿区试验工作面基本情况

项目类别	指标名称	5101 工作面	52301 工作面	52303 工作面
开采条件	井田	红草沟	谊丰	谊丰
	煤层埋深/m		109.6～200.1	0～205
	开采煤层	5^{-1}	5^{-2}	5^{-2}
	煤层裂隙	裂隙不发育	煤层结构简单，大部不含夹矸	裂隙不发育
	硬度 f	3.0	3.0	3.0
	倾角/（°）	1～3	1～3	1～3
	煤层厚度/m	1.92～2.50	2.4～3.0	2.0～2.8
	工作面走向长度/m	1 200	930	900
	工作面倾斜长度/m	130	150	150
	工作面采高/m	2.22	3.0	2.4
	可采储量/t	408 300	404 800	
开采方法	采煤方法	后退式一次采全高	后退式一次采全高	后退式一次采全高
	落煤方式	采煤机割煤	采煤机割煤	采煤机割煤
	支护形式	液压支架	液压支架	液压支架
	顶板结构	稳定	稳定	稳定
	顶板管理方法	全部垮落法	全部垮落法	全部垮落法

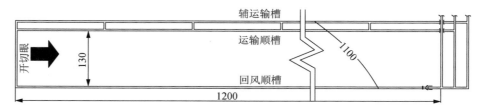

图 12-1 5101 工作面平面示意图

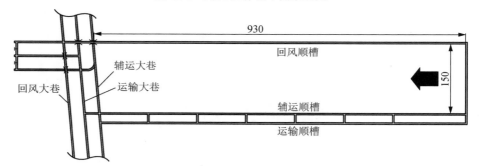

图 12-2 52301 工作面平面示意图

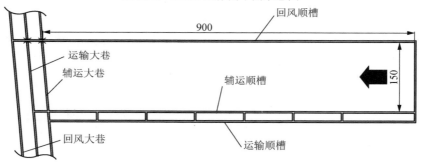

图 12-3 52303 工作面平面示意图

12.2 实 施 方 案

12.2.1 总体设计

根据新庙矿区煤层赋存条件和开采技术条件等因素，实施常规爆破弱化综合块煤开采技术方案。实施步骤：第一步，布置钻孔；第二步，实施煤层常规爆破弱化方案；第三步，采用与综采工艺协调配套的综合块煤开采技术方案。

12.2.2 5101 工作面实施方案

5101 工作面采用双排孔常规爆破弱化技术综合方案，5101 工作面爆破参数如表 12-2 所示，炮眼布置方案示意图如图 12-2 所示。

表 12-2　5101 工作面爆破参数

参数		数值	参数	数值
炮孔深度/m		2.5	炮眼直径/mm	42
炮眼间距	横向/m	0.8~1	药卷直径/mm	32
	竖向/m	0.8~1		
上排孔	距顶板距离/m	0.8	装药方式	不耦合装药
	倾角/（°）	−5~−3		
	与煤壁水平夹角/（°）	90		
下排孔	距底板距离/m	0.4	爆破方式	多分段微差爆破
	倾角/（°）	3~5		
	与煤壁水平夹角/（°）	75		
封孔长度/m		1	炮孔数量/个	232

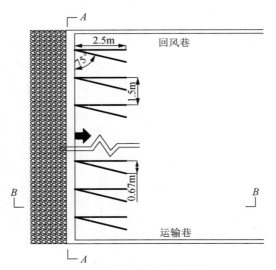

（a）5101 工作面炮眼布置平面图

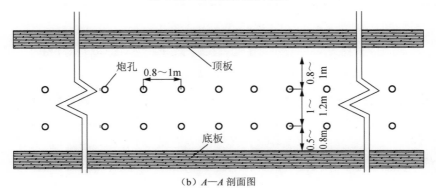

（b）A—A 剖面图

图 12-4　5101 工作面炮眼布置方案示意图

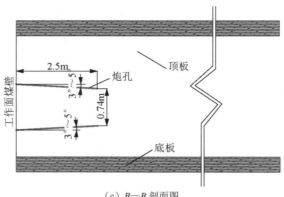

（c）B—B 剖面图

图 12-4（续）

12.2.3　52301/52303 工作面实施方案

采用工作面双排孔常规爆破弱化综合技术方案。52301/52303 工作面爆破参数如表 12-3 所示，炮眼布置方案示意图如图 12-5 所示，回风巷炮眼布置方案示意图如图 12-6 所示，炮眼布置平面图同 5101 工作面，如图 12-4（a）所示。

表 12-3　52301/52303 工作面爆破参数

参数		数值	参数	数值
炮孔深度/m		2.5	炮眼直径/mm	42
炮眼间距/m	横向	1～1.5	药卷直径/mm	32
	竖向	1～1.2		
上排孔	距顶板距离/m	0.8～1	装药方式	不耦合装药
	倾角/（°）	−5～−3		
	与煤壁水平夹角/（°）	90		
下排孔	距底板距离/m	0.6～0.8	爆破方式	多分段微差爆破
	倾角/（°）	3～5		
	与煤壁水平夹角/（°）	75		
封孔长度/m		1	炮孔数量/个	272

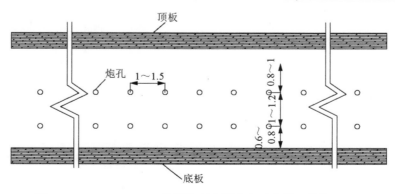

图 12-5　52301/52303 工作面炮眼布置方案示意图（单位：m）

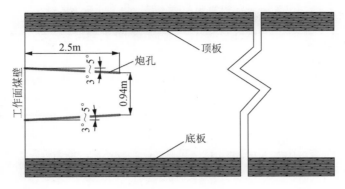

图 12-6　52301/52303 工作面回风巷炮眼布置方案示意图

12.3　采煤工艺及设备优化

12.3.1　采煤工艺优化

1. 5101 工作面采煤工艺

1）采

（1）不同进刀方式对煤壁破碎的规律。

综采块煤开采工艺，进刀方式分为双向割煤端部斜切进刀方式、单向割煤端部斜切进刀方式和中部斜切进刀方式。在工作面长度，设备型号确定的情况下，可以确定割一刀煤消耗的时间。机头向机尾斜切进刀方式下采煤机的牵引速度如表 12-4 所示。由表可得，经过计算对比得出，采用中部斜切进刀方式，割一刀煤所消耗的时间最少为 37.9min。

表 12-4　机头向机尾斜切进刀方式下采煤机的牵引速度

进刀方式	时间/min
双向割煤端部斜切进刀方式	38.8
单向割煤端部斜切进刀方式	45.5
中部斜切进刀方式	37.9

由表 12-5 和图 12-7 分析可得，在爆破区来压阶段机尾向机头斜切进刀方式的牵引速度最大为 7.81m/min，比非爆破区未来压阶段机头向机尾斜切进刀方式速度增加了 9.69%，此时采煤机的割煤效果最好。

表 12-5　不同进刀方式下采煤机的牵引速度

测试区间	是否来压	进刀方式	牵引速度/（m/min）	速度变化率/%
非爆破区	未来压	机头向机尾斜切进刀	7.12	0
	来压	机头向机尾斜切进刀	7.25	1.83
爆破区	未来压	机头向机尾斜切进刀	7.45	4.63
	来压	机头向机尾斜切进刀	7.58	6.46

测试区间	是否来压	进刀方式	牵引速度/（m/min）	速度变化率/%
非爆破区	未来压	机尾向机头斜切进刀	7.37	3.51
	来压	机尾向机头斜切进刀	7.51	5.48
爆破区	未来压	机尾向机头斜切进刀	7.64	7.31
	来压	机尾向机头斜切进刀	7.81	9.69

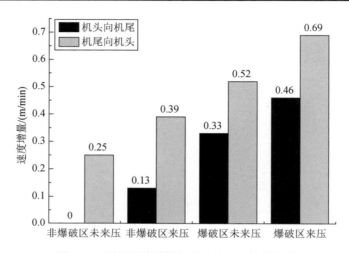

图 12-7　不同区域采煤机牵引速度变化增量图

（2）不同割煤方式对煤壁破碎的影响规律。

由表 12-6、图 12-8 和图 12-9 可知，在割顶煤时爆破区来压阶段，前方煤体挤压区范围最大为 41cm，是割底煤时非爆破裂区未来压阶段的 2.56 倍；同时，在割顶煤时爆破区来压阶段，滚筒割煤时前方煤体挤压区煤体的体积为 39 000cm³，是割底煤时非爆破区未来压阶段的 10.83 倍。

表 12-6　不同割煤方式下采煤机割煤情况分析

割煤方式		是否来压	L_j /cm	b	V_j /cm³	Δ
割顶煤		非爆破区 未来压	25	0.56	102×10×10	1.83
		来压	29	0.81	110×15×10	3.58
	爆破区	未来压	38	1.38	127×21×12	7.89
		来压	41	1.56	130×20×15	9.83
割底煤		非爆破区 未来压	16	0	40×9×10	0.00
		来压	24	0.5	40×12×10	0.33
	爆破区	未来压	31	0.94	40×21×15	2.50
		来压	35	1.19	40×26×15	3.33

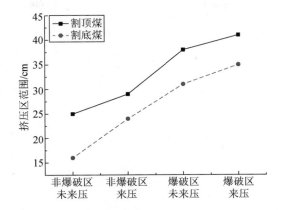

图 12-8　割顶煤、割底煤挤压区范围对比图

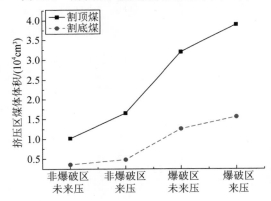

图 12-9　割顶煤、割底煤挤压区体积对比图

2）落

根据优化后的结果，5101 综采工作面采煤机滚筒转速 29.8r/min，滚筒直径为 1800mm，块煤在滚筒中的运动时间为

$$t = 0.82\text{s} < 1.1\text{s}$$

工艺优化前后参数变化如表 12-7 所示，优化后块煤在采煤机滚筒内的轴向速度增加了 6m/min，切向速度增加了 5.37m/min，速度增大有利于块煤快速从滚筒排出，顺利落到刮板运输机上，且块煤排出时间减小 0.28s，时间缩短，滚筒内的块煤不容易发生碰撞造成二次破碎，有利于提高块煤率。

表 12-7　工艺优化前后参数变化

参数	优化前数值	优化后数值	变化量
轴向速度 U_{xp} /（m/min）	57.6	63.6	6.0
切向速度 U_{tp} /（m/min）	50.93	56.3	5.37
运动时间 t /s	1.1	0.82	−0.28

3）装、运

工作面使用 MG300/730-WD 型电牵引采煤机割煤，滚筒螺旋叶片及 SGZ764/400 型输送机靠煤壁侧铲煤板，借助煤机牵引力和支架为运输机提供推力，块煤自动装入刮板输送机，运出工作面，其每小时的最大运输能力为 800t，满足优化后工作面的最大运输能力。

4）支架支护

5101 工作面选用 ZY9000/16/30 综采液压支架，液压支架初撑力 6410kN/架，来压时为 8900kN/架，初次来压步距为 51m，周期来压步距为 12m，工作面支架工作方式为增阻式。

由表 12-8 可知，5101 综采工作面采用爆破裂化煤体之后，工作面周期来压步距增大 1m，但整体变化不大；工作面超前支承压力峰值位置前移 2.2m，峰值应力集中系数降低 9.2%，工作面液压支架动载系数降低 9.6%，支架工作方式仍为增阻式；煤壁爆破前后均为剪切片帮，煤体裂化之后片帮的体积和规模大大降低。

表 12-8　爆破弱化前后矿压对比

分类		未弱化煤层	弱化煤层
	周期来压/m	12	13
超前支承压力	峰值位置/m	2.7	4.9
	应力集中系数 K	1.41	1.28
支架动载系数		1.35	1.22
支架工作方式		增阻式	增阻式
煤体片帮形式		剪切片帮	剪切片帮

5101 综采工作面采用及时支护，移架在煤机滚筒过后 3～5 架进行，采用本架操作、顺序移架（在条件具备下可进行奇偶移架）、追机作业方式，移架步距为 900mm，当顶板破碎时，可在煤机前滚筒割完煤后及时伸护帮板或移超前架。

5）循环进度

工艺优化前后参数变化如表 12-9 所示，工作面采用中部斜切进刀方式，进刀距离 20m，进刀时间为 21min；在非爆破区未来压阶段采煤机割煤速度为 3.3m/min，每刀煤正常阶段割煤时间为 33.3min；空刀运行时间 6.5min，即在未爆破区采煤机割一刀煤的时间 60.8min。

表 12-9　工艺优化前后参数变化

参数	优化前数值	优化后数值	变化量
割煤时间/（min/刀）	60.8	51	-9.8
空刀时间/min	6.5	6.5	0
斜切进刀时间/min	21	18	-3
割煤刀数	10	12	2
工作面产量/（t/天）	3285.2	3583.9	298.7

在爆破区来压阶段采煤机速度提高到 5m/min 时，割一刀煤缩短至 22min，斜切进刀时间缩短至 18min，空刀运行时间与非爆破区空刀时间相同，即在爆破区来压阶段采煤机割一刀煤时间为 51min，相比非爆破区未来压缩短 9.8min。原设计中每天割 10 刀煤，速度提高之后总共节省时间 98min，即每天可增加割煤刀数 2 刀。工艺优化后循环作业图表如图 12-10 所示。

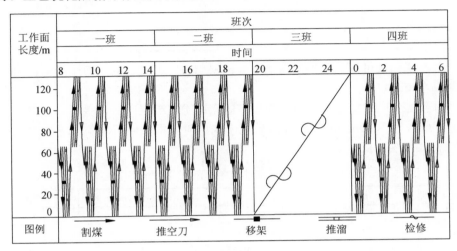

图 12-10　工艺优化后循环作业图表

6）小结

（1）5101 工作面优化后采用中部斜切进刀的方式进行割煤，采煤机运行速度由优化前的 3.3m/min，增加到 5m/min，每天割煤时间节省 98min，在有效循环不变的情况下，压裂后煤层截割比未压裂煤层截割可以多增加 2 个割煤循环。

（2）在采煤机进入爆破区后采煤工艺采用中部斜切进刀的方式，采用割顶煤的割煤方式，采煤机牵引速度 5m/min 时，割煤效果最好。

（3）参数优化后，采煤机滚筒落煤速度加快，相比优化前落煤时间提高 0.28s，有助于割落块煤迅速落到刮板运输机上，有效杜绝了落煤缓慢，发生堵塞的情况发生。

（4）经过工效分析，综采执行"四六"制工作方式，一、二、四班生产，三班集中检修，不同于原循环图表的是，整个开采过程在提高工效的情况下，每天可以增加 2 个循环，产量每天增加 597.34t。

2. 52301/52303 工作面采煤工艺优化

1）采

（1）不同进刀方式对煤壁破碎的规律。

综采块煤开采工艺的进刀方式分为双向割煤端部斜切进刀方式、单向割煤端部斜切进刀方式和中部斜切进刀方式。在工作面长度，设备型号确定的情况下，可以确定割一刀煤消耗的时间。不同进刀方式割一刀煤的时间如表 12-10 所示。

表 12-10　不同进刀方式割一刀煤的时间

进刀方式	时间/min
双向割煤端部斜切进刀方式	44.0
单向割煤端部斜切进刀方式	58.5
中部斜切进刀方式	49.6

由表 12-10 可得，采用双向割煤端部斜切进刀方式，割一刀煤所消耗的时间最少为 44min。

由表 12-11 和图 12-11 可得，在爆破区来压阶段机尾向机头斜切进刀方式的牵引速度最大为 8.89m/min，比非爆破区未来压阶段机头向机尾斜切进刀方式速度增加了 12.11%，此时采煤机的割煤效果最好。

表 12-11　不同区域进刀方式下采煤机的牵引速度

测试区间	是否来压	进刀方式	牵引速度/(m/min)	速度变化率/%
非爆破区	未来压	机头向机尾斜切进刀	7.93	0
	来压	机头向机尾斜切进刀	8.12	2.40
爆破区	未来压	机头向机尾斜切进刀	8.32	4.92
	来压	机头向机尾斜切进刀	8.45	6.56
非爆破区	未来压	机尾向机头斜切进刀	8.36	5.42
	来压	机尾向机头斜切进刀	8.45	6.56
爆破区	未来压	机尾向机头斜切进刀	8.63	8.83
	来压	机尾向机头斜切进刀	8.89	12.11

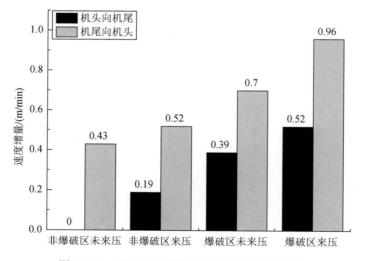

图 12-11　不同区域采煤机牵引速度变化增量图

（2）不同割煤方式对煤壁破碎的影响规律。

由表 12-12、图 12-12 和图 12-13 可知，在割煤过程中，在割顶煤时爆破区来压阶段，前方煤体挤压区范围最大为 47cm，是割底煤时非爆破区未来压阶段的 3.13 倍；同时，在割顶煤时爆破区来压阶段，滚筒割煤时前方煤体挤压区煤体的体积为 47 265cm^3，是割底煤时非爆破区未来压阶段的 6.56 倍。

表 12-12　不同割煤方式下采煤机割煤情况分析

割煤方式		是否来压	L_j/cm	b	V_j/cm^3	Δ
割顶煤	非爆破区	未来压	26	0.73	111×18×10	1.78
		来压	31	1.07	121×22×10	2.70
	爆破区	未来压	38	1.53	122×23×14	4.46
		来压	47	2.13	137×23×15	5.56
割底煤	非爆破区	未来压	15	0	80×9×10	0.00
		来压	22	0.47	80×16×10	0.78
	爆破区	未来压	31	1.07	80×23×15	2.83
		来压	36	1.40	80×25×15	3.17

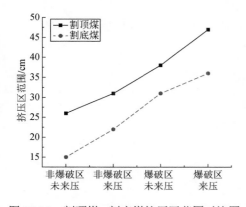

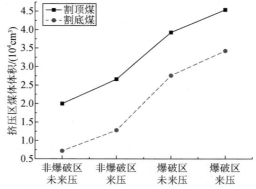

图 12-12　割顶煤、割底煤挤压区范围对比图　　图 12-13　割顶煤、割底煤挤压区体积对比图

2）落

根据优化后的结果，52301 及 52303 综采工作面采煤机滚筒转速 29.7r/min，滚筒直径为 2000mm，块煤在滚筒中的运动时间为

$$t = 0.74s < 1.19s$$

由表 12-13 可得，优化后块煤在采煤机滚筒内的轴向速度增加了 5m/min，切向速度增加了 4.4m/min，速度增大有利于块煤快速从滚筒排出，顺利落到刮板运输机上，且块煤排出时间减小 0.45s，时间缩短，滚筒内的块煤不容易发生碰撞造成二次破碎，有利于提高块煤率。

表 12-13　工艺优化前后参数变化

参数	优化前数值	优化后数值	变化量
轴向速度 U_{xp} / (m/min)	58.8	63.8	5.0
切向速度 U_{tp} / (m/min)	52.0	56.4	4.4
运动时间 t /s	0.74	1.19	-0.45

3）装、运

工作面使用 MG650/1510-WD 型电牵引采煤机割煤，滚筒螺旋叶片及 SGZ1000/1400 型输送机靠煤壁侧铲煤板，借助煤机牵引力和支架为运输机提供推力，块煤自动装入刮板输送机，运出工作面。其每小时的最大运输能力为 2200t，满足优化后工作面的最大运输能力。

4）支架支护

52301/52303 工作面选用 ZY8800/17/36 综采液压支架，液压支架初撑力 6412kN/架，来压时为 8700kN/架，初次来压步距为 46m，周期来压步距为 10m，工作面支架工作方式为增阻式。

由表 12-14 可知，52301 和 52303 工作面煤体弱化之后，工作面周期来压步距变化不大，工作面超前支承压力峰值位置前移 3m，峰值应力降低 15.4%，液压支架工作方式未发生改变，但液压支架动载系数降低 5.89%，煤壁片帮由裂化之前的剪切片帮转化为鼓出片帮。

表 12-14　弱化前后矿压对比

分类		未弱化煤层	弱化煤层
周期来压/m		10	10.5
超前支承压力	峰值位置/m	3	6
	应力集中系数 K	1.36	1.15
支架动载系数		1.36	1.28
支架工作方式		增阻式	增阻式
煤体片帮形式		剪切片帮	鼓出片帮

52301/52303 综采工作面采用及时支护，移架在煤机滚筒过后 3～5 架进行，采用本架操作、顺序移架（在条件具备下可进行奇偶移架）、追机作业方式，移架步距为 865mm，当顶板破碎时，可在煤机前滚筒割完煤后及时伸护帮板或移超前架。

5）循环进度

工艺优化前后参数对比如表 12-15 所示，工作面采用双向割煤端部斜切进刀方式，进刀距离 20m，进刀时间为 25min；在非爆破区未来压阶段采煤机割煤速度为 3m/min，每刀煤正常阶段割煤时间为 36min；空刀运行时间 5min，以及等待端部支架移动和其他时间；在未爆破区采煤机割一刀煤的时间 66min。

表 12-15　工艺优化前后参数对比

参数	优化前数值	优化后数值	变化量
割煤时间/（min/刀）	66	56	−10
空刀时间/min	5	5	0
斜切进刀时间/min	25	25	3
割煤刀数	8	10	2
工作面产量/（t/天）	5588.4	7451.1	1862.7

在爆破区来压阶段采煤机速度提高到 5m/min 时，割一刀煤缩短至 26min，斜切进刀时间保持 25min 不变，空刀运行时间仍为 5min，在爆破区来压阶段采煤机割一刀煤时间为 56min，相比非爆破区未来压缩短 10min。原设计中每天割 8 刀煤，速度提高之后总共节省时间 80min，即每天可增加割煤刀数 2 刀。循环作业图表如表 12-14 所示。

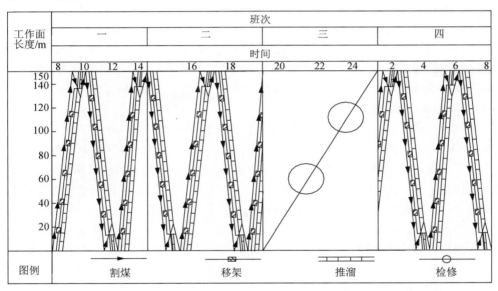

图 12-14　循环作业图表

6）小结

（1）52301 及 52302 工作面优化后采用中部斜切进刀的方式进行割煤，采煤机运行速度由优化前的 3m/min，增加到 5m/min，每天割煤时间节省 80min，在有效循环不变的情况下，压裂后煤层截割比未压裂煤层截割可以多增加 2 个割煤循环。

（2）在采煤机进入爆破区后采煤工艺采用端部斜切进刀方式，采用割顶煤的割煤方式，采煤机牵引速度 5m/min 时，割煤效果最好。

（3）参数优化后，采煤机滚筒落煤速度加快，相比优化前落煤时间提高 0.45s，有助于割落块煤迅速落到刮板运输机上,有效杜绝了落煤缓慢,发生堵塞的情况发生。

（4）充分利用有效的开机时间,对工作面割煤进行高效管理。经过工效分析,综采执行"四六"制工作方式,一、二、四班生产,三班集中检修。不同于原循环图表的是,整个开采过程在提高工效的情况下,每天可以增加 2 个循环,产量每天增加 1862.7t。

12.3.2 设备优化

1. 5101 工作面设备优化

1）牵引速度

在未爆破区,采煤机的牵引速度为 3m/min 时切削厚度为 84mm,爆破之后的采煤机的牵引速度为 5m/min 切削厚度为 167.8mm,为优化前的 1.99 倍;在未爆破区,牵引速度为 3m/min 时切削面积为 1573.5mm^2,爆破区牵引速度为 5m/min 时切削面积为 3345.5mm^2。

2）滚筒转速

5101 工作面在未爆破区滚筒转速为 35.7r/min,切削面积为 746.5mm^2,在爆破区滚筒转速下降至 29.8r/min,切削面积增大到 1876.5 mm^2,面积增大 1.51 倍。适当降低采煤机滚筒转速有利于提高采煤机切削面积,增大块煤率。

3）截齿数量

截齿数量和切削面积有关,5101 工作面采用 MG300/730-WD 型采煤机滚筒截齿 36 个,其中端盘 18 个、叶片 18 个、每片 6 个。为提高块煤率,根据 5101 工作面的煤层性质情况来确定截齿的安装数量应按 10～16 个/m^2 安装较为适宜,将截齿数量减少到 30 个,其中端盘 18 个保持不变,叶片由每片 6 个减少到 4 个,符合理论上的要求,所截割的煤体块度相比破岩滚筒块度增大。

4）滚筒直径

选择直径大一些滚筒,有利于降低临界转速,提高装煤效果,经过计算,5101 试验工作面采用的滚筒直径为 1800mm,有利于提高块煤率。

5）截齿排列方式

截齿排列方式采用棋盘式布置,相邻截线上的截齿不在同一旋叶上,棋盘式布置使两截齿间隔大,切削断面大,割落的煤体块煤率大。

5101 工作面采煤机参数优化如表 12-16 所示。

表 12-16 5101 工作面采煤机参数优化

参数	优化前数值	优化后数值
滚筒直径/mm	1800	1800
截齿数量/个	36	30
切削厚度/mm	84	167.8

续表

参数	优化前数值	优化后数值
叶片数目/个	3	3
牵引速度/（m/min）	3	5
滚筒转速/（r/min）	35.7	29.8
截齿形式	刀型齿	镐型齿
截深/m	0.8	0.8
截齿排列方式	棋盘式	棋盘式

2. 52301/52303 工作面设备优化

1）牵引速度

在未爆破区，采煤机的牵引速度为 3m/min 时切削厚度为 101.0mm，爆破之后的采煤机的牵引速度为 5m/min 切削厚度为 168.4mm，优化前的 1.67 倍；在未爆破区，牵引速度为 3m/min 时切削面积为 1567.5mm^2，爆破区牵引速度为 5m/min 时切削面积为 3342.2mm^2。

2）截齿数量

52301/52302 综采工作面采用 MG650/1510-WD 型采煤机滚筒截齿 45 个，其中端盘 18 个、叶片 18 个（每片 6 个）。为提高块煤率，根据 52301 与 52303 煤层性质情况来确定截齿的安装数量应按 10～16 个/m^2 安装较为适宜，将截齿数量减少到 38 个，其中端盘 18 个保持不变，叶片由每片 6 个减少到 4 个，符合理论上的要求，所截割的煤体块度相比破岩滚筒块度增大。

3）滚筒转速

由于滚筒截齿在截割过程中的运动轨迹接近于一条渐开线，当牵引速度一定时，滚筒转速降低，每个截齿的切削厚度增大，切削面积相应增大，截割下来的块煤率提高。52301 和 52303 工作面滚筒转速由 29.7r/min 保持不变满足切削面积需求。

4）滚筒直径

选择直径大一些滚筒，有利于降低临界转速，提高装煤效果，提高了块煤率。经过计算，52301 和 52303 工作面采用的滚筒直径为 2000mm，有利于提高块煤率。

5）截齿排列方式

截齿排列方式采用棋盘式布置，相邻截线上的截齿不在同一旋叶上，棋盘式布置使两截齿间隔大、切削断面大、割落的煤体块煤率大。

52301/52303 工作面采煤机参数优化如表 12-17 所示。

表 12-17　52301/52303 工作面采煤机参数优化

参数	优化前数值	优化后数值
滚筒直径/mm	2000	2000
截齿数量/个	45	38

续表

参数	优化前数值	优化后数值
叶片数目/个	3	4
切削厚度/mm	101.0	168.4
牵引速度/（m/min）	3	5
滚筒转速/（r/min）	29.7	29.7
截齿形式	刀型齿	镐型齿

12.4　实　施　过　程

新庙矿区综采工作面提高块煤率项目实施按时间顺序，分为以下 4 个阶段。

1）前期准备（第一阶段）

2011 年 2～4 月、2012 年 4～6 月，分别对新庙矿区 52301、52303 和 5101 工作面进行了地质资料收集和块煤的物理力学参数测定，依据收集资料进行理论计算、数值模拟，设计 52301、52303 和 5101 工作面常规爆破弱化方案。

2）现场试验（第二阶段）

2011 年 5～12 月，对 52301 工作面进行现场试验。根据设计的常规爆破弱化方案，在 52301 工作面布置深度 2.5m 的双排浅孔，共计 272 个，完成一次爆破循环，此后依次进行。2012 年 1～12 月，在 52303 工作面更换块煤率滚筒，并配合布置深度 2.5m 的双排浅孔，共计 272 个，完成一次爆破循环，此后依次进行提高块煤率。

2012 年 7 月～2013 年 2 月，对 5101 工作面进行现场试验。根据设计的常规爆破弱化方案，在 5101 工作面布置深度 2.5m 的双排浅孔，共计 232 个，完成一次爆破循环，此后依次进行。2012 年 11 月，进行了采煤机设备改进。

3）现场效果测定（第三阶段）

2011 年 5～8 月，对 52301/52303 工作面每次完成爆破之后进行块煤率测定；2012 年 1～6 月，对采煤工艺优化及更换块煤滚筒后块煤率测。

2012 年 6～10 月，对 5101 工作面每次完成爆破之后进行块煤率测定；2012 年 11 月，采煤机设备改进机采煤工艺优化后爆破块煤率测定。

4）效果分析及资料整理（第四阶段）

在前三个阶段实施基本完成后，分析存在的问题及实施效果，整理相关资料，给出适合新庙矿区常规爆破弱化提高块煤率的成套技术方法与工艺参数。

12.5　实　施　效　果

12.5.1　5101 工作面实施效果

在新庙矿区 5101 工作面进行常规爆破弱化和使用块煤滚筒提高块煤率，块煤粒径分级统计表如表 12-18 所示，提质增效统计表如表 12-19 所示。

表 12-18　5101 工作面常规爆破弱化煤层块煤粒径分级统计表

块煤粒径/mm	占比/%		
	未爆破弱化煤层	爆破弱化煤层	变化量
0～6	8.71	10.77	2.06
6～100	51.09	72.43	21.34
>100	40.2	16.8	−23.4

表 12-19　5101 工作面常规爆破弱化煤层提质增效统计表

	分析指标	未压裂煤层	压裂煤层	变化率/%
提质增效	块煤粒径 6～100mm 占比/%	51.09	72.43	41.8
	割煤循环/刀	10	12	20.0
节能降耗	截割比能耗/[(kW·h)/m³]	1.84	1.55	−15.8
	截割阻抗/（N/m）	320	178	−44.4
	切削面积/mm²	1573.5	3345.5	112.6
	比能耗密度/[(kW·h)/(m³·min)]	0.196	0.137	−30.1
	电耗/（度/万 t）	5210	3215.2	−38.3
	油脂/（kg/万 t）	110.2	62.2	−43.6
	截齿/（个/万 t）	12.2	9.56	−21.6

由表 12-18 和图 12-15 可知，爆破弱化煤层 0～6mm 粒径块率，为 10.77%，未爆破弱化煤层为 8.71%；爆破弱化煤层 6～100mm 粒径块率高，为 72.43%，未爆破弱化煤层低，为 51.09%；爆破弱化煤层 100mm 以上粒径块率低，为 16.8%，未爆破弱化煤层高，为 40.2%；爆破弱化后 6～100mm 粒径块率增加了 21.34%，100mm 以上粒径块率减少了 23.4%。

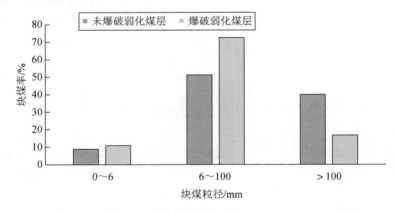

图 12-15　常规爆破弱化煤层前后综采面块煤率与块煤粒径分布规律

由表 12-20 可知，新庙矿区 5101 工作面煤体硬度大，工作面原煤分形维数为 1.35，煤体为未破碎煤体 A03，为提高工作面块煤产出率，减低采煤机截割比能耗，采用工作面带式爆破弱化煤体；工作面煤体弱化之后，煤层分形维数为 1.44，煤体转化为轻微破碎煤体 B01；工作面来压之后，煤层裂隙更加发育，煤体破碎分形维数为 1.69，煤体转化为较强破碎煤体 C01，爆破破碎煤体块度集中分布范围 6～100mm。

表 12-20　5101 工作面煤层破碎分类

影响因素	煤层理论计算分维数	煤层实际破碎分维数	煤层破碎性分类
未压裂煤层	1.37	1.35	未破碎煤体 A03
带式压裂未来压	1.49	1.44	轻微破碎煤体 B01
带式压裂来压	1.68	1.69	较强破碎煤体 C01

12.5.2　52301 工作面和 52303 工作面实施效果

1. 52301 工作面实施效果

在新庙矿区 52301 工作面进行双排孔常规弱化和使用块煤滚筒采煤机综合措施后，块煤粒径分级统计表如表 12-21 所示，提质增效统计表如表 12-22 所示。

表 12-21　52301 工作面常规爆破弱化煤层块煤粒径分级统计表

块煤粒径/mm	占比/%		
	未爆破弱化煤层	爆破弱化煤层	变化量
0～6	10.3	16.88	6.58
6～100	51.6	65.82	14.22
>100	38.1	17.3	−20.8

表 12-22　52301 工作面常规爆破弱化煤层提质增效统计表

	分析指标	未压裂煤层	压裂煤层	变化率/%
提质增效	块煤粒径 6～100mm 占比/%	51.6	65.82	27.6
	割煤循环/刀	8	10	25.0
节能降耗	截割比能耗/[(kW·h)/m³]	0.41	0.22	−46.3
	截割阻抗/(N/m)	350	158	−54.9
	切削面积/mm²	1567.5	3342.2	113.2
	比能耗密度/[(kW·h)/(m³·min)]	0.204	0.116	−43.1
	电耗/(度/万 t)	5210	2980.5	−42.8
	油脂/(kg/万 t)	110.2	52.3	−52.5
	截齿/(个/万 t)	12.2	8.32	−31.8

由表 12-21 和图 12-16 可知，爆破弱化煤层 0～6mm 粒径块率为 16.88%，未爆破弱化煤层为 10.3%；爆破弱化煤层 6～100mm 粒径块率高，为 65.82%，未爆破弱化煤层低，为 51.6%；爆破弱化煤层 100mm 以上粒径块率低，为 17.3%，未爆破弱化煤层高，为 38.1%；爆破弱化后，6～100mm 粒径块率增加了 14.22%，100mm 以上粒径块率减少了 20.8%。

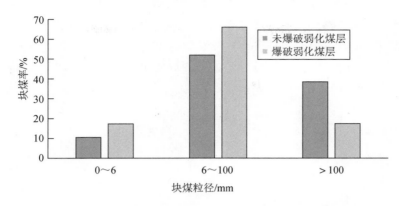

图 12-16　常规爆破弱化煤层前后综采面块煤率与块煤粒径分布规律

2. 52303 工作面实施效果

通过对 52303 工作面实施双排孔爆破弱化和使用块煤滚筒采煤综合措施提高块煤率，块煤粒径分级统计表如表 12-23 所示，提质增效统计表如表 12-24 所示。

表 12-23　52303 工作面常规爆破弱化煤层块煤粒径分级统计表

块煤粒径/mm	占比/%		
	未爆破弱化煤层	爆破弱化煤层	变化量
0～6	13.72	25.23	11.51
6～100	45.43	61.32	15.89
>100	40.85	13.45	−27.4

表 12-24　52303 工作面常规爆破弱化煤层提质增效统计表

	分析指标	未压裂煤层	压裂煤层	变化率/%
提质增效	块煤粒径 6～100mm 占比/%	45.43	61.32	35.0
	割煤循环/刀	8	10	25.0
节能降耗	截割比能耗/[(kW·h)/m³]	0.36	0.12	−66.7
	截割阻抗/(N/m)	336	142	−57.7
	切削面积/mm²	1375.5	3124.4	127.1
	比能耗密度/[(kW·h)/(m³·min)]	0.214	0.102	−52.3
	电耗/(度/万 t)	5452	2842	−47.9
	油脂/(kg/万 t)	112.5	60.2	−46.5
	截齿/(个/万 t)	14.5	7.89	−45.6

由表 12-23 和图 12-17 可知，爆破弱化煤层 0～6mm 粒径块率为 25.23%，未爆破弱化煤层为 13.72%；爆破弱化煤层 6～100mm 粒径块率高，为 61.32%，未爆破弱化煤层低，为 45.43%；爆破弱化煤层 100mm 以上粒径块率低，为 13.45%，未爆破弱化煤层高，为 40.85%；爆破弱化后，6～100mm 粒径块率增加了 15.89%，100mm 以上粒径块率减少了 27.4%。

由表 12-25 可知，新庙矿区 52301、52303 工作面原煤破碎分形维数为 1.35，工作面煤体为未破碎煤体 A03；工作面采取带式爆破裂化煤体后，工作面煤体转化为轻微破碎煤体 B01，煤层破碎分形维数为 1.47，煤体破碎块度较大；当爆破与矿压进行耦合时，煤体分形维数增大，破碎煤体块度减小，为较强破碎煤体 C01，工作面 6～100mm 块煤产量增加显著。

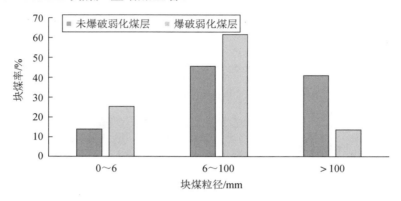

图 12-17　常规爆破弱化煤层前后综采面块煤率与块煤粒径分布规律

表 12-25　52301/52303 工作面煤层破碎分类

影响因素	煤层理论计算分维数	煤层实际破碎分维数	煤层破碎性分类
未压裂煤层	1.36	1.35	未破碎煤体 A03
带式压裂未来压	1.49	1.47	轻微破碎煤体 B01
带式压裂来压	1.68	1.65	较强破碎煤体 C01

12.5.3　小结

综前所述，对新庙矿区煤层弱化块煤开采技术方案及实施效果如表 12-26 所示。

表 12-26　新庙矿区煤层弱化块煤开采技术方案及实施效果

	项目		内容
常规爆破弱化块煤开采综合技术	技术方案	煤层爆破弱化	工作面双排孔爆破，孔深 2.5m，间距 1.0～1.5m，不耦合装药，多分段微差爆破
		采煤工艺优化	采用中部斜切进刀方式，割一刀煤所消耗的时间为 37.9～40.9min，在爆破区来压阶段采煤机速度提高到 5.0m/min 时，每天节约时间 98～114min，每日增加 2 刀煤
		采煤设备改造	截齿选择镐型齿，截齿数 38（45）个，牵引速度 5.0m/min，根据现场需要选择滚筒直径 1800～2000mm，滚筒转速 29.7～35.7r/min
	技术效果	综合效果	采用工作面常规爆破弱化、采煤工艺优化及采煤设备改造后，工作面块煤率提升了 14.22%～21.34%；每日增加 1 刀煤；截割比能耗降低 15.8%～66.7%
		采煤工艺优化	采煤工艺优化后，块煤率提高 4.6%～5.2%
		采煤设备改造	采用改造后的采煤机滚筒，块煤率提高 4.34%～9.56%

第 13 章　万利矿区浅埋煤层提高块煤率技术研究

13.1　试验工作面概况

万利矿区选择 23102 和 4211 工作面为试验点，所采煤层分别为 Ⅱ-3、Ⅳ-2。煤层厚度 3.55～4.79m，硬度 f 为 2～4，倾角 1°～3°，采用长壁综采一次采全高开采，万利矿区试验工作面基本情况如表 13-1 所示、工作面平面示意图如图 13-1 和图 13-2 所示。

表 13-1　万利矿区试验工作面基本情况

项目类别	指标名称	23102 工作面	4211 工作面
开采条件	煤层埋深/m	150	99～116
	开采煤层	Ⅱ-3	Ⅳ-2
	煤层裂隙	节理裂隙发育有黄铁矿	裂隙不发育
	硬度 f	2～3	4
	倾角/(°)	1～3	1～3
	煤层厚度/m	4.79	3.55
	工作面走向长度/m	2031.5	1330
	工作面倾斜长度/m	254.5	200
	工作面采高/m	5.0	3.6
开采方法	采煤方法	长壁综采一次采全高	长壁综采一次采全高
	落煤方式	采煤机割煤	采煤机割煤
	支护形式	液压支架	液压支架
	顶板结构	稳定	稳定
	顶板管理方法	全部垮落法	全部垮落法

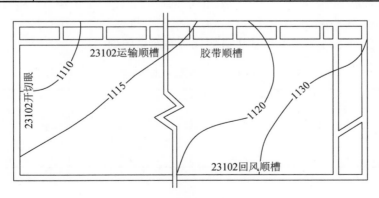

图 13-1　23102 工作面平面示意图

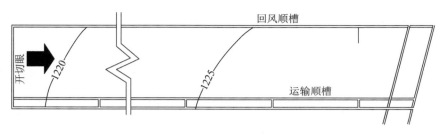

图 13-2　4211 工作面平面示意图

13.2　实　施　方　案

13.2.1　总体设计

根据万利矿区煤层赋存条件和开采技术条件等因素，实施超前水压预裂和 CO_2 气体爆破弱化综合块煤开采技术方案。23102 工作面实施煤层水压预裂和 CO_2 气体爆破综合块煤开采技术方案，4211 工作面实施 CO_2 气体爆破弱化块煤开采技术方案。实施步骤：第一步，布置钻孔；第二步，实施煤层弱化方案；第三步，采用与综采工艺协调配套的块煤开采技术方案。

13.2.2　23102 工作面实施方案

根据 23102 工作面地质条件和开采技术条件，为了对比分析气体爆破弱化技术与水压预裂技术对综采工作面块煤率的影响规律。在 23102 试验综采面煤层中沿回风巷单侧布置长孔 CO_2 气体爆破预裂弱化和双排错距脉冲水压预裂方案进行试验。

1. CO_2 气体爆破弱化方案

在距开切眼超前工作面 150～200m 的回风巷布置一个工作点，从回风巷直接往煤层打预裂深钻孔，沿平行工作面方向布置单排钻孔，23102 工作面钻孔布置参数如表 13-2 所示，CO_2 气体爆破弱化方案示意图如图 13-3 所示。

表 13-2　23102 工作面钻孔布置参数（一）

参数	数值	参数	数值
钻孔直径/mm	80	钻孔间距/m	5.0
钻孔长度/m	130	封孔长度/m	10
钻孔角度/（°）	0～1	钻孔数量/个	11

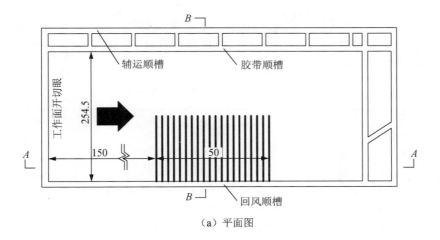

（a）平面图

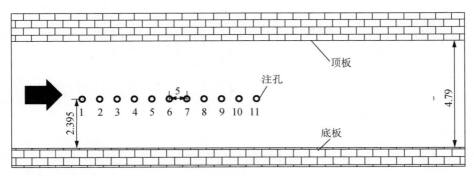

（b）A—A剖面图

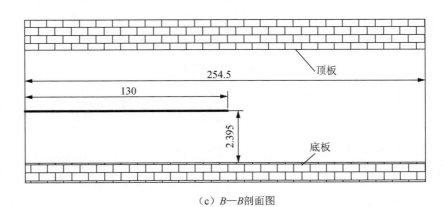

（c）B—B剖面图

图 13-3 23102 工作面 CO_2 气体爆破弱化方案示意图（单位：m）

2. 脉冲水压预裂弱化方案

原 CO_2 气体爆破弱化方案外段，即在超前工作面 200～250m 的回风顺槽布置一个试验点，从回风顺槽直接往煤层打预裂深钻孔，沿平行工作面方向布置双排钻孔，呈三角形布置，23102 工作面钻孔布置参数如表 13-3 所示，水压预裂弱化方案示意图如图 13-4 所示。

表 13-3　23102 工作面钻孔布置参数（二）

参数	数值	参数	数值
钻孔直径/mm	80	钻孔间距/m	3.5～7.0
钻孔长度/m	130	封孔长度/m	20
钻孔角度/（°）	0～3	钻孔数量/个	22

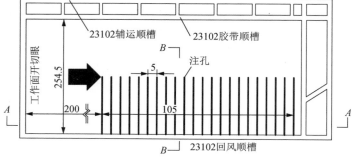

（a）双排孔预裂图

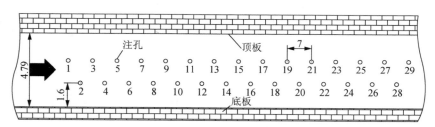

（b）A—A剖面图

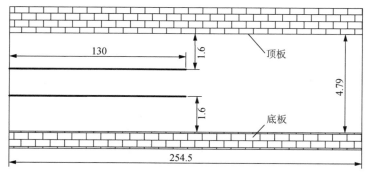

（c）B—B剖面图

图 13-4　23102 工作面水压预裂弱化方案示意图（单位：m）

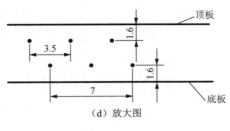

（d）放大图

图 13-4（续）

13.2.3　4211 工作面实施方案

　　4211 工作面实施 CO_2 气体爆破弱化技术方案。实施步骤：第一步，布置钻孔；第二步，安装 CO_2 预裂装置并封孔；第三步，加热引爆 CO_2 爆破；第四步，回收 CO_2 预裂装置。

　　在超前煤层工作面 160m 处回风顺槽布置一个工作点，从回风顺槽直接往煤层打预裂深钻孔，4211 工作面钻孔参数如表 13-4 所示，CO_2 气体爆破弱化方案示意图如图 13-5 所示。

表 13-4　4211 工作面钻孔布置参数

参数	数值	参数	数值	参数	数值
钻孔直径/mm	90	钻孔角度/(°)	0~2	封孔长度/m	15
钻孔长度/m	80	钻孔间距/m	10	钻孔数量/个	10

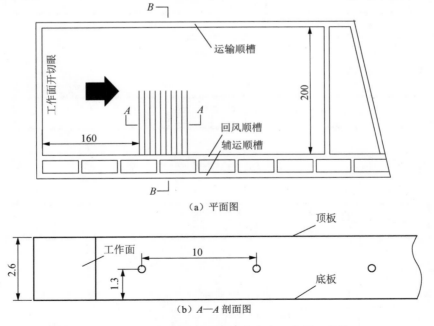

（a）平面图

（b）A—A 剖面图

图 13-5　4211 工作面 CO_2 气体爆破弱化方案示意图（单位：m）

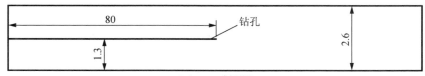

（c）B—B 剖面图

图 13-5（续）

CO₂ 预裂方式分为全段 CO₂ 预裂和混合 CO₂ 预裂（CO₂ 自激高压水联合破岩）。预裂参数如表 13-5 所示。混合装药方式分为 1/2 钻孔混合装药［图 13-6（a）］和 2/3 钻孔混合装药［图 13-6（b）］，全段装药方式分为 1/2 钻孔全段装药［图 13-6（c）］和全钻孔装药［图 13-6（d）］。

表 13-5　CO₂ 预裂参数

参数	数值	参数	数值
预裂压力/MPa	270	预裂半径/m	6
保护煤柱/m	15	封孔长度/m	15
CO₂ 注入量	按需确定	引爆方式	点加热液态 CO₂ 引爆

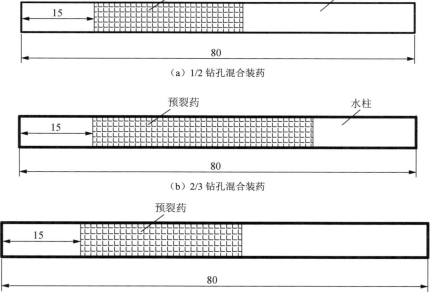

（a）1/2 钻孔混合装药

（b）2/3 钻孔混合装药

（c）1/2 钻孔全段装药

图 13-6　钻孔装药方案示意图

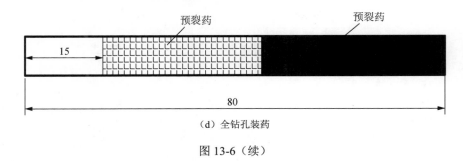

（d）全钻孔装药

图 13-6（续）

13.3　采煤工艺及设备优化、转载止损

13.3.1　采煤工艺优化

1. 23102 工作面采煤工艺优化

1）采

（1）不同进刀方式对煤壁破碎的规律。

由表 13-6 和图 13-7 分析可得，在预裂区来压阶段机尾向机头斜切进刀方式的牵引速度最大为 9.03m/min，与非预裂区来压阶段机头向机尾斜切进刀方式速度增加了 10%，此时采煤机的割煤效果最好。

表 13-6　机头向机尾斜切进刀方式下采煤机的牵引速度

测试区间	是否来压	进刀方式	牵引速度/（m/min）	速度变化率/%
非预裂区	来压	机头向机尾斜切进刀	8.21	0
预裂区单排孔	来压	机头向机尾斜切进刀	8.3	1.1
预裂区双排孔	未来压	机头向机尾斜切进刀	8.46	3.1
	来压	机头向机尾斜切进刀	8.5	3.5
非预裂区	来压	机尾向机头斜切进刀	8.48	3.3
预裂区单排孔	来压	机尾向机头斜切进刀	8.5	3.5
预裂区双排孔	未来压	机尾向机头斜切进刀	8.8	7.2
	来压	机尾向机头斜切进刀	9.03	10

（2）不同割煤方式对煤壁破碎的影响规律。

由表 13-7、图 13-8 和图 13-9 可知，在割煤过程中，在割顶煤时预裂区双排孔来压阶段，前方煤体挤压区范围最大为 81cm，是割底煤时非预裂区来压阶段的 5.4 倍；同时，在割顶煤时预裂区来压阶段，滚筒割煤时前方煤体挤压区煤体的体积为 56 250cm^3，是割底煤时非预裂区未来压阶段的 6.25 倍。

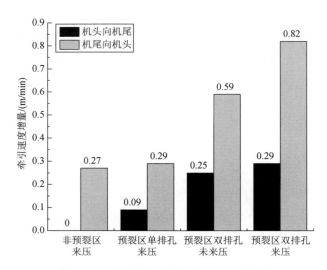

图 13-7　不同区域采煤机牵引速度增量图

表 13-7　不同割煤方式下采煤机割煤情况分析

割煤方式		是否来压	L_j/cm	b	V_j/cm³	Δ
割顶煤	非预裂区	来压	40	1.67	100×12×10	0.33
	预裂区单排孔	来压	50	2.33	100×20×10	1.22
	预裂区双排孔	未来压	60	3	110×25×15	3.58
		来压	81	4.4	125×30×15	5.25
割底煤	非预裂区	来压	15	0	90×10×10	0.00
	预裂区单排孔	来压	25	0.67	110×15×10	0.83
	预裂区双排孔	未来压	35	1.33	120×18×15	2.60
		来压	40	1.67	140×20×15	3.67

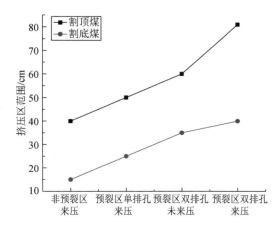

图 13-8　割顶煤、割底煤挤压区范围对比图

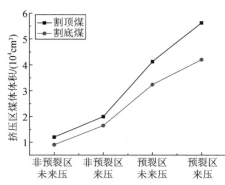

图 13-9　割顶煤、割底煤挤压区体积对比图

2）落

根据优化后的结果，23102 综采工作面采煤机滚筒转速 27.28r/min，滚筒直径为 2800mm，块煤在滚筒中的运动时间为

$$t = 0.49s < 0.93s$$

由表 13-8 可得，优化后块煤在采煤机滚筒内的轴向速度增加了 6.9m/min，切向速度增加了 6.3m/min，速度增大有利于块煤快速从滚筒排出，顺利落到刮板运输机上，且块煤排出时间减小 0.44s，时间缩短，滚筒内的块煤不容易发生碰撞造成二次破碎，有利于提高块煤率。

表 13-8　工艺优化前后参数变化

参数	优化前数值	优化后数值	变化量
轴向速度 U_{xp} /（m/min）	82.3	89.2	6.9
切向速度 U_{tp} /（m/min）	72.6	78.9	6.3
运动时间 t /s	0.93	0.49	−0.44

3）装、运

（1）"装"，这里指滚筒向刮板机里装煤。

由表 13-9 可知，采煤机由机头向机尾斜切进刀进行割煤，未进入预裂区时，后滚筒每分钟装煤量为 39.54t；而进入预裂区后在单排孔、双排孔区域的后滚筒每分钟装煤量分别为 39.97t、40.93t，与非预裂区相比，分别增加了 1.09%、3.52%。说明采煤机采用机头向机尾的割煤方式时，双排孔预裂区割煤时，采煤机滚筒的装煤效果更好。

从表 13-9 还可以看出，采煤机由机尾向机头斜切进刀进行割煤，未进入预裂区时，后滚筒每分钟装煤量为 40.84t；而进入预裂区后在单排孔、双排孔区域的后滚筒每分钟装煤量分别为 40.93t、42.93t，与非预裂区机尾向机头斜切进刀相比，分别增加了 0.22%、5.12%。说明采煤机采用机尾向机头的割煤方式时，双排孔预裂区割煤时，采煤机滚筒的装煤效果更好。

在双排孔预裂区，采煤机由机头向机尾斜切进刀进行割煤时，后滚筒每分钟装煤量为 40.93t；采煤机由机尾向机头斜切进刀进行割煤时，后滚筒每分钟装煤量为 42.93t，后者比前者提高了 4.89%。说明在双排孔预裂区采煤机由机尾向机头割煤时，滚筒装煤效果更好。

表 13-9　不同进刀方式下预裂区与非预裂区单位时间内滚筒装煤量对比

测试区间	进刀方式	采煤机割煤速度/（m/min）	单位时间内装煤量/t
非预裂区	机头向机尾斜切进刀	8.21	39.54
预裂区单排孔	机头向机尾斜切进刀	8.3	39.97
预裂区双排孔	机头向机尾斜切进刀	8.5	40.93
非预裂区	机尾向机头斜切进刀	8.48	40.84
预裂区单排孔	机尾向机头斜切进刀	8.5	40.93
预裂区双排孔	机尾向机头斜切进刀	8.8	42.93

（2）"运"，指采煤机正常割煤的运行速度、刮板机的运输能力，转载机的转载能力，破碎机的破碎能力。

在实际过程中，采煤机的割煤速度应该小于刮板机的运输速度，才能保证整个生产系统的正常运行。采煤机最大速度为 0.48m/s，那么采煤机在一秒内所割落的煤体为 2.34t；设刮板机的运输能力为 3000t/h，即 0.83t/s，小于采煤机以最大速度每秒所割的煤量，因此，采煤机的最大割煤能力为 0.83t/s，则采煤机的割煤速度最大为 10.2m/min。经过预裂之后，煤体硬度减小，采煤机的速度可以提高到 10.2m/min。23102 工作面使用的转载机型号为 SZZ1350/525，其输送量为 4000t/h，即 66.7t/min，大于刮板机的运输能力，符合目前工作面运煤要求。23102 工作面使用的破碎机型号为 PLM4500 型轮式破碎机，最大输入块度为 1600mm×1000mm，最大排出粒度为 300mm 以下，在实施水压预裂之前符合要求，水压预裂实施之后，工作面产出的特大块煤尺寸相对之前减小了；而且破碎机的破碎能力为 4500t/h，大于转载机的转载能力，因此符合运煤要求。

采煤机、刮板机、转载机、破碎机的配套表如表 13-10 所示。

表 13-10　采煤机、刮板机、转载机、破碎机的配套表

参数	数值
采煤机割煤能力/（t/min）	140.4
刮板机运输能力/（t/min）	50
转载机转载能力/（t/min）	66.7
破碎机破碎能力/（t/min）	75

综上所述，当采煤机牵引速度达到 10.2m/min 时，采煤机的割煤能力达到刮板机的最大运输能力，此时生产能力达到最优化。

4）支护

23102 综采工作面选用 ZY11000/26/55D 综采液压支架，液压支架初撑力 8730kN/架，来压时工作阻力为 11000kN/架，初次来压步距为 60m，周期来压步距为 20m。工作面支架工作方式为降阻式，为提高工作面支架适应性和工作面块煤率，适当降低液压支架工作阻力，使支架工作方式为恒阻式。

由表 13-11 可知，23102 综采工作面煤体压裂之后，工作面周期来压步距变化较小；工作面超前支承压力峰值位置前移 4m，峰值应力集中系数降低 16.9%；工作面煤壁前方塑性区显著扩大，煤体卸压效果显著。综采液压支架动载系数降低 12.6%，液压支架工作方式由降阻式转化为恒阻式工作，综采工作面煤壁更加稳定，虽然片帮的形式未发生改变，但片帮的规模和体积却大大减小。

表 13-11　压裂前后矿压对比

分类		未压裂煤层	压裂煤层
周期来压/m		20	20.2
超前支承压力	峰值位置/m	4	8
	应力集中系数 K	1.42	1.18
支架动载系数		1.43	1.25
支架工作方式		降阻式	恒阻式
煤体片帮形式		剪切片帮	剪切片帮

工作面移架、推溜如下所述。

（1）移架。

采用跟机移架，最近一组移架滞后采煤机后滚筒 3~5 架，移架步距为 0.8m。如顶板破碎或煤壁有片帮采用追机移架、超前移架。工作面采用电液控换向阀控制支架，根据生产条件不同可以采取以下三种方式：①双向邻架自动顺序控制；②成组顺序控制；③手动控制。

（2）推溜。

移架后自上（下）向下（上）依次顺序推移运输机，滞后移架 10~15m，其弯曲段长度不得小于 21m，不能出现急弯，推移步距为 0.8m。

5）循环进度

工艺优化前后参数变化如表 13-12 所示。23102 工作面采用双向割煤端部斜切进刀方式进刀，在非预裂区未来压阶段每刀正常阶段割煤时间为 16.7min，斜切进刀时间为 28min，空刀时间为 3min，割一循环煤的总时间为 47.7min。在采取 CO_2 爆破预裂措施并优化后，工作面进刀时间缩短为 21min，空刀时间不变，在 CO_2 爆破预裂区正常阶段割煤时间为 20min；割一循环煤的总时间为 44min，较未采用爆破预裂措施前循环缩短 37min。原计划每天割 12 个正规循环，在采取 CO_2 爆破预裂及优化后，增加一个正规循环，即 13 个正规循环。

表 13-12　工艺优化前后参数变化

参数	优化前数值	优化后数值	变化量
割煤时间/（min/刀）	47.7	44	−3.7
空刀时间/min	3	3	0
斜切进刀时间/min	28	21	−7
割煤刀数	12	13	1
工作面产量/（t/天）	15 139.9	16 400.5	1 260.6

23102 工作面优化后循环作业图表如图 13-10 所示。

6）小结

（1）23102 工作面优化后采用端部斜切进刀的方式进行割煤，采煤机运行速度由优化前的 8.21m/min，增加到 9.03m/min，每天割煤时间节省 44min，在有效循环不变的情况下，压裂后煤层截割比未压裂煤层截割可以多增加 1 个割煤循环。

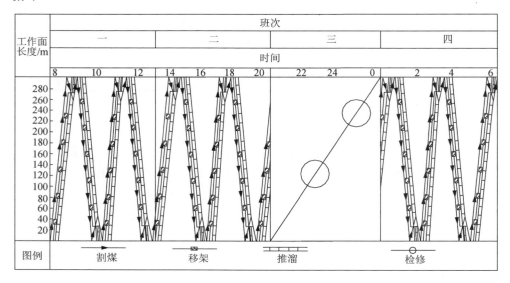

图 13-10　23102 工作面优化后循环作业图表

（2）在采煤机进入爆破区后采煤工艺采用端部斜切进刀的方式，采用割顶煤的割煤方式，采煤机牵引速度 9.03m/min 时，割煤效果最好。

（3）参数优化后，采煤机滚筒落煤速度加快，相比优化前落煤时间提高 0.44s，有助于割落块煤迅速落到刮板运输机上，有效杜绝了落煤缓慢，发生堵塞的情况发生。

（4）经过工效分析，综采执行"四六"制工作方式，一、二、四班生产，三班集中检修。不同于原循环图表的是，整个开采过程在提高工效的情况下，每天可以增加 1 个循环，产量每天增加 1261.6t，充分利用有效的开机时间，对工作面割煤进行高效管理。

2. 4211 工作面采煤工艺优化

1）采

（1）不同进刀方式对煤壁破碎的规律。

综采块煤开采工艺进刀方式分为双向割煤端部斜切进刀方式、单向割煤端部斜切进刀方式和中部斜切进刀方式。在工作面长度、设备型号确定的情况下，可以确定割一刀煤消耗的时间。不同进刀方式割一刀煤的时间如表 13-13 所示，采用双向割煤端部斜切进刀方式，割一刀煤所消耗的时间最少为 56.3min。

表 13-13　不同进刀方式割一刀煤的时间

进刀方式	时间/min
双向割煤端部斜切进刀方式	56.3
单向割煤端部斜切进刀方式	62.7
中部斜切进刀方式	59.6

由表 13-14 和图 13-11 可知，在预裂区来压阶段采煤机斜切进刀时的牵引速度最大为 7.21m/min，与非预裂区未来压阶段采煤机斜切进刀时速度增加了 19.7%，此时采煤机的割煤效果最好。

表 13-14　双向割煤端部斜切进刀方式下采煤机的牵引速度

测试区间	是否来压	牵引速度/（m/min）	速度变化率/%
非预裂区	未来压	6.02	0
	来压	6.32	5.0
预裂区	未来压	6.83	13.5
	来压	7.21	19.8

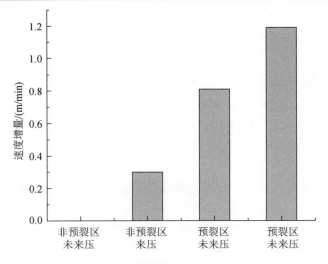

图 13-11　不同区域采煤机牵引速度变化增量图

（2）不同割煤方式对煤壁破碎的影响规律。

由表 13-15、图 13-12 和图 13-13 可知，在割煤过程中，在割顶煤时预裂区来压阶段，前方煤体挤压区范围最大为 42cm，是割底煤时非预裂区未来压阶段的 2.8 倍；同时，在割顶煤时预裂区来压阶段，滚筒割煤时前方煤体挤压区煤体的体积为 55350cm³，是割底煤时非预裂区未来压阶段的 15.38 倍。

表 13-15　不同割煤方式下采煤机割煤情况分析

割煤方式		是否来压	L_j /cm	b	V_j /cm³	Δ
割顶煤	非预裂区	未来压	24	0.6	92×18×10	3.60
		来压	27	0.8	102×23×11	6.17
	预裂区	未来压	37	1.46	112×28×14	11.20
		来压	42	1.8	123×30×15	14.38
割底煤	非预裂区	未来压	15	0	40×9×10	0.00
		来压	25	0.66	50×12×10	0.67
	预裂区	未来压	30	1.0	50×21×15	3.38
		来压	34	1.26	55×26×15	4.96

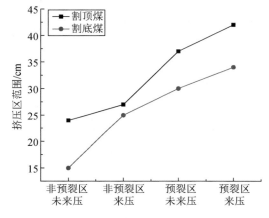

图 13-12　割顶煤、割底煤挤压区范围对比图

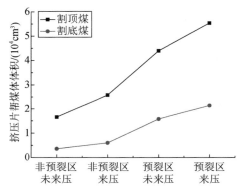

图 13-13　割顶煤、割底煤挤压区体积对比图

2）落

根据优化后的结果，4211 综采工作面采煤机滚筒转速 24.3r/min，滚筒直径为 2000mm，块煤在滚筒中的运动时间为

$$t = 0.9\text{s} < 1.45\text{s}$$

由表 13-16 可知，优化后块煤在采煤机滚筒内的轴向速度增加了 12.6m/min，切向速度增加了 11.1m/min，速度增大有利于块煤快速从滚筒排出，顺利落到刮板运输机上，且块煤排出时间减小 0.55s，时间缩短，滚筒内的块煤不容易发生碰撞造成二次破碎，有利于提高块煤率。

表 13-16　工艺优化前后参数变化

参数	优化前数值	优化后数值	变化量
轴向速度 U_{xp} /（m/min）	52.2	64.8	12.6
切向速度 U_{tp} /（m/min）	46.2	57.3	11.1
运动时间 t /s	1.45	0.9	-0.55

3）装、运

工作面使用 MG400/930-WD 型电牵引采煤机割煤，滚筒螺旋叶片及 SGZ764/400 型输送机靠煤壁侧铲煤板，借助煤机牵引力和支架为运输机提供推力，块煤自动装入输送机运出工作面，其每小时的最大运输能力为 1500t，满足优化后工作面的最大运输能力。

4）支架支护

4211 工作面选用 ZY6400/17/35 综采液压支架，液压支架初撑力 5064kN/架，来压时为 6300kN/架，初次来压步距为 55m，周期来压步距为 15m，工作面支架工作方式为增阻式。

由表 13-17 可知，4211 工作面采用 CO_2 裂化煤体之后，工作面周期来压步距变化不大，但工作面超前支承压力峰值前移 3.3m，峰值应力集中系数降低 12.3%，液压支架动载系数降低 12.8%，支架的工作方式仍为增阻式；煤壁的片帮由剪切式片帮转化为鼓出式片帮。

表 13-17　压裂前后矿压对比

分类		未压裂煤层	压裂煤层
超前支承压力	周期来压/m	15	14.8
	峰值位置/m	3	6.3
	应力集中系数 K	1.38	1.21
支架动载系数		1.32	1.15
支架工作方式		增阻式	增阻式
煤体片帮形式		剪切片帮	鼓出片帮

4211 综采工作面采用及时支护，移架在煤机滚筒过后 3～5 架进行，采用本架操作、顺序移架（在条件具备下进行奇偶移架）、追机作业方式，移架步距为900mm，当顶板破碎时，在煤机前滚筒割完煤后及时伸护帮板或移超前架。

5）循环进度

从表 13-18 可知，4211 工作面采用双向割煤端部斜切进刀方式进刀距离为20m，进刀时间为 21.9min；在非爆破区未来压阶段采煤机割煤速度为 3.1m/min，每刀煤正常割煤阶段时间为 54.8min；空刀运行时间 8.5min，即在未爆破区采煤机割一刀煤的时间 85.2min。

表 13-18　工艺优化前后参数对比

参数	优化前数值	优化后数值	变化量
割煤时间/（min/刀）	85.2	78.1	−7.1
空刀时间/min	8.5	8.5	0
斜切进刀时间/min	21.9	19.2	−2.7
割煤刀数	8	9	1
工作面产量/（t/天）	10 203.1	11 478.5	1 275.4

在爆破区来压阶段采煤机正常割煤速度提高到 5.2m/min 时，割一刀煤缩短至 50.4min，斜切进刀时间缩短至 19.2min，空刀运行时间仍为 8.5min，即在爆破区来压阶段采煤机割一刀煤时间为 78.1min，相比非爆破区未来压缩短 7.1min。原设计中每天割 8 刀煤，速度提高之后总共节省时间 56.8min，每天可增加割煤刀数 1 刀。

工艺优化后循环作业图表如图 13-14 所示。

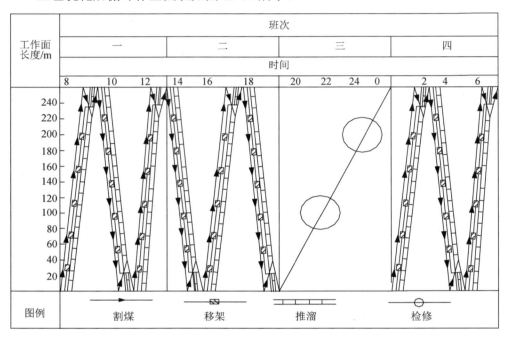

图 13-14　工艺优化后循环作业图表

6）小结

（1）4211 工作面优化后采用双向割煤端部斜切进刀的方式进行割煤，采煤机运行速度由优化前的 3.1m/min，增加到 5.2m/min，每天割煤时间节省 56.8min，在采取 CO_2 爆破预裂后比未预裂前可以多增加 1 个割煤循环。

（2）在采煤机进入爆破区后采煤工艺采用端部斜切进刀的方式，采用割顶煤的割煤方式，采煤机牵引速度 5.2m/min 时，割煤效果最好。

（3）参数优化后，采煤机滚筒落煤速度加快，相比优化前落煤时间提高 0.55s，有助于割落块煤迅速落到刮板运输机上，有效杜绝了落煤缓慢，发生堵塞的情况发生。

（4）经过工效分析，综采执行"四六"制工作方式，一、二、四班生产，三班集中检修，不同于原循环图表的是，整个开采过程在提高工效的情况下，每天可以增加 1 个循环，产量每天增加 1275.4t。充分利用有效的开机时间，对工作面割煤进行高效管理。

13.3.2　设备优化

1. 23102 工作面采煤机优化

对 23102 工作面采煤机的牵引速度、滚筒转速、截齿数量、滚筒直径、截齿排列方式等进行优化。

1）牵引速度

在未压裂区，采煤机的牵引速度为 8.21m/min 时，切削厚度为 255.3mm，优化后预裂区的采煤机的牵引速度为 9.03m/min 时，切削厚度为 331mm，是优化前的 1.29 倍；在未压裂区，牵引速度为 8.21m/min 时，切削面积为 $2835.6mm^2$，预裂区牵引速度为 9.03m/min 时，切削面积为 $4005.3mm^2$。

2）滚筒转速

23102 工作面在未压裂区滚筒转速为 32.16r/min，切削面积为 $2032.2mm^2$，在压裂区滚筒转速下降至 27.28r/min，切削面积增大到 $3200.1\ mm^2$，面积增大 57.5%。说明适当降低采煤机滚筒转速有利于提高采煤机切削面积，增大块煤率。

3）截齿数量

截齿安装数量为 6～10 个/m^2，则 23102 工作面滚筒截齿数量应该在 42～71 个/m^2，为了提高割落的块煤体积，23102 工作面更换后的块煤滚筒截齿数量由原来的 64 个，减少到 56 个，所截割的煤体块度相比优化前截割块度增大。

4）滚筒直径

选择直径大一些滚筒，有利于降低临界转速，提高装煤效果，经过计算及分析，滚筒直径保持 2800mm 满足不变有利于提高块煤率。

5）截齿排列方式

采用棋盘式布置，相邻截线上的截齿不在同一旋叶上，棋盘式布置使两截齿间隔大，切削断面大，割落的煤体块煤率大。

23102 工作面采煤机参数如表 13-19 所示。

表 13-19　23102 工作面采煤机参数

参数	原采煤设备数值	进口块煤采煤机数值
滚筒直径/mm	2800	2800
截齿数量/个	64	56
叶片数目/个	10	7
切削厚度/mm	255.3	331
牵引速度/（m/min）	8.21	9.03
滚筒转速/（r/min）	32.16	27.28
截齿形式	刀型齿	镐型齿
截深/m	0.8	0.8
截齿排列方式	顺序式	棋盘式

2. 4211 工作面采煤机优化

为提高 4211 工作面块煤率，对工作面采煤机牵引速度、滚筒转速、截齿数量、滚筒直径和截齿排列方式进行优化。

1）牵引速度

在未压裂区，采煤机的牵引速度为 3.1m/min 时，切削厚度为 94.8mm，预裂之后的采煤机的牵引速度为 5.2m/min 时，切削厚度为 214mm，为优化前的 2.25倍；在未压裂区，牵引速度为 3.1m/min 时，切削面积为 875.6mm²，预裂区牵引速度为 5.2m/min 时，切削面积为 2100.2mm²。所以，4211 工作面采煤机的牵引速度应增加至 5.2m/min。

2）滚筒转速

4211 工作面在未压裂区滚筒转速为 32.7r/min 时，切削面积为 689.4mm²，在压裂区滚筒转速下降至 24.3r/min 时，切削面积增大到 1532.5mm²，面积增大 1.22倍。表明适当降低采煤机滚筒转速有利于提高采煤机切削面积，增大块煤率。

3）截齿数量

截齿数量和切削面积有关，4211 综采工作面 MG400/930-WD 型采煤机滚筒截齿 45 个，截齿数量减少到 38 个，所截割的煤体块度相比破岩滚筒块度增大。

4）滚筒直径

选择直径大一些滚筒，有利于降低临界转速，提高装煤效果。经过计算，滚筒直径保持 2000mm 不变有利于提高块煤率。

5）截齿排列方式

截齿排列方式采用棋盘式布置，相邻截线上的截齿不在同一旋叶上，棋盘式布置使两截齿间隔大，切削断面大，割落的煤体块煤率大。

4211 工作面采煤机参数如表 13-20 所示。

表 13-20　4211 工作面采煤机参数

参数	调整前数值	调整后数值
滚筒直径/mm	2000	2000
截齿数量/个	45	38
切削厚度/mm	47	106
牵引速度/（m/min）	3.1	5.2
滚筒转速/（r/min）	32.7	24.3
截齿形式	刀型齿	镐型齿
截齿排列方式	顺序式	棋盘式
截深/m	0.8	0.8

13.3.3　转载止损

1. 23102 工作面运输系统概况

23102 工作面转载系统按照其所处位置将其概括为三大部分，分别是井下运输系统、井上洗选系统、井上转车系统。转载点多，造成原块煤煤率损失严重，给企业造成巨大经济损失。现就对各大转载系统进行分析总结，提出问题所在，再进行优化设计。矿井中转载点普遍以两个或多个皮带机的搭接方式存在，其受落差 H 和方位夹角 θ、上下部皮带倾角 α 等因素影响而使其类型多样化，是重点改造和设计的对象。23102 工作面转载点主要包括井下主运系统转载点、洗选系统转载点和装车系统转载点。

1）主运系统

主运系统是指从工作面到地面原煤仓，煤的运输路线为工作面→2-3 皮带→主斜井胶带输送机→101 皮带→原煤仓，主运系统转载点基本情况和转运流程如表 13-21 和图 13-15 所示。

表 13-21　主运系统转载点基本情况

编号	位置	落差/m	搭接角度/（°）	目前状态
J1	231 采区工作面—运输大巷	2.1	90	卸煤溜槽
J2	233 采区工作面—运输大巷	2.2	90	缓冲板溜槽
J3	运输大巷—主斜井	4.8	0	卸煤溜槽
J4	主斜井—101 皮带	4.0	0	卸煤溜槽
J5	101 皮带—原煤仓	7.3	90	螺旋溜槽
J6	1#煤仓	35.0	90	螺旋
J7	2#原煤仓	35.0	90	螺旋

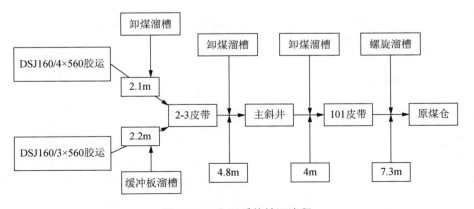

图 13-15　主运系统转运流程

2）洗选系统

洗选系统同井下一般转载系统一样，同属于普通的胶带皮带机转载。洗选系统转载点基本情况如表 13-22 所示。

表 13-22　洗选系统转载点基本情况

编号	位置	高差/m	搭接角度/(°)	目前状态	编号	位置	高差/m	搭接角度/(°)	目前状态
X1	116 皮带—201 皮带	4	0	缓冲800mm	X5	302 刮板—303、305 筛机	2	0	椅形结煤槽
X2	201—202、203 筛机	4	90	300mm节段性	X6	305 筛机—306 刮板	1	0	椅形结煤槽
X3	203 筛机—301 皮带	5	90	700mm节段性	X7	306 刮板—313、315 跳汰	5	90	缓慢给煤
X4	301 皮带—302 刮板	3	90	椅形结煤槽	X8	跳汰机—319、321 精煤筛	0.5	90	台阶式缓冲

3）装车系统

块煤装车系统落差不大，但块煤不同于原煤，原煤有末子煤缓冲，而筛分出来的块煤装车时就存在块与块之间较严重的硬性碰撞，这将是块煤装车中块煤再次损失的主要因素。所以，块煤装车系统在当前情况下，要尽量减少任何形式的碰撞，装车系统转载点基本情况如表 13-23 所示。

表 13-23　装车系统转载点基本情况

编号	Z1	Z2	Z3	Z4	Z5
位置	2#产品仓—1#块煤皮带	1#块煤皮带—1#固定筛	1#固定筛—2#块煤皮带	2#块煤皮带—2#固定筛	2#固定筛—汽车
落差/m	1.5	0.4	0.5	0.3	1.5

2. 转载点止损方案

1）J1、J2 转载点止损方案

对于较小落差（2～3m）的 J1（231 采区工作面—主运大巷）、J2（233 采区工作面—主运大巷）转载点，是属于垂直搭接转载点，落差分别是 2.1m、2.2m，落差小，但运输角度的改变过急，会导致冲击严重，块煤破碎严重，属于损失严重的转载点之一，改造将具有重要的意义。同时，该转载点是煤炭井下运输的一个比较大型的第一个转载点，块煤率较高，相对来说，损失较大，属于需要设计的重点转载站之一。经过分析，给出两种方案进行转载点改造。

方案一：先通过弧形挡煤板减速，减速后再通过缓冲平台的堆积斜面减速，从而达到止损的效果。具体结构决定选择弧形挡煤板型接煤漏斗和直线溜槽和弧形导向溜槽的方式来完成转载，具体设计的装配图同 11.3.3 中 S1229 转载站装置装配图。

方案二：先在滚筒前方直接布置缓冲平台减速，然后让减速的煤流下落至斜直溜槽，再次减速，消耗能量，使速度总是保持相对稳定的状态，该转载的特点是可根据落差大小调节斜直溜槽的长度。具体的结构设计决定选择防尘罩+缓冲平台式漏斗+直线溜槽+弧形导向溜槽的方式来完成转载，具体设计的装置装配图如图 11-29 所示。

方案一的优点：适合小落差的垂直搭接转载点，通过弧形挡煤板，使得煤流速度在较小落差内快速减小，并通过缓冲平台进行二级缓冲，减小速度，能在较小的落差内起到很好的缓冲减速效果。缺点：对较大落差适应性差，煤流量过大时可能在一级缓冲和二级缓冲之间造成堵塞，对结构设计要求比较严格，需要反复数值模拟仿真和结构尺寸参数进行修改方可达到预计的效果。

方案二的优点：适用性更强，适合各种落差的垂直搭接转载点，首先通过缓冲平台进行缓冲减速，从而然后通过下部任意长度、任意角度、任意节数斜直溜槽进行缓冲减速。缺点：对于过小的落差，缓冲平台设计的位置以下可能没有足够的尺寸布置斜直溜槽，从而无法将煤流速度平稳转移到下级运输方向，无法完成完整的转载任务。

综合分析，落差较大时，方案二比方案一具有更好的适用性；落差较小时，受结构设计限制，方案一比方案二更好。根据 J1、J2 转载点的实际情况进行转载站设计、仿真、参数调整、仿真等反复试验，方案一更适用于 J1、J2 这种落差较小的转载点。

2）J3、J4、J5 转载点止损方案

对于 J3（主运大巷—主斜井）、J4（主斜井—101 皮带机）、J5（101 皮带机—煤仓）等顺直搭接角度的转载点落差大，碰撞破碎主要为落差太大造成冲击破碎，所以，需要通过转载站控制煤流速度和导向来完成转载。经过分析，决定选择防尘罩+缓冲平台式漏斗+多级直线溜槽+弧形导向溜槽的方式来完成转载，具体设计的效果图和机械装配图同 11.3.3 中主井 101—102 转载点装配图。

这种止损方案可以适用于大于 3m 以上的任意落差的转载点，上部接煤的缓冲平台基本相同，下部的多节斜直溜槽可以根据落差大小确定斜直溜槽的节数。为了安装的调试方便，一般每节溜槽长度控制在 1～2m 范围内，溜槽的角度每节减少 5°～10°，条件允许的话可以尽可能趋近于弧形溜槽，可以达到最佳止损效果。

3）块煤仓储止损方案

（1）多级套筒自动化控制系统。

根据现场实施条件，采用 EDEM 软件进行仿真模拟。

① 几何模型。首先在三维建模软件 CATIA 中创建煤仓几何模型，煤仓几何参数如下：煤仓高度 35m，卸料斗倾角 60°，卸料斗高度 4m，卸料口径 1.2m，直筒直径 5m。散料钢筋混凝土颗粒的材料参数如下：泊松比 0.28，剪切模量 1.8×10^{10}Pa，密度 2550kg/m^3。导入到 EDEM 颗粒元模拟软件中，由 EDEM 软件对 CATIA 建立的煤仓几何模型自动划分为三角形网格。

② 颗粒模型。EDEM 可以通过导入 CATIA 软件创建的颗粒三维模型，依靠圆面填充的方法模拟现实中的颗粒形态，由于煤散料颗粒形态的多样性和复杂性，为简化计算，这里采用圆形颗粒代表煤散料的形态，通过设置粒径分布呈正态分布状态，半径均值为 100mm，方差为 0.05 来控制颗粒大小和分布特征。散料煤颗粒的材料参数如下：泊松比 0.25，剪切模量 3×10^7Pa，颗粒密度 1600kg/m^3。

③ 接触模型。采用 Hertz-Mindlin 无滑移接触模型，取重力加速度为 -9.81m/s^2。将煤散料颗粒 Particle 简称 P，仓壁 Wall 简称 W，接触参数如下：P-P 弹性恢复系数、静摩擦因数、动摩擦因数分别为 0.10、0.45、0.10；P-W 的分别为 0.15、0.35、0.10。

④ 煤散料生成方法。完成模型建立后，使用 EDEM 的 Geometry 面板设置颗粒工厂几何特征，要保证颗粒完全掉落到仓体内，且生成的煤颗粒装满煤仓。这里选取颗粒工厂的形状为圆形薄片，直径为 4.8m，所处位置为距直筒仓底部 25m 处。

煤仓的设计主要需要考虑入仓口胶带的煤流量、煤炭的流速、仓高 H、直径 D 的确定，入仓口的设计，出仓嘴的设计，以及设计好后要考虑仓位的位置，从而在满足正常生产以及防止堵仓的情况下减少块煤破碎。经过分析，可以选择多级套筒进行自动化控制落差，从而保证块煤不破碎。

（2）自动化控制系统。

煤位控制采用自动化控制多级可伸缩子流，从而实现自动化灵活控制煤位线，防止块煤破损和仓位异常，达到控制仓位和块煤止损的目的。

13.4　实　施　过　程

2014 年 1～12 月，对 4211 工作面进行 CO_2 气体爆破弱化综合技术，预裂后工作面块煤率超过 49%；2015 年 9 月～2016 年 8 月，对 23102 工作面进行 CO_2 气体爆破预裂和水压预裂综合技术，预裂后工作面块煤率超过 62%。

万利矿区综采工作面提高块煤率项目实施按时间顺序，分为以下 4 个阶段。

1）前期准备（第一阶段）

2013 年 10～12 月，对 4211 综采工作面进行资料搜集以及煤岩的物理力学参数测定，依据收集资料进行理论分析、数值模拟，设计 4211 工作面 CO_2 气体爆破弱化方案、采煤工艺设备优化方案。

2015 年 6～8 月，对 23102 综采工作面进行资料搜集以及煤岩的物理力学参数测定和水质分析等。依据收集资料进行理论分析、数值模拟，设计 23102 工作面脉冲水压预裂和 CO_2 气体爆破两种方案、块煤转载止损方案和采煤工艺设备优化方案。

2）现场试验（第二阶段）

2014 年 1～2 月，依据设计的采煤工艺及设备优化方案，对 4211 综采工作面进行了改造；根据设计的 CO_2 气体爆破弱化方案，在 4211 工作面超前工作面 160m 的回风顺槽布置一个工作点，在试验区 100m 内布置单排预裂深钻孔，共计 10 个，进行 CO_2 气体爆破。试验成功后，2014 年 3～12 月，继续进行工作面 CO_2 爆破。

2015 年 9～10 月，依据设计的采煤工艺及设备优化方案，对 23102 综采工作面进行了改造，依据设计的块煤转载止损方案对 23102 工作面转载系统进行改造。2015 年 9～10 月，根据设计方案，在 23102 工作面超前工作面 150m 的回风顺槽布置一个工作点，在试验区内分别布置双排预裂深钻孔，共计 40 个，分别进行 CO_2 气体爆破和脉冲水压预裂，试验成功后，于 2015 年 11 月～2016 年 8 月继续进行脉冲水压预裂。

3）现场效果测定（第三阶段）

2013 年 11 月，对 4211 工作面进行 CO_2 爆破预裂前块煤率测定；2014 年 2 月进行 CO_2 爆破预裂后块煤率测定，以及采煤工艺与设备优化后的块煤率的测定。

2015 年 9 月，对 23102 工作面进行转载止损及采煤工艺及设备优化后的块煤率测定；2015 年 10 月，进行 CO_2 气体爆破和脉冲水压预裂后的块煤率测定。

4）效果分析及资料整理（第四阶段）

在前三个阶段实施基本完成后，分析存在的问题及实施效果，整理相关资料，给出适合万利矿区和类似矿井 CO_2 气体爆破弱化、脉冲水压预裂提高块煤率的成套技术方法与工艺参数。资料收集整理贯穿项目的整个过程。

13.5　实　施　效　果

在万利矿区 4211、23102 工作面进行 CO_2 气体爆破、脉冲水压预裂等综合技术提高块煤率措施，取得一定效果。

13.5.1　23102 工作面实施效果

1. CO_2 气体爆破弱化实施效果

在 23102 工作面实施 CO_2 气体爆破弱化技术方案；并对工作面采煤机割煤工艺进行优化，块煤粒径分级统计表如表 13-24 所示，提质增效统计表如表 13-25 所示。

表 13-24　23102 工作面 CO_2 气体爆破煤层块煤粒径分级统计表

块煤粒径/mm	占比/%		
	未气爆煤层	气爆煤层	变化量
0～6	11.32	13.3	1.98
6～13	7.18	10.36	3.18
13～30	14.6	19.21	4.61
30～50	6.23	11.97	5.74
50～80	11.87	13.52	2.65
80～100	4.3	6.08	1.78
>100	44.5	24.56	−19.94

表 13-25　23102 工作面 CO_2 气体爆破煤层提质增效统计表

	分析指标	未压裂煤层	压裂煤层	变化率/%
提质增效	块煤粒径 6～100mm 占比/%	44.18	61.14	38
	割煤循环/刀	12	13	8.3
节能降耗	截割比能耗/[(kW·h)/m³]	1.49	0.84	−43.6
	截割阻抗/（N/m）	330	172	−47.9
	切削面积/mm²	2835.6	4005.3	41.3
	比能耗密度/[(kW·h)/(m³·min)]	0.241	0.169	−29.9
	电耗/（度/万 t）	5792	4021	−30.6
	油脂/（kg/万 t）	124.4	68.5	−44.9
	截齿/（个/万 t）	13.6	10.21	−24.9

　　由表 13-24 和图 13-16 可知，气爆煤层 0～6mm 粒径块率为 13.3%，未气爆煤层为 11.32%；气爆煤层 13～30mm 粒径块率高，为 19.21%，未气爆煤层低，为 14.6%；气爆煤层 30～50mm 粒径块率高，为 11.97%，未气爆煤层低，为 6.23%；气爆煤层 50～80mm 粒径块率高，为 13.52%，未气爆煤层低，为 11.87%；未气爆煤层 100mm 以上粒径块率高，为 44.5%，气爆煤层低，为 24.56%。

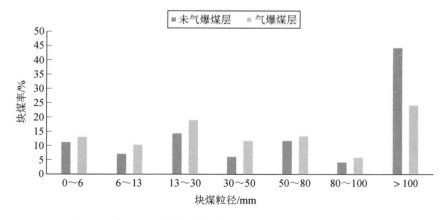

图 13-16　CO_2 气爆前后综采面块煤率与块煤粒径分布规律

由图 13-17 可知，气爆工艺使得大块破碎为中块、仔块煤以及沫煤，其中 100mm 以上大块减少了 19.94%，6～100mm 之间粒径的块度显著增加，增加了 17.96%。

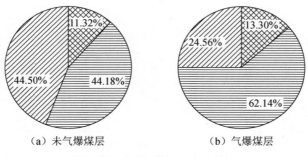

（a）未气爆煤层　　　　　　（b）气爆煤层

⊠ 0～6mm　目 6～100mm　◿ > 100mm

图 13-17　气爆工艺对综采工作面块煤率与块煤粒径分布统计

气爆工艺使 100mm 以上粒径的块度显著减少（图 13-18），0～6mm 的沫煤稍有增加，6～100mm 的块率增加，其中 30～50mm 增量最大，13～30mm 增量次之。

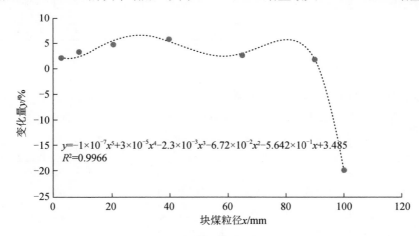

图 13-18　气爆工艺对不同粒径块煤增值分布

由气爆工艺对不同粒径块煤分布（图 13-19）可知，气爆工艺使 6～100mm 粒径的块度呈现震荡趋势，存在最大、最小值。

23102 工作面煤层破碎分类如表 13-26 所示，该工作面分形维数 1.31，煤层为未破碎煤体 A03，为降低采煤机截割能耗，提高块煤产出率，采用 CO_2 气体带式爆破裂化煤岩体，改善煤层可截割性；工作面煤体经爆破弱化之后，煤层分形维数增大为 1.65，煤体转化为较强破碎煤体 C01，当工作面来压时，煤体裂隙更加发育，煤层破碎分形维数增大为 1.96，煤体转化为破碎煤体 D01。采用 CO_2 气体爆破弱化之后，工作面大块煤体减小，小于 100mm 块煤增量较大。

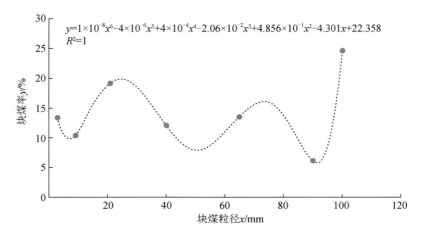

$$y=1\times10^{-8}x^6-4\times10^{-6}x^5+4\times10^{-4}x^4-2.06\times10^{-2}x^3+4.856\times10^{-1}x^2-4.301x+22.358$$
$$R^2=1$$

图 13-19　气爆工艺对不同粒径块煤分布

表 13-26　23102 工作面煤层破碎分类

影响因素	煤层理论计算分维数	煤层实际破碎分维数	煤层破碎性分类
未压裂煤层	1.3	1.31	未破碎煤体 A03
带式压裂未来压	1.63	1.65	较强破碎煤体 C01
带式压裂来压	1.92	1.96	破碎煤体 D01

2. 脉冲水压裂实施效果

在 23102 工作面实施脉冲水压裂弱化方案和采煤机及割煤工艺进行优化，块煤粒径分级统计表如表 13-27 所示，提质增效统计表如表 13-28 所示。

表 13-27　23102 工作面压裂煤层块煤粒径分级统计表

块煤粒径/mm	来压期间/%			未来压期间/%		
	未压裂	压裂	变化量	未压裂	压裂	变化量
0～6	23.7	25.42	1.72	11.32	10.58	-0.74
6～13	8.82	9.74	0.92	7.18	11.16	3.98
13～30	11.6	13.35	1.75	10.6	15.32	4.72
30～50	14.4	17.62	3.22	10.23	16.28	6.05
50～80	11.8	12.75	0.95	11.87	15.7	3.83
80～100	5.83	6.58	0.75	4.3	5.88	1.58
>100	23.85	14.54	-9.31	44.5	25.08	-19.42

由表 13-27 和图 13-20 可知，来压期间，压裂区 0～6mm 粒径块率为 25.42%，非压裂区为 23.7%；压裂区 13～30mm 粒径块率高，为 13.35%，非压裂区低，为 11.6%；压裂区 30～50mm 粒径块率高，为 17.62%，非压裂区低，为 14.4%；压裂区 100mm 以上粒径块煤率低，为 14.54%，非压裂区高，为 23.85%。

表 13-28　23102 工作面压裂煤层提质增效统计表

	分析指标	未压裂煤层	压裂煤层	变化率/%
提质增效	块煤粒径 6～100mm 占比/%	44.18	64.34	45.6
	割煤循环/刀	12	13	8.3
节能降耗	截割比能耗/[（kW·h）/m³]	1.53	0.72	-52.9
	截割阻抗/（N/m）	330	152	-53.9
	切削面积/mm²	2835.6	4253.5	50.0
	比能耗密度/[（kW·h）/（m³·min）]	0.241	0.152	-36.9
	电耗/（度/万 t）	5792	3677	-36.5
	油脂/（kg/万 t）	124.4	60.2	-51.6
	截齿/（个/万 t）	13.6	9.17	-32.6

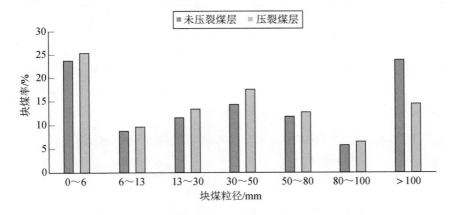

图 13-20　来压期间压裂破碎前后综采面块煤率与块煤粒径分布规律

由表 13-27 和图 13-21 可知，未来压期间，压裂煤层 0～6mm 粒径块率为 10.58%，未压裂煤层为 11.32%；压裂煤层 13～30mm 粒径块率高，为 15.32%，未压裂煤层低，为 10.6%；压裂煤层 30～50mm 粒径块率高，为 16.28%，未压裂煤层低，为 10.23%；压裂煤层 50～80mm 粒径块煤率高，为 15.7%，未压裂煤层低，为 11.87%；未压裂煤层 100mm 以上粒径块率高，为 44.5%，压裂煤层低，为 25.08%。

由图 13-22 和图 13-23 可知，来压期间，压裂工艺使大块破碎为中块和仔块煤，其中 100mm 以上大块减少了 9.31%，6～100mm 块煤提高了 7.59%，0～6mm 沫煤提高了 1.72%；未来压期间，压裂工艺使得大块破碎为中块和仔块煤，其中 100mm 以上大块减少了 19.42%，6～100mm 粒径的块度显著增加，增加了 20.16%。

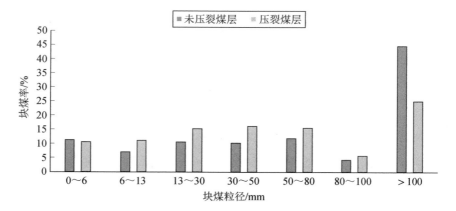

图 13-21　未来压期间压裂破碎前后综采面块煤率与块煤粒径分布规律

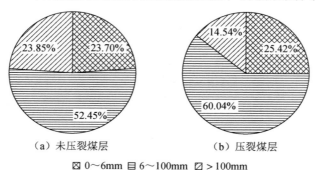

图 13-22　来压期间压裂工艺前后综采工作面块煤率与块煤粒径分布统计

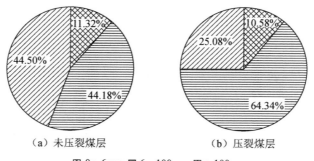

图 13-23　未来压期间压裂工艺前后综采工作面块煤率与块煤粒径分布统计

由图 13-24 可知,来压期间,压裂工艺使 100mm 以上粒径的大块少,0～6mm 的沫煤略为增加,6～100mm 的块度增加,其中 30～50mm 增量最大,为 3.22%,13～30mm 增量次之,为 1.75%,且各区间块度增量服从正态分布。

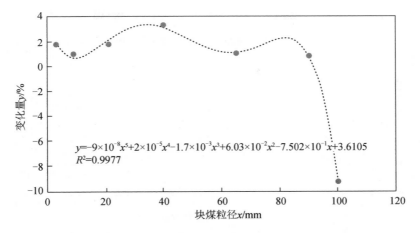

图 13-24 来压期间压裂工艺前后不同粒径块煤增值分布图

由图 13-25 可知,未来压期间,压裂工艺使 100mm 以上粒径的块度显著减少,0～6mm 的沫煤稍有降低,6～100mm 的块度增加,其中 30～50mm 增量最大,13～30mm 增量次之,且各区间块度增量服从正态布。

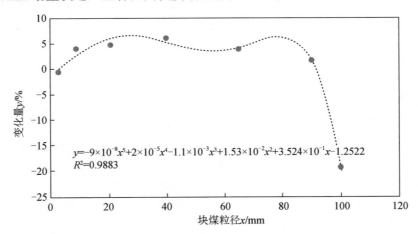

图 13-25 未来压期间压裂工艺对不同粒径块煤增值分布图

由图 13-26 和图 13-27 可知,不论工作面来压与否,压裂工艺使 6～100mm 粒径的块煤有极大值,且分布均匀。

综上可知,在综采面来压前后和压裂作用下相对于非压裂情况比较,非来压期间综采面煤层压裂作用下块煤率平均增产 20.16%;来压期间综采面煤层压裂作用下块煤率平均增产 7.59%。对来压、压裂工艺来说,使 100mm 以上的特大块相对减少,中小型块煤得到了集中化制造,比例大幅增加。

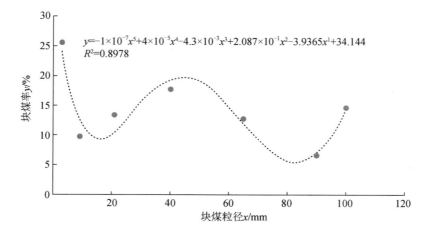

图 13-26　来压期间压裂工艺对不同粒径块煤分布图

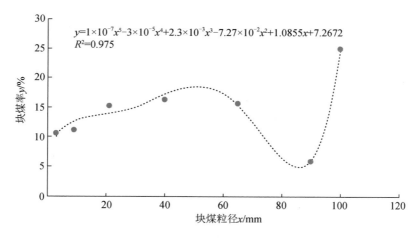

图 13-27　未来压期间压裂工艺对不同粒径块煤分布图

13.5.2　4211 工作面实施效果

　　4211 工作面进行水力压裂弱化煤岩体，煤层破碎分类如表 13-29 所示，其原煤破碎分形维数 1.31，煤体为未破碎煤体 A03；采用带式水力压裂弱化煤岩体之后，原煤破碎分形维数增大为 2.35，煤体转化为破碎煤体 D01；工作面来压之后，煤体破碎分形维数增大，煤体仍为破碎煤体 D01。由此可见，水力压裂作用之后，煤体破碎分形维数增大，工作面大块煤体产量降低，中小型煤体得到集中改造，产出比例大大增加。

表 13-29　4211 工作面煤层破碎分类

影响因素	煤层理论计算分维数	煤层实际破碎分维数	煤层破碎性分类
未压裂煤层	1.3	1.31	未破碎煤体 A03
带式压裂未来压	2.52	2.35	破碎煤体 D01
带式压裂来压		2.4	破碎煤体 D01

对原采煤参数进行优化对比，选择进口块煤采煤机，提高了块煤率，块煤粒径分级统计表如表 13-30 所示。

表 13-30　4211 工作面压裂煤层使用块煤采煤机块煤粒径分级统计表

块煤粒径/mm	块煤率		
	原采煤机/%	进口块煤采煤机/%	变化量/%
0～6	10.58	10.4	-0.18
6～13	11.16	12.23	1.07
13～30	15.32	17.97	2.65
30～50	16.28	20.76	4.48
50～80	15.7	18.25	2.55
80～100	5.88	6.43	0.55
>100	25.08	13.96	-11.12

由图 13-28 可知，采用进口块煤采煤机对综采面块煤率有显著影响，其中 0～6mm 粒径块率降低，较之前减少了 0.18%；13～30mm 粒径块率增量，较之前增加了 2.65%；30～50mm 粒径块率增量最大，较之前增加了 4.48%；100mm 以上粒径块率降幅最大，减少了 11.12%，6～100mm 粒径块率增加了 11.3%。

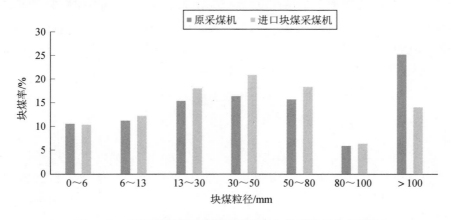

图 13-28　不同采煤机对综采面块煤率与块煤粒径分布规律

在 4211 工作面实施 CO_2 气体爆破弱化技术方案，采煤设备优化及工艺优化后，取得良好效果块煤粒径分级统计表如表 13-31 所示，提质增效统计表如表 13-32 所示。

表 13-31　4211 工作面 CO_2 气体爆破弱化煤层块煤粒径分级统计表

块煤粒径/mm	占比/%		
	未气爆煤层	气爆煤层	变化量
0～6	21.2	23.4	2.2
6～13	8.9	10.5	1.6
13～30	7.7	10.1	2.4
30～50	7.1	14.1	7.0
50～80	5.9	8.6	2.7
80～100	3.7	6.1	2.4
>100	45.5	27.2	-18.3

表 13-32　4211 工作面 CO_2 气体爆破弱化煤层提质增效统计表

	分析指标	未压裂煤层	压裂煤层	变化率/%
提质增效	块煤粒径 6～100mm 占比/%	33.3	49.4	48.3
	割煤循环/刀	10	12	20.0
节能降耗	截割比能耗/[(kW·h)/m³]	0.99	0.79	-20.2
	截割阻抗/(N/m)	259	148	-42.9
	切削面积/mm²	875.6	2100.2	139.9
	比能耗密度/[(kW·h)/(m³·min)]	0.138	0.072	-47.8
	电耗/(度/万 t)	6021	4585	-23.8
	油脂/(kg/万 t)	142.5	80.2	-43.7
	截齿/(个/万 t)	14.2	10.2	-28.2

　　由表 13-31 和图 13-29 可知，气爆煤层 0～6mm 粒径块率为 23.4%，未气爆煤层为 21.2%；气爆煤层 13～30mm 粒径块率高，为 10.1%，未气爆煤层低，为 7.7%；气爆煤层 30～50mm 粒径块率高，为 14.1%，未气爆煤层低，为 7.1%；气爆煤层 50～80mm 粒径块率高，为 8.6%，未气爆煤层低，为 5.9%；未气爆煤层 100mm 以上粒径块率高，为 45.5%，气爆煤层低，为 27.2%。

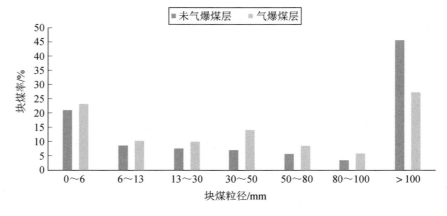

图 13-29　CO_2 气体爆破前后综采面块煤率与块煤粒径分布规律

由图 13-30 可知，气爆工艺使得大块煤破碎为中块、仔块以及沫煤，其中 100mm 以上大块减少了 18.3%，0~6mm 沫煤增加了 2.2%，6~100mm 粒径的块度显著增加，增加了 17.96%。

气爆工艺使 100mm 以上粒径的块度显著减少，0~6mm 的沫煤稍有增加，6~100mm 的块率增加，其中 30~50mm 变化量最大，为 7.0%，50~80mm 变化量次之，为 2.7%，其不同粒径块煤变化量分布如图 13-31 所示。由图 13-32 可知，气爆工艺使块煤粒径分布呈现"W"形状。

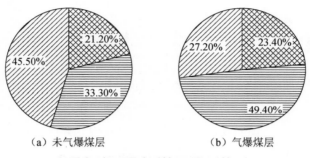

（a）未气爆煤层　　　　　（b）气爆煤层

⊠ 0~6mm　⊟ 6~100mm　⧄ >100mm

图 13-30　气爆工艺前后综采工作面块煤率与块煤粒径分布统计

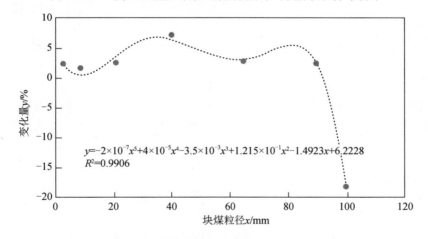

$$y=-2\times10^{-7}x^5+4\times10^{-5}x^4-3.5\times10^{-3}x^3+1.215\times10^{-1}x^2-1.4923x+6.2228$$
$$R^2=0.9906$$

图 13-31　气爆工艺对不同粒径块煤变化量分布

煤层破碎分类如表 13-33 所示。万利矿区 4211 工作面原煤硬度大，煤体裂隙不发育，煤层破碎分形维数为 1.26，该工作面煤体为未破碎煤体 A02。为了弱化煤岩体，减低采煤机截割能耗和提高块煤产出率，采用气水混合预裂爆破弱化煤岩体。工作面煤体弱化之后，煤层破碎分形维数增大为 2.35，煤体转化为破碎煤体 D01，工作面 30~50mm 块煤产出率得到增加。工作面来压之后，煤体裂隙发育，煤层破碎分形维数增大为 2.61，煤体转化为破碎煤体 D02，工作面煤体大块破碎，小于 30mm 块煤产出率增加。

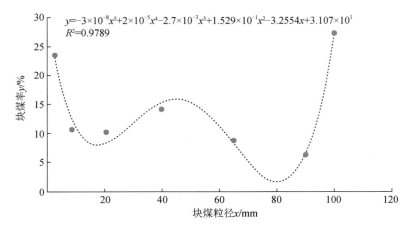

图 13-32　气爆工艺对不同粒径块煤分布

表 13-33　4211 工作面煤层破碎分类

影响因素	煤层理论计算分维数	煤层实际破碎分维数	煤层破碎性分类
未压裂煤层	1.25	1.26	未破碎煤体 A02
带式压裂未来压	2.31	2.35	破碎煤体 D01
带式压裂来压	2.67	2.61	破碎煤体 D02

13.5.3　小结

通过 23102 工作面和 4211 工作面开采技术方案，并结合相应采煤设备改造、采煤工艺优化，转载止损等措施，万利矿区块煤开采实施方案及效果对比如表 13-34 所示。

表 13-34　万利矿区块煤开采实施方案及效果对比

项目			内容
煤层压裂块煤开采技术	技术方案	煤层弱化	23102 工作面采用双排"三角"平行剪切孔脉冲压裂（DSPF）方案，预裂压力 66～270MPa，压裂压力 80～120MPa，预裂半径 5～10m，压裂流量 2.0m³/h，压裂时间 0.5～1.0h
		采煤工艺优化	采用端部斜切进刀的方式进行割煤，采煤机运行速度 9.03（8.21）m/min，按计划每天 12 刀煤计算，节约割煤时间 44min，日增产 1 刀煤
		进口采煤机	滚筒直径 2800mm，截齿选择镐型齿，棋盘布置，截齿数量 56（64）个，叶片数量 7（10）个，转速 27.28r/min
		转载系统改造	针对五个不同落差转载系统进行改造，其中落差大，选择防尘罩+缓冲平台式漏斗+多级直线溜槽+弧形导向溜槽的方式来完成转载，落差小，选择弧形挡煤板型接煤漏斗+直线溜槽和弧形导向溜槽的方式进行转载；及煤仓采用多级套筒自动化控制系统进行止损改造

续表

项目			内容
煤层压裂块煤开采技术	技术效果	综合效果	4211 工作面采用煤层压裂与采煤工艺优化后，工作面块煤率达到 64.34%，块煤率提高了 20.16%；割煤工效提高，日增产 1 刀煤；截割比能耗降低 52.9%；材料节支 32.6%～51.6%
		采煤工艺优化	采煤工艺优化后，割煤工效提高，日增产 1 刀煤，块煤率平均提高 7.32%
		进口块煤采煤机	根据采煤设备改造分析，采用进口块煤采煤机，块煤率平均提高 11.3%
		转载止损效果	对 23102 工作面主要转载点的改造后，使块煤率从转载环节上的损失降低 10%
煤层气体爆破弱化块煤开采技术	技术方案	煤层气体爆破	采用单侧布置长孔 CO_2 气体爆破预裂弱化，孔深 130m，间距 5.0m，预裂压力 270MPa，点加热液态 CO_2 引爆
		采煤设备改造	滚筒直径 2000mm，截齿选择镐型齿，棋盘布置，截齿数量 38（45）个，转速 24.3r/min
		采煤工艺优化	采用双向割煤端部斜切进刀方式，割一刀煤所消耗的时间最少为 56.3min，气爆区割煤速度 5.2m/min，按设计每天割 8 刀煤，节约割煤时间 56.8min，日增产 1 刀煤
	技术效果	综合技术效果	采用 CO_2 气体爆破预裂与采煤工艺优化后，工作面块煤率提高了 16.1%～17.96%，日增产 1 刀煤，截割比能耗降低 20.2%～43.6%
		采煤设备改造	采煤机改造后，对比改造前后块煤率，采煤机改造块煤率提高 7.2%
		采煤工艺优化	采煤工艺优化后，块煤率提高 5.8%，割煤工效提高，日增产 1 刀煤

第 14 章　成本与效益

14.1　成本分析

结合工业试验情况，以试验工作面长 200m、采高 4m 为例进行成本分析，成本包括钻孔、材料消耗（如水、炸药、CO_2 等）、人工费、管理费及辅助费用等，对比分析水压预裂、常规爆破预裂和 CO_2 气体爆破预裂三种煤层预裂成本。

依照第 9～13 章实施方案，得到算例工作面三种预裂方案的钻孔参数如表 14-1 所示。

表 14-1　三种预裂方案的钻孔参数对照

预裂方案	钻孔方案	钻孔数量/个	钻孔长/m
水压预裂	回风巷布孔，单排孔，孔径 75mm，孔间距 10m，孔深 126m	1	126
常规爆破预裂	方案一：工作面布孔，双排孔，孔径 42mm，孔间距 1.5m，孔深 2.5m	1040	2600
常规爆破预裂	方案二：进、回风巷布孔，双排孔，孔径 50mm，孔间距 2.5m，孔深 50m	16	800
CO_2 气体爆破预裂	回风巷布孔，单排孔，孔径 80mm，孔间距 5m，孔深 134m	2	268

各预裂方案主要费用包括工程成本、工艺成本和装备成本，如表 14-2～表 14-4 所示。

表 14-2　各预裂方案工程成本

预裂方案		成本类型			
预裂方案		钻孔长/m	单价/（元/m）	钻孔费用/万元	吨煤成本/元
水压预裂		126	150	1.89	1.82
常规爆破预裂	工作面常规爆破预裂	2600	150	39.00	37.5
常规爆破预裂	超前工作面常规爆破预裂	800	150	6.00	5.77
CO_2 气体爆破预裂		268	150	4.02	3.87

表 14-3　各预裂方案工艺成本

预裂方案		成本类型			
		材料消耗	人工费	设备费	成本/（元/吨）
水压预裂		矿尘水：9～10L	5 人·班 250 元	低	0.1
常规爆破预裂	工作面常规爆破预裂	炸药：3380kg	132 人·班 6600 元	—	5.54
	超前工作面常规爆破预裂	炸药：1204kg	64 人·班 3200 元	—	1.75
CO_2 气体爆破预裂		CO_2：2～3L	6 人·班 300 元	低	0.81

表 14-4　各预裂方案装备成本

方案类型		装备名称	备注
煤层预裂方案	水压预裂	预裂装备	1 套
		高压软管	若干
		切割喷头	若干
		封孔器	若干
	常规爆破预裂	起爆器	若干
		雷管	若干
		导线	若干
	CO_2 气体爆破预裂	低温储气罐	1 个
		制冷充装设备	1 个
		CO_2 致裂管	50 根/套
		低压空气压缩机	1 套
		加热管	若干
采煤设备		滚筒	国内块煤采煤机滚筒国外块煤采煤机滚筒
		截齿	优化截齿排列及数量
转载系统		转载点	挡煤板、导向溜槽、防尘罩、缓冲平台等
		煤仓	提升系统、控制系统、监控系统入仓口、外筒仓、内置套筒、缓冲溜槽、出煤口

14.2　效　益　分　析

14.2.1　技术分析

依据第 9~13 章的工程应用，采用煤层预裂弱化方案并进行采煤设备及工艺的优选，功耗降低显著，试验工作面的截齿损耗、电量损耗和油脂消耗等材料消耗（表 14-5），对于煤矿提高经济效益，实现绿色开采有重大意义。

表 14-5　试验工作面生产万吨原煤材料节支情况

技术方案	截齿节支/%	电量节支/%	油脂节支/%
水压预裂	22~29	28~40	11~17
常规爆破预裂	18~34	14~23	9~20
CO_2 气体爆破预裂	24~36	15~21	3~5

与此同时，试验工作面提高了截割效率，工作面煤层破碎块煤率增加，材料消耗得到大幅降低。预裂之后采煤机割煤时，无论是割预裂段还是非预裂段煤壁时，开采空间中煤尘含量得到显著的减少，煤层预裂对生产降尘的作用，工业试验效果如表 14-6 所示。

表 14-6　工业试验效果

技术方案		提高块煤率/%	材料节支/%	煤尘降幅/%	能耗降幅/%
煤层预裂方案	水压预裂	12.84~20.2	11~40	30~92	7.1~52.9
	常规爆破预裂	6.95~11.78	9~34	−5~−2	15.8~66.7
	CO_2 气体爆破预裂	10.3~10.64	3~36	3~5	20.2~43.6
工艺优化		4.6~7.8			
设备改造		7.2~11.3			
转载止损		10.0~13.37			

利用固、液、气耦合优势，结合工作面矿压破煤等，采用不同指标衡量岩体的破碎性质，利用分形几何原理对工作面煤体裂隙进行合适的破碎分级，各矿区不同压裂工艺与分形维数及破碎性关系如表 14-7 所示。并利用各指标、分形维数与不同指标之间转化影响因子的定量关系，制定相应的压裂方案，达到提高块煤率、节能增效的目的。

表 14-7　不同压裂工艺与分形维数及破碎性关系

矿区	试验工作面	原煤普氏系数	原煤分形维数	原煤破碎性分类	预裂煤层分形维数	预裂煤层分形维数理论值	预裂煤层破碎性分类
黄陵矿区	12406/12407	3	1.27	未破碎煤体 A02	2.23	2.35	破碎煤体 D01
神东矿区	5102/5103	2.5	1.35	未破碎煤体 A03	2.43	2.71	破碎煤体 D01

矿区	试验工作面	原煤普氏系数	原煤分形维数	原煤破碎性分类	预裂煤层分形维数	预裂煤层分形维数理论值	预裂煤层破碎性分类
榆神矿区	$2^{-2\perp}06$	3	1.31	未破碎煤体 A03	1.52	1.49	轻微破碎煤体 B02
	40105	3	1.33	未破碎煤体 A03	1.46	1.49	轻微破碎煤体 B01
	30103	3.5	1.2	未破碎煤体 A02	1.96	2.01	破碎煤体 D01
新庙矿区	52301/52303	3	1.36	未破碎煤体 A03	1.51	1.49	轻微破碎煤体 B02
	5101	3	1.37	未破碎煤体 A03	1.5	1.49	轻微破碎煤体 B02
万利矿区	4211	3.05	1.25	未破碎煤体 A02	2.67	2.49	破碎煤体 D01
	23102	3	1.3	未破碎煤体 A03	2.1	2.35	破碎煤体 D01

14.2.2　经济效益

以五个矿区为工程背景，对硬煤的破碎机理、压裂块煤的开采方法、块煤采煤机原理、块煤运输及仓贮止损、压裂块煤开采技术等进行了理论研究与工程实践，解决了煤层硬厚、裂隙不发育开采条件下的采煤机割煤比能耗大、出块率低、截割阻力高、煤尘大等问题。提出了典型煤层开采块煤粒级控制的科学方法，取得了良好的经济效益，应用经济效益表如表 14-8 所示。

表 14-8　应用经济效益表　　　　　单位：万元/年

技术方案	试验工作面	直接效益					间接效益	
		块煤增产效益	工艺优化效益	设备改进效益	转载止损效益	材料节支效益	安全效益	环保效益
水压预裂	12406/12407 23102/30103 5102/5103	27202	84732.45	22872	32248.4	612.46	5000	
常规爆破预裂	52301/52303 5101/40105 $2^{-2\perp}06$	10054.5	17202.9	3376.8		275.46		
CO_2 气体爆破预裂	23102/4211	25416	36800.74	8784	12000	115.5	100	

注：2015～2016 年块煤平均价 310 元/t，沫煤平均价格 240 元/t。

14.2.3　社会效益

煤炭开采粒级控制理论与应用，形成了提高块煤率成套技术与方法，取得良好的社会效益。

（1）提升煤炭资源安全高效开发水平。推进陕北侏罗纪煤炭资源的科学开发，不仅有利于西部煤炭基地安全高效开采技术的健康发展，也能够为中国"丝路"经济带类似地区资源和沿线国家资源开发提供有力的技术支撑。

（2）实现煤炭品种的分级开采。为不同用户提供适合的产品，不仅提升了煤炭的二次利用价值，同时实现了煤炭的集中转化和清洁利用，为社会创造更多的财富。

（3）实现煤炭清洁安全高效开采。为煤炭企业转型和提质增效、节能降耗以及产品清洁利用创造条件，为煤炭产业链深化改革提供了新的动力。

（4）有利于提升西部煤炭开发的技术储备，推动西部环境脆弱地区国家煤炭基地科学开采技术、安全保障技术和环境配套技术的集成发展。

14.2.4　生态环保效益

煤炭开采粒级控制理论与应用，适应精细开采和清洁高效利用的煤炭资源开发的发展历程，具有良好的生态环保效益。

（1）煤炭热效率提高了 15%～20%，减少烟尘、SO_2 及氮化物等大气污染物的排放，有效控制酸雨的发生，对改善环境意义重大。

（2）解决了煤层单纯 CO_2 压裂液压裂过程中高排量温室气体对环境的污染问题。

（3）减少了煤尘，改善了工作面生产环境，降低了尘肺威胁和治理污染费用。

（4）控制煤自燃，减少了大气污染，净化了环境，为企业节约了环保成本。

14.3　综 合 评 价

硬煤节能降耗及块煤分级控制的成套技术成果，实现了煤炭资源的清洁安全高效开采，为企业节能降耗、提质增效生产适应不同市场的煤炭产品创造条件，为实现西部煤炭科学开发提供技术支撑，为煤炭行业产品升级及煤炭科学转化提供动力，推动国家能源结构调整及改革的顺利进行。

1）综合推荐方案

煤层压裂块煤分级控制成套技术方案，包含煤层水压预裂+采煤工艺优化+采煤设备改造+矿压破煤+转载止损改造综合技术。该综合技术工艺充分利用地应力条件，以增加煤层致裂裂缝网络数目，并且严格地控制其致裂裂缝网络发展形态为主要特征的新型硬厚煤层压裂工艺。该技术首先通过脉冲预裂和压裂作用两条途径，以达到扩展煤层裂隙、改变煤体的结构网络和截割力学特性。之后，依靠采、落、装、运工艺优化，及矿山压力破煤区和支架的反复支撑对煤体不同部位的破碎作用，实现整个煤体的超前预裂和符合要求的块度分布，实现源头的块煤增产。同时结合现代化块煤转运和储存阶段的止损控制技术，通过综合协调与平衡的生产组织过程，最终实现煤矿的清洁高效和块煤增值的保障工程；避免顶板

（煤）冲击压力倾向；释放瓦斯、降低煤尘浓度，减少煤层自燃倾向。

该综合技术是硬厚煤层机械化开采中实现清洁高效和创效增收的关键技术，为解决煤体硬度大（2.5～3.5）的硬厚煤层综采中块煤增产和大型运输转载系统中块煤止损控制提供了一条新途径，特别对大型矿井综采功耗大、材料消耗大、原煤制造成本高，以及瓦斯等级高、煤尘大、易燃发火、顶板（煤）冲击压力条件下开采适用。

该技术具有显著的特点：安全性、环保性、高效性和经济性。

2）企业经济效果

经过五个矿区，12 套综采工作面的长达 9 年的现场实践和推广使用，确认了煤层压裂开采技术原理正确、工艺可靠、安全简单、节能环保。试验过程中，工作面综合块煤率达到 60%～65%，其中煤层压裂作用块煤率提高 12.84%～20.2%；采煤工艺优化工效提高 10%，块煤率提高 4.6%～7.8%；设备改造，块煤率提高 7.2%～11.3%；转载止损改造，块煤率提高 10%～13.37%；截割比能耗平均降低 30%；材料平均节支 25%；割煤煤尘平均降低 45%；累积产生经济效益 26 亿元，经济效益显著。

3）社会环境效果

煤层压裂块煤分级开采技术对煤炭开采节能降耗效果显著，生产满足不同生产用户需要的块煤产品。

（1）为企业实现安全高效开采创造条件，提升市场竞争能力。

（2）提高煤炭资源的利用效率，减少煤炭资源的消耗量，块煤的源头制造，节省了洁净型煤加工费用与时间。

（3）控制烟尘、SO_2 和氮化物等大气污染物的排放，改善生活环境，节省环境治理费用的投入。

4）不确定因素对经济效果的影响

型煤制造技术的发展，为煤炭用户定制块煤产品，将影响源头块煤的销售市场及价格。

5）社会效果

煤层压裂开采技术具有良好的社会效益，具体如下所述。

（1）煤炭块煤分级制造，提高了煤炭的利用效率，为社会创造了更大财富，减少大气污染物的排放，改善生活环境，极大提升人民的生活幸福值。

（2）块煤分级制造，有利于用户按需购买，最大限度满足用户的需求，对煤炭产业链的深化改革具有巨大的推动作用。

（3）煤炭安全高效开采，提高机械割煤效率，降低劳动强度，同时创造了清洁工作环境，有利提高劳动者工作效率，减少事故的发生，为提升煤炭行业地位具有重要作用。

（4）该技术为作为煤炭安全高效开采关键技术，符合国家"一带一路"倡议技术需求，具备技术转化条件，同时为煤炭科学转化提供原料，对煤化工产品出口创造条件。

（5）该技术生产清洁煤炭产品，提高了煤炭综合利用效率，符合煤炭科学开发及科学转化的需要，对煤炭行业技术改造具有导向作用。

（6）煤层压裂块煤开采技术实现了煤炭安全高效开采的科学开发，推进陕北侏罗纪煤炭资源的科学开发，有利于推动煤炭安全高效开采技术的健康发展，为国家类似条件煤炭安全高效开采提供了有力的技术支撑。